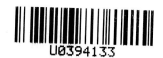

国家出版基金项目
NATIONAL PUBLICATION FOUNDATION

绿色二次电池先进技术

丛书主编 吴 锋

电极材料与电化学反应

谭国强 苏岳锋 吴 锋 编著

ELECTRODE MATERIALS AND ELECTROCHEMICAL REACTIONS

北京理工大学出版社
BEIJING INSTITUTE OF TECHNOLOGY PRESS

图书在版编目(CIP)数据

电极材料与电化学反应／谭国强，苏岳锋，吴锋编著. -- 北京：北京理工大学出版社，2022.4
ISBN 978-7-5763-1306-2

Ⅰ. ①电… Ⅱ. ①谭… ②苏… ③吴… Ⅲ. ①电极-材料-研究②电化学-研究 Ⅳ. ①O646

中国版本图书馆 CIP 数据核字(2022)第 072661 号

出版发行／北京理工大学出版社有限责任公司
社　　址／北京市海淀区中关村南大街 5 号
邮　　编／100081
电　　话／(010) 68914775（总编室）
　　　　　(010) 82562903（教材售后服务热线）
　　　　　(010) 68944723（其他图书服务热线）
网　　址／http：//www. bitpress. com. cn
经　　销／全国各地新华书店
印　　刷／三河市华骏印务包装有限公司
开　　本／710 毫米×1000 毫米　1/16
印　　张／25
彩　　插／4　　　　　　　　　　　　责任编辑／刘　派
字　　数／434 千字　　　　　　　　文案编辑／李颖颖
版　　次／2022 年 4 月第 1 版　2022 年 4 月第 1 次印刷　　责任校对／周瑞红
定　　价／84.00 元　　　　　　　　责任印制／王美丽

前　言

能源是人类社会发展的基石，是世界经济增长的动力。能源存储技术在促进能源高效生产与安全消费，推动能源革命和能源新业态发展方面发挥至关重要的作用。其中，电化学能源存储技术已成为缓解当前能源短缺和环境污染等问题的有效解决方案之一。具有优良能量密度、安全性能和长循环寿命的二次电池在新能源动力和储能产业发展迅速，受到人们越来越多的关注。

本书为“绿色二次电池先进技术丛书”之一。本书试图在阐明电极与电极反应的基本理论和基本概念的基础上，将电极材料结构与电池反应机理相结合，系统化分析介绍当前代表性二次电池体系的电化学原理与制造技术，反映了新型绿色二次电池的最新技术成果。本书主要讲述二次电池关键电极材料的结构和性能、发展和应用及其在电池中电化学反应的工作机制与原理，所述电极材料包含锂离子电池、钠离子电池、钾离子电池、锂－硫电池、锂－氧电池等二次电池的正极材料、负极材料及其电极组成材料；所述电化学反应包括插嵌型、合金化、转换型、反应型和综合型机理以及其他反应机理。研究生郭鹏辉、郝雪纯、赵泽楠、覃先富、崔墨楷、李瀚楼、杨宁宁、张锴参加了部分章节的撰写和校对工作，郭鹏辉参与了本书全文的校对工作。本书是在北京理工大学出版社的大力支持和帮助下出版的，同时获得了国家出版基金资助，在此一并表示衷心的感谢！

电池电化学涉及多个学科，特别是部分新型二次电池体系及材料发展时间较短，电池反应机理研究不够透彻，尚有不少理论及技术问题有待深入研究。由于作者学识有限，特别是对新型电池的生产实践经验不足，尽管在编写过程中竭尽全力，但不足之处仍在所难免，敬请广大读者批评指正。

编著者
2022 年 4 月

目 录

第 1 章

绪　　论

|1.1 电池发展历程|

化学电源通常称为电池，是一种能将化学能直接转变成电能的装置。其中包括原电池、蓄电池、贮备电池和燃料电池。当今，电池已广泛应用于国民经济（如信息、能源、交通运输、办公和工业自动化等方面）、人民日常生活以及卫星、载人飞船、军事武器与装备等各个领域。电池技术以新材料科技为基础，与环保科技相关联，与电子、电力、交通、信息产业相配套，与现代文明社会的生活相适应，特别是作为新能源和再生能源的重要组成部分，它直接关系到21世纪可持续发展战略的实现，因此，电池技术及其产业化已成为全球关注且致力发展的一个新热点。

电池的发展史可以追溯到公元纪年左右，那时人们就对电池有了原始认识，但是直到1800年意大利人伏打（Volta）发明了人类历史上第一套电源装置，才使人们开始对电池原理有所了解，并使电池得到了应用。为了纪念伏打，人们将电压的单位定为伏特（Voltage），从此开始了电池的历史。两个世纪过去了，电池发展经历了一系列的重大变革，如1836年诞生了丹尼尔电池；1839年Grove提出空气电池原理；1859年发明铅酸电池，1882年实现其商品化，成为最先得到应用的充电电池体系；1868年Leclance发明干电池（$Zn/ZnCl_2-NH_4Cl/MnO_2$），1888年实现其商品化；1883年发明了氧化银电池；1899年发明了镍-镉电池；1901年发明了镍-铁电池。进入20世纪后，电池理论与技术一度处于停滞时期，但在第二次世界大战之后，随着一些基础研究在理论上取得突破及新型电极材料的开发和各种用电器具日新月异的发展，电池技术又进入快速发展时期。首先是为了适应重负荷用途的需要，发展了碱性锌锰电池；1951年实现了镍-镉电池的密闭化；1958年Harris提出了采用有机电解液作为锂一次电池的电解质，20世纪70年代初期便实现了军用和民用；随后基于环保考虑，研究重点转向蓄电池。镍-镉电池在20世纪初实现商品化以后，在20世纪80年代得到迅速发展，其充放电过程的电极反应如下：

$$Cd+2NiOOH+4H_2O \rightleftharpoons Cd(OH)_2+2Ni(OH)_2 \cdot H_2O \quad E_0=1.30\ V$$

1901年发明了镍-铁电池，其充放电过程的电极反应如下：

$$Fe+2NiOOH+4H_2O \rightleftharpoons Fe(OH)_2+2Ni(OH)_2 \cdot H_2O \quad E_0=1.37\ V$$

镍-铁电池于20世纪初进行了商品化，然而由于铁电极易腐蚀，放置时自放电快，再加上充放电效率低，氢的析出过电位低，在充电时易放出氢气，因此后来基本上没有成为商品，主要是镍－镉充电电池。最近因其优良的环保效果，经过改进又出现商品。

由于镉的毒性和镍－铁电池的记忆效应，其被随之发展起来的 MH－Ni 电池部分取代，其充放电过程的电极反应如下：

$$M + xNi(OH)_2 \rightleftharpoons MxH + xNiOOH \qquad E_0 = 1.30\ V$$

第一个大电流电镀电池出现于 1840 年，此后的 20 年间电镀技术、电铸技术以及开发实用电动马达逐步广泛应用。19 世纪 70 年代，由于家庭、办公室及旅馆中电铃的使用，产生了一个更大的电池消费群。大约在爱迪生发明白炽灯 20 年之后的世纪之交，手电筒开始应用，当时仅美国的电池年产量就超过 200 万只。从 1870 年开始，热机驱动的蒸汽直流发电机和电磁发电机的大规模引进，促进了世界范围工业和家庭对电源的使用，其影响直到一个世纪后的今天。虽然汽车工业的发展需求促进了二次电池领域的发展，但电池的可备用性是促进其发展的主要原因。

1980 年前后发明了锂离子电池（lithium ion batteries，LIBs），1991 年锂离子电池实现商品化。1995 年发明了聚合物锂离子电池，1999 年开始商品化生产。电池的应用也得到不断发展。例如 20 世纪 40 年代，电池的家用领域主要限于手电筒、收音机和汽车、摩托车的启动电源，而现代家庭除了上述各种消费电子产品外，还有40～50 种其他典型的用途，如从闹钟、手表到 CD（激光唱片）机和移动电话等。除了室内应用外，还有其他许多应用，特别是大电池，如医院、宾馆、超市、电话交换机等场合用的应急电源，电动工具如拖船、拖车、铲车、轮椅车、高尔夫球运动用车等动力电池，太阳板或风力发电站用电池，导弹、潜艇和鱼雷等军用电池。另外，还有可满足各种特殊要求的电池等。目前的电池通常分为两类：一次电池或原电池；二次电池或充放电电池或蓄电池。前者基本上只能放电一次，放电结束后不能再使用。后者则是放电结束后，可以进行充电，然后又可以进行放电，反复使用多次。它们可以制成各种大小或型号的电池，如小型电池有手表或计算器用的约 0.1 W · h 的电池，也有电站用于电网负荷调节的 100 MW · h 的大型电池。电池产业具有广大的应用市场，如 1991 年世界电池产值为 210 亿美元，其中 40% 为原电池，60% 为充放电电池。当然，其市场一直在迅速发展。如日本在 1999 年的产值约为 80 亿美元，其中 25% 为原电池，75% 为充放电电池。我国第一家电池厂于 1911 年在上海诞生。1921 年，我国第一家专业铅蓄电池厂——上海蓄电池厂也建于上海。1941 年，延安中央军委三局所属电信材料厂开始生产锌锰干电池和修理铅酸电池。1957 年组建机电部电材局化学电源研究室，1958 年成为我国第一个专业研究所即原一机部化学电源研究所。1960年，我国第一家碱性蓄电池厂“风云器材厂”在河南省新乡正式验收投产。20世纪90年代初，国家开始“863”重点攻关，使Ni-MH电池的产业化得到了迅速发展。这以后国家又开始锂离子电池“863”“973”重点技术研发攻关，希望借此能推动锂离子电池及其材料的国产化。近几年我国国民经济持续快速发展，人民生活水平不断提高，极大地推动了我国电池产业和电池市场的发展。

如今，二次电池技术的商业化应用主要可以分为储能、动力电池和消费类电子产品3个领域。在不同的应用领域，对电池技术的要求也有所差异。

在储能领域，电池储能技术的主要应用场景在于风、光等可再生能源的储能。由于发电量巨大，因而对电池电化学储能技术的成本提出了很高的要求。最早大规模应用于储能领域的电化学储能装置是铅酸电池，随着近年来锂离子电池，甚至钠离子电池（sodium ion batteries，SIBs）成本的大幅下降，铅酸电池在储能领域的主导地位逐渐被后两种电池替代。除了锂离子电池、钠离子电池，多种电化学储能技术在储能领域开始崭露头角，包括锂-硫电池、全钒液流电池、水系锌离子电池等。

由于乘用车对电池的能量密度、功率密度和安全性能的高要求，目前在动力电池领域广泛应用的主要是锂离子电池。动力电池领域的市场规模发展迅速，近几年纯电动汽车的销售占比不断攀升，据中汽协数据统计，2021年1—10月纯电动汽车销量210.5万辆，同比增长190%。随着世界各国相继推出禁售燃油车的时间表，电动汽车在未来还有非常大的发展空间。虽然锂离子电池在动力电池市场上的表现一枝独秀，但随着它的大范围推广，能量密度仍是其目前发展的重要技术瓶颈之一。国家对动力锂电池提出了非常高的能量密度要求，《中国制造2025》对于基础研究的项目，希望锂离子电池的能量密度做到400 W·h/kg以上，新体系的锂二次电池的能量密度要做到500 W·h/kg。此外，锂离子动力电池起火爆炸事故的频率也有所增加，进一步提升电池的稳定性、安全性，防止热失控现象的发生，也是未来锂离子电池发展的重中之重。

消费类电子产品领域主要包括笔记本电脑、平板电脑、智能手机、可穿戴设备、智能音箱等领域。随着市场对电子产品的体积、续航、快充能力的要求不断提高，电化学储能器件需要具有体积小、能量和功率密度高的特点。消费类锂离子电池在锂离子电池行业中起步较早，经过十几年的发展，锂离子电池的性能不断提升，已经全面取代了最早的镍-镉、镍-氢电池。近年来，随着国民经济水平和居民消费能力的提升，我国对消费类电子产品的需求量不断扩大，这为消费类锂离子电池行业的发展奠定了坚实的应用基础。随着5G时代的到来，消费类电子产品不断更新，人们对电池容量与快速充电的需求也越来越高，但目前新一代电池技术落地尚未成熟，与消费电子产品的革新速度相比，电池技术发展仍然相对缓慢。这要求人们对现有技术框架内的电池进行进一步开发之外，更需要有前瞻性的技术革新，加大对新型电池材料与技术的探索。

1.2 本书内容

本书基于作者及所在团队多年的科研工作，并结合国内外的最新研究进展，对二次电池体系中的电极材料及电化学反应进行了全面和系统的介绍与总结。全书共9章，由电极反应机理入手，落脚于电极材料，不局限于目前已得到广泛应用的一次电池、二次锂离子电池等，紧跟最新科研成果，全面介绍了钠离子电池、钾离子电池（KIBs）、锂－硫电池、锂－氧电池（lithium－oxide batteries，LOBs）等具有重大发展前景的新型绿色二次电池体系。第2章介绍了电极与电极反应，深入浅出地阐释了电池的工作原理以及电极动力学特性。第3、4章以工作性质分类，介绍了一次电池和二次电池的种类及相对应的工作原理。第5～7章从电池的结构组成入手，详尽介绍了目前锂离子电池、钠离子电池、钾离子电池、锂－硫电池和锂－氧电池等二次电池的关键电极材料及其他电极组成材料。第8章介绍了不同类型电极材料的电化学反应机制与其电池能量转换机理。第9章介绍了部分前沿的二次电池新体系，并对未来绿色二次电池材料的发展方向提出了展望。

第2章

电极与电极反应

2.1 电极系统

这一节将主要讨论电极和电极体系，包含一个正极（阴极）和一个负极（阳极）的基本双电极电池常被用于研究电池特性、确定吉布斯自由能、能量密度和比能量。电极上的电荷迁移是通过电子（或空穴）运动实现的。典型的电极材料包括固体金属（如铂、金）、液体金属（汞、汞齐）、碳（石墨）和半导体（铟－锡氧化物、硅）：在电解液相中，电荷迁移是通过离子运动来进行的。最常用的电解质溶液是含有如 H^+、Na^+和 Cl^-等离子物种水溶剂或非水溶剂的液态溶液。就电化学池（electrochemical cells）而言，所研究的电化学实验体系、电解质溶液必须有较低的电阻（即有足够高的导电性）。不常用的电解液包括熔融盐（如 NaCl－KCl 的低共溶混合物）和离子型导电聚合物（如 Nafion、聚环氧乙烷－$LiClO_4$）。还有固体电解质（如 β－氧化铝钠，其电荷传导是由氧化铝层间钠离子的运动而引起的）。

2.1.1 电化学池

考虑在单个界面上发生的事情是很自然的，但这种孤立的界面在实验上是无法处理的。实际上，必须研究称为电化学池的多个界面集合体的性质。这样的体系最普遍的定义是两个电极被至少一个电解质相所隔开。

一般来讲，在电化学池中电极之间的电势差可被测量。典型的办法是采用一个高阻抗的伏特计来完成。电池电势（cell potential）的单位为伏特［V，1 V＝1 焦耳/库仑（J/C）］（简称为伏），它是表征电极之间外部可驱动电荷能量的尺度。电池电势是电池中所有各相之间电势的代数和。电势从一个导电相到另一个导电相的转变，通常几乎全都发生在相界面上。急剧的变化表明在界面上存在一个很强的电场，可以预料它对于界面区域内电荷载体（电子或离子）的行为有极大的影响。界面电势差的大小，也影响两相中载体的相对能量：因此，它控制着电荷转移的方向和速率，所以，电池电势的测量和控制是实验电化学中最重要的方面之一。

在讨论这些操作是如何完成之前，确定一个用以表示电池结构的简明符号用法。例如，图 2－1（a）所示的电池，可以简洁地写成

$$Zn/Zn^{2+}, Cl^-/AgCl/Ag \qquad (2-1)$$

式中，斜线代表一个相界面，同一相中的两个组分用逗号分开，这里没有用到

的双斜线代表这样的相界面，其电势对电池总电势的贡献是可以忽略的。当涉及气相时，应写出与其相邻的相应导电组分，如图2－1（b）中的电池，可图解式地写为

$$Pt/H_2/H^+, Cl^-/AgCl/Ag \tag{2-2}$$

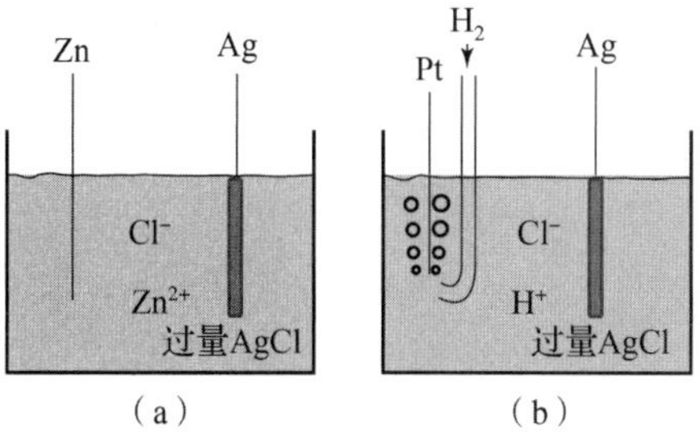

图2－1 典型的化学池

（a）浸在 $ZnCl_2$ 溶液中的金属 Zn 和被 AgCl 覆盖的 Ag 丝；

（b）在 H_2 气流中的 Pt 丝和浸在 HCl 溶液中被 AgCl 覆盖的 Ag 丝

电池中所发生的总化学反应是由两个独立的半反应（half－reaction）构成的，它们描述两个电极上真实的化学变化。每一个半反应（及电极附近体系的化学组成）与相应电极上的界面电势差相对应，大多数情况下，人们所感兴趣的仅仅是这些反应中的一个，该反应发生的电极称为工作（或指示）电极（working electrode，or indicator electrode），为了集中研究工作电极，就要使电池的另一半标准化，办法是使用由一个组分恒定的相构成的电极［称为参比电极（reference electrode）］。

使用三电极体系可以较为理想地通过循环伏安和暂态法研究特定电极的特性。图2－2给出了三电极体系的基本构成，它包括被研究电极（工作电极）、对电极和参比电极。对电极通过电源或恒电位仪与工作电极相配可以精确控制电流或电极电位。如果对电极上的反应产物影响工作电极的运行。两电极必须用烧结玻璃片或其他多孔介质分开，这些介质允许离子传导，但阻止对电极和工作电极周围的电解质混合。工作电极的电位通过非极化的参比电极进行监控。对于水溶液体系，典型的常用参比电极体系有 Ag/AgCl、Hg/Hg_2Cl_2、Hg/HgO 等。

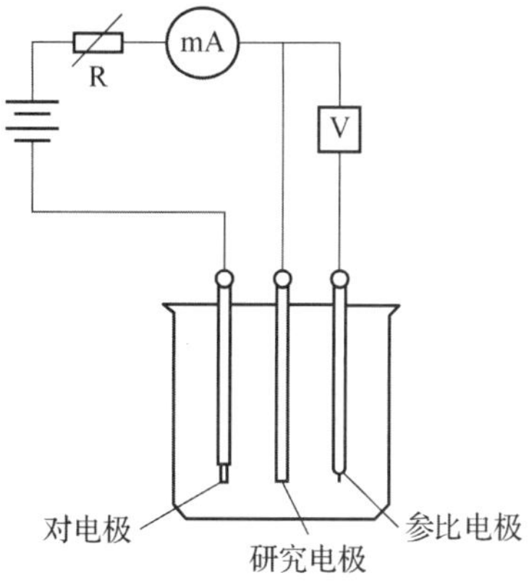

图2－2 三电极体系示意图

2.1.2 电极的分类

存在很多电极材料，并具有不同的性质。这里介绍的是比较经典的分类。根据电极材料和与之相接触的溶液，其分成如下 4 类。

1. 第一类电极

电极与它的离子溶液相接触。这类电极可分为以下两种情况。

（1）金属与它的阳离子。一般表示为 $M|M^{x+}$，如 $Zn|Zn^{2+}$，相应的电极反应为

$$M^{x+} + ne \rightarrow M$$

（2）非金属与其离子。例如 $H_2|H^+$ 或 $Cl_2|Cl^-$，电极反应在惰性电极如铂的表面进行。以氢电极为例，电极反应为

$$\frac{1}{2}H_2 + e \rightarrow H^+$$

2. 第二类电极

金属与其金属离子可以形成难溶盐的溶液相接触。例如 $Hg|Hg_2Cl_2|Cl^-$，也称为甘汞电极。

电极反应：

$$\frac{1}{2}Hg_2Cl_2 + e \rightarrow Hg + Cl^-$$

这一类电极常用作参比电极，因为这种难溶盐参与电极反应，使电极电势非常稳定。另一个常用的参比电极的例子是 $Ag-AgCl|Cl$，碱性溶液中常用的参比电极是 $Hg-HgO|OH^-$。

3. 氧化还原电极

这一类电极是一个电子源或电子接收器，允许电子的传输而自身并不像第一类电极和第二类电极那样参与反应。这也是其称为氧化还原电极或惰性电极的原因。事实上惰性电极的概念是理想化的，因为电极的表面对电极反应是施加影响的，电极表面可以与溶液中的组分形成化学键（形成氧化物或吸附等）。这些过程引起的是非法拉第电流（法拉第电流是由于界面的电子传递引起的）。这一部分将在后面的章节中进一步讨论。

氧化还原电极最初使用的材料是贵金属，如铂和金，还有汞。目前使用的惰性电极材料有很多种，如玻璃碳、不同形式的石墨，还有半导体氧化物，只

要在所应用的电势范围内电极材料表面本身不发生反应。

2.1.3　参比电极

参比电极，像字面的意思一样，它是作为参照来测量电势差的电极，且电势只能记录相对于所选择参比值下的电势差。因此好的参比电极需要相对时间和温度有稳定的电势，且电势不会随体系小的振动所改变（如电极上通过小的电流）。参比电极有三种形式：

第一类型：如氢电极；

第二类型：如甘汞电极；

其他：如玻璃电极、2.1.2小节中的氧化还原电极等。

标准氢电极是最重要的参比电极，因为它是定义标准电极电势的标度的一种电极。它的重现性非常好，在不同的氢电极上只相差10 pV。典型的氢电极如图2－3所示。

通常氢电极由镀铂的铂片作为电极，因为这样很容易催化氢的反应：

$$H^{+}+e\rightarrow\frac{1}{2}H_2$$

存在很多不同的镀铂方法，但通常是在3%的氯铂酸（H_2PtCl_6）溶液中加入少量的醋酸盐（0.005%），用来延长电极的寿命。在使用前，要在溶液中通入氢气。

第二种类型的参比电极是非常好的参比电极，因为这类电极的电极电势非常稳定，图2－4所示的为一种常用的甘汞电极，可以看到，这种电极很容易放入任何溶液中。

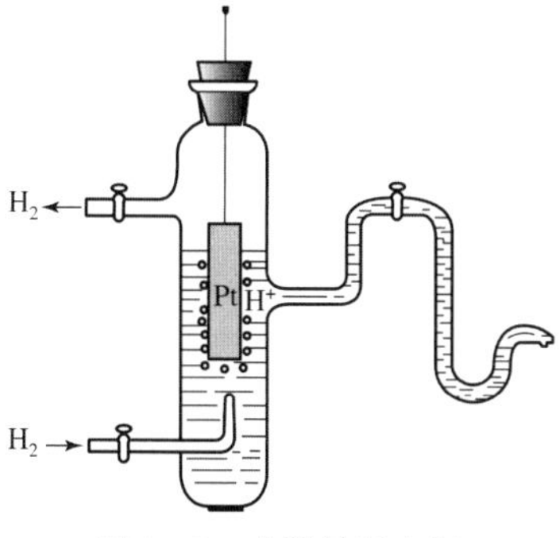

图2－3　典型的氢电极

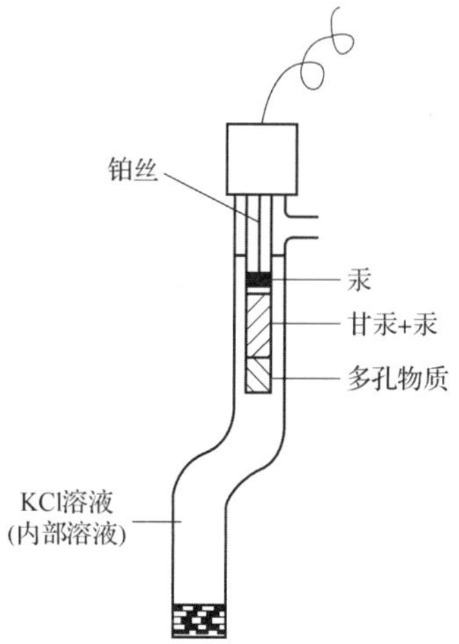

图2－4　甘汞电极

使用参比电极还有一些问题需要注意。溶液中存在的离子可能与难溶盐形成配合物，许多金属的氢氧化物就属于这种情况，它们形成的氧化物的溶解性都非常小。这样的参比电极在碱性溶液中的使用受到限制。汞氧化物没有这样的不利因素，建议在碱性溶液中优先使用 $Hg-HgO|OH^-$ 参比电极，然而，需要注意的是电解质溶液中的阴离子浓度。

这些电极主要在水溶液体系中使用。参比电极一般有一个小的多孔塞，连接参比电极和电池的溶液。参比电极通常只用于控制电势，而不用于传递电流。由于离子通过多孔塞的迁移速率非常小，所以这种电极也可以用于短时间非水体系电势的测量。已经研制出了在非水溶剂中使用的参比电极，如 $Li|Li^+$ 在二甲亚砜溶液中。

在研究锂电池、锂离子电池时，理想的参比电极是金属锂。但金属锂参比电极未必适用于所有锂电池的研究，特别是在金属锂不稳定的电解质中，如某些离子液体或超过锂熔点的高温测试。对于后一种情况，可以采用更高熔点的锂合金如 LiAl 合金。前一种情况可以使用准参比电极。把金属丝（Al、Pt、Ag 等）浸到电解质中形成的准参比电极一般用于和金属 Li 发生反应的电解质中。尽管准参比电极可以提供一个恒定电位，但没有任何热力学意义。除金属丝参比电极外，另一类和金属锂相关的、可以提供热力学稳定的参比电极是金属氧化物，如 $Li_4Ti_5O_{12}$ 可提供一个相对 Li/Li^+ 为 1.55 V 的可逆电位。

2.2 电极反应

2.2.1 法拉第过程

电池将化学能转变成电能的过程是通过电极上发生的电化学氧化与还原反应进行的。电池由负极（或阳极）和正极（或阴极）构成，放电时负极（或阳极）发生的是氧化反应，正极（或阴极）发生的是还原反应，而离子通过电解质传输。

电极上化学物质反应输出的最大电能由两电化学反应电对的吉布斯自由能变化 ΔG 决定。理想的情况是放电时所有这些能量都转变成有用的电能。然而，当负载电流通过电极并伴随着电化学反应时，因极化引起的能量损失不可避免。这些损失包括：活化极化，它驱动电极界面的电化学反应；浓差极化，它产生于反应物和产物在电解质本体和电极/电解质界面的浓度差，是质量传输速率控制的结果。这些极化造成了部分能量损失并以废热的形式放出，因而电极内贮存的理论能量并不能都转化成有用的电能。

在电池中，反应基本上是发生在两个区域或两个部位上，这些反应部位就是电极界面。一般来说，在一个电极上的反应（正向还原）可表示为

$$aA + ne \rightleftharpoons cC \tag{2-3}$$

式中，a 摩尔的 A 得到 n 个电子，形成 c 摩尔的 C。在另一个电极上的反应（正向氧化）可表示为

$$bB \rightleftharpoons + dD + ne \tag{2-4}$$

电池总反应可通过两个半电池反应相加而得

$$aA + bB \rightleftharpoons cC + dD \tag{2-5}$$

该反应的标准自由能的变化 ΔG 可用式（2-6）表示：

$$\Delta G^\theta = -nFE^\theta \tag{2-6}$$

式中，F 通称为法拉第常数（96 487 C）；E^θ 是该反应的标准电极电位。单电极（绝对）电位的直接测量实际上是不可能的，为了度量半电池电位或标准电位，必须确立一个参考“零”电位，以此为参考点测得单个电极的电位。按照惯例，H_2/H^+（水溶液）反应的标准电位被视为“零”，所有标准电极电位都相对该电位。表 2-1 给出了一些负极（或阳极）和正极（或阴极）材料的标准电位。

表 2-1　25 ℃时的标准电极电位

电极反应	E^θ/V	电极反应	E^θ/V
$Li^+ + e \rightleftharpoons Li$	-3.045	$CuCl + e \rightleftharpoons Cu + Cl^-$	0.121
$K^+ + e \rightleftharpoons K$	-2.925	$AgCl + e \rightleftharpoons Ag + Cl^-$	0.222 3
$Na^+ + e \rightleftharpoons Na$	-2.714	$AgCl + e \rightleftharpoons Ag + Cl^-$（海水，pH 为 8.2）	0.247 6
$Al^{3+} + 3e \rightleftharpoons Al$	-1.67	$Hg_2Cl_2 + 2e \rightleftharpoons 2Hg + 2Cl^-$	0.268 2
$H_2O + e \rightleftharpoons \frac{1}{2}H_2 + OH^-$	0.827 7	$Hg_2Cl_2 + 2e \rightleftharpoons 2Hg + 2Cl^-$［标准 KCl（SCE）］	0.241 2
$H_2O + e \rightleftharpoons \frac{1}{2}H_2 + OH^-$（海水，pH 为 8.2）	0.532 5	$O_2 + 2H_2O + 4e \rightleftharpoons 4OH^-$	0.401
$Ni(OH)_2 + 2e \rightleftharpoons Ni + 2OH^-$	-0.72	$Cu^{2+} + Cl^- + e \rightleftharpoons CuCl$	0.559

续表

电极反应	E^{θ}/V	电极反应	E^{θ}/V
$O_2 + H^+ + e \rightleftharpoons HO_2$	-0.046	$O_2 + 4H^+ + 4e \rightleftharpoons 2H_2O$ （纯水，pH 为 7）	0.815
$2H^+ + 2e \rightleftharpoons H_2$	0.000	$O_2 + 4H^+ + 4e \rightleftharpoons 2H_2O$	1.229
$HgO + H_2O + 2e \rightleftharpoons Hg + 2OH^-$	0.097 7	$Cl_2 + 2e \rightleftharpoons 2Cl^-$	1.358

当条件与标准状态不同时，电池电压 E 可由 Nernst 公式得到

$$E = E^{\theta} - \frac{RT}{nF}\ln\frac{a_C^c a_D^d}{a_A^a a_B^b} \tag{2-7}$$

式中，a_i 为相应粒子的活度；R 为气体常数，8.314 J/(K · mol)；T 为开尔文绝对温度。

电池反应的标准自由能变化 ΔG 是电池向外电路提供电能的驱动力。顺便提及，测量电动势也可得到反应的自由能变、熵变和焓变数据以及活度系数、平衡常数和溶度积等数据。

由于参比电极的组成固定不变，因而它的电势是恒定的，这样，电池中的电势变化都归结于工作电极。当观测或控制工作电极相对于参比电极的电势时，也就等于观测或控制工作电极内电子的能量。当电极达到更负的电势时（例如，将工作电极与一个电池或电源的负端接在一起），电子的能量就升高；当此能量高到一定程度时，电子就从电极迁移到电解液中物种的空电子轨道上。在这种情况下，就发生了电子从电极到溶液的流动（还原电流）[图 2-5（a）]。同理，通过外加正电势使电子的能量降低，当达到一定的程度时，电解液中溶质上的电子将会发现在电极上有一个更合适的能级存在，就会转移到那里。电子从溶液到电极的流动，是氧化电流 [图 2-5（b）]。这些过程发生的临界电势与体系中特定的化学物质的标准电势（standard potentials）E^{θ} 有关。当电流作为电势的函数作图时，可得到电流 - 电势曲线（current - potential curve, i vs. E)。该曲线可提供相关溶液和电极的性质，以及在界面上所发生反应的非常有用的信息。

图 2-5 所示的分子轨道（MO）为物质 A 的最高占有和最低空的 MO。它们分别近似地对应于 A/A 和 A^+，A 电对的 E^{θ}。图例体系代表在质子惰性溶剂中（如乙腈）铂电极上的芳香族烃（如 9，10 二苯基蒽）。

许多化学物质都有多种化学价态，也就是说，它们可以从一种价态失去或得到电子而转化为另一种价态，反应式如下：

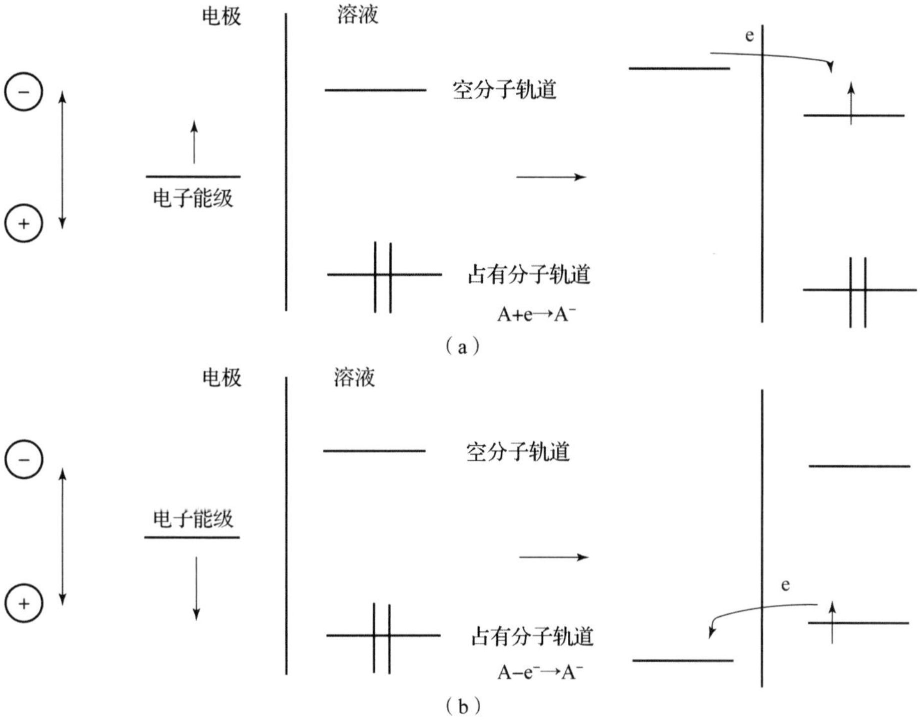

图 2－5　溶液中物质 A 的还原和氧化过程

（a）还原过程；（b）氧化过程

$$M^{x+}(aq) + P^{y+}(aq) \rightarrow M^{(x+1)+}(aq) + P^{(y-1)}(aq) \qquad (2-8)$$

当整个体系的自由能降低时，这一反应能够自发进行。均相溶液中可以发生上面的电子的交换，或者在一定条件下电子被迁入或迁出电导体。电子导体与电解质相中某种物质间的电子传递就是人们所熟知的电化学反应或电极反应过程。根据电中性原理，对于这一连续进行的电子传递过程，要求有另外一个电子传递方向相反的电极过程相联系在一起。如果含有 $M^{x+}(aq)$ 和 $P^{y+}(aq)$ 离子的溶液分别被放置在如图 2－6 所示的容器中，两块惰性金属导体通过电阻相连接，则回路中将有电流产生，并生成 $M^{x+}(aq)$ 和 $P^{y+}(aq)$。相界面上发生电荷转移（在适当方向上）与均相溶液的电子交换的结果完全相同。整个电池反应，包括通过负载电阻的电流，将被与电池反应相联系自由能推动自发进行。以上就是原电池的实质，原电池就是一种把化学能

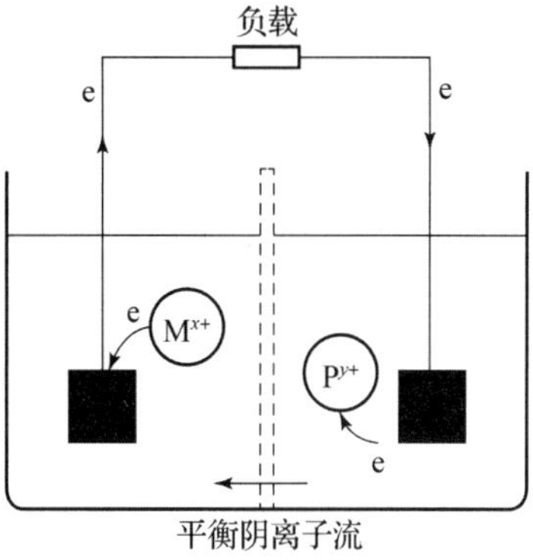

图 2－6　基本电化学电池

直接转化为电能的装置。在电化学电池中，被氧化和还原的化学物质的量与通过金属/溶液界面的电荷总数（遵循法拉第定律）相关。

（两电极通过外部负载电阻相互连接使电池反应自发进行）

回路电流 i(A)与所经历的时间 δt(s)的乘积等于通过电池任何界面的电荷量 $i\delta t$(C)。假设氧化一个 M^{x+}(aq)离子需从溶液相向电极传递一个电子，那么通过 $i\delta t$(C)电量时，参加反应的 M^{x+}(aq)物质的量（mol）为$\frac{i\delta t}{Le_0}$。

其中，e_0 为一个电子所带的电量（1.601×10^{-19} C）；L 为阿伏加德罗常数（6.022×10^{23}）。Le_0 通常称为法拉第常数 F，其值为 96 490 C/mol。对于一般的电极反应过程：

$$M^{x+}(aq)-ne\rightarrow M^{(x+n)+}(aq)$$

每一个 M^{x+} 离子释放 n 个电子给外电路，以生成氧化产物，那么在 δt 时间内，流过电流 i 时，反应的 M^{x+}(aq)离子的物质的量（mol）为

$$N_M=\frac{i\delta t}{nF} \tag{2-9}$$

通过电池的电流往往是关于时间的函数，那么式（2-9）可进一步写成

$$N_M=\frac{1}{nF}\int_0^t i\mathrm{d}t \tag{2-10}$$

这里是在电流通过的整个时间范围内求积分。相反地，如果 N_M 代表存在的 M^{x+} 的总物质的量，那么电池的最大容量，即可提供给外电路的总电量为

$$Q_T=\frac{1}{nF}\int_0^t i\mathrm{d}t=nFN_M \tag{2-11}$$

如果有两个电极，那么电流只在电池内电路中流动，在第二个电极上发生的一定方向的电荷迁移将引起 P^{y+} 离子的还原反应，传递的电量也是 $i\delta t$(C)。如果第二个电极反应过程为

$$P^{y+}(aq)+n'e\rightarrow M^{(y-n)+}(aq) \tag{2-12}$$

那么被还原的 P^{y+} 离子的物质的量为

$$N_P=\frac{i\delta t}{n'F} \tag{2-13}$$

需要注意的是，含 M^{x+}(aq) N_M mol 和 P^{y+}(aq) N_P mol 的电池的最大容量是小于 nFN_M 和 $n'FN_P$ 中任意一个值的。如果

$$nN_M=n'N_P$$

这时表示电池达到平衡，理论上两个电极上的反应物同时被耗尽。相反，如果

$$nN_M>n'N_P$$

电池容量将由阳极或阴极限定。也就是说，通过外电路的最大电量由两种

活性物质中的一种所决定，这里是 $P^{y+}(aq)$。实际应用中，电池都存在这种不平衡，这是为了防止放电结束时一些有害反应的发生，如气体的释放、壳体泄漏引起的电池突然失效。

2.2.2　非法拉第过程

在电极上有两种过程发生。一种包括刚刚讨论的反应，在这些反应中，电荷（如电子）在金属－溶液界面上转移。电子转移引起氧化或还原反应发生。由于这些反应遵守法拉第定律（即因电流通过引起的化学反应的量与所通过的电量成正比），所以它们称为法拉第过程（Faradaic processes），发生法拉第过程的电极有时称为电荷转移电极（charge transfer electrodes）。在某些条件下，对于一个给定的电极－溶液界面，在一定的电势范围内，由于热力学或动力学方面的不利因素，没有电荷－转移反应发生。然而，像吸附和脱附这样的过程可以发生，电极－溶液界面的结构可以随电势或溶液组成的变化而改变。这些过程称为非法拉第过程（non－Faradaic processes）。虽然电荷并不通过界面，但电势、电极面积和溶液组成改变时，外部电流可以流动（至少瞬间地）。当电极反应发生时，法拉第过程和非法拉第过程两者均发生。虽然在研究一个电极反应时，通常主要的兴趣是法拉第过程（研究电极－溶液界面本身性质时除外），在应用电化学数据获得有关电荷转移及相关反应的信息时，必须考虑非法拉第过程的影响。因此，本小节将讨论在一个体系中仅有非法拉第过程发生的简单情况。

1. 理想极化电极

无论外部所加电势如何，都没有发生跨越金属－溶液界面的电荷转移的电极，称为理想极化电极［或理想可极化电极（ideal polarized electrode，IPE）］。没有真正的电极能在溶液可提供的整个电势范围内表现为 IPE，一些电极－溶液体系在一定的电势范围内，可以接近理想极化，如汞电极与除氧的氯化钾溶液界面在 2 V 宽的电势范围内，就接近于一个 IPE 的行为，在电势很正时，汞可被氧化，其半反应如下：

$$Hg + Cl \rightarrow \frac{1}{2}Hg_2Cl_2 + e \quad (约 +0.25\ V, 相对于\ NHE) \qquad (2-14)$$

当电势非常负时，K^+ 可被还原：

$$K + e \xrightarrow{Hg} K(Hg) \quad (约 -2.1\ V, 相对于\ NHE) \qquad (2-15)$$

在上述过程发生的电势范围区间，电荷转移反应不明显。水的还原为

$$H_2O + e \rightarrow \frac{1}{2}H_2 + OH^- \quad (2-16)$$

在热力学上是可能的，但在汞电极表面上除非达到很负的电势，否则此过程以很低的速率进行。这样，在此电势范围内仅有的法拉第电流流动是因为微量杂质的电荷－转移反应（如金属离子、氧气和有机物质），对于纯净的体系此电流是相当小的，另外一种具有 IPE 行为的电极是吸附有烷基硫醇自组装单层的金表面。

2. 电极的电容和电荷

电势变化时电荷不能穿过 IPE 界面，电极－溶液界面的行为与一个电容器的行为类似。电容器是由介电物质隔开的两个金属片所组成的电路元件［图 2－7（a）］。它的行为遵守式（2－17）：

$$\frac{q}{E} = C \quad (2-17)$$

式中，q 为电容器上存储的电荷，C；E 为跨越电容器的电势，V；C 为电容，F。当电容器被施加电势时，电荷将在它的两个金属极板上聚集，直到电荷 q 满足式（2－17）。在此充电过程中，有电流产生［称为充电电流（charging current）］，电容器上电荷由两个极中一个电子过剩和一个电子缺乏构成［图 2－7（b）］。例如，在一个 10 μF 的电容器上加上一个 2 V 的电池，电流流动——直到 20 μC 聚集在电容器的金属极上为止。电流的大小与电路的电阻有关。

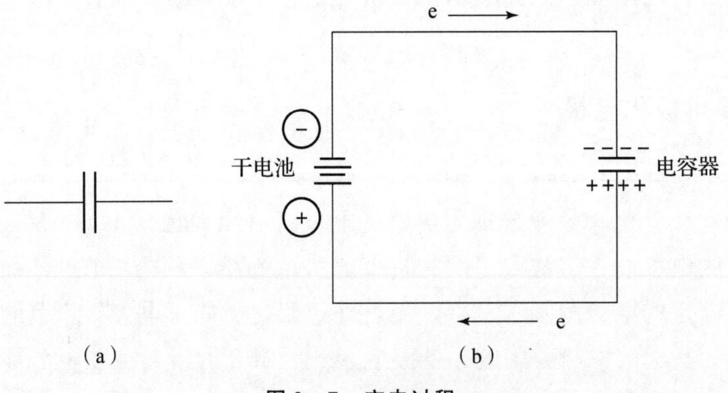

图 2－7　充电过程

（a）一个电容器；（b）由干电池给电容器充电

实验证明电极－溶液界面行为类似一个电容器，于是可以给出与一个电容器类似的界面区域模型。在给定的电势下，在金属电极表面上将带有电荷 q^M，在溶液一侧有电荷 q^S（图 2－8）。相对于溶液，金属上的电荷是正或负，与跨界面的电势和溶液的组成有关。无论如何，$qM = -q^S$（在实际的实验中有两个金属电极，因而不得不考虑有两个界面；我们仅集中在一个上，忽略另外一个所发生的问题）。金属上的电荷 q^{M} 代表电子的过量或缺乏，仅存在于金属表面很薄的一层中（<0.01 nm）。溶液中的电荷 q^{S}，由在电极表面附近的过量的阳离子或阴离子构成。电荷 q^{M} 和 q^{S} 与电极面积比值，称为电荷密度（charge densities），$\sigma M = q^{M}/A$，通常单位是 C/cm^2。在金属 - 溶液界面上的荷电物质和偶极子的定向排列称为双电层（electrical double layer，正如将在 2.2.3 小节中看到的那样，它的结构仅仅非常粗略地与两个荷电层相类似）。在给定的电势下，电极 - 溶液界面可用双电层电容 C_d 来表征，一般在 10 ~ 40 $\mu F/cm^2$ 之间。然而，与真实的电容器不同的是，C_d 通常是电势的函数，而电容器的电容与外加电势无关。

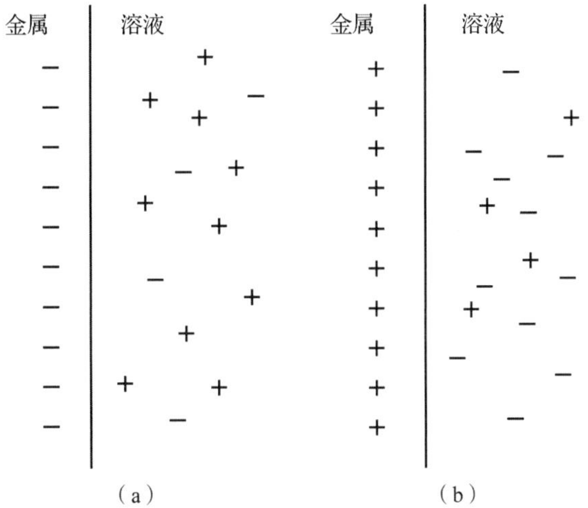

图 2 -8　类似电容器的金属 - 溶液界面

（a）负电；（b）正电

注：金属上所带电荷为 q^{M}

2.2.3　双电层模型

为了更直观地理解电极反应过程，建立了双电层模型。当电导率高的两相接触时，电荷一般通过如下途径进行重新分布：电荷迁移至上述界面，荷电粒子在界面上吸附，界面附近的偶极子定向排列等。重新分布的电荷区域称为双电层，因为要保持电中性，界面一侧排列的电荷与另一侧排列的电荷等量但异性。当金属浸入电解质溶液中，界面金属一侧的表面原子层的电荷相应过剩或缺电子。在许多模型中，金属平面被认为是完美无瑕的，但是在实际上表面始终存在晶界和缺陷；而且即使对于一个“完美”单晶面，为了使表面能减小，表面也将发生“重构”。当电解液组分被吸附在金属表面时，这种“重构”还可能发生逆转或改变。双电层溶液一侧的结构更加复杂，通常可以简单地认为它由如下两个区域组成（图2－9）。

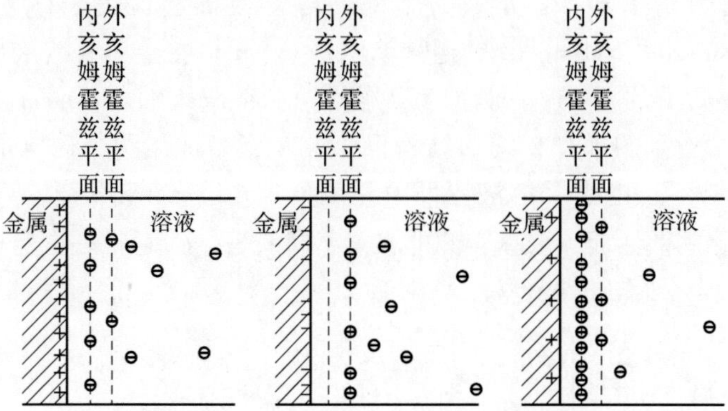

图2－9　在不同电极极化条件下的双电层结构

（a）金属荷正电性，阴离子同时存在于内层亥姆霍兹平面（与金属相互化学作用）及外层亥姆霍兹平面之外的扩散层；（b）金属荷负电性，内层亥姆霍兹平面无离子，阳离子位于扩散层；（c）金属荷正电性，阴离子被强吸附于内层亥姆霍兹平面上，平衡阳离子处于分散层

（1）内层（紧密层）：含有部分溶解的阴离子及定向排列的溶剂分子偶极子，这些阴离子与金属原子间存在强化学作用力。

（2）外层（分散层）：在静电力的作用下，外层离子受到界面的吸引或排斥，同时也受到热碰撞的影响，分散层的有效厚度是关于电解液的浓度、温度、溶剂的介电常数等的函数。

金属/溶液界面上双电层的形成，导致电极表面区域附近原子、离子、分子出现特定排列，并且随着与界面的距离的变化，电势也发生改变。双电层的结构对化学反应的速率影响很大。就可通直流电的电化学电池而言，电池内部两相间的这种电位差形成的主要机理是电荷迁移造成的，如在两个金属或半导体之间的电子迁移、在金属与含此金属离子溶液之间的离子转移等。不活泼金属（如铂）浸入同时含有一种物质的氧化态和还原态的溶液中（如 Fe^{3+}、Fe^{2+}），在金属与溶液接触的瞬间，两相均不带电且两相间不存在电位差。然而，两相只要一接触，电荷转移过程就开始了：Fe^{3+} 从金属的导带得到一些电子，而同时 Fe^{2+} 离子失去 t_{2g} 轨道电子并传递给金属。如果这两个过程速率不等，金属相与溶液相将逐渐带上荷电。例如，如果 Fe^{3+} 被还原易于 Fe^{2+} 被氧化，那么金属很快带正电（因为失去的电子比得到的要多），溶液带等量的负电（当 Fe^{3+} 离子被还原为 Fe^{2+} 离子时，产生多余的平衡阴离子）。随静电荷在两相的积累，两相之间产生电位差。同时，电位差的存在对电荷迁移速率也产生影响。如果电极（即金属相）带正电，那么 Fe^{3+} 离子的还原速度将降低，与此同时 Fe^{2+} 离子的氧化速度将增大。因此，随电荷传递过程的进行，两相间的电位差继续发生变化，直到 $Fe^{2+}-e \rightarrow Fe^{3+}$ 和 $Fe^{3+}+e \rightarrow Fe^{2+}$ 的速度相等，形成一个动态平衡，此时的两相间电位差称为平衡电位差。需要注意的是，电荷迁移过程并未停止。相反，在金属表面上存在一个得到与失去等量的电子迁移过程，因此两相间无净电荷迁移，一个平衡的双电层结构就产生了。这一阶段有两点需要注意：第一，为建立一个平衡电位差而在两相间发生的电荷转移数量是非常小的，以至于溶液组成的改变是微不足道的。例如，当表面积为 1 cm 的铂电极置于 Fe^{2+}/Fe^{3+} 溶液时，仅有 10^{-10}~10^{-9} mol 的 Fe^{3+} 离子被还原。第二，电荷转移过程的动力学是非常重要的，一旦速率变慢，很难达到真正的平衡状态，这将在以后的章节中详细阐述。

2.3　电极过程动力学

电能与化学能的重要转变装置是原电池与电解池。前者是通过化学反应获得电能，后者是通过电能制取化学物质。两者一般都包含下列电极反应步骤：①电极作用物质自溶液本体向电极表面迁移，即液相传质步骤；②在电极表面吸附，脱出溶剂壳，配合物解体等电极放电反应前的步骤，又称前置表面转化步骤，简称 CE 步骤；③在电极表面放电步骤，又称电化学步骤；④放电后在电极附近的表面转化步骤，又称随后转化步骤，简称 EC 步骤；⑤产物生成新相，如生成气泡离开电极或形成固态结晶的步骤，也包括形成汞齐类型产物时向溶体内的扩散步骤。研究电极过程的目的就是确定上述步骤中哪一步是最慢的（即控制步骤），然后获得整个电极反应的数学表达式，定量地描述浓度（活度）与时间的关系。电极动力学或电化学动力学是用单位时间内电极上起反应的物质的量（n）的变化来表示反应进度，即以 dn/dt 表示，该物质放电的时候必然产生电流，通过电流的变化就可观察到反应速率的变化，电流以 I 表示，电荷为 z 的物质放电，它引起的电流变化，即 $zFdn/dt$，为了比较电极反应的能力，应该比较单位电极面积上的变化，即以电流密度 i 做比较，则 $i=(zFdn/dt)\left(\frac{dn}{dt}\right)\frac{1}{S}$，式中 S 为电极表面面积，电流是有方向的，因此往往加上箭头表示电流密度的方向，如 $\overrightarrow{i}$ 或 $\overleftarrow{i}$，以文字说明规定电流或电流密度的方向，如规定阴极还原电流为正。

2.3.1 极化作用

通常把对平衡现象的偏离称为极化现象或极化作用。热力学平衡过程与可逆现象紧密相连，可逆过程或平衡过程的变化率是很小的，但实际过程必须有一定的速率，有时还要求有很高的速率。例如现代对电动汽车的要求之一是必须有大电流放电，即要求反应速率很大，这样必然产生偏离平衡值的现象，即极化现象。如电阻极化就是由于电池或电解池有电阻，因而使电位出现偏离平衡值的现象。电池或电解池的电阻有电解质的电阻、电极材料的电阻，甚至还有由于反应产物的附着（如氢氧化物沉淀在电极上）造成的电阻等。浓差极化是电化学反应进行时作用物浓度的变化造成电极电位对平衡值的偏差。例如 Zn 的电沉积，电极附近 Zn^{2+} 的浓度显然低于平衡时的浓度，由于扩散与迁移较缓慢，必然低于溶液本体的浓度，这也会反映到电极电位的变化，称为浓差极化。电荷的积累也可能是由于放电步骤本身迟缓造成的，弗鲁姆金称其为迟缓放电，后期的研究又表明，紧挨着放电步骤的（除扩散步骤以外）前置步骤（如配合物离解）及后续步骤（如放电以后形成的金属原子进入晶格）也可能很慢。这些缓慢步骤造成电极电位对平衡现象的偏差，往往称为电化学极化。

2.3.2 过电位

上述极化现象的结果往往是造成电极电位或电池电动势与平衡值的偏离，即与可逆电位的偏离，某电流密度下电极电位与可逆电极电位的差值称为过电位或超电势。习惯上总是把过电位表示为正值，所以当实际电位比可逆电位更负时，计算过电位时应该是可逆电位值减去实际电位值。当 φ 电位 η 与电流密度 i 的对数之间呈线性关系，即

$$\eta = a \pm b\lg i \tag{2-18}$$

式中，η 为过电位；i 为电流；a、b 为常数。

一般可把常数 b 称为 Tafel 斜率。Tafel 关系式对许多电化学体系在很宽广的过电位范围内均适用。但在低的过电位情况下，这种关系不成立，并导致 η 和 $\lg i$ 的关系曲线出现偏离，如图 2-10 所示。

2.3.3 电化学步骤的基本动力学方程式

Tafel 公式与许多试验规律很好地吻合，激励了人们对电极过程动力学理论的探索。但是 Tafel 关系式仅适用于高过电位范围，可能该表达式不适用于

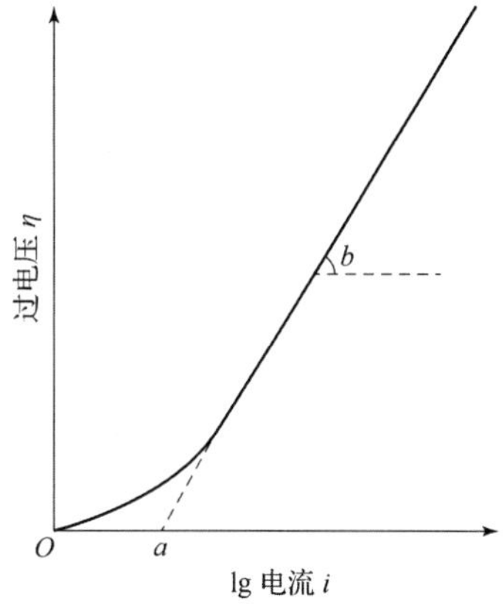

图 2－10　图解塔菲尔图给出了在低的过电位下的参数 *a* 和 *b*

近平衡状态的条件，而仅用来表示单向过程的电流－电位相互关系。在氧化过程中，这意味着还原过程的影响是可以忽略的。我们把式（2－18）重新排列成下列指数形式：

$$i = \exp\left(\pm \frac{a}{b} \right) \exp \frac{\eta}{b} \qquad (2-19)$$

一般的情况是，电还原过程的正向和逆向两个反应都必须考虑，如图 2－11 所示，电化学反应可简化为

$$\mathrm{O} + n\mathrm{e} \rightleftharpoons \mathrm{R} \qquad (2-20)$$

式中，O 为氧化态粒子；R 为还原态粒子；*n* 为电极反应过程所涉及的电子数。

正向反应和逆向反应可分别用异相速率常数 k_f 和 k_b 来描述。正向反应速率和逆向反应速率可由产物的速率常数与该产物在电极表面相应浓度的乘积来表示。如同后面所指出的那样，电极表面的电活性粒子的浓度常数与溶液本体浓度不同。正向反应速率是 $k_a C_O$，逆向反应速率是 $k_b C_R$。为了方便起见，这些速率常常分别用正向反应和逆向反应电流 i_f 和 i_b 表示：

$$i_f = nFAk_f C_O \qquad (2-21)$$

$$i_b = nFAk_b C_R \qquad (2-22)$$

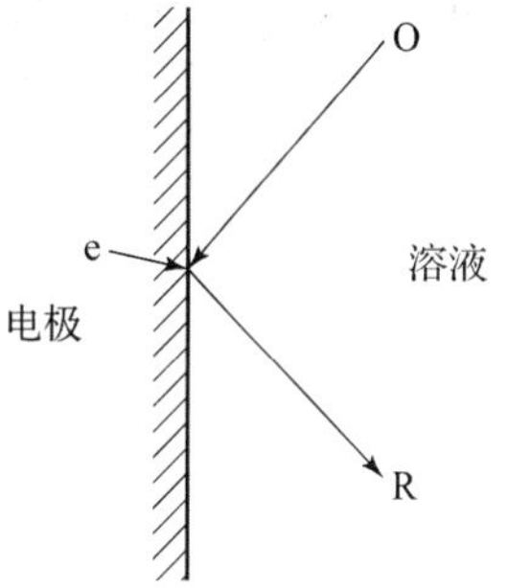

图 2－11　电极上发生的还原过程

式中，*A* 为电极面积；*F* 为法拉第常数。

所建立起来的这些表达式仅仅是将物质作用定律应用于正、逆向电极过程的结果。在此过程中，电子的作用可以由假设速率常数的大小取决于电极电位而得到确定。速率常数和电极电位的关系一般可描述为：降低电极电位 *E* 会促进正向还原反应而抑制逆向氧化反应的进行，相当于分别增加和降低正、负极

反应的活化能，反之亦然。通常施加在电极上的还原电位 E 只有一部分 αE（$\alpha<1$，称为传递系数）被用来驱动还原过程，而 $(1-\alpha)E$ 被用来驱动氧化过程，它是促成氧化过程更为困难的因素（电位降低增加了氧化反应的活化能）。数学上，这些依赖于电位的速率常数可用式（2－23）和式（2－24）表示：

$$k_{\mathrm{f}}=k_{f}^{\theta}\exp\frac{-\alpha nFE}{RT} \tag{2-23}$$

$$k_{\mathrm{b}}=k_{b}^{\theta}\exp\frac{(1-\alpha)nFE}{RT} \tag{2-24}$$

式中，α 为传递系数；E 为相对于适当参考电极的电极电位，对于传递系数 α（在某些文章中表示为对称因子 β）的物理意义在这里用动力学术语做进一步的解释是适当的，因为在动力学推导中它的意义是明确的。给电极施加一个偏离平衡电位的电压时，只有施加电能的一部分 $-\alpha nFE$ 被用来驱动电化学反应，分数 α 称为传递系数。为了弄懂传递系数 α 的作用，必须阐明还原和氧化过程的能量变化。图 2－12 表示出氧化态粒子接近电极表面时的一个近似的势能曲线（Morse 曲线）和生成的还原态粒子的势能曲线。为了方便起见，把固体电极上的氢离子还原作为典型的电还原例子。根据 Horiuti 和 Polanyi 理论，氢离子的还原势能可用图 2－13 表示，图中氧化态粒子 O 是水合氢离子，还原态粒子 R 是连在金属（电极）表面上的氢原子。改变电极电位 E 的作用是将氢离子 Morse 曲线的势能升高。两个 Morse 曲线的交点形成一能垒，其高度为 αE。如果两条 Morse 曲线交点处的斜率分别接近一常数，那么 α 就可由两条 Morse 曲线交点处的斜率比来确定：

$$\alpha=\frac{m_1}{m_1+m_2} \tag{2-25}$$

式中，m_1 和 m_2 分别为水合氢离子和氢原子势能曲线的斜率。

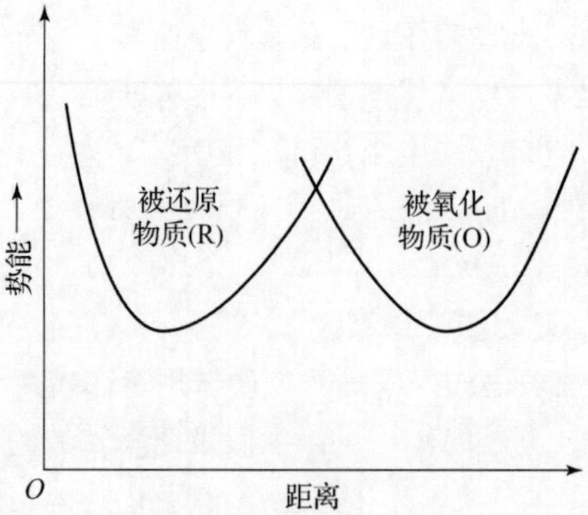

图 2－12　发生在电极上的还原－氧化过程的位能图

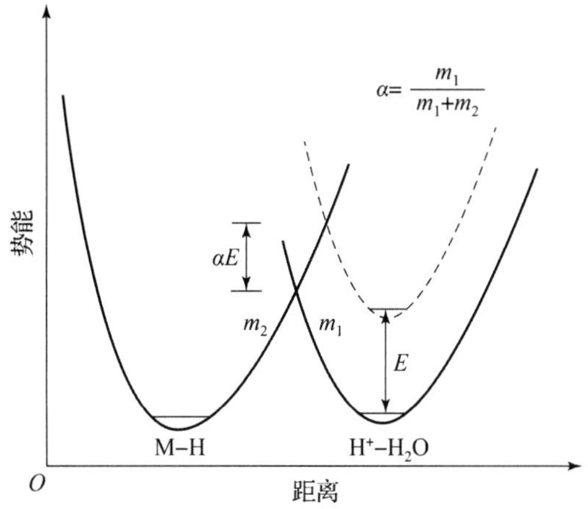

图 2 – 13　电极上水合氢离子的还原位能图

这种传递系数理论还存在某些不足之处，如假定了 α 是常数，且与 E 无关，目前还没有数据证实或反驳这种设想。其他主要的缺点是这一概念被用来阐述多种不同的粒子，如：①在惰性电极上的氧化还原变化（Hg 上的 Fe^{2+}/Fe^{3+}）；②溶于不同相中的反应物和生成物［$Cd^{2+}/Cd(Hg)$］；③电沉积过程（Cu^{2+}/Cu）。尽管存在这些不足之处，在许多情况下该理论的概念和应用还是合理的，目前它对电极过程的理解和阐述是最恰当的。

根据式（2 – 23）和式（2 – 24），可以导出有助于评价和阐述电化学体系的参数。式（2 – 23）和式（2 – 24）与用于单向过程的 Tafel 关系式［式（2 – 18）］是一致的。在平衡状态下，正向电流和逆向电流都存在，但由于系统是平衡的，因此两者是相等的，没有净电流通过：

$$i_f = i_b = i_0 \tag{2-26}$$

式中，i_0 是交换电流。按照式（2 – 21）~ 式（2 – 24）和式（2 – 26），可以导出下列关系式：

$$C_O k_f^0 \exp\frac{-\alpha nFE}{RT} = C_R k_b^0 \exp\frac{(1-\alpha)nFE_e}{RT} \tag{2-27}$$

式中，E_e 是平衡电势。重新排列后为

$$E_e = \frac{RT}{nF}\ln\frac{k_f^0}{k_b^0} + \frac{RT}{nF}\ln\frac{C_O}{C_R} \tag{2-28}$$

根据式（2 – 28），我们可给出标准电位 E_e^θ 的定义，式中使用的是浓度而不是活度：

$$E_e^\theta = \frac{RT}{nF}\ln\frac{k_f^\theta}{k_b^\theta} \tag{2-29}$$

为了方便起见，常将标准电位作为可逆体系电位标度的参考点。结合式（2－28）和式（2－19），我们可证明式（2－30）与 Nernst 公式完全一致，除了式中使用的是浓度而不是活度：

$$E_e = E_e^\theta + \frac{RT}{nF}\ln\frac{C_O}{C_R} \tag{2-30}$$

式（2－26）所定义的交换电流对电池界的研究人员是一个有重要意义的参数，结合式（2－21）、式（2－23）、式（2－28）和式（2－30），引入速率参数 k 可得

$$i_0 = nFAkC_O^{(1-\alpha)}C_R^{\alpha} \tag{2-31}$$

交换电流 i_0 是在整体无净变化的任何平衡电位下，氧化态和还原态物质之间电荷交换速率的一种度量单位。速率常数 k 是在一特定电位下，即该体系标准电位下定义的。但它本身还不足以表征该体系，必须要知道传递系数的值。式（2－31）可以用来阐明电极反应的机理。在氧化态或还原态粒子浓度一定时，分别测量交换电流密度随还原态和氧化态粒子浓度的变化，就可确定传递系数的值。图 2－14 为正向和逆向电流与过电位的关系，$\eta = E - E_e$，图中净电流是正向电流、逆向电流的代数和。

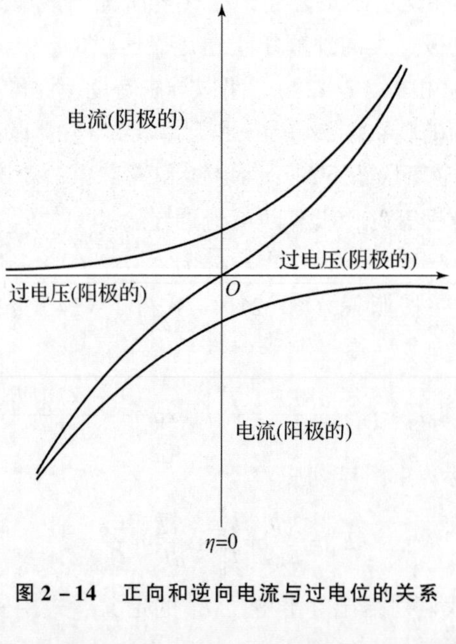

图 2－14　正向和逆向电流与过电位的关系

如净电流不为零，即电压偏离平衡电位足够远，净电流接近正向电流（或对阳极过电位而言就是逆向净电流）。此时有

$$i = nFAkC_O \exp \frac{-\alpha nF\eta}{RT} \tag{2-32}$$

当 $\eta = 0$，$i = i_0$ 时，有

$$i = i_0 \exp \frac{-\alpha nF\eta}{RT} \tag{2-33}$$

和

$$\eta = \frac{RT}{\alpha nF}\ln i_0 - \frac{RT}{\alpha nF}\ln i \tag{2-34}$$

过电位和电流之间的关系公式即前面已介绍过的 Tafel 方程（2-18）的一般形式。现在可以看出，这种动力学的分析与 Nernst 公式［式（2-30），用于平衡态］和 Tafel 关系式［式（2-30），用于单向过程］是完全一致的。为了以最有用的形式表示出这种动力学分析，将它转变成净电流形式是合适的，将

$$i = i_f - i_b \tag{2-35}$$

代入式（2-21）、式（2-24）和式（2-29），可得

$$i = nFAk\left[C_O \exp \frac{-\alpha nFE_C^0}{RT} - C_O \exp \frac{(1-\alpha)nFE_C^0}{RT}\right] \tag{2-36}$$

当式（2-36）付诸实用时，必须记住 C_O 和 C_R 是电极的表面浓度或者是有效浓度，它们未必与本体浓度相同。界面上的浓度常常（而且总是）随着表面和主体浓度之间的电位的不同而改变。

2.3.4　电极表面的物质传输

我们已对电极过程动力学和双电层对动力学参数的影响做了研究。了解这些关系是研究人员掌握全部电池相关技术的一个重要组成部分。另一项对电池研究有重要影响的内容是对电极表面物质往返传输过程的研究。

电极表面上物质的往返传输一般包括三个过程。

（1）对流和搅拌。

（2）在电位梯度下的电迁移。

（3）在浓度梯度下的扩散。

第一个过程很容易用数学或实验方法处理。如果需要搅拌，可以建立起一个流动体系。而如果实验要求必须完全处于滞流条件，则可以通过加强精心设计来保证。在大多数情况下，如果搅拌和对流存在或者被使用，可以用数学方法来处理它们。

若已知迁移数和迁移电流，传质过程中的电迁移部分也可以用实验方法来处理（可以减小到接近零或在特殊情况下偶尔增加），并可用数学式来描述。

电活性粒子在电位梯度下的电迁移可通过添加过量的惰性“支持电解质”使其减少至零，支持电解质能有效将电位梯度减少至零，从而消除了引起电迁移的电场，电迁移的增强比较困难。若需要的话则要增强电场，以便增强带电粒子的运动。从电极的几何结构设计上通过改变电极曲率可以使电迁移略有加强。凸面上的电场较平面或凹面上的要大，因此，在弯曲凸面上粒子的电迁移作用就增强。

第三个过程，即在浓度梯度下的扩散在这三个过程中最为重要，它一般也是电池中最主要的一种传质方式。可用 Fick 基本方程对扩散进行分析，该方程定义了在距离 x 和时间 t 时物质穿过一个平面的流量。该流量与浓度梯度成正比，可用式（2－37）表示：

$$q = D\frac{\delta C}{\delta x} \tag{2-37}$$

式中，q 为流量；D 为扩散系数；C 为浓度。

浓度随时间的变化率可用式（2－38）定义：

$$\frac{\delta C}{\delta t} = D\frac{\delta^2 C}{\delta x^2} \tag{2-38}$$

式（2－38）称为 Fick 第二扩散定律。在解式（2－37）和式（2－38）时要求使用边界条件。边界条件可根据电极所期望的“放电方式”来确定，也可以采用相关电化学技术施加的边界条件。

对于在电池技术中的直接应用，物质传递的三种模式具有重要意义。对流和搅拌过程可促使电活性物质流向反应区。在电池中使用对流和搅拌过程的例证有循环式锌/空气电池体系、振动的锌电极和锌－水合氯（$Cl_2 \cdot 8H_2O$）电池。在某些先进的铅酸电池中，酸的循环可提高电池极板中活性物质的利用率。在某些情况下，电迁移效应对电池性能是不利的，特别是凸点周围区域的增强电场（电位梯度）所引起的电迁移效应尤其如此。在这些区域，电迁移的增强易于引起枝晶的形成，最终导致短路或电池失效。

2.3.5 浓差极化

在大多数电池中，扩散是典型的传质过程，为维持电流流动需要物质往返于反应区的传递过程。扩散过程的加强和改进是研究改进电池特性参数所应遵循的一个正确方向。式（2－37）可以用一个近似的但更实用的形式表示，记为 $i = nFq$，式中 q 是通过单位面积平面的流量。因此有

$$i = nF\frac{DA(C_B - C_E)}{\delta} \tag{2-39}$$

式中，其他参数同前；C_B 为电活性粒子的主体浓度；C_E 为电极表面浓度；A 为电极面积；δ 为边界层厚度，即浓度梯度的变化主要集中在这个电极表面层内（图 2－15）。

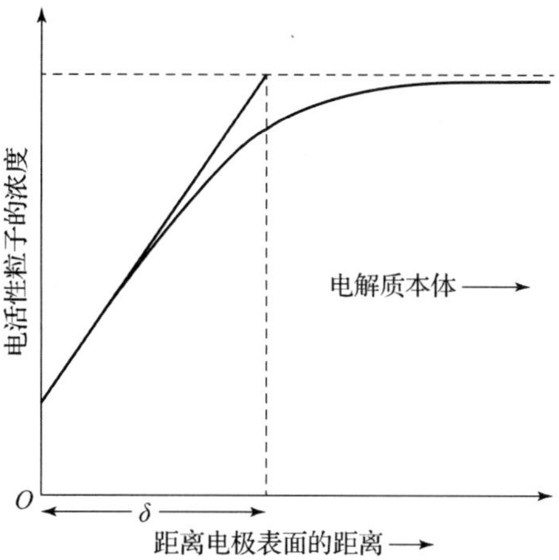

图 2－15　电极表面的边界层厚度

当 $C_E=0$ 时，该表达式定义了在所给定的一系列条件下溶液所能维持的最大扩散电流：

$$i_L = nF\frac{DAC_B}{\delta_L} \tag{2-40}$$

式中，δ_L 为极限条件下边界层厚度。它告诉我们，如果要增加 i_L，必须增加本体浓度、电极面积或增大扩散系数。在设计电池时，重要的是要了解该表达式的实质。一些特殊情况下可应用式（2－39）做出迅速分析，如可用来预测新型电池的放电率和比功率等参数假定扩散边界层的厚度不随浓度变化显著改变，则 $\delta_L=\delta$，式（2－39）可以重新写为

$$i = \left(1-\frac{C_E}{C_B}\right)i_L \tag{2-41}$$

电极表面与本体溶液的浓度差产生浓差极化，根据 Nernst 方程，扩散层内浓度变化产生的浓差极化或浓差过电位 η_c，可以重写为

$$\eta_c = \frac{RT}{nF}\ln\frac{C_B}{C_E} \tag{2-42}$$

结合式（2－41），得到

$$\eta_c = \frac{RT}{nF}\ln\left(\frac{i_L}{i_L-i}\right) \tag{2-43}$$

式（2－43）是由扩散引起的浓差极化和传质电流之间的关系，式（2－43）

表示当 i 接近极限电流 i_L，理论上过电位应变成无穷大。然而，如图2－16所示，实际过程中当电位增加至某一数值时，会发生另一个电化学反应。图2－17为基于式（2－43），当 $n=2$ 和25 ℃下，浓差过电位与 i/i_L 的函数关系。

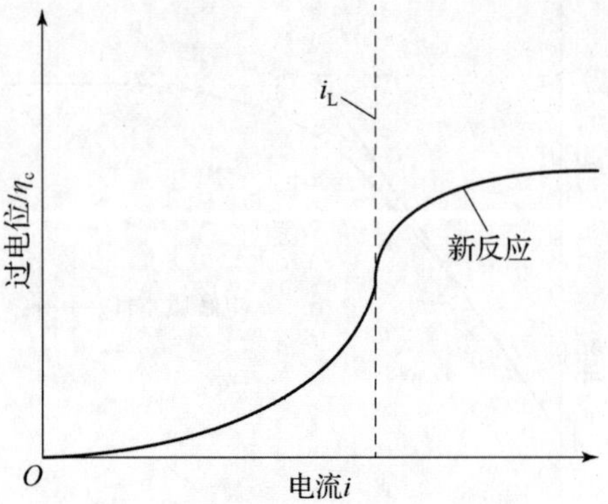

图2－16　过电位 η_c 与电流 i 的关系图

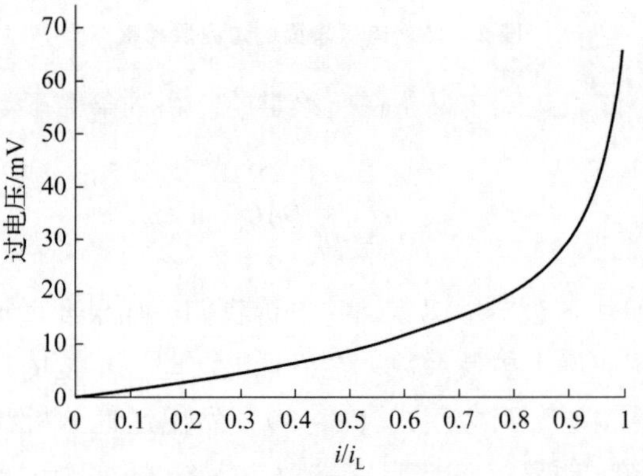

图2－17　在25 ℃下，当 $n=2$ 时，浓差过电位与 i/i_L 的关系

参考文献

[1] WEN C J, BOUKAMP B A, HUGGINS R A. Thermodynamic and mass transport propertiesof "LiAl" [J]. Journal of the electrochemical society, 1979, 126 (12): 2258.

[2] YAO N P, HEREDY L A, SAUNDERS R C. Emf measurements of electrochemically prepared lithium - aluminum alloy [J]. Journal of the electrochemical society, 1971, 118: 1039.

[3] COLBOW K M, DAHN J R, HACRING R R. Structure and electrochemistry of

the spinel oxides $LiTi_2O_4$ and $Li_{43}Ti_{53}O_4$ [J]. Journal of power sources, 1989, 26: 397.

[4] BOCKRIS J O, REDDY A K N. Modern Electrochemistry: Vol. 2 [M]. New York: Plenum Press, 1970: 644.

[5] DELAHAY P. Double layer and electrode kinetics [J]. Journal of chemical education, 1966, 43 (1): 54.

[6] HORIUTI J, POLANYI M. The basis of a theory of proton transfer. electrolytic dissociation; prototropy; spontaneous ionization; electrolytic evolution of hydrogen; hydrogen - ion catalysis [J]. Acta physicochim URSS, 1935, 2: 505 - 532.

[7] FICK A. Uber diffusion [Z]// POGGENDORFF J C. Annalen der physik und chemie, 1855: 59 - 86, 95.

参考书目

[1] 雷迪. 电池手册 [M]. 4 版. 北京: 化学工业出版社, 2013.

[2] 巴德, 福克纳. 电化学方法原理和应用 [M]. 2 版. 北京: 化学工业出版社, 2005.

[3] 郭炳焜, 李新海, 杨松青. 化学电源: 电池原理及制造技术 [M]. 长沙: 中南大学出版社, 2009.

[4] 屠海令, 吴伯荣. 先进电池: 电化学电源导论 [M]. 北京: 冶金工业出版社, 2006.

[5] 高颖. 电化学基础 [M]. 北京: 化学工业出版社, 2007.

第 3 章

一次电池

一次电池又称干电池或原电池，是一种一次性电池。它由正电极、负电极、电解质、隔离物和壳体构成。在一次电池工作过程中，电池内部发生不可逆的化学反应。当正负极活性物质消耗完毕后，电池也随之停止工作。一次电池不能充电，用后废弃。但由于其发展较早、结构简单、携带轻便，一次电池在人类日常生活中已普遍使用。随着科学技术的发展，一次电池已经发展成为一个大的家族。常见的一次电池有锌锰一次电池、锌空气一次电池和锂一次电池（表3-1）。

表3-1　一次电池的常见类型

电池类型	正极	负极	电解质	E^0/V	$W/(W\cdot h\cdot kg^{-1})$
锌锰一次电池	MnO_2	Zn	KOH	1.5	30~100
锌空气一次电池	Zn	空气	KOH	1.646	100~250
锂一次电池	MnO_2	Li	$LiClO_4$	3.5	400
	SO_2	Li	$AN + SO_2 + LiBr$	2.9	400
	$SOCl_2$	Li	$LiAlCl_4 + SOCl_2$	3.6	460

3.1　锌锰一次电池

3.1.1　锌锰一次电池的发展历程

锌锰一次电池是众多电化学反应电源中发展较早的一类电池。早在1868年，法国工程师乔治·勒克朗谢就采用二氧化锰和炭粉做正极、锌棒做负极、20%的氯化铵做电解液、玻璃瓶做容器制成了世界上的第一只锌锰电池。为了使锌锰电池能够在大电流下连续放电，20世纪50年代，科研人员研制出了碱性锌锰电池，采用导电性好的氢氧化钾溶液作为电解液，电解二氧化锰做正极，使得锌锰电池的容量成倍地提高。到了20世纪60年代，科研人员使用浆层纸代替了传统锌锰电池中的糨糊层，降低了隔离层的厚度和欧姆电阻，而且使正极粉料的填充量增加，使锌锰电池的性能明显提升，形成了纸板式锌锰电池。20世纪70年代，高氯化锌电池问世，使锌锰电池的连续放电性能得到明显的改善。20世纪80年代后期，锌锰电池主要朝这两个方向发展：可充碱性锌锰电池和负极的低汞、无汞化。同时，在各国政府的逐步政策引导下，碱锰电池的负极汞含量不断降低，直至 21 世纪初实现了完全无汞化。

3.1.2　锌锰一次电池的优势

锌锰电池结构简单，储存时间长，携带方便，受外界湿度、温度等环境影响较小，性能稳定可靠。环保型无汞、无镉锌锰电池对环境友好，作为一种便携式电源，锌锰电池的应用范围非常广泛。

3.1.3　锌锰一次电池的分类

锌锰电池使用方便、价格低廉，至今仍是一次电池中使用最广泛、产值产量最大的一种电池。目前广泛商用的锌锰一次电池主要分为碱性锌锰电池和酸性锌锰电池两大类。

1. 碱性锌锰电池

碱性锌锰电池又称为碱性电池、碱锰电池。它于 1882 年研制成功，于 1949 年投产问世。碱性锌锰电池使用碱性电池专用电解二氧化锰等材料作为正极、锌等材料作为负极、氢氧化钾为电解质。高性能环保碱性电池无汞、无镉、无铅，对环境友好，可随生活垃圾一起处理。碱性锌锰电池构造示意图如图 3－1 所示。

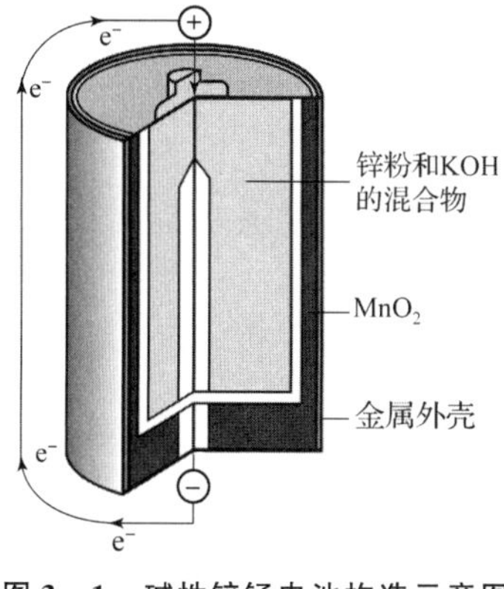

图 3－1　碱性锌锰电池构造示意图

碱性锌锰电池的电池表达式为

$$(-)Zn|KOH,K_2[Zn(OH)_4]|MnO_2,C(+) \quad (3-1)$$

碱性锌锰电池的正极发生阴极得电子的还原反应：

$$MnO_2 + H_2O + e^- \rightarrow MnO(OH) + OH^- \quad (3-2)$$

$MnO(OH)$在碱性溶液中有一定的溶解度：

$$MnO(OH) + H_2O + OH^- \rightarrow Mn(OH)_4^- \quad (3-3)$$

$$Mn(OH)_4^- + e^- \rightarrow Mn(OH)_4^{2-} \tag{3-4}$$

碱性锌锰电池的负极发生阳极失电子的氧化反应：

$$Zn + 2OH^- \rightarrow Zn(OH)_2 + 2e^- \tag{3-5}$$

$$Zn(OH)_2 + 2OH^- \rightarrow Zn(OH)_4^{2-} \tag{3-6}$$

总的电池反应为

$$Zn + MnO_2 + 2H_2O + 4OH^- \rightarrow Mn(OH)_4^{2-} + Zn(OH)_4^{2-} \tag{3-7}$$

由于正极发生的反应不全是固相反应，负极的反应产物是可溶性的 $Zn(OH)_4^{2-}$，故电池内阻小，放电后电压恢复能力强。碱性锌锰电池的工作原理决定了其工作电压高、内阻低、单位质量电极活性物质容量高的特点。当采用高纯度电解二氧化锰、高活性铟改性锌粉、高浓度氢氧化钾电解液组装锌锰电池时，其容量为同等型号酸性锌锰电池的 3 ~ 8 倍，更适用于大电流放电及需要更长时间放电的场合。目前，碱性锌锰电池广泛用于数码产品、智能家居用品、无线安防设备、户外电子用品、医疗电子仪器、电动玩具等高能耗、高电流电子产品。

2. 酸性锌锰电池

酸性锌锰电池又称为普通锌锰电池，它具有放电均匀、自放电程度低、售价便宜等优点。当前广泛使用的酸性锌锰电池是以经汞齐化处理后的锌金属作为负极，以二氧化锰粉、氯化铵及炭黑组成的混合糊状物作为正极。正负极之间有一层浸透了含有氯化锌的电解质溶液的隔离纸。酸性锌锰电池构造示意图如图 3 - 2 所示。

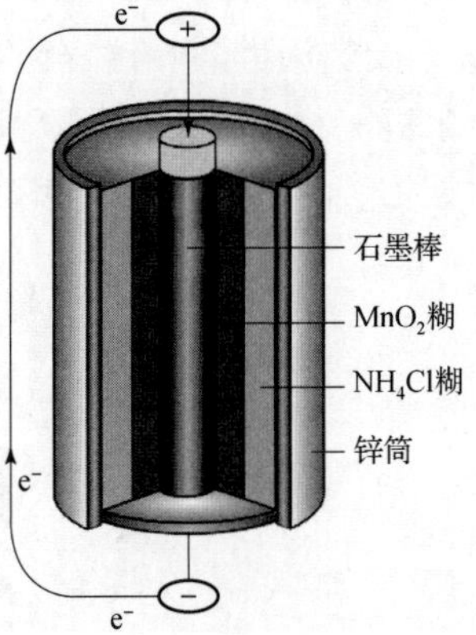

图 3 - 2　酸性锌锰电池构造示意图

酸性锌锰电池的表达式为

$$(-)\,Zn\,|\,NH_4Cl(20\%)\,ZnCl_2\,|\,MnO_2, C(+) \tag{3-8}$$

通常认为，放电时，电池中的反应如下。

酸性锌锰电池的正极发生锰元素由四价还原为三价的得电子还原反应：

$$2MnO_2 + 2NH_4^+ + 2e^- \rightarrow 2MnO(OH) + 2NH_3 \tag{3-9}$$

酸性锌锰电池的负极发生锌元素被氧化为正二价的失电子氧化反应：

$$Zn + 2NH_3 - 2e^- \rightarrow Zn(NH_3)_2^{2+} \tag{3-10}$$

总的电池反应为

$$2MnO_2 + Zn + 2NH_4Cl \rightarrow 2MnO(OH) + Zn(NH_3)_2Cl_2 \tag{3-11}$$

酸性锌锰电池的开路电压为 1.55 ~ 1.70 V，它的原材料丰富，电池成本低，具有1~5号多样型号。携带方便，适用于间歇式放电场合。但在使用过程中，其电压会不断下降，不能提供稳定电压，且放电功率低，比能量小，低温性能差。目前酸性锌锰电池多适用于各类遥控器、手电筒、半导体收音机、收录机、钟表、电子秤等低电流电器。

2020年度，我国锌锰电池出口总量为293.44亿支，其中酸性锌锰电池161.77亿支、碱性锌锰电池131.67亿支。随着社会生活电子化程度的不断提高，以锌锰电池为主要电源的新兴小型电子产品的需求在不断增长，如可穿戴设备、电子门锁、无线鼠标、无线键盘、无线音响、电动美容仪、电子血压计、电子额头测温枪等。锌锰电池的市场需求有望进一步扩大。

3.1.4 锌锰一次电池正负极材料的制备

1. 锌锰一次电池正极材料的制备

制备锌锰一次电池正极材料MnO_2的原料主要有硬锰矿（$\alpha-MnO_2$）、软锰矿（$\beta-MnO_2$）、斜方锰矿（$\gamma-MnO_2$）、水锰矿（$\gamma-MnOOH$）、菱锰矿（$MnCO_3$）。不同晶型的MnO_2，其晶格常数也略有差异，详见表3-2。其中，$\alpha-MnO_2$为双链结构，隧道截面积较大，但隧道中有大分子堵塞，H^+扩散受到阻碍，活性不高。$\beta-MnO_2$为单链结构，截面积较小，且H^+扩散困难，导致过电位较大、活性小。$\gamma-MnO_2$为单链和双链的互生结构。因$\gamma-MnO_2$中含有双链结构，隧道面积较大，H^+扩散容易进行，过电位较小，因而具有较高的活性。此外，MnO_2结构中含羟基越多，氧化性能越活泼，按质量分数，$\alpha-MnO_2$中含水大于6%，但$\alpha-MnO_2$中含有金属杂质，降低了MnO_2的实际氧化能力。$\beta-MnO_2$中不含水分，氧化性差；$\gamma-MnO_2$中含4%的水，有离子交换的可能。因此，制造电池较多采用的是$\gamma-MnO_2$。$\alpha-MnO_2$、$\beta-MnO_2$和$\gamma-MnO_2$的晶胞结构及多面体特征如图3-3所示。

表3-2 MnO_2晶体特征

晶格名称	通式	晶系	晶格常数/10^{-10}m		
			a	b	c
$\alpha-MnO_2$	$R_2Mn_6O_{16}\cdot xH_2O$	四方晶系	9.82		2.86
$\beta-MnO_2$	MnO_n（$n\leq1.98$）	四方晶系（金红石型）	4.42		2.87
$\gamma-MnO_2$	$MnO_{1.9\sim1.96}\cdot xH_2O$	斜方晶系	9.27	4.52	2.86
$\varepsilon-MnO_2$		六方晶系	2.79		4.41

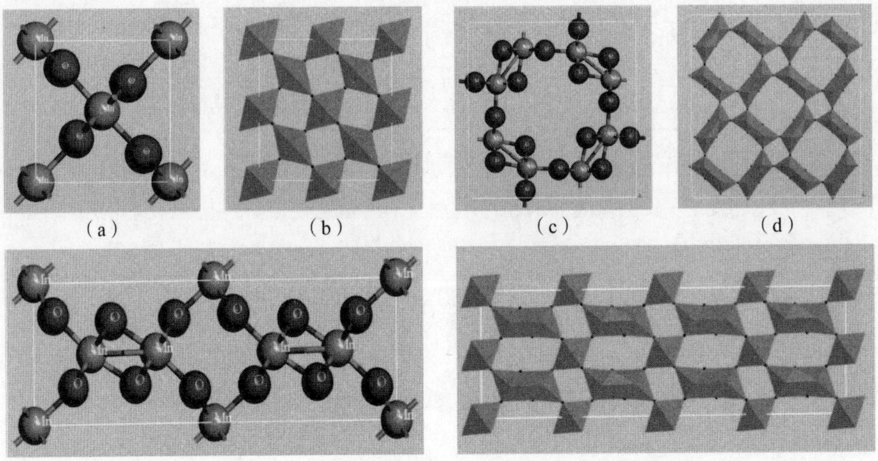

图 3-3　三种不同结构的 MnO_2 示意图

(a，b) $\alpha-MnO_2$、(c，d) $\beta-MnO_2$ 和 (e，f) $\gamma-MnO_2$ 的晶胞结构及多面体特征

锌锰一次电池正极采用较多的活性材料可分为化学 MnO_2 和电解 MnO_2。其中化学 MnO_2 分活性 MnO_2（AMD）和化学活化 MnO_2。

活性 MnO_2（AMD）的制备分为活化 MnO_2 和活性 MnO_2 两个阶段。

活化 MnO_2 阶段：

$\gamma-MnO_2$ 型锰矿石→还原焙烧→歧化活化→过滤→水洗中和→干燥→活化 MnO_2。

还原焙烧反应：
$$4MnO_2 \xrightarrow[700\ ℃]{加热} 2Mn_2O_3+O_2 \quad (3-12)$$

活化歧化反应：
$$Mn_2O_3+H_2SO_4 = MnSO_4 + MnO_2+H_2O \quad (3-13)$$

活性 MnO_2 阶段：

使用氧化剂进行重质化氧化：

$$MnSO_4+2NaClO_3 \xlongequal{加热} MnO_2+2ClO_2+Na_2SO_4 \quad (3-14)$$

$$5MnSO_4+2NaClO_3+4H_2O \xlongequal{加热} 5MnO_2+Na_2SO_4+4H_2SO_4 + Cl_2 \quad (3-15)$$

化学活化 MnO_2 是使用硫酸溶解菱锰矿，再用氧化剂氧化成 MnO_2。

电解 MnO_2 的制备是先使用硫酸将菱锰矿或锰含量高于 75% 的天然 MnO_2 矿石进行溶解得到 $MnSO_4$，然后对纯 $MnSO_4$ 溶液进行电解，从而制备出高纯度的 $\gamma-MnO_2$。

电解反应：

阳极反应：
$$Mn^{2+}+2H_2O = MnO_2+4H + 2e^- \quad (3-16)$$

阴极反应：
$$2H^{+}+2e^{-}=H_2 \quad (3-17)$$

2. 锌锰一次电池负极材料的制备

锌锰电池的负极材料主要有锌筒、片状锌和锌合金粉三种。

锌粉的制备有喷雾法、化学置换法和电解法等。喷雾法已在工业生产上大规模应用，其工艺是在熔融的锌中加入合金元素。在喷雾装置中雾化后进行筛分得到无汞锌合金粉。

3.1.5　废旧锌锰一次电池的回收再利用

锌锰一次电池技术发展较为完备，在人类日常生活中应用广泛。然而废旧的锌锰一次电池中的重金属离子会对环境产生极大的污染，甚至威胁人类健康生活。目前对锌锰一次电池更多的研究集中在废旧锌锰一次电池的回收和再利用中。

废旧锌锰电池中含有较多的锰元素和锌元素。科研人员一般通过人工分选回收技术、湿法回收、干法回收和干湿法回收将废旧锌锰电池中的锰和锌转化为 MnO_2、$MnCO_3$ 和 $ZnCl_2$。制备出的高活性 MnO_2 可直接作为电池的正极材料；制备出的 $MnCO_3$ 除了作为锂离子电池正极材料的锰元素来源外，还可用于通信器材的制备；制备出的 $ZnCl_2$ 在无机盐工业具有极广的应用范围。而随着锂离子电池三元正极材料 $LiNi_{1-x-y}Co_xMn_yO_2$（NCM）系列的发展，工业上对锰的需求量越来越大。通过对废旧锌锰电池中的重金属元素进行回收再利用，不仅可以缓解废旧锌锰电池对环境的污染，还可以有效节约锰矿、锌矿等不可再生的资源。

3.2　锌空气一次电池

3.2.1　锌空气一次电池的发展历程

锌空气一次电池是以空气中的氧气（O_2）作为正极活性物质，金属锌为负极活性物质的一次性电池。1932 年，Heise 和 Schumacher 成功研制出碱性锌空气电池。碱性锌空气电池以经汞齐化处理的锌金属作为负极，多孔碳作为正极，20% 的氢氧化钠水溶液为电解液。在 20 世纪 60 年代后，经过催化剂的制备和气体电极制造工艺的发展，锌空气一次电池的工作电流密度达到 100 mA/cm^2，锌空气一次电池体系逐渐走向商业化。

3.2.2 锌空气一次电池的优势

锌空气一次电池因其低成本、容量相对较高、易于处理和环保等高潜力而备受关注。锌空气一次电池的理论比能量为 1 084 W·h/kg，理论电压为 1.667 V，实际比能量已达 220~300 W·h/kg。实际开路电压约为 1.35 V。当在电池上施加恒定电流密度（50~100 mA/cm），并在放电时间内测量电压时，锌空气电池的放电曲线比较平坦且电位衰减小。其工作电压稳定、安全性能好。在商业应用方面，纽扣型的锌空气一次电池广泛用于助听器中，大型的锌空气一次电池多用于地震遥测、铁路信号、导航浮标以及远程通信等。

3.2.3 锌空气一次电池工作原理

如图 3-4 所示，锌空气一次电池由负极锌电极、浸润了碱性电解液的隔膜和正极空气电极组装而成。将负极的锌金属做成粉末或纤维状可有效提高锌空气一次电池的效率，而具有多孔性和电化学催化活性的正极同样也可以提高锌空气一次电池的工作效率。

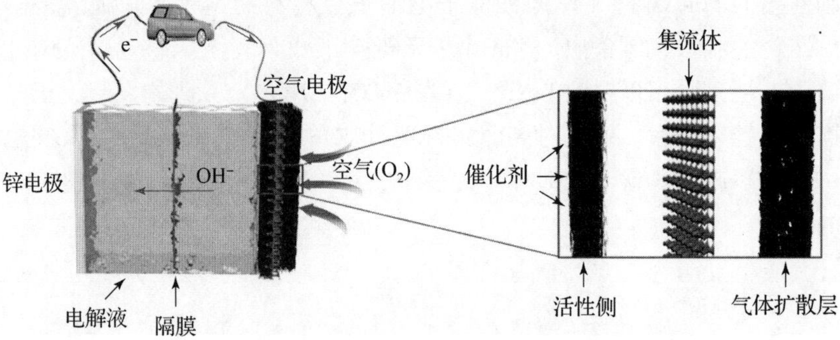

图 3-4　锌空气一次电池工作原理示意图

在电池放电过程中，负极锌电极发生失电子的氧化反应：

$$Zn + 4OH^- \rightarrow Zn(OH)_4^{2-} + 2e^- \quad (3-18)$$

$$Zn(OH)_4^{2-} \rightarrow ZnO + H_2O + 2OH^- \quad (3-19)$$

在锌负极上还会发生锌被腐蚀的副反应：

$$Zn + 2H_2O \rightarrow Zn(OH)_2 + H_2 \quad (3-20)$$

在空气电极正极，电池周围大气中的氧气渗透到多孔空气电极上，并在与电解质紧密接触的催化剂颗粒表面发生得电子的还原反应：

$$O_2 + 2H_2O + 4e^- \rightarrow 4OH^- \quad (3-21)$$

锌空气一次电池工作中总反应：

$$2Zn + O_2 \rightarrow 2ZnO \tag{3-22}$$

3.2.4　锌空气一次电池研究进展

1. 锌负极存在的问题及解决的策略

锌空气一次电池在发展过程中同样存在很多问题。如金属锌箔的比表面积比较低，若直接使用金属锌箔作为锌空气一次电池的负极使用，锌空气一次电池的电化学性能会降低。此外，在高浓度 KOH 电解质水溶液中，锌负极会被腐蚀产生氢气，导致电荷损失和潜在氢气积聚的危险。

在提高金属锌箔的比表面积工作中，纳米和微结构材料的使用起着重要的作用。此外，使用凝胶剂把孔隙率约为 50% 的锌粉与电解质进行混合，使锌粉悬浮在电解质凝胶中，可将锌负极材料的孔隙率增加到 70%。经过对金属锌的处理，锌空气一次电池的锌负极孔隙率可达 60%～80%，对应的容量为 1.2～2.2 A·h/cm^3。当锌空气一次电池在大电流密度下进行放电时，具有适当孔隙率的锌电极有利于减小电池的电压损失、延长放电寿命。在高效锌空气电池所需的孔隙率范围内，纤维状的锌负极具有更好的电化学性能。当锌负极以纤维或粉末的形式使用时，通常添加汞元素来提高负极的导电性并减少 H_2 积聚。然而汞在电池中的使用不利于锌空气一次电池技术的长期发展和实际应用。

为了解决锌被腐蚀和氢气积聚的问题，目前在锌负极方面较多的研究聚焦在能够提高析氢过电势并能够代替汞的材料。将锌与其他金属合金化，可有效提高锌负极的析氢过电势。如将金属铋（Bi）引入糊状锌电极中，可有效提高锌负极的析氢过电势。此外，将锌铝合金用于锌负极不仅可以抑制锌的腐蚀，铝的加入还可以提高正极材料的容量并降低其重量。除了与锌形成合金外，通过对锌负极表面的修饰同样可以起到缓解锌负极被腐蚀析氢的现象。例如通过将锌粉与 Al_2O_3 颗粒进行混合，或通过化学溶液工艺沉积法在锌粉末表面形成 Al_2O_3 涂层，均有效抑制了析氢反应的发生。而在锌金属颗粒表面涂覆其他材料，如 $Li_2O-2B_2O_3$，形成核壳结构，可有效阻止锌粒子直接接触碱性电解质，从而缓解锌金属的析氢腐蚀现象。

2. 空气正极存在的问题及解决的策略

在锌空气一次电池正极方面，开发具有高效、低成本的氧化还原反应（oxygen reduction reaction，ORR）催化剂是至关重要的。目前，锌空气一次电池正极最有效的氧化还原反应催化剂是 Pt、Pt－Ru 合金和氧化物。然而，这些催化剂价格昂贵，且铂颗粒会发生团聚、分离现象。此外催化剂的毒化会严重影响锌空气一次电池正极的催化活性。在锌空气一次电池中，催化剂的性能决定了锌空气一次电池电流密度的高低。

锰的氧化物因其高催化活性、高锰丰度、高稳定性、低成本和不存在环境问题而成为特别有吸引力的候选催化剂。Lee 等通过溶液基生长机制将氧化锰纳米颗粒集成到导电石墨烯薄片中，以获得石墨烯/Mn_3O_4 纳米颗粒［图3－5（a）］，并将其负载到空气电极中组装了锌空气一次电池［图 3－5（b）］。在电流密度为 0～200 mA/cm^2 的条件下，搭载了混合 rGO－IL/Mn_3O_4（10∶1）正极的锌空气一次电池其性能优于商用锌空气一次电池负极的性能。Lee 等采用多元醇法合成了由 Ketjen black（KB，科琴黑）碳负载的非晶态氧化锰（MnO_x）纳米线组成的复合空气电极［图 3－5（c）］。该复合电极中的 KB 碳具有低成本高导电性的优势，同时可作为催化剂的支撑基体。非晶态 MnO_x 纳米线的大表面积以及其他微观特征（如高密度的表面缺陷）能够提供更多的氧吸附活性位点，从而显著提高 ORR 活性。特别是，以该复合空气电极为基础的锌空气一次电池的峰值功率密度为 190 mW/cm^2［图 3－5（d）］，远远超过了使用 Mn_3O_4 催化剂的商用锌空气一次电池。

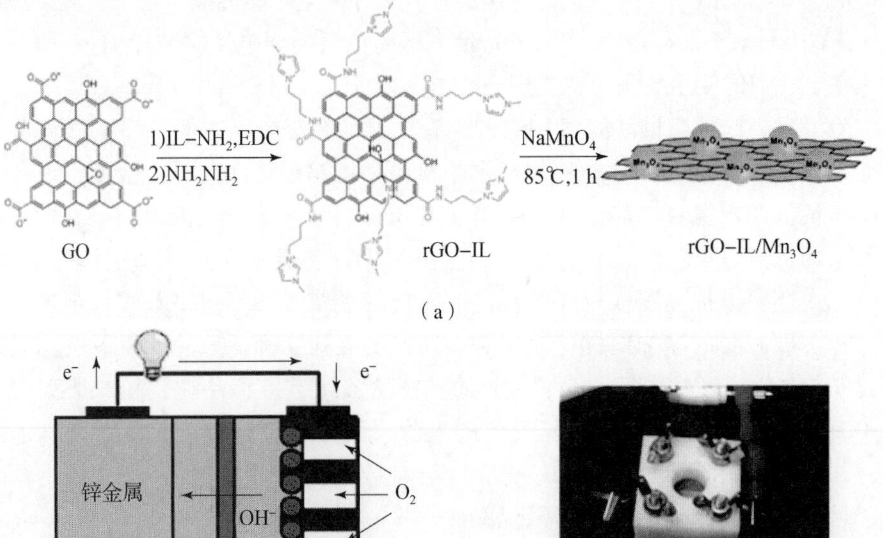

（a）

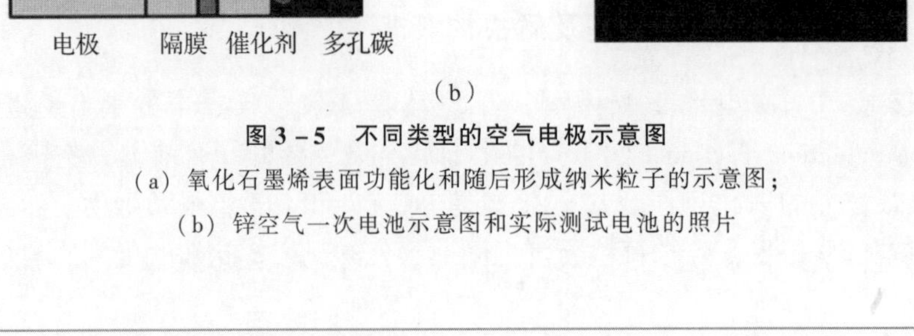

（b）

图 3－5　不同类型的空气电极示意图

（a）氧化石墨烯表面功能化和随后形成纳米粒子的示意图；

（b）锌空气一次电池示意图和实际测试电池的照片

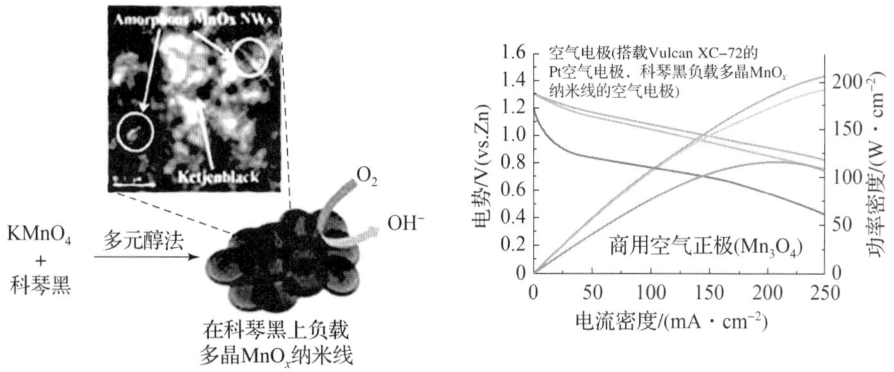

（c）　　　　（d）

图 3－5　不同类型的空气电极示意图（续）

（c）科琴黑复合材料（A－MnO_x NWs on KB）上非晶态 MnO_x 颗粒和（A－MnO_x）纳米线的示意图；（d）使用不同的空气电极（搭载非晶态 MnO_x 纳米线的 Ketjenblack 复合材料的和搭载 Vulcan XC－72 的 Pt 空气电极）的锌空气一次电池在 200 mA/cm^2 和 250 mA/cm^2 下的极化曲线

除了对锰的氧化物进行修饰改性外，对碳纳米管（carbon nanotubes，CNTs）的改性处理同样在锌空气一次电池中取得了不错的进展。Zhu 等以乙二胺为碳氮前驱体，二茂铁为生长催化剂，在 800 ℃下通过化学气相沉积（chemical vapor deposition，CVD）合成了氮掺杂的碳纳米管（N－CNTs）。氮掺杂的异质性可增加锌空气一次电池正极的 ORR 官能团，当空气正极催化剂负载量为 0.2 mg/cm^2、KOH 电解液的浓度为 6 M 时，锌空电池的功率密度可达 69.5 mW/cm^2。Li 等采用碳纤维纸电极负载 CoO/N－CNT ORR 催化剂作为空气正极，在 6 M KOH 的溶液中与锌箔配对，构建了锌空气一次电池［图 3－6（a）］。该电池的开路电压为 1.40 V。在1.0 V 电压下，电流密度可高达 200 mA/cm^2。在 0.70 V 时，峰值功率密度为 265 mW/cm^2。由于 CoO/N－CNT 的 ORR 活性更高，所以在相同质量负荷下，其性能略优于传统的以 Pt/C ORR 为正极的锌空气一次电池［图 3－6（b）］。用 CoO/N－CNT 催化剂制成的锌空气一次电池非常坚固。由于 CoO/N－CNT 对 ORR 的稳定性，当电池在 5 mA/cm^2 的电流密度下恒流放电 22 h 或在 50 mA/cm^2 的电流密度下恒流放电 12 h 时，没有观察到明显的电压降［图 3－6（c）］。随着放电时间的延长，锌箔逐渐变薄，电解液中积累了越来越多的可溶性锌盐。当所有锌金属被消耗完时，电池最终停止工作［图 3－6（d）］。这种 CoO/N－CNT ORR 催化剂表现出优异的 ORR 活性和耐久。

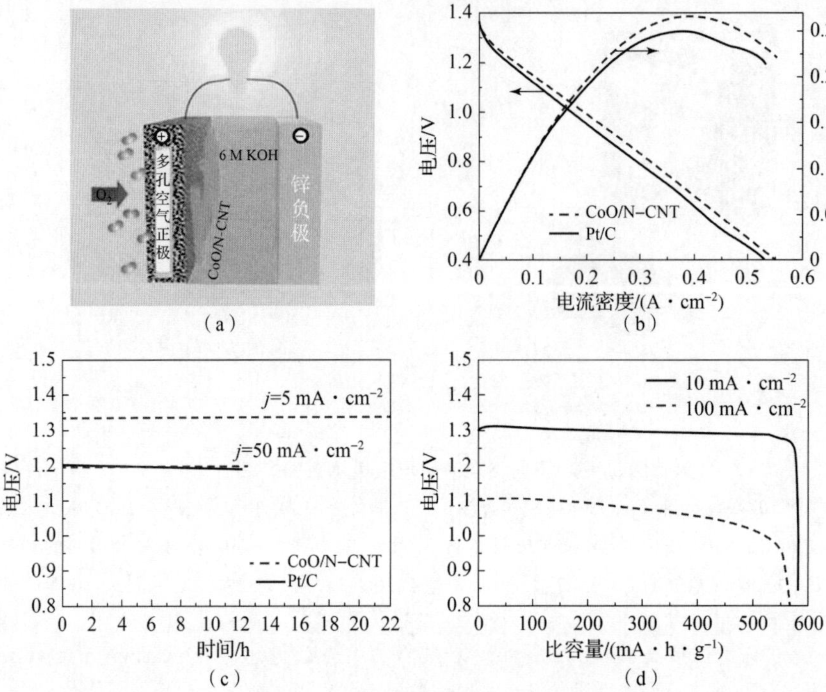

图 3-6　锌空气电池电化学性能

(a) 锌空气一次电池示意图；(b) 以 CoO/N-CNT 为正极催化剂的电池与以商用 Pt/C 催化剂的电池的极化曲线（$V-i$）及相应的功率密度图；(c) 在两种不同电流密度下使用 CoO/N-CNT 正极催化剂的锌空气一次电池与使用 Pt/C 正极催化剂的锌空气一次电池长时间放电曲线对比。(d) 以 CoO/N-CNT 为正极催化剂的锌空气一次电池在两种不同电流密度下连续放电直至完全消耗掉锌金属时的放电曲线

3.3　锂一次电池

3.3.1　锂一次电池的发展历程

锂一次电池又称为锂原电池。锂一次电池的负极为金属锂。锂元素是摩尔质量（6.94 g/mol，密度为 0.53 g/cm^3）最小的元素，它的电负性为 0.98，作为电池材料具有较高的电动势和能量密度。锂一次电池的研究开始于 20 世纪 60 年代，当时的锂一次电池以金属锂作为负极，CuF_2 等材料作为正极材料，电解液大多为非水电解液。日本松下公司在 20 世纪 70 年代成功研制了 Li—

(CF_{7n}) 电池。同一时期，法国 SAFT 公司获得 Li—$SOCl_2$ 电池的专利权；美国成立了专门从事 Li—SO_2 电池研究的动力转换公司（Power Conversion Inc.）。然而 CuF_2 等材料在电解液中容易溶解，后来的研究人员将方向转向层状结构的电极材料和过渡金属氧化物（二氧化锰等）。1976 年，日本三洋公司推出了 Li—MnO_2 电池，锂电池终于从概念变成了商品。锂一次电池具有较大的能量密度，放电电压平稳，可在 -40 ~ 50 ℃稳定工作，被广泛应用于便携式电子设备、医疗器械、可穿戴设备、汽车产品和航空航天等领域。目前已被广泛商业化的锂一次电池有以下几个系列：Li—$(CF_2)_n$、Li—$SOCl_2$、Li—SO_2、Li—I_2 和 Li—MnO_2 电池。

3.3.2　锂一次电池工作原理与研究进展

1. Li—$(CF_2)_n$ 型锂一次电池

1）Li—$(CF_2)_n$ 型锂一次电池简介

20 世纪 70 年代，松下公司首次成功研制了 Li—$(CF_x)_n$ 电池。Li—$(CF_x)_n$ 电池被称为锂聚氟化碳电池，又可写作 Li—CF_x 电池（锂氟化碳电池）。它以锂为负极，固体聚氟化碳或者氟化碳为正极（$0 \leqslant x \leqslant 1.5$）。传统的 Li—$(CF_x)_n$ 电池的电解液为 $LiAsF_6$ - DM - SI（亚硫二甲酯）、LiBF4 - γ - BL + THF，或 $LiBF_4$ - PC + 1，2 - DME。锂氟化碳电池的开路电压为 2.8 ~ 3.3 V，工作电压 2.6 V，放电电压平稳。Li—$(CF_x)_n$ 圆柱形电池实际比能量可达到 285 W · h/kg 和 500 W · h/L。由于正极材料氟化碳的化学稳定性和热稳定性，Li—$(CF_x)_n$ 电池可在常温下进行长时间存储，且在贮存过程中无气体析出，贮存 1 年容量损失小于 5%。然而，Li—$(CF_x)_n$ 电池比功率较低，只适用于小电流工作，低温性能仍比较差。当前，大型的锂氟化碳电池被广泛应用于胎压监测系统、心脏起搏器、军用移动电台、导弹点火系统等科技前沿领域，小型纽扣式 Li—$(CF_x)_n$ 电池用于电子手表、袖珍计算器的电源。

2）Li—$(CF_x)_n$ 型锂一次电池工作原理

在 Li—$(CF_x)_n$ 电池放电过程中，负极发生氧化反应：

$$n\mathrm{Li} - n\mathrm{e}^- \rightarrow n\mathrm{Li}^+ \qquad (3-23)$$

正极发生还原反应：

$$(\mathrm{CF}_x)_n + n\mathrm{e}^- \rightarrow n\mathrm{C} + n\mathrm{F}^-(x=1) \qquad (3-24)$$

电池总反应为

$$x\mathrm{Li} + (\mathrm{CF}_x)_n \rightarrow n\mathrm{LiF} + n\mathrm{C}(x=1) \qquad (3-25)$$

目前，新的研究方向主要集中在氟化碳材料的改性、改善材料的电化学活性、提高电池比能量上。

2. Li—$SOCl_2$ 型锂一次电池

1）Li—$SOCl_2$ 型锂一次电池简介

Li—$SOCl_2$ 电池是一种无机电解质电池。自 20 世纪 60 年代首次提出 Li—$SOCl_2$ 电池以来，科研人员已对它展开了广泛的研究。20 世纪 70 年代，美国 GTE 公司开始研制 Li—$SOCl_2$ 电池，并推出了商业化产品。Li—$SOCl_2$ 电池开路电压为 3.6～3.7 V，电压平稳、负荷电压精度高，具有较高的比能量。正极的 $SOCl_2$ 既是溶剂又是正极活性物质。Li—$SOCl_2$ 电池实际比能量高达 300 W·h/kg，中倍率放电为 400 W·h/kg，低倍率放电更达到 600 W·h/kg。Li—$SOCl_2$ 电池可在 -55～85 ℃范围内稳定工作，且它的自放率低，可长时间储存。小倍率的 Li—$SOCl_2$ 电池主要应用在心脏起搏器、CMOS（互补金属氧化物半导体）支撑电源，中倍率的 Li—$SOCl_2$ 电池主要应用于军事领域的炮弹、导弹、引信和水雷等。

2）Li—$SOCl_2$ 型锂一次电池工作原理

Li—$SOCl_2$ 电池负极为金属锂，正极活性物质为 $SOCl_2$，电解液为 $LiAlCl_4$ 的 $SOCl_2$ 溶液。电池的电化学表达式为

$$(-)\,L\,|\,LiAlCl_4-SOCl_2\,|\,C(+) \tag{3-26}$$

电池反应：

$$4Li+2SOCl_2 \rightarrow 4LiCl+S+SO_2 \tag{3-27}$$

Li—$SOCl_2$ 电池存在“电压滞后”和“安全问题”两个突出问题。由于 Li—$SOCl_2$ 电池体系使用了四氯铝锂（$LiAlCl_4$）电解质盐，电解质溶液与锂金属电极发生自发的化学反应。反应产物 LiCl 以薄膜的形式覆盖在锂金属负极表面，LiCl 薄膜阻碍了锂金属负极与电解液的接触，导致电压滞后。此外，长时间存储会导致 LiCl 薄膜的晶粒增大，进而薄膜变厚，电池的电压滞后也就更明显。采取较多的解决策略是加入添加剂如聚氯乙烯（PVC）、$Li_2B_{10}Cl_{10}$ 等来降低电解质 $LiAlCl_4$ 浓度或加入 $LiAlCl_4$ 电解质的替代盐如卤硼酸盐等。Li—$SOCl_2$ 电池的安全问题存在多方面，如在正极上沉积的锂形成锂枝晶（Li dendrites）刺穿隔膜引发短路、负极金属锂与正极副产物 S 发生爆炸性反应、正极副产物十分不稳定的 Cl_2O 引起的爆炸等。采取较多的策略如加入低压排气阀、改进电池设计、采用新的电解质盐等。

3. Li—SO_2 型锂一次电池

1）Li—SO_2 型锂一次电池简介

Li—SO_2 电池是目前研制的有机电解液电池中综合性最好的一种电池。它

的开路电压为2.95 V，终止电压为2.0 V，放电电压高且放电曲线平坦，电池比能量为330 W·h/kg和520 W·h/L，可在大电流密度下持续放电。Li—SO_2 电池工作温度范围宽，电池可在 $-54\sim70$ ℃范围工作，低温下表现出更好的电化学性能。此外，Li—SO_2 电池可满足长期存储的需求。在21 ℃下可储存5年，且容量仅下降5%~10%。由于具有高功率输出和优异的低温性能等特点，Li—SO_2 电池主要用于军事装备电源和存储器中。

2）Li—SO_2 型锂一次电池工作原理

Li—SO_2 电池的负极是将金属锂滚压在铜网上，正极是将聚四氟乙烯（PTFE）和炭黑的混合物压制在铝网骨架上，正极的活性物质是液态的 SO_2。碳酸丙烯酯（PC）和乙腈（AN）的混合液作为电解液溶剂，浓度为1.8 mol/L的LiBr作为电解质，隔膜是多孔聚丙乙烯。整个Li—SO_2 电池的化学表达式为

$$(-)\text{Li}\,|\,\text{LiBr}-\text{AN},\text{PC},\text{SO}_2\,|\,\text{C}(+) \tag{3-28}$$

电池在工作过程中，负极发生失电子的氧化反应：

$$\text{Li}+\text{e}^-\rightarrow\text{Li}^+ \tag{3-29}$$

正极发生得电子的还原反应：

$$2\text{SO}_2+2\text{e}^-\rightarrow\text{S}_2\text{O}_4^{2-} \tag{3-30}$$

电池总反应：

$$2\text{Li}+2\text{SO}_2\rightarrow\text{Li}_2\text{S}_2\text{O}_4(\text{连二亚硫酸锂}) \tag{3-31}$$

虽然Li—SO_2 电池具有较高的比能量以及良好的低温工作性能，然而Li—SO_2 电池的安全性能较差。Li—SO_2 电池中的 SO_2 对人体和环境会造成严重的污染，若电池使用不当会发生气体泄漏甚至引发爆炸。Li—SO_2 电池发生爆炸原因有很多，如电池的短路、在高负荷下进行放电或电池外部温度较高等因素都有可能使Li—SO_2 电池发生爆炸。这些行为会导致电池内部电化学反应速度加快，在短时间内产生大量的热量。在高温下，电池内的有机溶剂形成气体，造成电池内部压力升高。而且，正极极片上的炭粉在高温下会燃烧。隔膜在高温下分解会进一步加快正负极活性物质的化学反应。在这些情况下，电池很有可能发生严重的爆炸。

为了提升Li—SO_2 电池的安全性能，使其更好地服务于人类社会，研究人员通过减少负极锂金属的量，达到锂金属与 SO_2 两者都能够同时消耗完毕的目的。此外，还可选用稳定的溶剂如乙腈/碳酸丙烯酯（AN/PC = 90/10）等，来减少电池工作过程中的副反应，防止电池在高放电率状态下爆炸的危险。

4. Li—I_2 型锂一次电池

1）Li—I_2 型锂一次电池简介

Li—I_2 电池是一种常温固态电解质电池，它的开路电压为2.8 V，体积比

能量最高可达 800 W·h/L，具有良好的可靠性和长工作寿命。Li—I_2 电池中负极为金属锂，正极为聚二乙烯基吡啶（P_2VP）与碘的混合物。电池在自放电过程中会形成 LiI 薄层，随着 LiI 薄层的增厚，Li—I_2 电池的自放电减少。因而 Li—I_2 电池可储存 10 年以上。Li—I_2 电池自放电过程中形成的 LiI 可兼具固态电解质和隔膜的作用，在室温下电导率可达 10^{-5} S/cm 左右。

2）Li—I_2 型锂一次电池工作原理

Li—I_2 电池的化学表达式为

$$(-)\,Li\,|\,LiI\,|\,I_2(P_2VP)\,(+) \tag{3-32}$$

电池在工作过程中负极发生失电子的氧化反应：

$$Li - e^- \rightarrow Li^+ \tag{3-33}$$

正极发生得电子的还原反应：

$$nI_2(P_2VP) + 2e^- \rightarrow (n-1)I_2(P_2VP) + 2I^- \tag{3-34}$$

电池总反应为

$$2Li + nI_2(P_2VP) \rightarrow (n-1)I_2(P_2VP) + 2LiI \tag{3-35}$$

从电池反应的化学式可以看出，由于不使用格外的电解液，Li—I_2 电池在工作过程中不存在气液泄漏的问题。此外，Li—I_2 电池相较于其他体系的锂一次电池具有良好的结构稳定性，即使受到外界的振动冲击等仍能保持良好的工作性能。这是因为 Li—I_2 电池的固态电解质 LiI 层具有自我修复能力。即使因外界因素导致 LiI 层被破坏，在电池放电过程中形成的 LiI 也可以进一步弥补修复损伤的区域。随着 Li—I_2 电池的不断放电，反应产物 LiI 会越来越多。反应产物 LiI 的积累会导致电池内阻越来越高，电池电压不断减低。然而，Li—I_2 电池这一特性可在心脏起搏器的应用中起到提示电池工作时间的作用。

5. Li—MnO_2 型锂一次电池

1）Li—MnO_2 型锂一次电池简介

在已被商业化的锂一次电池中，Li—MnO_2 电池是应用较多的一款锂电池。Li—MnO_2 电池具有较高的工作电压（开路电压为 3.5 V）和比能量（200 W·h/kg 和 500 W·h/L），可在 −40～50 ℃范围内工作，常温下可存放 10 年以上。中小容量的 Li—MnO_2 电池被广泛应用于小型电子计算机、助听器、小型通信机和电子打火机中，大容量的 Li—MnO_2 电池更多应用于军事领域。

2）Li—MnO_2 型锂一次电池工作原理

Li—MnO_2 电池以锂金属为负极，二氧化锰为正极，电解液中的溶剂为碳酸丙烯酯和乙二醇二甲醚（DME），溶质为高氯酸锂（$LiClO_4$）。

电化学表达式为

$$(-)\ Li|LiClO_4,\ PC+DME|MnO_2(+) \quad (3-36)$$

负极反应：
$$Li - e^- \rightarrow Li^+ \quad (3-37)$$

正极反应：
$$MnO_2 + Li^+ + e^- \rightarrow MnOOLi \quad (3-38)$$

电池反应：
$$Li + MnO_2 \rightarrow MnOOLi \quad (3-39)$$

Li—MnO_2 电池放电时锂金属负极发生失电子的氧化反应，生成的锂离子进入电解质溶液中，正极的二氧化锰发生得电子的还原反应，同时锂离子扩散迁移到正极并与二氧化锰生成 MnOOLi。从电池的负载特性上来看，Li—MnO_2 电池的性能比 Li—SO_2 电池和 Li—$SOCl_2$ 电池的差，与 Li—$(CF_x)_n$ 等电池相近。从电池的安全性上来看，与 Li—SO_2 电池和 Li—$SOCl_2$ 电池等具有液态的正极活性物质电池相比，Li—MnO_2 电池不会因活性物质分解引起电池内压增大，即使在工作过程中发生短路，也不会损坏电池，具有很好的安全性。

3）Li—MnO_2 型锂一次电池研究进展

近年来，科研人员针对 Li—MnO_2 一次电池的正负极电极材料，提出了不同的改性策略。对于正极二氧化锰材料，使用金属氧化物掺杂改性 MnO_2 的策略被广泛采纳。Wang 等将电解二氧化锰与 V_2O_5 进行混合处理，经高温固相反应后得到的产物在 2 mA/cm^2 的电流密度下进行测试，其放电容量提高了约 30%；Zeng 等采用超声波辅助氧化还原法合成 MnO_2，将合成的 MnO_2 分别与 Sc_2O_3、TiO_2 和 V_2O_5 进行掺杂改性。掺杂后的 MnO_2 的电化学性能均有所改善，其中掺杂了 TiO_2 的 MnO_2 其性能最优；Zeng 等采用双金属氧化物共掺杂的方式，通过水热法制备了掺有 Al、Ni 的 MnO_2 纳米棒。这种改性后的 MnO_2 正极材料，在 0.05 mA/cm^2 的电流密度下，放电容量是对照组的两倍；Sun 等首先通过液相沉淀法合成介孔 $\gamma-MnO_2$，然后用 V 和 Ti 进行共掺杂处理。得到的产物在 20 mA/g 的电流密度下，表现出优良的放电容量。除了金属氧化物掺杂改性 MnO_2 外，Wang 等采用阴离子改性 MnO_2 的策略，将 $(NH_4)HF_2$ 与 MnO_2 均匀混合，经热处理后得到了 F^- 掺杂的 MnO_2。经 F^- 掺杂的 Li—MnO_2 一次电池，其放电比容量提高到 225 mA · h/g。

MnO_2 电化学性能的好坏与电池中 Li^+ 的扩散行为密切相关。a 值越大，Li^+ 越容易嵌入 MnO_2 晶格中去；c 值越小，Li^+ 的扩散路径越短。通过对 MnO_2 进行掺杂改性，MnO_2 的隧道结构的尺寸会发生变化。从微观上 MnO_2 的晶胞结构、缺陷及晶态，到宏观上 MnO_2 的形貌和大小都会因不同的掺杂方式产生不同的变化。采取适当的掺杂策略，可有效提高 MnO_2 的电化学性能，从而提升整体 Li—MnO_2 一次电池的电化学性能。

除了对 MnO_2 正极进行改性处理外，科研人员同样对锂金属负极进行了探索。Park 等发现，粉末锂金属负极不仅能提高放电比容量，而且脉冲特征更稳定；Kim 等将锂金属粉压实进行充放电发现，压实的锂金属粉其表面的锂枝晶表面面积明显减小。

参考文献

[1] GAO F Y, TANG X L, YI H H, et al. In – situ DRIFTS for the mechanistic studies of NO oxidation over a – MnO_2, b – MnO_2 and c – MnO_2 catalysts [J]. Chemical engineering journal, 2017, 322 (15): 525 – 537.

[2] 黄文恒，刘勇，魏巍．废旧锌锰电池回收与利用研究 [J]．中国资源综合利用, 2011, 29 (12): 22 – 24.

[3] 李运清，席国喜，徐鹏．废旧碱性锌锰电池粉末在盐酸中的溶解研究 [J]．平原大学学报, 2005, 22 (6): 125 – 127.

[4] 杨葵华，黎国兰，罗玲．从废旧锌锰电池中制取碳酸锰的工艺研究 [J]．绵阳师范学院学报, 2010, 29 (2): 57 – 59.

[5] 柴希娟，李敦钫，何蔼平．从废干电池回收锌生产纳米氧化锌粉 [J]．再生资源研究, 2003 (5): 15 – 18.

[6] 冯婧，刘丽波，高小茵．废旧电池黑粉中锌及二氧化锰的回收利用研究 [J]．山东工业技术, 2015 (7): 3 – 4.

[7] 白晓波，赵东江，马松艳．利用废旧锌锰电池制取锌盐和氧化锌的研究 [J]．应用化工, 2007, 36 (8): 839 – 841.

[8] 李朋恺，周方钦，陈发招，等．废电池回收锌、锰生产出口饲料级一水硫酸锌及碳酸锰工艺研究 [J]．中国资源综合利用, 2001 (12): 18 – 22.

[9] LI K K, PENG C H, JIANG K Q. The recycling of Mn – Zn ferrite wastes through a hydrometallurgical route [J]. Journal of hazard mater, 2011, 194 (30): 79 – 84.

[10] YANG L, XI G X, LIU J I. MnZn ferrite synthesized by sol – gel auto – combustion and microwave digestion routes using spent alkaline batteries [J]. Ceramics international, 2015, 41 (3): 3555 – 3560.

[11] GABAL M A, AL – LUHAIBI R S, AL ANGARI Y M. Effect of Zn – substitution on the structural and magnetic properties of Mn – Zn ferrites synthesized from spent Zn – C batteries [J]. Journal of magnetism and magnetic materials, 2013, 348: 107 – 112.

[12] XIAO L, ZHOU T, MENG J. Hydrothermal synthesis of Mn – Zn ferrites from spent alkaline Zn – Mn batteries [J]. Particuology, 2009, 7 (6): 491 – 495.

[13] PAN J, XU Y Y, YANG H, et al. Advanced architectures and relatives of air electrodes in Zn – air batteries [J]. Advanced science, 2018, 5 (4): 1700691.
[14] LEE S M, KIM Y J, EOM S W, et al. Improvement in self – discharge of Zn anode by applying surface modification for Zn – air batteries with high energy density [J]. Journal of power sources, 2013, 227 (1): 177 – 184.
[15] LEE J S, LEE T, SONG H K, et al. Ionic liquid modified graphene nanosheets anchoring manganese oxide nanoparticles as efficient electrocatalysts for Zn – air batteries [J]. Energy & environmental science, 2011, 4 (10): 4148 – 4154.
[16] LEE J S, PARK G S, LEE H I, et al. Ketjenblack carbon supported amorphous manganese oxides nanowires as highly efficient electrocatalyst for oxygen reduction reaction in alkaline solutions [J]. Nano letters, 2011, 11 (12): 5362 – 5366.
[17] ZHU S M, CHEN Z, LI B, et al. Nitrogen – doped carbon nanotubes as air cathode catalysts in zinc – air battery [J]. Electrochemical Acta, 2011, 56 (14): 5080 – 5084.
[18] LI Y G, GONG M, LIANG Y Y, et al. Advanced zinc – air batteries based on high – performance hybrid electrocatalysts [J]. Nature communication, 2013, 4: 1805 – 1811.
[19] WANG S P, LIU Q L, YU J X, et al. Anisotropic expansion and high rate discharge performance of V – doped MnO_2 for Li/MnO_2 primary battery [J]. International journal of electrochemical science, 2012, 7 (2): 1242 – 1250.
[20] ZENG J, WANG S P, LIU Q L, et al. High – capacity V – /Sc – /Ti – doped MnO_2 for Li/MnO_2 batteries and structural changes at different discharge depths [J]. Electrochemical Acta, 2014, 127 (1): 115 – 122.
[21] ZENG J, WANG S P, YU J X, et al. Al and/or Ni – doped nanomanganese dioxide with anisotropic expansion and their electrochemical characterisation in primary Li – MnO_2 batteries [J]. Journal of solid state electrochemistry, 2014, 18 (6): 1585 – 1591.
[22] SUN Y, WANG S P, DAI Y, et al. Electrochemical characterization of nano V, Ti doped MnO_2 in primary lithium manganese dioxide batteries with high rate [J]. Functional materials letters, 2016, 9 (1): 1650005.
[23] 王博, 李节宾, 李军生, 等. F^-掺杂改性锂锰一次电池的性能研究 [J]. 火工品, 2015 (1): 54 – 56.

[24] PARK M S, YOON W Y. Characteristics of a Li/MnO_2 battery using a lithium powder anode at high - rate discharge [J]. Journal of power sources, 2003, 114 (2): 237 - 243.
[25] KIM S W, AHN Y J, YOON W Y. The surface morphology of Li metal electrode [J]. Metals and materials, 2000, 6 (4): 345 - 349.

第 4 章

二次电池

二次电池又称为充电电池或蓄电池，是指在电池放电后可通过充电的方式使活性物质激活而继续使用的电池。二次电池利用了化学反应的可逆性，放电时将化学能转换为电位对外做功，充电时将电能以化学能的形式储存在电池内。二次电池的充放电循环可达数千次甚至上万次，相对一次电池更加经济实用。目前广泛商用的二次电池有铅酸电池、镍－氢电池和锂离子电池（表4－1）。此外，钠离子电池、钾离子电池、锂－硫电池和锂－氧电池等新型二次电池尚在研发当中。

表4－1　二次电池的常见类型

电池类型	正极	负极	电解质	E^0/V	W/(W·h·kg^{-1})
铅酸电池	PbO_2	Pb	H_2SO_4	2.0	30
镍－氢电池	$Ni(OH)_2$	M	KOH	1.32	40～60
锂离子电池	$LiFePO_4$ $LiNi_xCo_yMn_zO_2$	C	$LiPF_6$	3.2 3.7	185 300

4.1　铅酸电池

4.1.1　铅酸电池简介

铅酸电池是众多二次电池中第一个实现商业化应用的化学电源。铅酸电池于1859年发明问世，经过150多年的发展，其电化学性能、生产工艺和机械化程度等各个方面都得到了极大的提升，是目前技术最成熟的二次电池。由于其成本和稳定性方面的优势，其在世界各行业中得到广泛使用。目前，铅酸电池主要应用于SLI（起动－照明－点火）、牵引和储能领域。SLI电池作为早期开发的类型，主要用于汽车内燃机、摩托车以及大型车辆；牵引电池具有更高的输出功率，从而为车辆提供充足的动力，这种电池主要应用于电动自行车、低速机动车等车辆的动力系统中；储能铅酸电池是在主电源中断时作为应急电源使用，这一类电池通常用于通信行业、不间断电源（UPS）和新能源系统中至关重要的电能存储配套设施。

4.1.2　铅酸电池的发展历程

1859 年，物理学家 Gaston Planté 制造了第一个铅酸电池。他利用橡胶隔开的两块铅板分别作为正负极，以硫酸作为电解液，成功实现了电能与化学能之间的相互转化。1860 年，Planté 将制作的铅酸电池以及一份题为“大功率二次电池的消息”的报告提交到法国科学院，铅酸电池从此成为人们关注的热点。然而，Planté 发明的铅酸电池由于采用铅板作为电极，其比能量非常低。1881 年，Camille Fauré 首次将 Pb_3O_4、蒸馏水和硫酸制成的铅膏涂于铅板表面，大幅度提高了铅酸电池的比能量，电池比容量达到 8 W · h/kg。在此基础上，Ernest Volckmar 利用纯铅制作的板栅作为活性物质支撑体和集流体。Scudamore Sellon 将铅锑合金作为板栅材料，进一步提升了铅酸电池的电化学性能。同年，Gustave Trouve 首次用铅酸电池驱动了电动三轮车，其速度达到 12 km/h。1882 年，Gladstone 和 Tribe 通过对铅酸电池充放电过程中正负极上发生的电化学反应进行了深入分析，首次提出了双硫酸盐化理论。同年，巴黎市安装了一套由发电机和铅酸电池组成的照明配电系统。1883 年，Hermann Aron 深入研究了铅酸电池充放电过程，并首次描述了铅酸电池硫酸盐化的过程。1886 年，法国制造了世界上第一艘由铅酸电池驱动的潜艇，并成功下水服役。随着铅酸电池技术的不断成熟，1899 年，Camille Jenatzy 制造了时速可达 109 km/h 的铅酸电池电动车。而在铅酸电池理论发展方面也不断取得新的进展。1935 年，Hmaer 和 Harned 通过实验证明了双硫酸盐理论。1938 年，A. Dassler 提出气体复合原理，为密封铅酸电池的实现创造了理论基础。1956—1960 年，Bode 和 Vose、Ruetschi 和 Caban、Burbank、Feitkecht 等分别阐明了 $\alpha-PbO_2$ 和 $\beta-PbO_2$ 的性质。铅酸电池理论的成熟和工艺的完善，促使其被各个行业广泛采用，成为电能生成和储存的重要手段。

时至今日，对铅酸电池性能提升的研究仍在继续。由于铅酸电池的活性物质利用率较低，因此要向极板中加入一些添加剂来为极板提供结构和导电性，从而大大提高活性物质的利用率。这些添加剂主要包括导电添加剂、非导电添加剂和化学活性添加剂。其中在导电添加剂方面主要选择铅酸钡、氧化钛、导电聚合物、二氧化锡、硼化铁、镀铅玻璃丝、活性炭（active carbon）和二氧化铅等。对铅酸电池极板合金的研究也一直在进行，如 Pb - S 合金、Pb - La 合金、Pb - Ca 合金、Pb - Sb 合金、Pb - Sb - Sn 合金、Pb - Sb - Ca 合金、Pb - As 合金、Pb - Cu 合金以及 Pb - Ca - Sn - Ce 合金等的研究都有报道。

特别是近些年来，关于向负极中加入碳来制备超级电池的研究成为热点。作为一种新型的超级电池，铅炭电池是铅酸电池和超级电容器两者技术的整合：既具有超级电容功率性充电的优点，也具有瞬间大容量充电的优点，还有铅酸电池的能量优势，且拥有非常好的充放电性能，一个小时就可充满电。而且铅炭技术也大大延长了电池的寿命。铅炭电池是铅酸电池的创新技术，相比铅酸电池有诸多优势：一是充电快；二是放电功率高；三是循环寿命得到延长；四是性价比较高，虽然成本相较于单纯的铅酸电池有所增加，但循环使用的寿命大大延长；五是使用安全、稳定，可广泛地应用在各种新能源及节能领域。可以说，铅炭电池在新能源储能领域的发展潜力很大。此外，国内外学者也对铅酸电池其他方面的研究做了许多工作。例如铅酸电池中杂质的影响、新极板的设计等方面的研究都取得了一定成果。Derek Pietcher 等发表了一系列文章描述一种新型的液流电池，主要从电池的化学、电化学和性能等方面进行了研究，这种电池没有隔板，使用甲基磺酸作为电解质电池的工作电压为 1.55 V，库仑效率大于 85%，能量效率约在 65%。

4.1.3 铅酸电池的工作原理

铅酸电池一般由用隔膜隔开的若干正极板、负极板和外壳等部分组成，其中含有一些液体或吸收在胶体隔膜中的硫酸。其正极活性物质为 PbO_2，负极活性物质是海绵状铅，电解液是硫酸溶液。其结构如图 4－1 所示。铅酸电池在放电时，正极和负极的活性材料分别为 PbO_2 和 Pb。而在充电状态下，正负极的主要成分均为 $PbSO_4$。

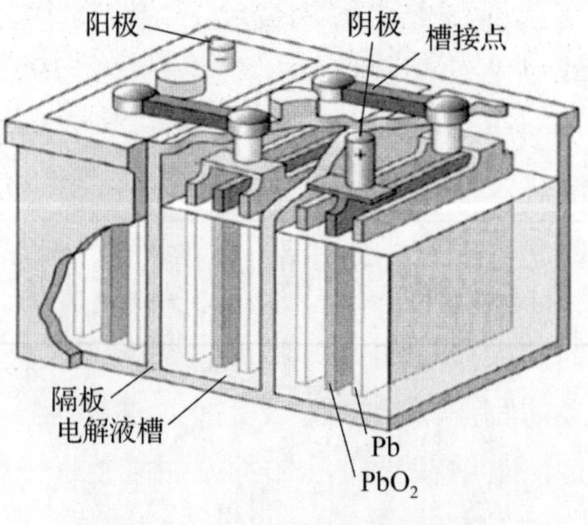

图 4－1　铅酸电池结构示意图

对于铅酸电池的工作原理，双极硫酸盐化机理得到了广泛认可。这一理论是由科学家 Gladstone 和 Tribe 首次提出的。该理论指出，铅酸电池充放电过程中电化学反应方程式如下：

正极反应： $$PbO_2 + 3H^+ + HSO_4^- + 2e^- \Leftrightarrow PbSO_4 + 2H_2O \qquad (4-1)$$

负极反应：　　$Pb + HSO_4^- - 2e^- \Leftrightarrow PbSO_4 + H^+$　　(4-2)

电池反应：　　$Pb + PbO_2 + 2H^+ + 2HSO_4^- \Leftrightarrow 2PbSO_4 + 2H_2O$　　(4-3)

电极反应由左至右为放电过程，由右至左为充电过程。

铅酸电池在充电后期和过充电时，会发生电解水的副反应，在电极上产生一定量的气体。其反应方程式如下：

正极反应：　　$2H_2O \rightarrow O_2 + 4H^+ + 4e^-$　　(4-4)

负极反应：　　$2H^+ + 2e^- \rightarrow H_2$　　(4-5)

目前，关于铅酸电池充放电过程中正极 PbO_2 反应机理的解释主要分为液相反应机理和固相反应机理两种。

液相反应机理认为铅酸电池放电时，二氧化铅中的 Pb^{4+} 得到电子生成 Pb^{2+}，然后 Pb^{2+} 进入电解液中与 HSO_4 结合生成硫酸铅晶体，并沉积在正极上。充电时，硫酸铅晶体产生的 Pb^{2+} 被氧化为 Pb^{4+} 并与 O^{2-} 结合生成二氧化铅。

固相反应机理认为铅酸电池放电过程中二氧化铅的还原是通过固相生成一系列中间产物完成的，并且在这一过程中电解液中的离子并不会参与反应。放电过程的任一阶段，正极活性物质均被视为由 Pb^{4+}、Pb^{2+} 和 O^{2-} 组成的固态物质。硫酸铅晶体是由固相反应的中间产物与电解液中的硫酸发生化学反应生成的。

铅酸电池体系中，$PbO_2/PbSO_4$ 的平衡电势相对于 H_2O/O_2 更正，所以电池充电过程中在硫酸铅氧化为二氧化铅之前水优先被氧化。但是，由于在二氧化铅表面氧析出过电势较高，因此在铅酸电池正极上硫酸铅先被氧化，在正极电位达到更高的正电势的情况下，氧气析出。关于氧析出机理有以下三种解释。

第一种解释建立在二氧化铅没有参与氧析出反应（oxygen evolution reaction，OER）过程的前提下，该理论认为氧析出反应是受电化学反应或氧复合反应控制的。氧的析出过程大致分为三个步骤：首先是水分解产生 OH 活性基团，然后 OH 活性基团相互结合生成氧原子和水，最后氧原子相互结合产生氧气。

第二种解释认为氧的析出反应是分两步进行的，首先，水在铅氧化物表面分解，同时产生不稳定的铅氧化物，然后铅氧化物由不稳定状态转变为稳定状态，并伴随着氧气析出。

第三种解释认为氧析出反应主要发生在二氧化铅凝胶（水化）区。该理论认为铅酸电池正极的二氧化铅分子之间会以多聚物的形式形成链状结构。当铅酸电池充电时，部分硫酸铅被氧化形成链状的水化二氧化铅［$PbO(OH)_2$］，这种链状多聚物就是二氧化铅凝胶区。电子可以沿着二氧化铅凝胶区的链式结构进行传递，因此二氧化铅凝胶区具有良好的导电性。水的氧化反应在二氧化铅凝胶区的活性位点进行。铅酸电池在充电后期，正极析出的氧气通过隔板或胶体电解质内部的空隙扩散至负极铅的表面，最终复合为水。氧复合反应使水在正极分解产生的氧气，在负极又被还原为水，因此，铅酸电池即使长时间在较高电压下工作也不会由于大量失水而过早失效。

4.1.4 铅酸电池的未来展望

由于铅酸电池中含有大量的硫酸以及铅、锑（Sb）等重金属物质，对环境造成严重的污染。因此，对废旧铅酸电池的回收再利用也是铅酸电池领域的重要研究方向之一。一般地，废旧铅酸电池首先需要破碎并且除去其中的硫酸，然后分离出极板（包括铅膏和铅合金格栅）、塑料外壳和隔膜（一般称为“三分离”）。由于隔膜与外壳为有机材料，密度约为 1.14 g/cm^3，铅膏的密度为 3.3 g/m^3，铅合金格栅的密度为 9.4 g/cm^3，可以采用重介质或水力分选技术将它们分离。分离得到的塑料可以与新塑料混用生产新的电池盒；格栅合金可以经过重新熔炼和调整成分后再铸成极板用于新蓄电池的生产；回收的铅膏经处理后可再次用于铅酸电池的生成中。

此外，虽然铅酸电池的研究热度已远低于新型的二次电池储能装置，但相对于锂离子电池、液流电池等电化学体系来说，铅酸电池技术最成熟、价格最低。因此，储能铅酸电池在可再生能源发电系统中仍具有广泛的应用前景。针对铅酸电池在储能系统应用的特殊性，各国政府有关部门也对储能用铅酸电池提出了一系列基本要求。

1. 循环寿命

科学技术的迅猛发展，为可再生清洁能源的利用提供了动力，但可再生能源的大规模使用前提是必须保证能源转化利用的成本不能过高，而储能电池系统作为能源利用中必不可少的一部分，也会面临成本方面的压力。在短时间内为储能部分开发出高效廉价的新蓄电池体系的可能性非常小，从成本方面考虑，在众多电池体系中，储能用铅酸电池的性价比最高，因此比较适合用于新能源利用。从目前情况来看，现有的储能用铅酸电池的寿命依然不能完全满足应用需求。不久的将来，储能用铅酸电池的成本在可再生能源系统的使用成本中占有很大的比例。如果不尽早解决铅酸电池使用寿命的问题，可再生能源转化利用的成本居高不下，无法大范围推广应用。因此延长储能用铅酸电池的使用寿命就显得尤为重要。

2. 充电接受能力

目前，浮充备用型铅酸电池的充电过程都是严格按照设计方案进行的，充电制式可随时人为调整和控制。在上述情况下蓄电池长期处于最佳状态，而储能用铅酸电池的充电时间不能人为控制，这主要是因为可再生能源转化的电能具有非连续性和不稳定性的特点，储能电池的充电状态受自然条件影响较大。因此，充电接受能力对储能用铅酸电池来说尤为重要。由于风能、太阳能转化为电能的效率不高，对转化的电能的储存效率的要求较高，更重要的是铅酸电池的充电接受能力和使用寿命息息相关，充电接受能力变差，往往导致储能用铅酸电池容量大幅度下降甚至失效。因此，必须采取有效的改进方法，解决电池充电接受能力的问题。

3. 高、低温性能

储能用铅酸电池的电化学性能受温度影响比较大，但储能系统的安装位置大多在室外，夏季光照充足，气温也相对较高。强烈的光照下是电池充电的最佳时机，而此时集装箱内部的温度可能会超过60 ℃，储能电池无法承受如此高的温度。如果是VRLA（阀控铅酸）电池，在这样的温度下电池会因过早失效而无法满足应用需求。在北方寒冷的冬季，最低气温接近零下40 ℃，充电、放电效率在这样低的温度都会大幅度下降，电池非常容易出现故障。因此，面对如此苛刻的应用环境，储能电池必须具备优异的耐低温性能、长期欠充条件下的循环性能以及耐高温过充性能等。

4. 免维护性能

由于可再生能源系统配套的储能用铅酸电池一般都是安装在室外，并且比较分散，因此，储能电池的维护会耗费大量的人力和物力。为了满足可再生能源转化利用的需求，铅酸电池研发的主要方向是较长的使用寿命和免维护性能，因此VRLA电池逐渐替代了其他类型的铅酸电池，在储能领域得到广泛应用。VRLA电池充电时，尤其是充电末期，正极上产生大量的氧气，而氧气可以通过扩散过程穿过电池隔板到达电池负极并被还原，因此此类蓄电池避免了因失水导致过早失效。

4.2 镍-氢电池

4.2.1 镍-氢电池简介

镍-氢电池是化学电源行业的重大突破。镍金属是一种储氢材料，在吸收和放出氢气过程中往往伴随着电化学效应、热效应、机械效应和磁性效应的发生。这些特性为实现使用镍金属作为电池负极制作 Ni/MH 电池成为可能。相较于铅酸电池，镍-氢电池具有能量密度高、无污染和可大电流充放电的特点。此外，镍-氢电池具有与一次电池相近的工作电压和更高的能量密度与更好的环保性，因此可大规模替代一次电池用于电动工具、便携电子器件等领域。同时，镍-氢电池的高能量密度、快速充放电、长循环寿命和轻重量的特性也使其成为世界各国竞相研制并成功开发的动力汽车的新动力源。

4.2.2 镍-氢电池的发展历程

20 世纪六七十年代，铅酸电池和镍-镉电池处于蓬勃发展时期。其中镍-镉电池因具有长循环寿命、高工作效率、大的能量密度和较强的耐过充放电能力而备受关注。由于镍-镉电池维护简单，且密闭式的镍-镉电池可以任何放置方式使用，其一度占领了整个小型二次电池市场。而诞生于 20 世纪 70 年代的高压镍-氢电池，由于需要采用高压氢和贵金属催化剂而受到了广泛商业化的应用。

国外在 20 世纪 70 年代中期开始探索成本更低的低压镍-氢电池。1969 年，科学家 Zijilstra 发现了 $LaNi_5$ 合金材料具有吸放氢的电化学可逆性，为储氢合金的开发奠定了基础。1984 年，荷兰 Philips 公司使用不同合金元素分别代替 $LaNi_5$ 中的 La 和 Ni，开发了能够提高储氢综合性能的多元素合金。20 世纪 80 年代后期，日本松下、三洋等公司使用混合稀土 Mm（La、Ce、Pr、Nd、Sm）代替 $LaNi_5$ 中的 La，大大降低了材料成本。同时镍-镉电池的发展促进镍-氢电池中正极活性物质 $Ni(OH)_2$ 制备工艺的成熟。由于镍-镉电池中重金属元素镉元素对环境造成严重污染，且人们对环保的意识日益加强，镍-镉电池逐渐被市场抛弃。而镍-氢电池具有与镉镍电池相近的电压，可以直接替代镉镍电池用于商业化生成。而且，相比铅酸电池，镍-氢电池具有更高的能量密度和功率密度。镍-氢电池也可替代铅酸电池用于电动汽车中。

进入 20 世纪 90 年代后，随着新兴电子工业的蓬勃发展，便携式笔记本电脑、移动通信设备和电动汽车对可循环使用的移动储能装置提出了长寿命、更高容量、轻便可快充的要求。这也刺激了镍－氢电池的急速发展。

4.2.3　镍－氢电池的工作原理

镍－氢电池的正极为镍氧化合物 $Ni(OH)_2$，负极为储氢合金，电解液为氢氧化钾（KOH）。正负极之间使用隔膜隔开，共同构成了镍－氢单体电池。负极的储氢合金可快速吸收和放出氢气，将氢气压力维持在常压附近。

镍－氢电池在充电过程中，正极的 $Ni(OH)_2$ 被氧化为 NiOOH，负极的金属被还原为储氢金属；放电时，发生充电过程中的逆反应，正极的 NiOOH 被还原为 $Ni(OH)_2$，负极储氢金属被氧化成金属（图4－2）。其反应方程式如下。

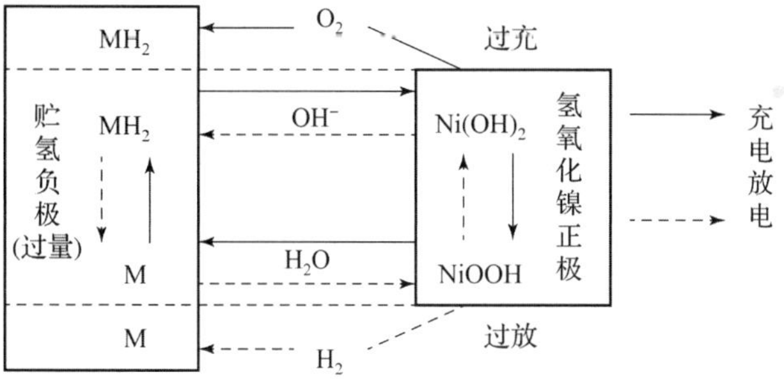

图4－2　镍－氢电池反应机理图

正极：　$$Ni(OH)_2 + OH^- \Leftrightarrow NiOOH + H_2O + e^- \quad (4-6)$$

负极：　$$M + H_2O + e^- \Leftrightarrow MH + OH^- \quad (4-7)$$

总反应：　$$Ni(OH)_2 + M \Leftrightarrow NiOOH + MH \quad (4-8)$$

式中，M 为储氢合金；MH 为金属氢化物。

镍－氢电池正负极处发生的反应均在固体内进行，属固相转变机制。不存在活性物质溶解和析出的问题，也不生成任何水溶性的金属离子中间产物。因而镍－氢电池的正负极均具有较高的结构稳定性。由于这种固相转变机制，镍－氢电池中的电解液组分不会发生额外的消耗。因此，可实现镍－氢电池的密闭性和免维护。此外，当电池过充时，正极上析出的氧气穿过隔膜后可被负极处的氢化物还原成水；当电池过放时，正极处析出的氢气穿过隔膜后可被负极处的氢化物吸收。从理论上讲，镍－氢电池过充和过放都不会产生气体聚集的问题，具有优良的耐过充和耐过放能力与极佳的安全性能。

4.2.4　镍－氢电池的未来展望

镍－氢电池作为一种使用广泛的储能元件，与其他蓄电池和超级电容器相比有以下优点：①比能量较大。镍－氢电池的比能量显著高于铅酸电池，在各种蓄电池中，比能量仅次于锂离子电池。②比功率较大。镍－氢电池的比功率显著高于铅酸电池，在各种蓄电池中，比功率仅次于锂离子电池。③循环寿命长。镍－氢电池的循环寿命可达 1 000～1 500 次，在各种蓄电池中寿命较长。④安全性能高。镍－氢电池的安全性非常好。

由于镍－氢电池优良的电化学性能，其应用领域非常广泛。在民用商品中，镍－氢电池广泛用于太阳能光伏系统、通信系统和野外应急备用电源、电动玩具与照相机等数码设备。在混合动力汽车和燃料汽车中，镍－氢电池作为辅助能源提供峰值功率启动车辆和提供加速能量。此外。镍－氢电池还广泛用于军事便携电源。

全世界各大电池厂商在镍－氢电池的研制中，投入了大量的人力、物力，已取得较大成果。在日本，电池的性能、电池单体串联成模块的连接技术、电池单体及模块的一致性均已十分成熟。在中国，镍－氢电池的技术正日趋成熟。在动力镍－氢电池方面，中科院上海微系统与信息技术研究所长期从事镍－氢电池及相关材料的研究和开发，北京有色金属研究总院、湖南神舟科技股份有限公司、春兰（集团）公司等单位均从不同角度做过大量积极有益的工作，取得了很大的进展。一些企业还开发了不同电压等级的镍－氢电池包，应用于混合动力客车上。如春兰集团开发了 336 V 的客车镍－氢电池包，应用于中国第一汽车集团研发的解放牌混合动力客车上。随着镍－氢电池技术的不断成熟，镍－氢电池已成为现代储能装置中不可缺少的一员。

|4.3　锂离子电池|

4.3.1　锂离子电池简介

二次电池经历了从铅酸电池到镍－氢电池再到锂离子电池的不断发展。每一个阶段都是化学电源史上的重要里程碑。时至今日，锂离子电池成为目前性能最优异、使用最广泛的储能装置。由于锂离子电池对人类社会的重要影响，2019 年 10 月 9 日，瑞典皇家科学院宣布，将 2019 年诺贝尔化学奖授予约翰·古迪纳夫、斯坦利·惠廷厄姆和吉野彰，以表彰他们在锂离子电池研发领域做出的贡献。目前，锂离子电池已广泛用于 3C（computer、communication、consumer）市场，不仅方便了人类的日常生活，还极大地提高了人类的工作效率。

4.3.2 锂离子电池的发展历程

早在20世纪初，Lewis首先提出研究锂金属电池的构想，但锂遇水会发生剧烈反应。1958年，Harris提出有机电解质是解决这一困难的关键。1962年，Cook和Chilton正式将“非水电解质”引入锂电池设计中，丙烯碳酸酯溶解$LiCl-AlCl_3$作为电解液，但当时作为正极材料的Ni、Cu、Ag的卤化物无法达到预期的电化学性能，进而制约了锂电池的商业化发展。研究者对于匹配何种正极材料一直存在争议，一组是选择以二氧化锰（MnO_2）为代表的过渡金属氧化物，另一组则提出双插入配置式电池结构，即正负极材料均选用层状结构材料，后者令可充电锂离子电池初见雏形。1970年，松下公司首次将“嵌入化合物”引入锂电池设计，成功合成了$Li/(CF_x)_n$体系的锂电池并将其装备在渔船使用。1975年，三洋公司开始“过渡金属氧化物”正极材料的研究，制备了Li/MnO_2体系原电池用于计算机等设备。次年，$Li/Ag_2V_4O_{11}$专用于心脏起搏设备的锂原电池进入医学领域。为了避免金属锂原电池无法充电造成的资源严重浪费和环境污染，几乎在同一时期，人们也开始了对可充放电锂二次电池的探索。Broadhcad和Armand分别发现二元硫化物层状机构嵌入分子或离子以及石墨晶格嵌入碱金属的反应都具有可逆性。Exxon公司的Whittingham在此基础上研发出能够循环1 000次左右的Li/TiS_2体系二次电池，但由于充电时金属锂在负极表面的非均匀沉积会导致“枝晶偏析”，随着枝晶生长会出现断枝而产生“死锂”（失去电化学反应活性），造成不可逆容量的增加，枝晶生长甚至会刺破隔膜导致正负极短路引发安全隐患，随后Moli公司推出的Li/Mo_2二次电池也因同样的安全问题而停止研发。因此，“锂枝晶问题”成为锂离子电池商业化的最大技术瓶颈。20世纪80年代，一种“摇椅式电池”（rocking chair battery，RCB）的构想被Armand提出，用可嵌入层状化合物替代金属锂作为负极使用，在充放电过程中Li^+在正负极之间往返运动，能够避免锂枝晶形成。考虑到正负极之间应具备合适的电势差以及与正负极材料相匹配的电解质溶液等，RCB的设计概念开始面临究竟该选择何种正负极嵌锂化合物去替代金属锂的难题。科学家大胆地尝试选用层间距为0.35 nm的石墨作为负极，为离子半径0.76 Å的Li^+提供迁移通道，形成LiC_6层间化合物。时至今日，石墨仍作为最成熟且成本低廉的负极材料在广泛使用。后来，Goodenough发现过渡金属氧化物稳定良好的层状结构能够保障Li^+稳定嵌入/脱嵌，至此，Li_2MO_2（M = Ni、Co、Mn）作为正极嵌入化合物的时代到来。自从1991年日本Sony公司首次成功将锂离子电池商业化之后，锂离子电池便在众多类型电池中脱颖而出，成为新一代的绿色高能电池。锂离子电池作为一种高效的电能和化学能的转化与储存装置，是高性能电池的代表。锂离子电池具有电压平台高、能量密度高、循环性能好、自放电率低、环境友好等优点。经过20多年突飞猛进的发展，其已经在3C市场、电动汽车（纯电池汽车、混合电动汽车）、国防、航空等大型能量存储系统（ESS）中广泛应用。

4.3.3 锂离子电池的工作原理

锂离子电池是一种锂离子可以在正负极间往返脱嵌的二次电池，所以又被称为摇椅式电池。充电时，锂离子从正极材料晶格中脱出，穿过电解质及隔膜，嵌入负极材料的晶格中，形成碳的化合物。负极材料中嵌入的锂离子越多，表明充电容量越高；而放电过程与充电过程正相反，锂离子从负极材料晶格脱出，再次经电解质和隔膜，回到电池正极，能够回到正极的锂离子越多，说明放电容量越高，其工作原理示意图如图4-3所示。电池内部的可逆容量高，表明电池的容量也高。因此，电池中可往返脱嵌的锂离子的含量决定了电池的实际容量。正极和负极脱锂和嵌锂的电位差，即为电池的电压。在电池的前几次充放电循环中，电极表面会因电解液的分解形成一层钝化膜，这层膜被称为固态电解质膜（SEI膜）。

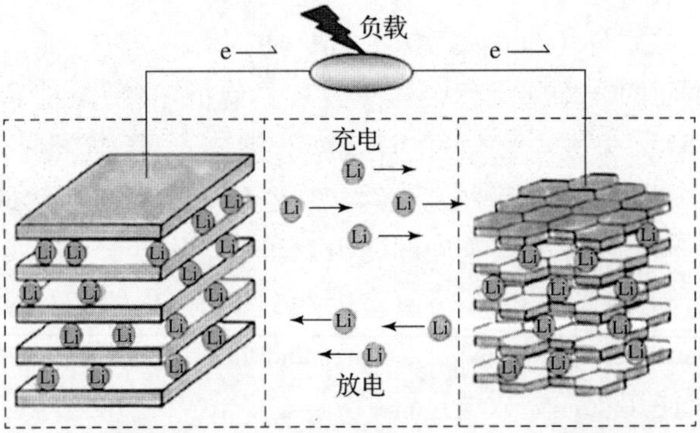

图4-3 锂离子电池工作原理示意图

以典型的层状金属氧化物锂离子电池为例，其充放电反应方程式如下：

正极反应： $$LiM_xO_y \Leftrightarrow Li_{1-n}M_xO_y + nLi^+ + ne^- \quad (4-9)$$

负极反应： $$6C + nLi^+ + ne^- \leftrightarrow Li_nC_6 \quad (4-10)$$

电池总反应： $$LiM_xO_y + 6CLi_{1-n} \leftrightarrow M_xO_y + Li_nC_6 \quad (4-11)$$

锂离子电池工作中所涉及的物理学原理主要用固体物理学来解释，为了让Li^+在充放电循环过程中稳定有序地运动，这就需要有像石墨一样的层状或其他有序的固化结构为 Li^+ 的输运提供通道。锂离子电池充电时，Li^+ 向负极运动，有序地穿插进入负极活性材料结构的空隙，晶格结构发生膨胀，由于 Li^+ 的嵌入需要由主体晶格进行相应的电荷补偿以维持电中性，主体材料的能带变化可以实现这种电荷补偿，电导率在 Li^+ 嵌入前后会发生变化。这种穿插行为在嵌入物理中被命名为“嵌入”（intercalation），即可移动的客体粒子（离子、分子、原子）可逆地嵌入具有合适尺寸的主体结构空位中，与其相反的过程被称为“脱嵌”（deintercalation）。对于正极材料而言，它是锂源的提供者，理论上越多的 Li^+ 脱嵌就会提供越高的可逆容量，但为了维持主体晶格的稳定并防止结构坍塌，通常仅有部分 Li^+ 脱嵌。为了实现正负极活性材料的结构稳定，一般会选择 Li^+ 嵌入反应自由能变化较小、固态结构中有较高的离子扩散速率和热力学稳定的材料。

4.3.4　锂离子电池的结构组成

锂离子电池主要由正极、负极、电解液、集流体、隔膜和外壳装配而成。正极材料应具备较高的电极电势，常见的商业化正极材料主要有 $LiCoO_2$、$LiMn_2O_4$、$LiFePO_4$、$LiMO_2$（M = Ni、Co、Mn）等。负极材料则需要较低的电极电势以及较小的体积应变，常见的有石墨、硅基、Li_2TiO_3 等。电解液为正负极搭建了相互传输的离子通路，常见的是溶有电解质盐（$LiPF_6$、$LiClO_4$ 等）的有机溶液体系。集流体用来负载电极材料，并提供电子通路。正负极的集流体分别为铝箔、铜箔。隔膜多为聚乙烯（PE）、聚丙烯（PP）或聚烯烃类混合物，它负责隔开正负极，防止发生内短路现象。锂离子电池分有不同的外形，主要为纽扣式、圆柱式、方形和软包，如图 4－4 所示。通常，纽扣式电池多应用在科学研究过程当中。

4.3.5　锂离子电池的未来展望

锂离子电池在 3C 领域得到广泛商业化应用，然而其在动力和储能领域的应用一直面临着巨大挑战。电池的循环寿命和存储寿命仍然阻碍着锂离子电池的发展。要使锂离子电池在储能和动力电池领域能够大规模应用，其存储寿命需要达到 10～15 年，且循环寿命需要达到 3 000～5 000 次。而目前已商业化应用的锂离子电池还远达不到这种要求。

究其原因是锂离子电池在循环过程中发生了不可避免的容量衰减。而锂离子电池是复杂的电池系统，由于每一种锂离子电池都有各自的化学组成，电池各组分（活性材料、导电剂、电解质）以及电池设计（厚度、孔隙率等），都会对电池的衰退有不同程度的影响。目前，锂离子电池的容量衰减主要是由电

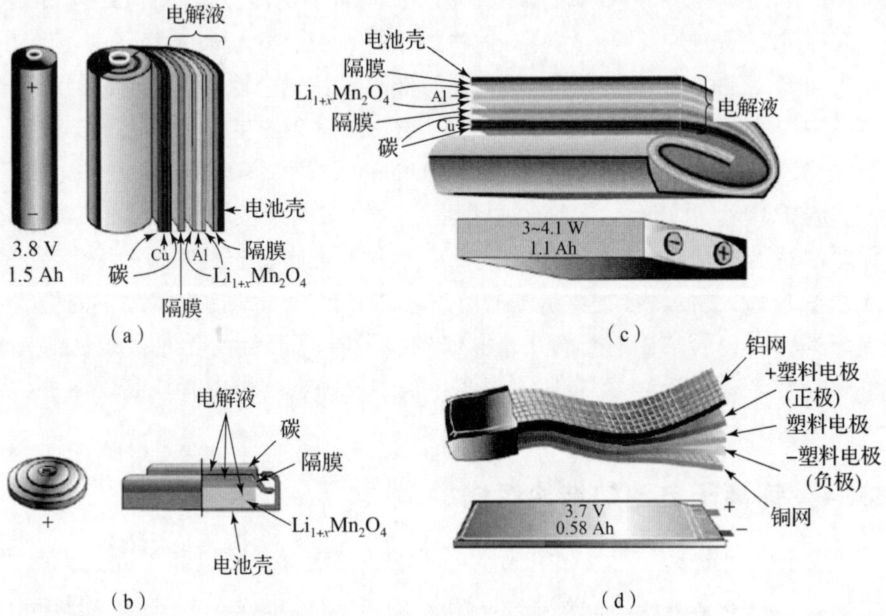

图 4－4　不同形状的锂离子电池结构示意图

(a) 圆柱式；(b) 方形；(c) 纽扣式；(d) 软包

池内部活性锂损失、材料结构演变、电池内阻增大以及金属离子溶解等因素导致。而锂离子电池容量降低及能量衰退往往不是由一个单纯的因素引起，一般是许多过程以及相互作用的结果。因此，对锂离子电池容量衰减的研究不能仅局限于某一电极，而是要从整个电池体系出发。目前针对锂离子电池容量衰退所采取的方法主要有电极材料表面修饰、电极材料结构优化、高性能电极片制作以及电解液与正负极相容性优化四个方面。

此外，为解决锂离子电池容量衰减这一关键问题，对锂离子电池中的基础科学问题还需要进行深入研究。我国科技工作者在锂离子电池中正负极、电解质等关键材料的制备与优化等方面做了大量研究，使锂离子电池材料的性能不断提升，同时也为锂离子电池的发展做出了突出贡献。然而，就目前阶段，电池材料的制备与优化通常不再是制约锂离子电池发展的瓶颈，相对来说，我们对锂离子电池体系中的基础科学问题研究相对较少。因此，深入研究电池中设计（design）、诊断（diagnosis）及耐用性（durability）的 3D 问题，并且探讨制约电池性能的基础电化学过程及解决方法，是全世界发展电池及电化学科学所必须面对的。

4.4　钠离子电池

4.4.1　钠离子电池简介

20 世纪 80 年代，钠离子电池与锂离子电池是共同发展的。几十年来，锂离子电池已经形成工业化的商品并得到广泛应用，而钠离子电池明显滞后，仍然处于研究阶段，这主要因为钠离子电池表现出相对低的能量密度。其中，缺乏适用于钠离子电池的负极材料是导致其能量密度低的重要原因。但是，经过科研工作者的不懈努力，钠离子电池也获得了长足发展。这一方面源于钠离子电池性能的明显提升，如 Ceder 等分别对钠离子电池电极材料和锂离子电池电极材料的电压、稳定性和扩散势垒进行了计算研究，结果表明钠离子系统是具有竞争力的；另一方面出现了适用于钠离子电池的新的商业化需求，如大规模输电网或者微型输电网，该领域对设备的重量和占地面积要求不严格，即对能量密度参数要求相对较低，而资源丰富、成本低廉的钠离子电池就展现出明显的商业价值。

4.4.2　钠离子电池结构

钠离子电池主要是由电极材料、导电添加剂、黏结剂、集流体、隔膜和电解液构成。其中，电极材料无疑是最重要的组成部分，电池的比容量、工作电压等重要参数主要由电极材料的电化学性能决定。因此，开发适合的电极材料是钠离子电池发展的重要方向。电极材料包括高电位区间（vs. Na^+/Na）的正极材料和低电位区间（vs. Na^+/Na）的负极材料。

在钠离子电池中，电位高于 2 V(vs. Na^+/Na)的电极通常被归类于正极材料。正极材料的研究始于 20 世纪 70 年代，当时对 $NaCoO_2$ 嵌钠过程的结构变化和电化学性能进行了探索，发现它是一种可用于钠离子电池的正极材料。20 世纪 80 年代初，进一步对其他层状过渡金属氧化物（LMeOs）进行了研究，如 Na_xCrO_2、Na_xMnO_2 和 Na_xFeO_2 等。目前，层状过渡金属氧化物和聚阴离子型化合物已成为主要的正极材料，这些材料在电化学充放电过程中能够可逆地嵌入 Na^+，并表现出稳定的相转变。而主要解决的问题是材料固有电子导电率低以及结构稳定性差等。图 4 – 5 为常用钠离子电池正极材料的容量 – 电压分布图。

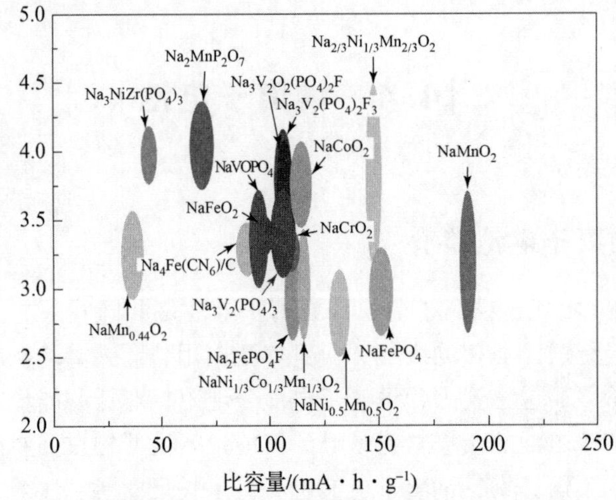

图 4-5　常用钠离子电池正极材料的容量-电压分布图

(1) 层状过渡金属氧化物。按照 Delmas 等在 1980 年提出的标记方式，绝大多数 LMeO 晶体结构可以分为 P2 型和 O3 型。这里，字母 P 和 O 分别代表棱柱和八面体，表示碱离子占据的晶格位置，而数字 2 和 3 代表 LMeO 晶体结构中重复单元的层数或堆叠数。尺寸较大的钠离子有一个优点，它们能够占据三棱柱位点，形成稳定的 P2 型相，而在锂基 LMeOs 中不存在这种情况。

(2) 聚阴离子型化合物。另一大类正极材料是聚阴离子型化合物，它们通常具有良好的循环性、高的电极电位和稳定的结构框架。与 LMeO 相比，聚阴离子型化合物一般具有低毒性及良好的热稳定性，对过充电和过放电具有较好的耐受性。聚阴离子型化合物包括磷酸盐类（$NaMePO_4$）、焦磷酸盐类（$Na_2MeP_2O_7$）和氟化磷酸盐类（$Na_2Me(PO)_4F$），其中 Me 代表过渡金属。

(3) 普鲁士蓝（Prussian blue，PB）类似物。除以上两种正极材料以外，普鲁士蓝类似物由于成本低廉也越来越受到关注。普鲁士蓝类似物的化学通式为 $Na_{2-x}Ma[Mb(CN)_6]_{1-y} \cdot zH_2O$，其中 Ma 和 Mb 通常代表 Mn、Fe、Co、Ni、Cu 和 Zn。普鲁士蓝类似物具有较高的理论比容量（170 mA · h/g）、开放的三维框架，并且间隙较大，这种结构有利于实现快速的电荷存储。

20 世纪 80 年代，碳材料得到初步研究，并被认为是一种具有潜力的锂离子电池负极材料。然而，在钠离子电池中，石墨却表现出很差的性能，这是由于 Na^+ 离子半径较大，不易插入石墨层间。在 2000 年以前，只有几种负极材料被证明具有储钠的特性，但它们的能量密度远远低于在锂离子电池中应用的石墨。1988 年，Ge 和 Fouletier 报道了钠在石墨中的电化学嵌入行为，并推理形成 NaC_{64}，其理论比容量为 35 mA · h/g。1993 年，Doeff 等计算证明了 Na^+

嵌入石墨、石油焦和乙炔黑，可能分别形成了 NaC_{70}、NaC_{30} 和 NaC_{15}，计算出的理论比容量分别为 31 mA · h/g、70 mA · h/g 和 132 mA · h/g。21 世纪初，情况有所改变。2000 年，Dahn 等确认硬碳可以提供高达约 300 mA · h/g 的可逆容量，接近石墨的锂存储容量。尽管循环能力还不能满足实际应用的要求，这仍然给钠离子电池的发展带来了新的希望。

2010 年以来，关于钠离子电池的研究大幅度递增，人们发现大量材料可以作为负极材料，包括金属/合金（如 Sn、Ge、P 以及它们的合金），金属氧化物/硫化物/磷化物［如 SnO_2、Sb_2O_3、CuO、Fe_2O_3、Co_3O_4、TiO_2、$NiCo_2O_4$、$MnFe_2O_4$、MoS_2（二硫化钼）、MoS_3、SnS_2（二硫化锡）、Sb_2S_3、CoS、CoS_2、NiS_2、Ni_3S_2、FeP_4、CuP_2、Cu_3P、NiP_3 和 Sn_4P_3 等］和碳基材料（膨胀石墨、石墨烯和硬碳等）。具有特殊结构或组成的新的负极材料电化学性能有了很大的提升，甚至可以与锂离子电池相媲美。按照电化学反应原理，负极材料主要分为三种类型：嵌入型、合金型、转化型。嵌入型负极材料与锂离子电池电化学反应原理类似，在此不做赘述。

1. 合金型

合金型电极材料通常具有较高比容量，但是在循环时容量下降严重，在实际应用上仍然面临严峻的挑战。导致合金型电极材料循环性能差的原因主要是其在充放电过程中大的体积变化。因为钠离子的半径比锂离子的大，在嵌钠脱钠的过程中，钠离子电池负极材料要承受更剧烈的体积膨胀，该体积变化会导致活性材料发生脱落或者结构破碎；大的体积变化还会造成 SEI 膜的不稳定，在循环过程中，SEI 膜重复形成，增厚的 SEI 膜层阻碍了电荷转移，导致容量快速降低。此外，SEI 膜层不稳定使电极材料初始库仑效率较低。

2. 转化型

具有多电子反应的转化型负极材料具有很高的比容量，是制备钠离子电池的理想材料之一。转化反应包括钠离子嵌入/脱出过程中新化学键的形成和断裂。一般来说，传统的转化反应类型如下：

$$M_aX_b + (b \times c)Na^+ + (b \times c)e^- \Leftrightarrow aM + bNa_cX \qquad (4-12)$$

其中，M 为过渡金属，如 Fe、Co、Ni、Cu、Mn 等，X 为阴离子种类（O、S、Se、P、N、F）。通过转换反应，过渡金属完全还原为金属态，具有很高的理论容量。例如，Fe_3O_4 作为一种具有代表性的转化型负极材料，在放电过程中完全被钠还原形成 Fe 和 Na_2O，理论容量高达 924 mA · h/g。同时，还可以通过结合不同的过渡金属阳离子和阴离子种类来调节转化型负极材料的反应电位，从而有效地保证电池的安全性。此外，许多转化型负极材料如 Fe_3O_4 和 FeS_2 等以自然的形式存在，具有生产成本低的特点。

钠离子电解质按照相态可以分为液态电解质、固体电解质、离子液体电解质和凝胶态电解质四类。其中，液态电解质又分为有机体系电解质和水系电解质两种。目前应用比较广泛的是有机体系电解质，主要成分包括钠盐（高氯酸钠和六氟磷酸钠等）、有机溶剂［碳酸丙烯酯、碳酸乙烯酯、碳酸二甲酯（DMC）等］和添加剂（氟代碳酸乙烯酯）。电池的隔膜通常采用玻璃纤维。钠离子电池集流体的选择通常和锂离子电池一致，正极一般用铝箔作为集流体，负极则用铜箔。然而，目前研究表明，金属铝与钠不发生合金化反应，所以钠离子电池负极也可以用铝箔作为集流体，又进一步节约了成本。

4.4.3 钠离子电池的工作原理

钠离子电池的工作机制与锂离子电池一致，钠离子电池实际上是一个钠离子浓差电池，充电时，钠离子从电位区间较高的正极材料（工作电压相对于钠不低于3.0 V）中脱出，经过电解液在负极材料（理想工作电压相对于钠在1.0 V以下）中完成嵌入。此时，正极处于贫钠状态，而负极处于富钠状态，而为了维持电池系统的电荷平衡，电子通过外部电路从正极向负极转移；放电过程正好相反，钠离子从负极材料中脱出，经过电解液重新嵌入正极材料，正极处于富钠状态，负极处于贫钠状态，电子通过外部电路从负极向正极转移。正极和负极之间的电位差决定了电池的电动势。因此，在充放电过程中，钠离子分别从正负极材料中完成“嵌入－脱出”反应，钠离子在正负极之间移动。该类基于“离子的移动”形成能源存储的电池也被形象地称为“摇椅式电池”或“摇摆电池”。其工作原理示意图如图4－6所示。

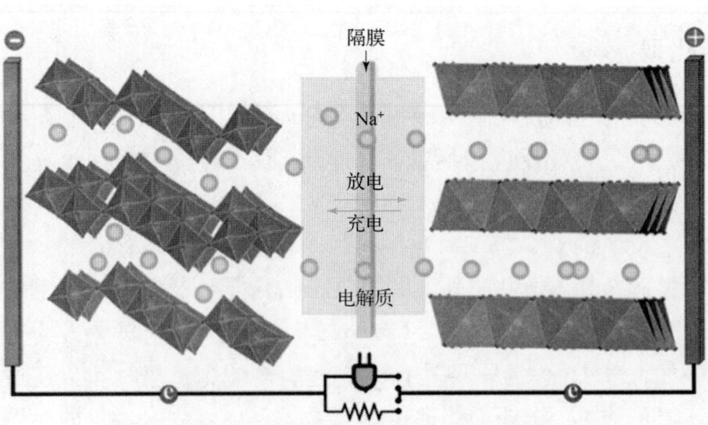

图4－6 钠离子电池工作原理示意图

4.4.4　钠离子电池的优势

钠离子电池的优势不仅仅只体现在丰富储量及低廉成本上，其同样可以表现出优异的电化学性能，具体体现在如下几个方面。

首先，钠离子电池相对于钾离子电池、镁离子电池、铝离子电池及锌离子电池等具有更高的理论比容量，即使相对于锂离子电池，其理论比容量也只是有少量的下降。虽然 Na^+/Na 的化学当量是 Li^+/Li 的 3 倍以上，但是，它们构成的具有存储性能结构的化合物的质量理论容量差距明显减小。如具有相同晶体结构的层状氧化物 $LiCoO_2$ 和 $NaCoO_2$，假设钴离子发生单电子氧化还原反应（Co^{3+}/Co^{4+}），计算得到 $LiCoO_2$ 和 $NaCoO_2$ 的质量理论容量分别为 274 mA · h/g 和 235 mA · h/g，因此，可逆容量只减少了 14%。其实际上容量的差距主要体现在电压差上，这一技术问题在未来可通过材料的创新改性来有效解决。同样，该现象也在两种材料的体积性能上得到体现，由于金属锂（0.021 3 nm^3）和金属钠（0.039 3 nm^3）的摩尔体积存在较大差异（$\Delta V = 0.018$ nm^3），金属锂的体积容量远大于金属钠，但 $LiCoO_2$(0.032 3 nm^3) 和 $NaCoO_2$(0.037 3 nm^3) 的摩尔体积之差很小（$\Delta V = 0.005$ nm^3），使两者的体积容量差距缩小。在未来的实际应用中，相信钠离子电池储能系统所用材料会与锂离子电池相似。而钠离子电池的负极材料通常会选用化合物而非金属钠，钠离子电池和锂离子电池的理论比容量差距将会明显减小。因此，在一定程度上在特定的环境中，钠离子电池是锂离子电池替代品的最佳候选之一。

其次，钠离子的离子半径相对较大，这在能量密度的提高上存在明显的缺陷，但却为材料的设计提供了更多的可能性，自然环境中即存在多种含有钠离子的天然矿物。目前，多种含有钠元素的化学物被制备出，且应用于钠离子电池，而具有类似结构的含有锂元素的化学物很难合成，如部分聚阴离子化合物。事实上，到目前为止，部分锂离子电池电极材料的合成，首先是制备含锂化合物前驱体，之后通过离子交换得到新的锂嵌入材料。而自然界中的天然钠离子矿物为钠离子电池电极材料的制备提供了便利。

另外，较大的钠离子半径还有另一个优点：在极性溶剂中钠离子具有较弱的溶剂化能。目前，这一优点已经通过对 Li^+、Na^+、Mg^{2+} 离子在不同非质子极性溶剂中的情况进行系统的理论研究得到证实。溶剂化能对碱金属离子在电极材料－电解液之间界面的嵌入过程的动力学影响很大，所以，较弱的溶剂化能在设计大功率电池时至关重要。与同为一价离子的钠离子相比，较小半径的锂离子在离子周围具有相对高的电荷密度。因此，锂离子需要从溶剂化的极性分子中接受/分享更多的电子来保持能量稳定，换句话说，Li^+ 被归类为一种相对强的路易斯酸。因此，与 Na^+ 相比，Li^+ 去溶剂化过程需要一个相对较大的能量。同样地，基于第一性原理计算的结果表明，$NaCoO_2$ 中 Na^+ 扩散的活化能比 $LiCoO_2$ 小。

最后，与锂离子电池电解液相比，钠离子电池电解液具有高的离子电导率，有利于提升电池性能。通过对 $NaClO_4$ 和 $LiClO_4$ 摩尔电导率的比较，结果表明非质子溶剂的 $NaClO_4$ 溶液的黏度相对较低，电导率比 $LiClO_4$ 溶液高 10%～20%。

4.4.5 钠离子电池的未来展望

目前，钠离子电池的进一步发展仍然受能量密度和循环寿命的限制，这意味着钠离子电池在大规模产业化上仍存在一定的距离。所以，研究开发具有高能量密度和良好循环稳定性的钠离子电池电极材料具有重要的实际意义和研究价值。针对钠离子电池电极材料的研究主要从两个方面开展：一方面，开发性能优异的新型钠离子电池电极材料；另一方面，开发新的合成路线，对已有的电极材料进一步优化改性。此外，开发的钠离子电池电极材料应尽量满足如下要求。

（1）开发具有合适的工作电位区间的正极材料及负极材料，以提高电池的电动势，有助于电池能量密度的改善。例如正极材料的工作电位（vs. Na^+/Na）要尽量高，负极材料的工作电位（vs. Na^+/Na）要尽量低。

（2）电极材料要结构稳定，保证钠离子能够可逆地嵌入脱出，并在充放电过程中尽量减小材料的破损。

（3）良好的电子导电率和较高的钠离子扩散系数，有益于电池的倍率性能提升。

（4）价格低廉且环境友好，适合大规模产业化推广。

在电极材料方面，钠离子电池正极材料具有更丰富的选择。近 30 年来在锂离子电池中发展的正极材料合成方法都可以直接应用于钠离子电池。然而，负极材料的情况就没有这么乐观，如在锂离子电池中广泛应用的石墨材料并不适用于钠离子电池，因此，负极材料是钠离子电池发展研究的一个难点。此外，由于电解液与电极表面会发生一定程度的副反应，电极材料充放电的库仑效率达不到 100%。在正极发生的副反应一般是由于氧化态的过渡金属氧化物和电解液之间发生副反应；在负极是具有高还原性的富钠硬碳（或低电位的金属氧化物）与电解液发生副反应。这将阻碍钠离子电池在实际应用方面的进一步发展。所以，开发合适的负极材料是钠离子电池研究领域面临的主要挑战。

4.5　钾离子电池

4.5.1　钾离子电池简介

由于钠（2.36 wt%）和钾（2.09 wt%）在地壳中含量更为丰富，钠离子电池和钾离子电池作为最有潜力替代锂离子电池的新型储能体系被大家广泛关注。钠的还原电位（−2.71 V vs. 标准 H_2 电极）、钾的还原电位（−2.936 V vs. 标准 H_2 电极）与锂（−3.040 V vs. 标准 H_2 电极）比较接近，因此可以保证钾离子电池和钠离子电池都有比较高的放电电压。此外，相比锂离子电池和钠离子电池，钾离子在液体有机电解液中具有电荷密度低、电解质中的路易斯酸性低、溶剂中阳离子少等优势。因此钾离子的迁移速率更高。相比之下，钾离子电池是一种极具研究价值和潜力的新型储能体系。

4.5.2　钾离子电池的工作原理与结构组成

钾离子电池与之前提到的锂离子电池和钠离子电池结构类似，主要由正极、负极、隔膜、电解液以及电池外壳组成。其工作原理也与锂离子电池的工作原理相似，钾离子电池在充放电过程中遵循钾离子在正负极材料间来回穿梭的“摇椅式”机理，如图4－7所示。在充放电的过程中，钾离子在正、负极之间往返并发生脱嵌。钾离子电池在充电时，K^+离子从正极脱出进入电解液中，然后它经电解液传输穿过隔膜后到达并嵌入负极，负极处于储钾状态。同

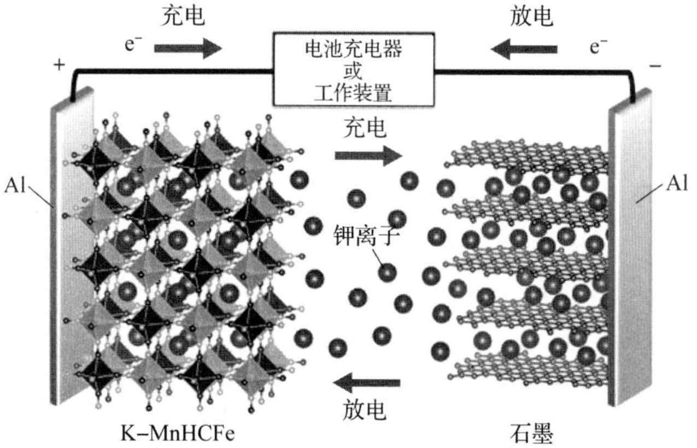

图4－7　钾离子电池工作原理示意图

时外电路的电子从正极流向负极，保证整体的电荷平衡。在放电过程中，K^+离子从负极脱出进入电解液，然后传输到达正极，此时负极处于脱钾状态。相对于锂离子电池和钠离子电池而言，钾离子电池的发展相对较后。目前，钾离子电池正极材料主要有三种：①普鲁士蓝类似物（$K_2Mn[Fe(CN)_6]$、$K_xFe[Fe(CN)_6]$ 等）；②层状金属氧化物（KMO_2，M = Ni，Mn，Co），如 $K_{0.5}MnO_2$、$K_{0.7}Fe_{0.5}Mn_{0.2}$、$K_{0.3}MnO_2$ 等；③聚阴离子化合物，如 $KM_x(XO_4)_y$，$KFePO_4$、$KFeSO_4F$、$KVPO_4F$ 等。其负极材料主要包括碳材料、金属磷化物以及 $K_2Ti_8O_{17}$ 等。由于钾离子的半径也比较大，因而采用玻璃纤维作为钾电池的隔膜，用于传递钾离子。目前使用的主流钾离子电池电解液主要为含钾盐的有机混合溶液，如 KPF_6（六氟磷酸钾）或 KFSI（双氟磺酰亚胺钾）与有机溶剂 EC（碳酸乙烯酯）、DEC（碳酸二乙酯）等组成的混合电解液体系。

4.5.3 钾离子电池优劣势分析

跟钠离子电池的发展状况相比，同样属于碱金属的钾元素受到的关注却很少。钠和钾同为第一主族元素，具有相似的物理和化学性质，钠元素和钾元素在地壳中具有相似的储量，因此它们的价格都比锂元素要便宜很多。但是，在钠离子电池和钾离子电池的选择上，前者似乎更有希望。在锂离子、钠离子、钾离子的半径比较中，K^+离子的半径为 1.33 Å，比 Li^+离子和 Na^+离子都要大很多。

由于 Na^+离子和 Li^+离子在半径上更为接近，而 K^+离子的半径和质量与它们相比要大很多，在材料结构相同的前提下，钾离子电池的能量密度会比钠离子电池更低。钠元素和钾元素有相近储量、价格相似，钾离子电池与钠离子电池相比没有太多的竞争优势，所以钾离子电池的发展非常缓慢。近期，根据钠离子电池和钾离子电池的实验结果可以知道钾离子电池的劣势有可能被其一些其他的特有优势弥补。

与钠离子电池相比，钾离子电池的优势主要有：①钾的氧化还原电位低。同为第一主族元素，Li、Na 和 K 三种元素的电极电位不是在元素周期表中从上至下越来越负（即越来越容易失去电子）。相对于钠元素的标准电极电势（−2.71 V vs. 标准 H_2 电极），钾（−2.93 V vs. 标准 H_2 电极）更接近于锂（−3.04 V vs. 标准 H_2 电极）。由于钾的电位更接近于锂，所以钾离子电池拥有更高的电压，很有可能因此拥有更高的能量密度。②钾离子的离子导电率和迁移率比溶剂化锂离子和钠离子高。这是因为钾离子的路易斯酸性比锂离子和钠离子要小，所以钾离子在溶液中和溶剂分子形成的溶剂化离子比锂离子和钠离子形成的溶剂化离子小。③钾离子电池可以使用相对成熟的石墨作为负极材料，而钠离子电池不行。这是因为 K^+ 离子可以嵌入石墨形成 KC_8，理论容量可以达到 279 mA · h/g，而 Na^+ 离子嵌入石墨后形成 NaC_{64} 化合物，理论容量仅为 35 mA · h/g。④K^+ 离子具有更小的溶解热，所以在电解质和电极界面的扩散动力学性能比相同条件的 Li^+ 离子和 Na^+ 离子更优越。⑤尽管钾原子的相对原子质量较大，但是电极材料不是以纯金属的形式存在，而是以化合物形式存在。由于碱金属元素在整个电极材料中的质量分数较小，所以钾离子电池的能量密度与锂离子电池和钠离子电池相比差距并不大。⑥钾离子电池和钠离子电池都可以使用铝箔作为集流体，而钾离子电池的电解液价格更低，使得电池的成本具有很大的竞争优势。虽然钾离子电池具有很多的优势，但是在工业生产和学术研究中，其热度比不上锂离子电池和钠离子电池。这里面的主要原因是 K^+ 离子半径大，导致其在电极材料中的嵌入和脱出变得相对困难，充放电过程中材料体积变化大，电池循环寿命短，容量和倍率性能难以保证。因此，开发一种使 K^+ 离子易于嵌入和脱出，并且体积膨胀小的电极材料，对于钾离子电池的发展会具有重要意义。

4.5.4　钾离子电池的研究进展与未来展望

钾离子电池的研究同锂离子电池和钠离子电池一样，都始于 20 世纪 80 年代。但在当时钾离子电池却被判了“死刑”，钾离子电池的研究一直没引起科研工作者的重视。虽然早在 1932 年人们就已经制备出钾－石墨层间化合物（K－GIC），但是直到 2009 年，Yang 等才使用电化学方法将钾离子嵌入石墨得到钾－石墨层间化合物。2004 年，美国俄亥俄州理工学院化学教授 Eftekhari 首次利用钾金属负极与普鲁士蓝正极组成半电池发表了文章，该电池化学性能稳定比容量较高，但是钾离子电池依旧没有引起人们更多的注意，大家的注意力依旧放在锂离子与钠离子电池的研发上。2013 年，Nobuhara 等利用密度泛函理论（DFT）计算了碱金属－石墨间层化合物（AM－GIC），其中 Li－GIC 和 K－GIC 材料在高碱金属密度（即 LiC_6 和 KC_8）下能量稳定，但是 Na－GIC 材料即使在低钠密度下（即 NaC_{16}）都不非常稳定。2015 年，Ji 等以及 Komaba 等的研究结果表明，钾离子可以在石墨中很好地脱出/嵌入，并提供大约 250 mA · h/g 的比容量，与理论容量非常接近。这一发现引起了科研工作者们的极大兴趣，毕竟目前限制钠离子电池商业化的主要是钠离子无法在商业石墨中进行脱嵌，钾离子不仅可以，还拥有可观的容量，这掀起了一股钾离子电池的研究热潮。另外，2017 年 Okoshi 等研究发现钾离子与锂、钠、镁离子相比，具有更高的电导率，作者将此归因于溶剂化的钾离子由于其最弱的路易斯酸性，所以拥有最小的斯托克斯半径，导致最小的去溶剂化活化能，从而拥有最低的界面反应电阻。

虽然钾拥有廉价易得、标准电极电势低、离子电导率高、能够在石墨材料中可逆脱嵌等优点，但现阶段钾离子电池的发展仍然存在一些问题，这些问题主要包括：①钾的相对原子质量（39.10）和钾离子的半径（1.38 Å）都比较大，大于锂离子和钠离子，意味着质量能量密度、体积能量密度都高并且能够可逆脱出/嵌入钾离子的电极材料更难找到。②钾虽然与锂、钠同一主族，但却具有更高的反应活性，这使钾不能在空气中随意暴露，否则极易发生燃烧爆炸。由于这些安全隐患的存在，因此钾离子电池的组装、存放、回收等过程都有更高的要求。③钾离子电池的负极材料在充放电过程中，存在大的体积膨胀，进而导致材料粉化脱落，影响电池的循环稳定性。

为了弥补这些不足，加快钾离子电池的商业化脚步，研发、设计高能量密度和电化学稳定性的钾离子电池电极材料就变得非常重要，此过程对科学研究和实际运用也都具有十分重要的意义。

4.6 锂-硫电池

4.6.1 锂-硫电池简介

锂-硫电池是迄今最具潜力的高能量密度电化学储能系统之一。20 世纪 60 年代，研究人员提出了由金属锂负极、单质硫正极构建的锂-硫电池体系的概念，并在理论上验证了锂与单质硫可实现多电子转换反应和高能量存储。硫的理论容量可以达到 1 675 mA · h/g，而与锂负极组成全电池后实际能量密度可以达到 400 W · h/kg 以上，是目前商业锂电池能量密度的 2~3 倍。从经济角度来看，硫在地壳中是一种分布极其广泛的元素，因此单质硫的价格较为低廉。从环境角度来看，单质硫无毒，并且是一种环境较为友好的材料。更重要的一点是，在电池生产和制造方面，从锂离子电池到锂-硫电池具有更好的传承性和衔接性，其比开放性的锂-氧电池系统更具商业可行性和操作性。若能将目前的锂离子电池储能系统替换成锂-硫电池储能系统，各类设备续航和使用能力能够大大提升。虽然锂-硫电池仍然存在循环性能较差等缺点，但是目前已在军用领域，如无人机、卫星、潜艇等超长航时应用中展现出较好的应用前景。将来锂-硫电池的应用将会进一步拓展到民用领域，如电子电力产品等市场。发展具有长航时高能量的锂-硫电池对我国能源格局的优化和提升具有重要的战略意义。

4.6.2 单质硫存在形态

硫是储量最丰富的元素之一，在地壳中的含量为0.045%。单质硫拥有多种同素异形体，自然界最常见的存在形态是 $\alpha-S_8$ 环状正交结构，其次是 S_{12} 环状结构。热处理技术是实验室制备硫碳复合材料最普遍的方法，同样也是锂－硫电池未来工业化生产最合适的工艺。当温度加热至95 ℃时，固态 $\alpha-S_8$ 环状正交结构转变成 $\beta-S_8$ 单斜结构，$\alpha-S_8$ 和 $\beta-S_8$ 形态的硫单质均极易溶于二硫化碳溶剂。单斜结构 $\beta-S_8$ 的熔点是118.7 ℃，沸点是444.6 ℃。当温度达到熔点时，固态硫转变为熔融硫，熔融硫主要以不同环状结构的 S_8 形态存在。温度处于155 ℃时，熔融硫的黏度最小，熔融渗硫法一般选择在该温度下对基体材料进行渗硫处理。当温度升高至159 ℃时，环状结构 S_8 分子打开形成链状亚磺酰双自由基，熔融硫的黏度开始逐渐增大。当温度处于159～444.6 ℃时，S_8 分子先发生聚合反应，然后再发生解聚反应，其间熔融硫的黏度随温度不断变化，在186～188 ℃时黏度达到最大值。当温度达到沸点时，硫单质仍然主要以 S_8 分子形态存在，温度继续升高，S_8 分子发生断链形成短链硫分子。当温度处于600～800 ℃时，硫蒸气主要以 S_6 和 S_4 分子形态存在；温度高于850 ℃时，硫蒸气主要以 S_2 分子形态存在；温度高于1 800 ℃时，硫蒸气主要以S原子形态存在。部分微孔材料孔径小于 S_8 分子，熔融法无法进行完全渗硫，此时气相渗硫法更具有优势。

4.6.3 锂－硫电池结构及工作原理

锂－硫电池的概念可以追溯到20世纪60年代，高温条件下硫正极和金属锂负极发生氧化还原反应，实现S和 Li_2S 的可逆转化。由于当时缺乏有效的硫正极改性技术以及合适的有机电解液，无法解决活性物质绝缘以及多硫化物溶解的问题。早期的锂－硫电池实际容量很低，循环寿命很短，安全性能很差。随着20世纪90年代锂离子电池的成功商业化开发应用，锂－硫电池的研究几近停滞，没有任何实质性的进展。直到2009年，Nazar研究小组报道有序多孔碳/硫（CMK－3/S）复合正极能够显著提升锂－硫电池的电化学性能，锂－硫电池的研究才重新受到广泛关注，相关工作得到迅速发展。

如图4－8所示，典型的锂－硫电池体系由单质硫正极、金属锂负极、隔膜以及电解质构成，常用的电解质一般使用醚类电解液。这种结构体系的锂－硫电池首次电化学反应为放电过程，锂离子从负极迁移至正极，正极单质硫还原为 Li_2S，电子通过外电路传输，产生电能。在后续的充电过程中，锂离子在外加电压的作用下从正极到负极逆向迁移，正极 Li_2S 重新氧化为单质硫，电能转化为化学能储存起来。除此以外，另一种锂－硫电池结构体系以 Li_2S 作为正极，硅、锡、金属氧化物等非锂高容量材料作为负极。这种结构体系的锂－硫电池充放电机理和单质硫体系类似。Li_2S 正极与单质硫正极不同的是，硫首先需要放电嵌锂，Li_2S 首先需要充电脱锂，在此过程中 Li_2S 正极存在较高的活化电位，需要高电压对其进行首次活化。在后续的充放电过程中，Li_2S 正极和单质硫正极的反应机理一致。

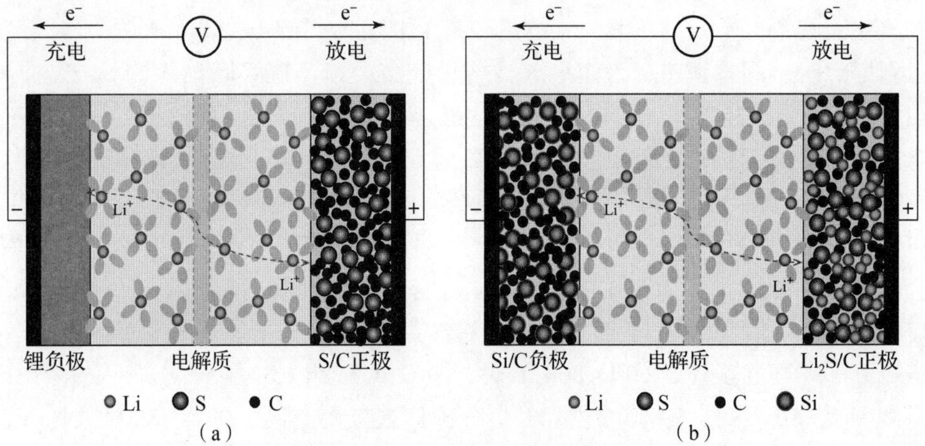

图 4－8　两种锂－硫电池结构示意图

（a）S 正极搭配金属锂负极组成的锂－硫电池；（b）Li_2S 正极搭配硅基负极组成的锂－硫电池

与目前商业化锂离子电池嵌入脱出机理不同，锂－硫电池的充放电机理基于 S 和 Li_2S 的可逆转化反应。在氧化还原过程中，硫正极一个 S 原子可以得失两个电子，而嵌入型锂离子正极材料一个金属离子只能得失一个或者更少的电子。金属锂作为负极，基于 S 完全转化为 Li_2S 计算，锂－硫电池的理论容量高达 1 675 mA · h/g，是传统的过渡金属锂离子电池的 5～10 倍。

正极总反应：　$$S + 2Li^+ + 2e^- \Leftrightarrow Li_2S \tag{4-13}$$

负极总反应：　$$2Li \Leftrightarrow 2Li^+ + 2e^- \tag{4-14}$$

电池总反应：　$$S + 2Li \Leftrightarrow Li_2S \tag{4-15}$$

在典型的锂－硫电池充放电电压曲线中，放电过程有两个明显的放电平台，而充电过程只有一个明显的充电平台。在锂－硫电池充放电过程中，硫正极发生多步骤多电子氧化还原反应，同时伴随着复杂的多硫化物相变过程，具体的电化学反应：

$$S_8(s) + 2e^- \Leftrightarrow S_8^{2-} \tag{4-16}$$

$$3S_8^{2-} + 2e^- \Leftrightarrow 4S_6^{2-} \tag{4-17}$$

$$2S_6^{2-}+2e^- \Leftrightarrow 3S_4^{2-} \quad (4-18)$$

$$S_4^{2-}+4Li^+ +2e^- \leftrightarrow 2Li_2S_2(s) \quad (4-19)$$

$$Li_2S_2(s)+2Li^+ +2e^- \leftrightarrow 2Li_2S(s) \quad (4-20)$$

单质硫正极处于充电状态，锂 – 硫电池首先发生放电反应。根据多硫化物的还原及相变反应，电池的放电过程可以分为四个阶段以及两个放电平台。第一阶段为固 – 液两相反应，固态硫还原为长链 Li_2S_8，溶于电解液，和放电曲线中Ⅰ区间的放电平台相对应，放电电压在 2.4 V 左右。第二阶段为液 – 液转化反应，长链可溶的 Li_2S_8 转化为短链可溶的 Li_2S_6 和 Li_2S_4，和放电曲线中Ⅱ区间的斜坡相对应，放电电压区间为 2.4 ~ 2.2 V。第一、二阶段高电压放电区间的理论容量为 418 mA · h/g。第三阶段为液 – 固两相反应，短链 Li_2S_4 进一步还原为不溶的 Li_2S_2 和 Li_2S，和放电曲线中Ⅲ区间的长放电平台相对应，放电电压在 2.1 V 左右，该阶段贡献了电池的大部分容量。第四阶段为固 – 固转化反应，固态 Li_2S_2 转换为固态 Li_2S，和放电曲线中Ⅳ区间的斜坡相对应，放电电压低于 2.1 V，该阶段固 – 固反应动力学差，反应极化严重，电压下降快速。第三、四阶段低电压放电区间是主要的容量贡献平台，理论容量可达 1 256 mA · h/g。锂 – 硫电池的充电过程发生多步骤氧化反应，具体的电化学反应方程式为放电过程的逆反应。在外加电场的作用下，Li_2S 氧化形成多硫化物中间产物，重新分解生成单质硫和金属锂，充电过程只有一个明显的平台，充电电压在 2.4 V 左右。图 4 – 9 所示为典型的锂 – 硫电池在醚类电解液中的充放电曲线图。

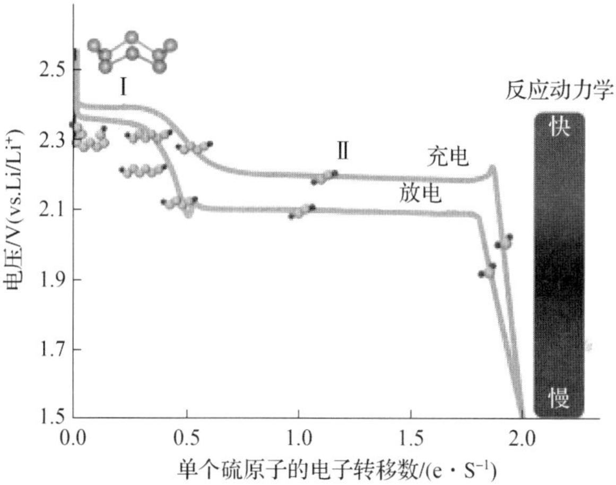

图 4 – 9　典型的锂 – 硫电池在醚类电解液中的充放电曲线图

4.6.4 锂－硫电池面临的问题

锂－硫电池在能量密度、原料成本、环境相容等方面具有很大优势，但是限于电极材料反应机理和物质特性，同时存在活性材料利用率低、容量衰减快、库仑效率低、倍率性能差等问题。锂－硫电池要实现商业化应用，首先需要解决活性材料不导电、中间产物易溶解、正极体积膨胀、负极枝晶生长等关键问题。

1. S和Li_2S的绝缘性

单质硫和放电产物Li_2S都是电子和离子传输的绝缘体。硫在25 ℃室温下电导率只有5×10^{-30} S/cm。Li_2S在25 ℃室温下电阻率超过1 014 Ω/cm，内部的锂离子扩散系数只有10^{-15} cm^2/s。锂－硫电池充放电曲线中高电压放电平台的理论容量是418 mA · h/g，尽管硫还原成长链多硫化物的固－液反应动力学过程很快，但是很难达到理论容量，甚至经过多次循环之后，正极依然有未反应的单质硫存在。所以，硫正极通常需要添加大量的导电基体材料保证充放电过程良好的导电，这样就大大降低了锂－硫电池的能量密度。低电压放电平台Li_2S_2还原成Li_2S是一个固－固反应过程，动力学性能很差，先前反应形成的多硫化物不能全部转化为Li_2S。低电压放电平台的容量理论上是高电压放电平台的3倍，但是实际上只有2.5倍左右。由于电子和离子的传输受阻，低电压放电平台的极化趋势比高电压放电平台更加明显，从而进一步影响锂－硫电池的能量密度。

2. 多硫化物的溶解

锂－硫电池反应过程中产生的多硫化物能够溶于大多数常见的有机电解液，导致电池库仑效率低下、容量衰减快速、自放电现象突出。在浓度梯度差作用下，可溶的多硫化物从正极迁移至负极，被金属锂还原成不溶的Li_2S，导致活性物质不可逆损失、负极发生钝化。充电过程中，长链多硫化物向负极迁移，部分被金属锂还原成短链多硫化物，在外加电场作用下，短链多硫化物又迁移回正极，重新被氧化为长链多硫化物，导致充电效率很低，这个现象被称为“穿梭效应”。多硫化物反复的溶解－沉积引起正极材料内部硫的重新排列，绝缘硫单质不均匀分布导致正极发生钝化、阻抗增大。多硫化物的溶解尽管会产生很多问题，但也是提高硫的利用率的必要条件。电子传导是电化学过程进行的关键，单质硫不导电，只能在导电基体表面发生还原反应，由于多硫化物的不断溶解，剩余的硫暴露在导电基体表面，继续被还原。因此，多硫化物的溶解需要合理的控制使活性物质利用率和电池循环稳定性达到最佳平衡。

3. 硫正极的体积效应

单质硫的密度（2.03 g/cm^3）大于 Li_2S 的密度（1.66 g/cm^3），放电过程中，S 转化为 Li_2S 会产生严重的体积膨胀，大约 80%。循环过程中反复的体积变化致使正极材料结构坍塌甚至粉化，活性物质从集流体上脱落。脱落的硫失去和导电基体的有效接触，很难进一步参与后续的电化学反应，导致锂－硫电池容量骤减。在这方面，需要提供合适的孔隙缓解反应中活性物质的体积变化，保持正极结构完整，这样会导致电池单位体积能量密度下降。而且硫本身密度也不高，锂－硫电池的单位体积能量密度不会像预期一样远远高于最先进的锂离子电池。正极材料的孔隙率需要合理调控，使锂－硫电池的单位体积能量密度和电化学性能达到最佳平衡。

4. 金属锂负极的问题

金属锂在所有金属元素中密度最小（0.59 g/cm^3），电化学电位最低（－3.04 V），理论容量高达 3 860 mA · h/g，是高能量密度电池理想的负极材料。但是，金属锂负极还存在许多应用问题，充放电过程中金属锂表面电流密度不均匀会形成锂枝晶，使得电极－电解液界面出现锂离子浓度梯度差，可能导致电池短路而引发安全事故。金属锂在循环中反复发生沉积－溶解过程，负极体积变化过大而破裂，形成不能参加后续循环的“死锂”，严重影响锂的利用率。金属锂非常活泼，能和有机电解液发生反应，在负极表面生成固体电解质膜（SEI 膜）。由于锂金属在沉积－溶解过程中体积变化巨大，SEI 膜非常不稳定，破裂后内部的锂金属继续和电解液发生不可逆反应。由于多硫化物的“穿梭效应”，金属锂负极表面会形成不溶的 Li_2S 钝化膜，严重影响负极的工作效率，降低电池的循环稳定性。金属锂负极需要改性或者开发非锂负极以解决上述问题。

4.6.5　锂－硫电池正极材料研究进展

正极材料是锂－硫电池关键的组成部分，决定了电池的能量密度，如 4.6.4 小节所述，单质硫作为正极材料还存在许多问题。单质硫是电子和离子传导的绝缘体，不适宜直接作为正极材料使用，需要将其与碳材料、导电聚合物、金属化合物等导电材料进行复合使用，复合硫正极有利于改善硫的电子和离子导电性，从而提高单质硫的利用率。导电基体一般具有多孔结构和较大的比表面积，有利于提高正极材料的载硫量，保证电池的能量密度，同时有利于活性物质和电解质充分接触，缩短锂离子传输距离，从而提高电池电化学反应效率。多孔结构的导电基体以及柔性的导电包覆材料可以有效缓解循环过程中硫正极的体积效应，而且可以物理限制多硫化物的溶解扩散。改性掺杂的碳材料以及导电聚合物和金属化合物表面具有大量不同种类的极性离子或基团活性位点，可以和多硫化物产生强力化学结合，有效抑制多硫化物的穿梭效应，改善锂 - 硫电池的循环稳定性。另外，锂 - 硫电池使用富锂态 Li_2S 作为正极材料也存在导电性差、多硫化物溶解等问题，同样需要进行改性研究，制备 Li_2S 复合正极材料，提高电池的可逆容量和循环稳定性。

为了克服单质硫及其放电最终产物 Li_2S 的绝缘性带来的问题，同时抑制多硫化物在充放电过程中的穿梭扩散流失，需要将硫与导电基底材料进行定向复合构建碳硫正极。碳基材料因其具有化学稳定性良好、轻质、高导电性、比表面积大、孔态可调、高性价比等优点成为活性硫最理想的载体。目前，绝大多数的正极改性工作集中在碳基材料的制备和改性上，包括多孔碳（大孔碳、介孔碳、微孔碳和多层级多孔碳）、石墨烯基碳材料（石墨烯、三维石墨烯、泡沫石墨烯等）、纤维状碳材料（碳纤维、碳纳米管等）、多维度复合碳材料等。碳基材料的多孔结构可以有效地负载更多的活性物质硫，同时，孔道结构能够适应电化学过程中的体积变化，并在循环过程中在物理层面上限制多硫化物的穿梭扩散流失。此外，近年来生物质碳在锂 - 硫电池中的研究报告也日益增多，由于其成本低廉、来源广泛、化学稳定性高等优点而受到广泛关注与研究。研究结果证实，生物质衍生碳材料往往含有本征掺杂的氮、磷、硫等杂元素，这些微量杂元素能够对电化学储硫反应产生明显增益效果。

在硫正极中加入碳基材料可以较大程度改善其导电性差、穿梭效应严重等问题。但是近年来研究发现，许多纳米尺寸的极性过渡金属化合物对锂 - 硫电池运行过程中多硫化物的化学吸附性要远远强于碳基材料，如金属碳化物、金属氮化物、金属氧化物、金属硫化物和有机金属框架化合物等。相较于碳基材料以物理吸附为主的固硫方式，金属化合物一般以极性相互作用和路易斯酸碱作用对多硫化物产生锚定效应，这也成为近些年来的研究热点。崔屹课题组在进行多硫化锂沉积实验时发现它们并非均匀沉积，而是会在氧化铟薄膜表面优先沉积，这个现象是过渡金属化合物吸引多硫化物的最早证明之一。接着，Nazar 课题组对包括聚合物、异质元素掺杂石墨烯和金属化合物在内的多种材料进行了多硫化物吸附性计算，结果表明金属有机框架化合物和过渡金属化合物的吸附能较强，异质元素掺杂石墨烯次之，聚合物的吸附能最弱。前者开创性的发现和后者梳理性的工作为锂 - 硫电池正极改性的研究进程提供了新的助力。

聚合物在锂－硫电池正极中的应用主要可以分为两类。第一类是在电极渗硫前，用于导电网络的架构，其本身并不需要具有导电性。由于硫的熔沸点较低，无法在复合后再对碳硫材料进行高温处理，因此研究者一般会先选用含有异质元素掺杂（如N、S等）的聚合物前驱体聚合成具有三维交联结构的骨架，再通过高温碳化处理得到具有异质元素掺杂的碳载硫体。第二类则是本身就具有导电性的导电聚合物，一般可以直接用作活性物质硫的载体，或者作为包裹保护层包覆在原有的含硫正极表面。后者比较常见的有聚－3,4－乙烯二氧噻吩（PEDOT）、聚苯胺（PANI）、聚多巴胺（PD）、聚吡咯（PPy）等。由于这些导电聚合物具有高导电性、官能团丰富、结构稳定和自我修复等特点，因此它们被广泛地应用在锂－硫电池当中。

单质硫作为锂－硫电池正极材料时，组装全电池需要匹配金属锂负极，金属锂负极在实际应用中存在很多问题，特别是循环过程中会形成锂枝晶，容易刺穿隔膜，导致电池短路，存在较大的安全隐患。和单质硫一样，Li_2S同样具有很高的理论容量，达到1 166 mA · h/g，而且具有预锂化的性质，当富锂态Li_2S作为正极材料时，可以选用硅、锡等高容量非锂材料作为负极，能够直接避免负极发生安全问题。而且，Li_2S在转化为单质硫的过程中，体积会发生收缩，留出的内部空间可以缓解后续逆反应产生的体积膨胀，有利于维持电极结构稳定。另外，Li_2S的熔点高达938 ℃，可以实现在高温下进行复合改性。然而，Li_2S正极和单质硫正极类似，也存在离子和电子绝缘、多硫化物穿梭等问题，导致电池放电容量低、容量衰减快、倍率性能差，需要将Li_2S和碳材料、金属化合物等导电基体复合使用，制备复合Li_2S正极，可有效改善锂－硫电池的电化学性能。

4.6.6　锂－硫电池负极材料研究进展

金属锂在所有金属材料中因具有最高的理论容量（3 860 mA · h/g）和最低的电化学电势（－3.04 V vs. 标准H_2电极）而被人们广泛研究。锂枝晶问题是目前锂负极所面临的最大挑战，它严重阻碍了金属锂负极商业化应用的进程。一方面，在循环过程中不断生长的锂枝晶容易刺穿隔膜，导致正负极接触而造成短路，最终引起火灾甚至爆炸。另一方面，锂枝晶在生长过程中会不断消耗电解液，同时在锂离子电池运行过程中多硫化物的沉积会导致“死锂”的形成，造成锂负极表面活性位点不断减少，降低电池的性能。此外，锂是一种较为活泼的金属，在空气中不能稳定存在，因此在工业化生产中需要利用惰性气体进行保护，这无疑增加了其大规模生成的难度。

在锂－硫电池体系当中，由于活性物质硫不含锂元素，因此锂负极的使用是十分必要的。目前已经实现了一些较为有效的锂负极改性手段去改善上述情况，如使用电解液添加剂 $LiNO_3$ 和包裹人工 SEI 膜（成分包括 Li_3N、Al_2O_3、graphene film、Li_3PO_4 等）。例如崔屹课题组设计了一种 Cu_3N 和聚丁苯复合材料，将其包裹在锂负极表面形成人工 SEI 膜，用于抑制锂枝晶的生长。结果发现，复合膜兼具锂枝晶的抑制作用、较高的离子导电率以及机械强度，能够显著提升锂负极的循环稳定性。Pei 等通过在铜基底上沉积锂研究其成核及生长过程，并揭示锂枝晶的生长与电流密度大小和衬底均匀性有极大的关系。因此研究者们通过各类导电碳作为基底，然后将金属锂与其复合，形成具有三维结构的金属锂负极。Liu 等采用化学气相沉积法合成了一个多孔 TiC/C 导电基底，然后通过熔融的方式将锂与其复合。他们发现基底良好的导电性能有效地使锂负极表面电荷均匀分布和移动，使得枝晶不易在表面形核生长。除此之外，还有许多研究团队利用原位观测设备对锂枝晶的生长进行了细致的研究。随着原位表征技术的不断发展和修饰调控手段的不断开发，锂枝晶的生长机制能够获得更清晰的观察，抑制锂枝晶生长的方法也有望在不久的将来成功开发。

4.6.7 锂-硫电池隔膜和电解质研究进展

隔膜是锂-硫电池的重要组成部分，在体系中的主要作用是将正负极隔开，防止两者直接接触发生短路，同时需要隔膜本身拥有较高的电解液浸润性和离子透过率。目前对隔膜的改性工作主要集中在无机化合物改性、碳基材料修饰以及聚合物修饰。

在隔膜正极一侧负载碳基材料能有效提高正极的电荷传输效率和抑制穿梭效应。崔屹课题组设计了一种回收“死硫”的隔膜改性策略用于提升锂-硫电池性能。他们通过在隔膜表面沉积了一层厚度约为 500 nm 的碳层，实现了将溶解在电解液中的多硫化物锚定并回收的效果。上述改性手段让锂-硫电池在 0.5 C 的电流密度下放出高达 1 350 mA·h/g 的容量，并且在 500 圈的长循环测试中表现出色。周豪慎课题组设计了 $Cu_3(BTC)_2$ 基 MOF（金属有机骨架）作为多硫化物阻挡层，该材料具有离子透过选择性：锂离子能够轻易穿过修饰后的隔膜，但是多硫化物却难以穿透，这有效抑制其穿梭效应。张强课题组将层状双金属氢氧化物（LDH）与石墨烯复合并负载在隔膜的一侧，形成一种复合形态的隔膜。这种复合隔膜一方面能够有效吸附多硫化物，另一方面得益于 LDH 具有的催化性质，能够加速长链多硫化物转变成最终产物硫化锂（lithium sulfide，Li_2S）的反应，因此整体电池展现出较好的稳定性和优异的倍率性能。

中间插层是在隔膜和正极材料中间额外增加一个多硫化物阻挡层的改性手

段。Zhao等率先制备了一种具有刷子状结构的ZnO纳米线阵列作为中间插层。加入这个插层后，电池的循环得到显著提高，在1 C的电流密度下，经过200个充放电循环仍可保持776 mA·h/g的容量，对应单圈容量损耗为0.05%。接着，Goodenough课题组利用高结晶性的片状WS_2（二硫化钨）作为插层活性物质，碳纤维作为插层载体，将其应用到锂-硫电池当中。实验结果表明，经过WS_2插层改性的锂-硫电池能够稳定循环500次，并且在5 C的电流密度下仍可保持750 mA·h/g的容量，大大优于未添加插层的对照组。

电解质承担着活性物质硫正极与金属锂负极之间的连接作用，同时也是离子传输的重要路径。电解液的溶剂/溶质/添加剂种类和搭配会直接影响锂-硫电池的性能甚至是电化学行为和路径以及电化学稳定性。目前理想的电解质需要有较高的离子电导率、匹配的电化学窗口、电化学稳定性好、高低温稳定性强等。

早期研究发现，对于锂-硫电池来说，适用于锂离子电池的碳酸酯类溶剂会与多硫化物发生亲核加成的副反应，会对锂-硫电池的性能造成负面影响。目前锂-硫电池最为常用的电解质溶剂为乙二醇二甲醚和1,3-二氧戊环（DOL），因为分子式为线状的DME对多硫化物具有较强的亲和力，能增加它在溶剂中的溶解性和降低黏度，同时还能提高中间产物反应的动力学；分子式为环状的DOL则有利于在锂负极表面形成稳定的电解质界面膜，提高电池的库仑效率。单一地使用上述两种溶剂并不能满足电池的性能需要，因此目前锂-硫电池的研究和软包电池的实际生产大多数都会使用两者的混合物。此外，还有许多研究者选择了其他醚类电解质，如四乙二醇二甲醚（TEGDME）和氟化醚，以及砜类电解质，如甲基乙基砜（EMS）作为研究目标，但是其效果和兼容性均没有得到较大的改善。添加剂是改善电解质性能的一个重要方法，而目前最为常见的添加剂就是硝酸锂。添加硝酸锂后的电解质能够在锂负极形成极为稳定的电解质界面，从而可以缓解多硫化物在锂负极表面的沉积作用，使电池整体库仑效率大幅度提高。王春生课题组则巧妙地通过改变溶质锂盐的浓度来对液态电解质进行改性。他们设计了一种water-in-salt（盐包裹水）的新概念的电解质，其具有超高的LiTFSI锂盐浓度（达到7 mol/L）和较高的锂离子迁移数。结果表明，超高浓度锂盐电解质有利于抑制多硫化物的溶解和缓解锂枝晶的形成，电池在经过100个充放电循环后，库仑效率保持在99%以上。但是，solvent-in-salt电解质的成本较高，不利于大规模生产，未来需要在降低制备成本和优化浓度方面不断深入研究。

目前液态有机电解质最大的问题在于电池安全性存在隐患，而固态电解质得益于以下一些优点，受到了越来越多的研究：①固态电解质的热稳定性较好，在空气中电池短路或破损也不会发生燃烧，相较于有机液态电解质，安全系数得到了极大的提升；②固态电解质能够有效抑制锂枝晶的生长；③固态电解质基电池相对于液态电池体积更小、能量密度更高；④固态电解质可以简化电池的结构设计和系统布局，让柔性储能系统变为现实，让电池可以在更多的场景进行商业化应用。但是固态电解质目前遭遇的挑战也十分严峻，它的离子电导率偏低（较液态电解质低1~2个数量级），这是由于离子在块体物质中传输时需要克服更多阻力。目前，在锂-硫电池中应用的固态电解质主要可以分为聚合物电解质、无机固态电解质以及有机-无机混合电解质三类。比较常见的聚合物电解质包括短链的聚氧化乙烯（PEO）和长链的聚偏氟乙烯-六氟丙烯（PVDF-HFP）等，但是考虑到聚合物电解质在室温下的离子导电性较低，在高温下仍有发生爆炸和着火的隐患，这种电解质体系在未来还需要进一步的探索。无机固态电解质的使用安全性则较高，同时它也能够从根源上抑制穿梭效应的发生。此外，无机固态电解质的离子电导率是目前最接近液态电解质的，因此极具探究的价值。Xu等通过固相球磨法合成了一种含有Mo元素掺杂的无机玻璃陶瓷电解质（$Li_7P_{2.9}S_{10.85}Mo_{0.01}$），它的离子电导率高达4.8 mS/cm。与对照组$Li_7P_3S_{11}$相比，配有经过Mo掺杂的电解质的锂-硫电池能放出更高的容量（1 020 mA·h/g）和展现出更小的极化。但是，研究者们也发现无机固态电解质由于颗粒尺寸等因素，存在与锂负极界面接触性较差等问题；此外，许多硫化物在空气中不稳定，电解质容易发生变质。目前比较好的解决方式主要是将聚合物电解质和无机电解质结合使用，形成复合电解质，借助其协同效应提升电池性能。例如Wang等巧妙设计一种NASICON（钠离子超导体）型的无机固态电解质和聚合物电解质形成的复合电解质，兼具较好的离子电导率和正负极的接触性。锂-硫电池固态电解质想要获得实际的商业化应用，必须寻找新型聚合物-无机物共混电解质，开发兼具聚合物电解质和固态无机物电解质优点的混合固态/半固态电解质。

4.7 锂-氧电池

4.7.1 锂-氧电池简介

锂-氧电池是一种以金属锂为负极、空气中的氧气为正极反应物的新型二次电池储能装置。锂-氧电池具有远高于其他电池体系的理论比能量，其比能量为5 210 W·h/kg（包括氧气质量）或11 400 W·h/kg（不包括氧气质量），因其超高的理论比能量而备受关注。目前，锂－氧电池仍处于开发阶段。

4.7.2　锂－氧电池的发展历程

锂－氧电池与其他已广泛商用的化学电源类似，也经历了很长时间的研发。早在20世纪70年代，美国Lockheed Pal Alto实验室发明了锂－水－空气电池，该电池体系反应机理为$2Li + 1/2O_2 + H_2O \Leftrightarrow 2LiOH$，但由于其安全性和可靠性等因素未得到推广。1996年，EIC实验室的Abraham和Jiang采用聚合物做电解质膜，钴酞菁和乙炔黑（acetylene black）复合做催化剂，设计了Li/聚合物电解质膜/氧气电池。该锂－氧电池开路电压在3 V左右，放电平台2.4～2.8 V，放电比容量约1 400 mA·h/g，且表现出一定的循环性能。同时，通过拉曼光谱分析发现，该电池的放电产物主要是Li_2O_2（过氧化锂），放电时电极发生的反应为$2Li + O_2 \rightarrow Li_2O_2$。这项研究的问世，让人们注意到了锂－氧电池这一新型电池体系。随后，液态电解质的应用推动了锂－氧电池的发展。氧气在电解质中的溶解和扩散能力直接影响电池的倍率性能和放电容量，成为制约锂－氧电池发展的瓶颈。为此，Read等研究比较了多种液态有机电解液，提出醚基电解液能够很好地解决氧气在电池中的扩散问题。2006年，Bruce等采用碳和氧化锰混合物做催化剂，1 M $LiPF_6$溶于碳酸丙烯酯做电解液，玻璃纤维做隔膜，组装成Swagelok型锂－氧电池。该电池放电电位在2.5～2.7 V之间，充电电位为4.2～4.4 V。在70 mA/g的电流密度下，其首次放电比容量达到1 000 mA·h/g。经过50次循环后，其比容量维持在600 mA·h/g左右，表现出较好的循环稳定性。同时，通过原位质谱等分析发现，锂－氧电池在充放电过程中发生的可逆反应为$2Li^+ + 2e^- + O_2 \Leftrightarrow Li_2O_2$。这项工作首次实现锂－氧电池的多次循环，证明锂－氧电池的可行性，点燃了科研人员对这款新型电池体系的研究热情，也迅速让锂－氧电池在储能领域占得一席之地。2009年，IBM公司启动"Battery 500"项目，旨在开发能支持800 km行驶里程的车用锂－氧电池。

4.7.3　锂－氧电池的工作原理

锂－氧电池由金属锂负极、有机（或水系）电解液、隔膜和氧气正极组成。通常在正极处添加多孔状催化剂材料，既能催化电极反应的进行，又有助于氧气的扩散和放电产物的沉积。以有机电解液体系为例，放电时，负极金属锂被氧化生成Li^+和电子，电子通过外部电路迁移，Li^+由于电位梯度穿过隔膜和电解液迁移到正极，正极氧气被还原，生成Li_2O_2，将化学能转化为电能；

充电时，放电产物发生分解，生成锂和氧气，同时储存了电能。充放电过程正负极反应如下。

负极反应：
$$Li \Leftrightarrow Li^+ + e^- \quad (4-21)$$

正极反应：
$$2Li^+ + 2e^- + O_2 \Leftrightarrow Li_2O_2 \quad (4-22)$$

总反应：
$$2Li + O_2 \Leftrightarrow Li_2O_2 (2.96\ V) \quad (4-23)$$

除了有机电解液体系之外，锂－氧电池还包括水系电解液体系（混合电解液体系）和固态电解质体系。锂－氧电池结构示意图如图 4－10 所示。

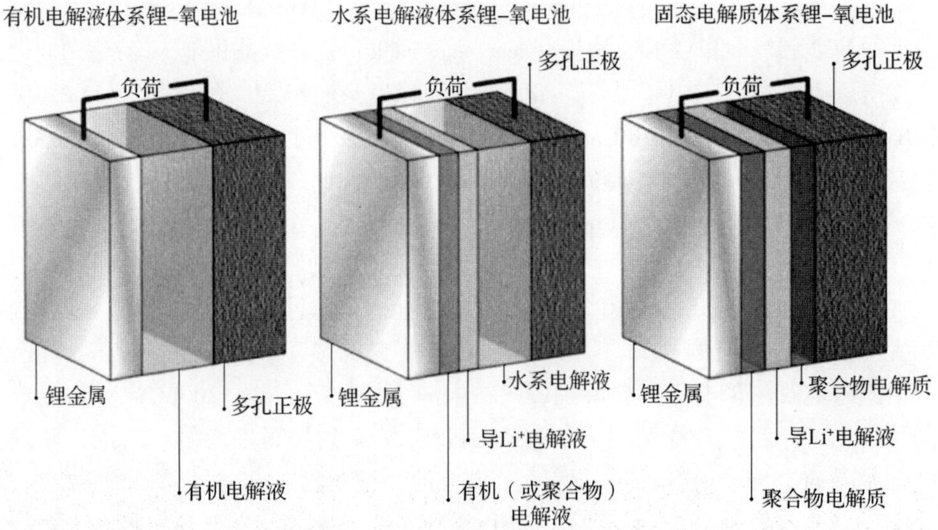

图 4－10　锂－氧电池结构示意图

水系电解液体系锂－氧电池在负极金属锂一侧添加有机电解液（或聚合物电解液），在正极一侧添加水系电解液，中间用锂离子传导膜分隔，放电过程发生的电极反应如下。

酸性水系电解液：
$$2Li + 1/2O_2 + 2H^+ \Leftrightarrow 2Li^+ + H_2O (4.27\ V) \quad (4-24)$$

碱性水系电解液：
$$2Li + 1/2O_2 + H_2O \Leftrightarrow 2LiOH (3.44\ V) \quad (4-25)$$

与有机电解液体系相比，水系电解液体系具有以下优势。首先，水系电解液所用锂盐更加便宜，溶解度和传导性也高于有机电解液；其次，放电产物易溶于水，避免了产物堵塞电极通道等问题；并且，水系电解液体系锂－氧电池表现出更高的放电电压（3.44～4.27 V）。但是，负极锂保护是水系电解液体系面临的最大难题。虽然可以通过有机电解液和锂离子传导膜保护锂负极，但是多层电解质的运用降低了锂离子的迁移速率，提高了该电池体系在大电流密度下工作的难度，也增加了电池装配的难度。同时，水系电解液也对锂电池的安全性与稳定性提出了挑战。此外，放电产物 LiOH 溶解度有限，限制了该体系锂－氧电池的理论能量密度。

固态电解质体系锂－氧电池使用固态聚合物（或陶瓷）电解质和锂离子传导膜将金属锂负极和氧气正极分离开。使用固态电解质的优势如下。第一，固态电解质电化学窗口较宽，与有机电解液和水系电解液相比具有更高的稳定性；第二，固态电解质可以隔绝水、氧气与负极锂片的接触，保护负极锂片不受侵蚀；第三，固态电解质可以在一定程度上抑制锂枝晶的生成，提高电池的安全性；第四，固态电解质体系锂－氧电池能够在更高的温度下工作，更便于电动汽车等领域的应用。但是，固态电解质体系锂－氧电池存在一大缺陷，即固态电解质无法溶解放电产物，由于液相的缺失，放电产物无法向电解液方向迁移，只能在正极/电解质的固固交界面不断沉积，最终限制了电池容量，并将导致电池突然失效。此外，固态电解质还存在离子迁移速率较低、界面电阻高等缺点。

与水系电解液体系锂－氧电池和固态电解质体系锂－氧电池相比，有机电解液体系锂－氧电池既能在一定程度上保护锂负极，又能方便放电产物的沉积，并能保证较高的锂离子传导速率，表现出更高的能量密度和更好的循环性能，因此成为锂－氧电池领域的研究热点。

4.7.4　锂－氧电池面临的挑战及应对策略

锂－氧电池具有极高的能量密度，在电化学储能等领域有着巨大的应用前景。但是锂－氧电池的发展时间不长，当下面临着诸多挑战，比如涉及氧的电极反应动力学缓慢、主要放电产物 Li_2O_2 不导电等因素，造成锂－氧电池过高的过电位，也限制了电池的倍率性能和循环稳定性。目前主要通过优化设计电极结构和采用高效电催化剂等途径提高锂－氧电池的电化学性能。

传统的锂－氧电池正极是将催化剂与导电剂、有机黏结剂机械混合后涂覆到集流体上。常用的黏结剂有聚偏氟乙烯（PVDF）、聚四氟乙烯等，黏结强度高、伸缩性低，在有机电解液中特别是高温下容易膨胀、胶化甚至溶解。此外，由于放电产物是绝缘的，氧化还原反应和电子的传输多发生在放电产物表面，但 PVDF 等黏结剂导电性差，缺乏便捷的锂离子和电子传输网络，从而限制了电池的容量、倍率性能和循环性能。另外，催化剂在导电基体上均匀分布并紧密结合，能够加大电解液/催化剂/氧气三相电化学反应界面和催化剂的表面利用率，而传统的电极制备方法简单地将催化剂与碳导电剂球磨，不足以达到要求。基于这些原因，设计新型无黏结剂的氧气正极成为锂－氧电池的发展趋势。

锂-氧电池的正极结构需要同时满足为氧气提供足够的传输通道、为电化学反应提供尽可能多的三相交界面（电解液/催化剂/氧气）以及为不溶的放电产物提供足够的沉积空间。因此，氧气正极的三维结构对电池性能非常关键。在导电基体上直接生长催化剂，构成无黏结剂的自支撑催化剂电极，是构建新型氧气正极的思路之一。Zhang 课题组通过溶胶-凝胶法在泡沫镍上直接合成多孔碳，构成无黏结剂的自支撑氧气正极。该电极催化的锂-氧电池在 0.2 mA/cm^2（280 mA/g）电流密度下比容量高达 11 060 mA·h/g，在 2 mA/cm^2（2.8 A/g）电流密度下容量仍达到 2 020 mA·h/g，表现出优异的倍率性能。该电极出色的比容量和倍率性能，归功于多孔碳和泡沫镍组成的多级孔隙结构，避免了黏结剂的使用，既为反应物的传输、放电产物沉积提供了足够的空间，又增大了三相电化学反应界面，提高了催化剂的表面利用率。

锂-氧电池较高的过电位是由 ORR 和 OER 动力学缓慢导致。催化剂的使用可以有效促进电极反应 ORR 和 OER 的进行，是降低过电位、减少能量损失的有效途径。目前研究最多的三类催化剂分别是贵金属、金属氧化物和碳基材料。每类催化剂单独使用都有其各自的优缺点，如贵金属电催化活性卓越，但成本昂贵、储量不高，不适合大规模工业化应用；金属氧化物电催化活性优良，部分形貌的比表面积大，提供催化位点多，但自身导电性不佳，无法提供快捷的电子传输途径；碳基材料具有优异的导电性，且比表面积大、密度小、价格低廉、储量丰富，但 OER 催化活性弱，导致电池的循环效率低。因此，将各类催化剂复合进行协同催化，取长补短，在提高催化效果的同时降低成本，是锂-氧电池发展的又一大趋势。

绝缘的放电产物 Li_2O_2 是提升锂-氧电池性能要面对的另一个挑战。Li_2O_2 不溶于有机电解液，通常呈圆盘状大颗粒密集堆积在催化剂表面。密集堆积的 Li_2O_2 容易破坏催化剂结构，而大颗粒绝缘的 Li_2O_2 在充电过程阻碍了电子向产物内部传输，电极反应和电子传输只能在大颗粒表面进行，易导致放电产物分解不彻底，增大了充电电压和过电位，降低电池的可逆容量、削弱循环性能。为了改善充电过程电子传输，促进放电产物分解，研究者们从改变 Li_2O_2 形貌或物理化学特征的角度提出了各种办法，如向 Li_2O_2 引入缺陷、诱导 Li_2O_2 呈薄膜状生长、对 Li_2O_2 进行原位掺杂等。其中，诱导 Li_2O_2 生长是一种提升锂-氧电池性能的切实可行的办法。Zhang 团队采用 Pd 纳米颗粒修饰的空心碳球作为氧气正极进行电化学测试，发现生成的放电产物 Li_2O_2 不呈一般的圆盘状大颗粒，而是呈薄片状沿着空心碳球壁生长，片厚度小于 10 nm。该电极催化的锂-氧电池表现出优异的循环性能（300 mA/g 的电流密度下循环

100次比容量为1 000 mA·h/g）和倍率性能（1.5 A/g电流密度下容量高5 900 mA·h/g）。他们提出，附载于空心碳球壁上具有高催化活性的Pd纳米颗粒，有助于诱导Li_2O_2呈疏松排布的薄片状生长，这样的形貌有效加大了Li_2O_2与催化剂、电解液的接触面积，利于电子传输和电极反应的进行，从而提高了锂－氧电池的可再充电性和循环稳定性。

参考文献

[1] 程新群．化学电源［M］．北京：化学工业出版社，2008．

[2] 史鹏飞．化学电源工艺学［M］．哈尔滨：哈尔滨工业大学出版社，2006．

[3] 王然，许检红．电动公交车用化学电源的比较研究［J］．电源技术，2008，32（7）：478－480．

[4] 尹树峰，李全安，文九巴．MH－Ni电池的发展［J］．上海有色金属，2003，24（4）：191－196．

[5] 苏耿．镍－氢电池负极关键技术研究及混合动力车用电池研制［D］．长沙：中南大学，2012．

[6] TARASCON J M，ARMAND M. Issues and challenges facing rechargeable lithium batteries［J］．Nature，2001，414：359－367．

[7] ZHANG X，RUI X，CHEN D，et al. $Na_3V_2(PO_4)_3$：an advanced cathode for sodium－ion batteries［J］．Nanoscale，2019，11（6）：2556－2576．

[8] KUNDU D，TALAIE E，DUFFORT V，et al. The emerging chemistry of sodium ion batteries for electrochemical energy storage［J］．Angewandte chemie－international edition，2015，54（11）：3431－3448．

[9] OKOSHI M，YAMADA Y，YAMADA A，et al. Theoretical analysis on de－solvation of lithium，sodium，and magnesium cations to organic electrolyte solvents［J］．Journal of the Electrochemical Society，2013，160（11）：A2160－A2165．

[10] BIE X，KUBOTA K，HOSAKA T，et al. A novel K－ion battery：hexacyanoferrate（Ⅱ）/graphite cell［J］．Journal of materials chemistry A，2017，5：4325－4330．

[11] LIU D，YANG Z，LI W，et al. Electrochemical intercalation of potassium into graphite in KF melt［J］．Electrochimica Acta，2010，55（3）：1013－1018．

[12] EFTEKHARI A. Potassium secondary cell based on Prussian blue cathode［J］．Journal of power sources，2004，126（1－2）：221－228．

[13] NOBUHARA K, NAKAYAMA H, NOSE M, et al. First - principles study of alkali metal - graphite intercalation compounds [J]. Journal of power sources, 2013, 243 (1): 585 - 587.

[14] KOMABA S, HASEGAWA T, DAHBI M, et al. Potassium intercalation into graphite to realize high - voltage/high - power potassium - ion batteries and potassium - ion capacitors [J]. Electrochemistry communications, 2015, 60: 172 - 175.

[15] JIAN Z, LUO W, JI X. Carbon electrodes for K - ion batteries [J]. Journal of the American Chemical Society, 2015, 137 (36): 11566 - 11569.

[16] OKOSHI M, YAMADA Y, KOMABA S, et al. Theoretical analysis of interactions between potassium ions and organic electrolyte solvents: a comparison with lithium, sodium, and magnesium ions [J]. Journal of the Electrochemical Society, 2017, 164 (2): A54 - A60.

[17] 张序清. 锂硫电池硫/碳复合正极材料的改性制备及其电化学性能研究 [D]. 杭州: 浙江大学, 2019.

[18] WANG D, ZENG Q, ZHOU G, et al. Carbon - sulfur composites for Li - S batteries: status and prospects [J]. Journal of materials chemistry A, 2013, 1 (33): 9382 - 9394.

[19] JI X L, LEE K T, NAZAR L F. A highly ordered nanostructured carbon - sulphur cathode for lithium - sulphur batteries [J]. Nature materials, 2009, 8 (6): 500 - 506.

[20] WU H, ZHUO D, CUI Y. Improving battery safety by early detection of internal shorting with a bifunctional separator [J]. Nature communications, 2014, 5: 6193.

[21] YAO H, ZHENG G, CUI Y. Improving lithium - sulphur batteries through spatial control of sulphur species deposition on a hybrid electrode surface [J]. Nature communications, 2014, 5: 3943.

[22] PANG Q, LIANG X, NAZAR L F. Advances in lithium - sulfur batteries based on multifunctional cathodes and electrolytes [J]. Nature energy, 2016, 1 (9): 16132.

[23] LIU Y, LIN D, YUEN P Y. An artificial solid electrolyte interphase with high Li - ion conductivity, mechanical strength, and flexibility for stable lithium metal anodes [J]. Advanced materials, 2017, 29 (10): 201706513.

[24] PEI A, ZHENG G, SHI F. Nanoscale nucleation and growth of electrodeposited

lithium metal [J]. Nano letters, 2017, 17 (2): 1132 - 1139.

[25] LIU S, XIA X, ZHONG Y. 3D TiC/C core/shell nanowire skeleton for dendrite - free and long - life lithium metal anode [J]. Advanced energy materials, 2018, 8 (8): 1702322.

[26] YAO H, YAN K, LI W. Improved lithium - sulfur batteries with a conductive coating on the separator to prevent the accumulation of inactive S - related species at the cathode - separator interface [J]. Energy & environmental science, 2014, 7 (10): 3381 - 3390.

[27] BAI S, LIU X, ZHU K. Metal - organic framework - based separator for lithium - sulfur batteries [J]. Nature energy, 2016, 1 (7): 16094.

[28] ZHAO T, YE Y, PENG X. Advanced lithium - sulfur batteries enabled by a bio - inspired polysulfide adsorptive brush [J]. Advanced functional materials, 2016, 26 (46): 8418 - 8426.

[29] PARK J, YU B C, PARK J S. Tungsten disulfide catalysts supported on a carbon cloth interlayer for high performance Li - S battery [J]. Advanced energy materials, 2017, 7 (11): 1602567.

[30] YANG C, SUO L, BORODIN O. Unique aqueous Li - ion/sulfur chemistry with high energy density and reversibility [J]. Proceedings of the National Academy of Sciences, 2017, 114 (24): 6197 - 6202.

[31] XU R, XIA X, WANG X. Tailored Li_2S - P_2S_5 glass - ceramic electrolyte by MoS_2 doping, possessing high ionic conductivity for all - solid - state lithium - sulfur batteries [J]. Journal of materials chemistry A, 2017, 5 (6): 2829 - 2834.

[32] WANG C, YANG Y, LIU X. Suppression of lithium dendrite formation by using LAGP - PEO (LiTFSI) composite solid electrolyte and lithium metal anode modified by PEO (LiTFSI) in all - solid - state lithium batteries [J]. ACS applied materials & interfaces, 2017, 9 (15): 13694 - 13702.

[33] READ J. Characterization of the lithium/oxygen organic electrolyte battery [J]. Journal of the Electrochemical Society, 2002, 149 (9): A1190 - A1195.

[34] READ J, MUTOLO K, ERVIN M. Oxygen transport properties of organic electrolytes and performance of lithium/oxygen battery [J]. Journal of the Electrochemical Society, 2003, 150 (10): A1351 - A1356.

[35] READ J. Ether - based electrolytes for the lithium/oxygen organic electrolyte

battery [J]. Journal of the Electrochemical Society, 2006, 153 (1): A96 - A100.

[36] OGASAWARA T, DÉBART A, HOLZAPFEL M. Rechargeable Li_2O_2 electrode for lithium batteries [J]. Journal of the American Chemical Society, 2006, 128 (4): 1390 - 1393.

[37] CAPSONI D, BINI M, FERRARI S. Recent advances in the development of Li - air batteries [J]. Journal of power sources, 2012, 220: 253 - 263.

[38] 屠芳芳. 碳基复合催化剂的制备及其在锂氧电池中的应用研究 [D]. 杭州: 浙江大学, 2017.

[39] WANG Z L, XU D, XU J J. Graphene oxide gel - derived, free - standing, hierarchically porous carbon for high - capacity and high - rate rechargeable Li - O_2 batteries [J]. Advanced functional materials, 2012, 22 (17): 3699 - 3705.

[40] XU J J, WANG Z L, XU D, et al. Tailoring deposition and morphology of discharge products towards high - rate and long - life lithium - oxygen batteries [J]. Nature communication, 2013, 4: 2438.

第5章
正极材料

5.1 锂离子电池正极材料

5.1.1 钴酸锂正极

钴酸锂是目前市面上普及度最高的正极之一，由于振实密度高，主要作为3C产品的电池。自然界中它具有三种结构，分别是高温相层状、低温相尖晶石和岩盐相结构。高温相层状结构、低温相尖晶石结构虽然都是嵌入式化合物，也都能够作为锂离子电池的正极材料，但是由于晶体结构的差异导致电化学性能差异性很大。

1. 钴酸锂基本结构

相比低温相，高温相层状 $LiCoO_2$ 具有良好的电化学性能，因此成为研究者们的主要研究对象。高温相层状 $LiCoO_2$ 是 $\alpha-NaFeO_2$ 结构，属于六方晶系，R3m空间群，晶体结构如图5－1所示。Co原子与最邻近的6个O原子通过共价键结合形成 CoO_6 八面体，CoO_6 八面体之间共用八面体侧棱，排列形成二维的Co－O层，形成Co－O层骨架结构；Li原子嵌于Co－O层之间，并与最邻近的6个O原子以离子键结合形成 LiO_6 八面体。与 $Li^+(1s^2)$ 能级相比，$Co^{3+}(3d^6)$ 水平更接近 $O^{2-}(2p^6)$ 水平，这使Co－O间的电子云重叠远大于Li－O，即Co－O键的键能更大，因此 Li^+ 可以很容易地进入 CoO_2 层之间嵌入或者脱出构成 Li^+ 的二维传输通道。另外，Co－O－Co为在共边 CoO_6 八面体中的相互作用提供了更好的电子传导性（室温电导率约为 10^{-2} S/cm）。至于岩盐相 $LiCoO_2$，Co和Li随机排列在岩盐相 $LiCoO_2$ 晶格中，无明显的Co层和Li层，一般不用作锂电池正极。

图5－1　高温相 $LiCoO_2$ 晶体结构示意图

2. 钴酸锂电化学特性

目前商业化应用最多的正极是层状 $LiCoO_2$。为探讨其脱嵌过程，记为 Li_xCoO_2。伴随着 Li^+ 的脱嵌，$x=1$ 下降到 $x=0.3$ 的过程中，理想条件下

Li_xCoO_2 将经历3个相变过程，最初 $x=1$，表现为O3相，如图5-2所示。此时O原子沿（001）方向呈立方密堆积（ABCABC）。随着锂离子继续脱嵌，直到 $x=0.93$ 时，晶格 c 轴伸长，Li_xCoO_2 开始从H1相变为H2相，该相变主要源于 Co^{3+} 向 Co^{4+} 转变的氧化还原反应而非结构变化，H1、H2两相均为六方结构且晶格参数相近。此时，相应的充电平台出现在约3.93 V的位置。随着锂离子进一步脱出，在 $0.75<x<0.93$ 的范围内，六方晶系的两相共存，即H1相与H2相同时存在。直到锂离子脱嵌至 $x=0.75$ 时，Li_xCoO_2 完成从H1相到H2相的转变。此时，c 轴伸长率约为2%，Co-Co间距显著减小，导致能带分散，导带与价带重叠，材料从原始的P型半导体转变为金属相导体，导电性显著增强。在下一个脱锂过程中，Li_xCoO_2 结构在 $0.55<x<0.75$ 的范围内保持H2相不变。当锂离子继续脱出直到 $x=0.5$ 时，发生 Li^+ 无序和有序之间的转变。当 $x=0.55$ 时，Li_xCoO_2 从六方晶系H2相转变为单斜晶系M1相（monoclinic）并释放热量，晶体从六方晶变为单斜晶结构。此时，相应的充电平台约为4.07 V，Li_xCoO_2 在 $0.45<x<0.55$ 范围内，主要以单斜晶系的M1相的物相存在。当 $x=0.45$ 时，Li_xCoO_2 再次通过一系列复杂的吸热过程后，从单斜晶系M1相转变回六方晶系H2相。与此过程对应的充电平台出现在约4.19 V，可以看出，在 $x=0.5$ 附近发生的相变可逆的过程，以六方晶系和单斜晶系之间的转换为主（图5-3）。

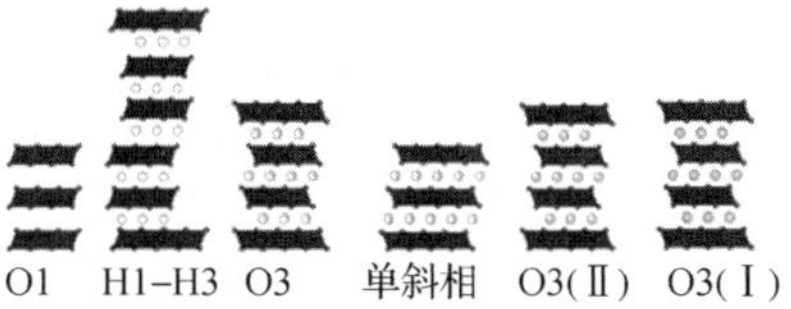

（a）

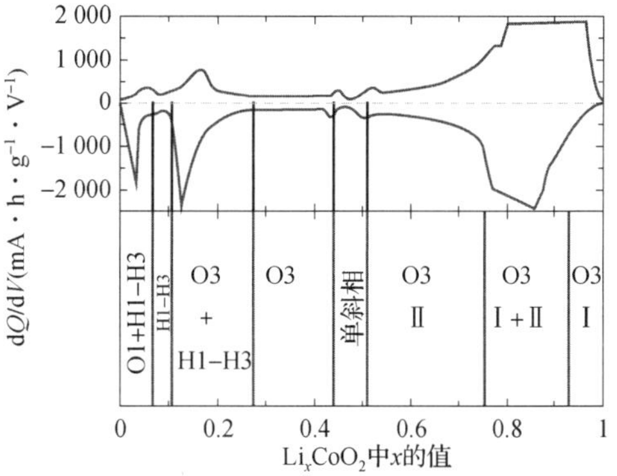

（b）

图5-2　$LiCoO_2$ 中锂离子脱嵌时（100）方向示意及电容微分曲线图

（a）锂离子脱嵌时方向示意；（b）电容微分曲线图

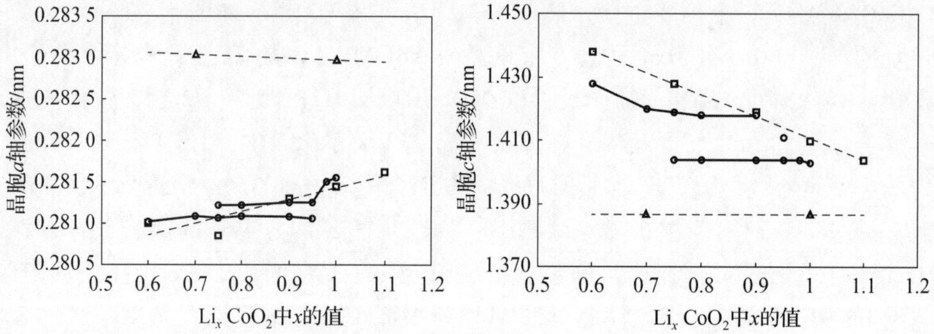

（a） （b）

图 5-3　Li_xCoO_2 中 x 变化时的晶胞参数 a、c 轴上的变化

（a）a 轴；（b）c 轴

图 5-4 为钴酸锂的循环伏安曲线。从图中可以看出，当扫描范围为 2.8～4.6 V 时，在 3.93 V 和 3.85 V 附近存在一对强烈的氧化还原峰，此对峰对应的是 Co^{3+}/Co^{4+} 的氧化还原，在充放电曲线上表现为在 3.93 V 左右的充放电平台。而在 1.05～4.2 V 范围内存在两对弱小的氧化还原峰，此处对应的是钴酸锂基体结构在充放电过程中发生的六方—单斜—六方的相变过程，在充放电曲线上对应在 1.05～1.2 V 范围内的拐点。但当充放电电压超过 4.5 V 时，会出现强烈的氧化还原峰，该氧化还原峰对应着 Co^{3+}/Co^{4+} 的氧化还原，在充放电曲线上表现为 4.5～4.55 V 附近的充放电平台。由此可以得知，当充电电压超过 4.5 V 时，Co^{3+} 进一步被氧化成 Co^{4+}，材料容量得到提升的同时，基体的结构得到破坏，$LiCoO_2$ 材料的结构稳定性变差。

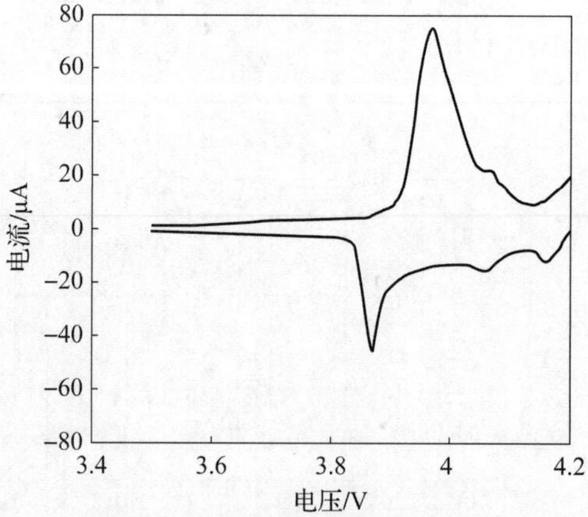

图 5-4　钴酸锂的循环伏安曲线

钴酸锂自从锂离子电池商业化以来，一直作为正极材料的主流被应用。其主要技术进展是 2000 年前后发现的高密度化合成工艺。通过提高烧结温度和增加烧结次数，合成出十几微米以上的单晶一次晶粒，将钴酸锂电极的压实密度提高到4.0 g/cm^3 以上。最近研究通过表面修饰改性和掺杂提高钴酸锂的充电电压，从而提高该材料的比容量。

3. 钴酸锂合成方法

（1）固相法。为了满足大规模生产需要，生产工艺必须简单。固相烧结法由于操作简单，是目前商业制备 $LiCoO_2$ 的最常见方法。根据烧结温度，其可分为高温固相法和低温固相法。具体操作是按摩尔比称取适量锂源和钴源，混合并研磨后在一定气氛和温度下烧结得到 $LiCoO_2$ 产物。高温固相法的烧结温度在700 ℃以上，烧结时间往往大于10 h。低温固相法温度一般低于400 ℃，但是需要烧结数十小时或数天才能得到产物，生产效率低，不适合工业大规模生产。高温固相法由于其步骤简便、能批量化生产成为目前市面上 $LiCoO_2$ 的主要工业生产方法。Anders Lundblad 等用氧化钴、碳酸锂（Li_2CO_3）为原料，在700 ℃下使用高温固相烧结法烧结5 h得到 $LiCoO_2$ 产物。该实验还总结出Li源稍微过量能补偿烧结过程中的Li损失，使制备的 $LiCoO_2$ 产物保持准确的化学计量比，但Li源不宜过多，否则会有 Li_2CO_3 杂项存在。有研究表明，当温度高于850 ℃时，会有钴的氧化物杂项，故温度也不宜过高。

（2）溶胶－凝胶法。溶胶－凝胶法制备 $LiCoO_2$，是将液相的锂源和钴源在一定酸碱度下混匀后，添加络合剂进行水解缩合反应并形成透明果冻状溶胶体系，烘干溶胶即可得到具有网状结构的干凝胶，在适当温度下烧结得到 $LiCoO_2$。该方法可以让原料分散得更加均匀，制备所得的颗粒粒径较小，煅烧温度也略低于固相法，利于精确控制反应物的化学计量比。但其缺点是反应步骤较为烦琐，不利于工业化批量生产。

（3）水热合成法。水热合成法制备 $LiCoO_2$ 正极材料，一般是将反应物放置于水热反应釜中，在一定温度和压力下反应得到 $LiCoO_2$。由于反应物处于高压环境中，往往会处于亚临界状态，因此反应物活性处于很高的水平，相比固相法需要加热到800 ℃以上的高温，采用该方法更易结晶，结晶形状也更加可控，制备方法更节能，并且此状态下各种材料溶解性增强，材料分散性好。水热合成法是合成对形貌有特殊要求材料的常见方法，但由于反应过程中对温度压强要求严苛，对设备的耐高温、耐高压要求较高，不适合工业化批量生产。

4. 钴酸锂的改性

钴酸锂在实际锂离子电池中受限于4.2 V充电电压或者更高电压下结构的不稳定性。由于表面修饰改性这种技术方案只能达到不完全的表面性质改变，因此其在解决钴酸锂高电压下的晶体结构不稳定性问题上的可行性较差。体相掺杂作为一种改变材料结构性质的手段，可以起到稳定结构的作用。但过去的研究结果表明，几乎所有元素的掺杂对钴酸锂的性能只有较少的正面影响，包括 Al、Mg、Ti、Ca、Cr 等。

目前常见的改性方式主要有包覆改性、合成工艺改进以及元素掺杂等。

1）钴酸锂的包覆改性

表面包覆可以防止电极－电解液之间不良副反应发生，延缓固体电解质界面膜（SEI 膜）的形成，有效提高材料的结构稳定性。对于不同种类包覆材料，其包覆改性的优缺点也不尽相同。$LiCoO_2$ 颗粒表面的包覆材料不能与电解质发生反应，且具备优良的导电性能，在充放电过程中保持稳定。碳材料具备良好的稳定性且在一定条件下具有较好的导电性，成本低廉，是目前最为广泛的锂离子电池正极包覆材料。

J. Kim 等采用物理方法直接对钴酸锂进行了碳包覆，先用聚丙烯酸酯分散剂分散聚集的炭黑，在蒸馏水中混合，然后球磨 2 h，再对使用明胶两性表面活性剂的阴极材料进行炭黑包覆，调节 pH 值至 4 ~ 5，过滤后在 300 ℃下干燥 2 h 得到碳包覆的钴酸锂。当碳含量为 1%（质量比）时，电池的循环性能和倍率性能都得到提升。这主要是由于碳包覆防止了电极－电解液之间不良副反应，增加了电极电导率。另外在 85 ℃保存 96 h 后，具有碳涂覆阴极的厚度仅增加了 1.9 mm，而未包覆阴极的厚度增加了 2.9 mm。这是因为碳涂层可以防止伴随着气体逸出的电解质分解，降低高温下电极的体积膨胀。金属氧化物包覆作为最早应用于包覆钴酸锂的方法，与碳包覆相比，金属材料的引入不仅能更有效地防止活性材料的溶解，还能降低颗粒间的电子传导阻抗，增强电化学性能。

随着包覆手段的增多和更多新方法、新材料的出现，对 $LiCoO_2$ 包覆氧化物可有效地阻止容量衰减，但是金属氧化物往往电导率低、表面阻抗高，作为包覆层虽然能稳定电极表面，但也会阻碍电子与离子在界面间的输运，不利于倍率性能提升。为了解决这个问题，一些锂离子传导性较好的材料被引入进行包覆层的构建。某些锂离子导体材料在电池的充放电过程中，可以为锂离子的脱嵌反应提供额外的锂离子，有效地增加正极材料的可逆容量、增强循环性能。

NASICON 结构的 $Li_{1+x}Al_xTi_{2-x}(PO_4)_3$（LATP）在室温下表现出优异的离子导电性，因此，它是全固态锂电池最有希望的固体电解质材料之一。然而，在最近的一些研究中，LATP 作为阴极复合材料（$LiCoO_2$ 和 LATP）的包覆材料。H. Morimoto 等通过简单的机械研磨混合制备该复合材料，该复合材料在 4.5 V

下的初始放电容量可达 180 mA · h/g，经过 50 个循环后比容量依旧能够保持 90%。J. H. Shim 等通过固相烧结法制成 Mg 掺杂的 $LiCoO_2$（LCOMg），再通过溶胶 - 凝胶法制备 $Li_{1.3}Al_{0.3}Ti_{1.7}(PO_4)_3$ 分别包覆 LCOMg 和 $LiCoO_2$ 复合正极材料，二者均表现出优良的电化学性能。结果显示，Mg 掺杂与 LATP 包覆的协同作用，提升了涂层的导电性，同时也能很好地作为缓冲层保护正极活性材料，使电化学性能最优。导电聚合物包覆是一种新型的包覆改性方法。与无机碳源相比，使用有机聚合物作为碳源有如下优点：聚合物包覆通常可在钴酸锂表面原位生成包覆层，从而实现均匀包覆；在充放电过程中，活性物质材料的体积变化会破坏结构，影响电化学性能。而聚合物材料具有较强的结构灵活性，可在这个过程中稳定电极结构，起到保护作用，可改善钴酸锂高电压下的循环稳定性。而且其本身导电性优良，能有效降低电子传导过程中的阻抗，降低极化，利于倍率性能提升。J. Cao 等通过化学聚合法在 $LiCoO_2$ 表面形成聚吡咯膜。结果表明 PPy 包覆后正极的循环稳定性明显改善。循环 170 周后比容量 171.6 mA · h/g，容量保有率 94.3% 大于未包覆的 83.5%。主要原因是原位形成的 PPy 薄膜致密且导电，导电 PPy 薄膜 $LiCoO_2$ 可以使 $LiCoO_2$ 不受 HF（氢氟酸）的腐蚀，抑制高电压下 Co 的溶解，同时还能降低电子传导过程中的阻抗，抑制正极材料与电解液的不良副反应。

E. Lee 等用紫外线固化法在正极表面形成一层聚二丙烯酸乙二醇酯（PEGDA）纳米级电子导电的包覆层。在不影响 $LiCoO_2$ 结构的情况下抑制正极与电解液间的不良副反应，因为很多副反应是放热的，所以 PEGDA 包覆层能提高钴酸锂的高压热定性。并且包覆层能阻止 SEI 层恶化，从而提高电池的循环稳定性。J. Park 等通过聚酰亚胺（PI）对 $LiCoO_2$ 进行包覆改性，得出适当厚度（10 nm）的 PI 覆层可以兼顾电池的电化学性能和热稳定性，当厚度继续增加时，可进一步缓解 $LiCoO_2$ 和电解液间的界面放热反应，但过厚的包覆层阻碍锂离子的表面包覆金属输运，从而削弱电池的电化学性能。

2）钴酸锂的掺杂改性

元素掺杂是对钴酸锂材料改性的主要手段之一，合适的掺杂可以抑制钴酸锂脱锂时六方晶系到单斜晶系的不可逆相变，稳定结构，提高可逆比容量。同时掺杂也可引入空穴和杂质能级，改善离子与电子导电性，优化材料倍率性能。可行的掺杂元素种类较多，包括金属元素（Mg、Al 等）、非金属元素（B、P、Si 等）、稀土元素（Y、Nd、Lu、La、Ce 等）以及过渡金属元素（Ni、Mn、Ti、Zn、Cr、Fe 等）。

（1）金属元素掺杂。对钴酸锂的掺杂研究可追溯到 20 世纪 90 年代，锂的过量也可以称为掺杂。由于锂的过量，为了保持电中性，Li_xCoO_2 中含有氧缺陷，用高压氧处理可以有效降低氧缺陷结构。可逆容量与锂的量有明显关系。当 Li/Co = 1.10 时，可逆容量最高（140 mA · h/g）。当 Li/Co > 1.10 时，由于 Co 的含量降低，容量降低。当然，如果提高充电的终止电压到 4.52 V，容量可达 160 mA · h/g。但是过量的锂并没有将 Co^{3+} 还原，而是产生新价态的氧离子，其结合能高，周围电子密度小；而且空穴结构均匀分布在 Co 层和 O 层，提高 Co – O 的键合强度。

Tukamoto 等研究了钴酸锂的导电机理，结果表明微量 Mg 掺杂可以在不改变晶体结构的前提下，使材料的电导率从 1×10^{-3} S/cm 提高到 0.5 S/cm，原因在于 Mg^{2+} 的掺杂会在钴酸锂中产生少量的 Co^{4+}，即空穴，因此具有半导体性质的钴酸锂的电导率能大幅提高，并具有优秀的电化学性能，在充放电过程中始终保持单相结构。Mg 离子能够与氧形成比 Li – O 键更强的 Mg – O 键，稳定钴酸锂的结构，抑制钴酸锂在脱锂嵌锂过程中可能出现的结构塌陷，从而达到提高钴酸锂材料的循环稳定性的效果。但掺杂量不宜过大，否则会造成 Li 离子部分占据 Co 位，产生严重的离子混排，影响材料的结构稳定性，造成初始容量的降低和循环的衰退。

Al 是常见的金属元素，其离子半径为 53.5 pm。Al 也是在钴酸锂的掺杂改性中广泛研究的元素，因为其离子半径与三价钴离子（54.5 pm）相近，掺杂后不影响整体结构，会形成 $LiAl_yCo_{1-y}O_2$ 固溶体，同时 Al^{3+} 不存在其他价态，只有正三价，在晶格中能提升稳定性，从而改善循环性能。Myung 等通过乳液干燥法合成 Al 掺杂的钴酸锂粉末，结果显示随着 Al 含量增加，其初始放电比容量会减小，但钴的溶解度和 *c* 轴变化也会减小，并且锂离子扩散系数增加。因为少量 Al 占据 Co 位稳定了结构。Ceder 等认为与钴酸锂结构相似的 $LiAlO_2$ 不仅能稳定结构，还可提高电压平台、提高容量，并通过第一性原理计算验证了 Al^{3+} 掺杂可提高锂离子脱嵌电位。

（2）非金属元素掺杂。相比金属元素，非金属元素掺杂钴酸锂的关注度要低许多。但研究者也通过实验证明非金属掺杂具有改性作用。Julien 等对钴酸锂进行掺 B 研究，结果表明 B 掺杂可提高钴酸锂循环稳定性。研究者认为 B 掺杂会占据 Co 位，并使 Co – O 键压缩、Li – O 键伸长。一般情况下，钴酸锂经过长时间的循环后，Co – O 键会伸长，此时 B 掺杂修正了钴酸锂的六角晶系结构，可以降低极化、优化电化学性能。

Jin 等研究了 Si 掺杂对钴酸锂电化学性能的影响。结果表明 Si 的掺入会抑制 Co^{3+} 被氧化，少量掺杂可生成纯相的 $LiCo_{1-y}Si_yO_2$。但当 Si 含量达 35% 时会产生杂质项。掺杂后首周容量降低，但是能够提升循环稳定性。原因在于高强度的 Si – O 键会抑制 Co^{3+} 被氧化，减少钴溶解，提升循环性能。

（3）稀土元素掺杂。稀土元素是化学周期表中包括镧系元素和钪、钇共17种金属元素的总称，它们的半径大于钴离子。稀土元素掺杂能促进钴酸锂中 Li^+ 的脱嵌，那是因为当它们掺入晶格后，使 c 轴伸长，拓宽了层间距。钴酸锂晶格会使 c 轴伸长、层间距变大从而更有利于锂离子的嵌入与脱出。

廖春发等用共沉淀法制备了稀土元素 Ce、Le、Lu、Y 掺杂的钴酸锂，得到粒径更均匀、结晶性更好、循环性能更优的钴酸锂。掺杂后的钴酸锂首次放电比容量为147.4 mA·h/g，但是由于这些元素原子量较大，掺杂后材料的质量能量密度有所下降。

（4）过渡金属元素掺杂。Valanarasu 等采用固相烧结法得到了 Zn 掺杂的钴酸锂，其研究指出 Zn 掺入钴酸锂可提升其循环性能和倍率性能。研究者认为改性机理在于 Zn 掺入后能够提高电子电导性和稳定晶格结构，促进锂离子脱嵌。过渡金属元素中的 Ni、Mn 也是钴酸锂常见的掺杂元素，因为 Ni、Mn 与 Co 有相类似的核外电子排布，且均为层状结构，可以彼此任意比例混合。由于它们都为层状，所以互不影响。

Wang 等对 Ni 掺杂钴酸锂的研究表明，与 Zn 掺杂稳定结构的机理不同，过量 Ni 掺入晶格甚至会破坏结构稳定性。但 Ni 能参与正极反应，大幅提升比容量。赵黎明等对 Ni 掺杂钴酸锂的研究结果显示，与 Ni 掺杂类似，Mn 掺杂也不参与电极反应，而是稳定晶体结构，通过牺牲容量来稳定电压平台，提高循环稳定性。

5.1.2　锰酸锂正极

锰酸锂作为锂离子电池正极材料的集中研发是在20世纪90年代初日本索尼公司推出商品化的锂离子电池后。20世纪90年代初期的研究主要集中在锰酸锂的合成工艺方面，如研究合成工艺、锂锰比、烧结温度、烧结时间与烧结气氛等方面，最有意义的成果是发现尖晶石结构中的氧缺陷与提高锂锰比合成富锂的锰酸锂（$Li_{1+x}Mn_2O_4$）材料可以有效提高其常温循环性能，尽管这对于高温循环与储存性能的改善效果不是很明显。在20世纪90年代中后期，各国学者主要采用元素掺杂来改善锰酸锂的高温循环与储存性能，如用 Co、Ni、Cr、Al、Mg、Zn 取代 Mn 以及利用非金属元素 S 和 F 取代 O 等方式。其中 Al 的掺杂对锰酸锂高温电化学性能的改善最为有效，但是由于 Al－O 很强的结合力，氧化铝具有超强稳定性，铝离子在烧结过程中很难完全进入尖晶石锰酸锂的晶体结构中；掺杂 Cr 和 Zn 尽管对锰酸锂性能改善效果不如 Al，但其在烧结时比较容易进入尖晶石晶体结构中；S 和 F 是否能够如文献报道的那样取代 $LiMn_2O_4$ 中的 O，目前还没有定论，在产业化中也没有被采用。

1. 锰酸锂基本结构

尖晶石型的 $LiMn_2O_4$ 属于立方晶系（图5－5），具有 $Fd\bar{3}m$ 空间群。尖晶石型的 $LiMn_2O_4$ 包含8个普通的面心立方晶胞，所以每个晶胞中有32个氧原子，占据在32e的位置上，其中O原子构成面心立方紧密堆积（CCP），锂占据CCP堆积的四面体位置（8a）的1/8，构成 LiO_4 框架，锰占据CCP密堆积的八面体位置（16d）的1/2，其余八面体间隙为全空，形成 Mn_2O_4 网络框架，Mn_2O_4 网络框架有效地维持了 Li^+ 传输通道，因此 $LiMn_2O_4$ 有较好的倍率性能。然而，$LiMn_2O_4$ 在制备过程中容易产生杂质相，并且 Jahn－Teller 效应引起的晶格畸变是导致尖晶石型的 $LiMn_2O_4$ 循环性能劣化的另一个主要因素。研究者对 $LiMn_2O_4$ 的改性研究主要集中在掺杂改性，通过掺杂的方式抑制 Jahn－Teller 效应从而提高材料的电化学循环稳定性。

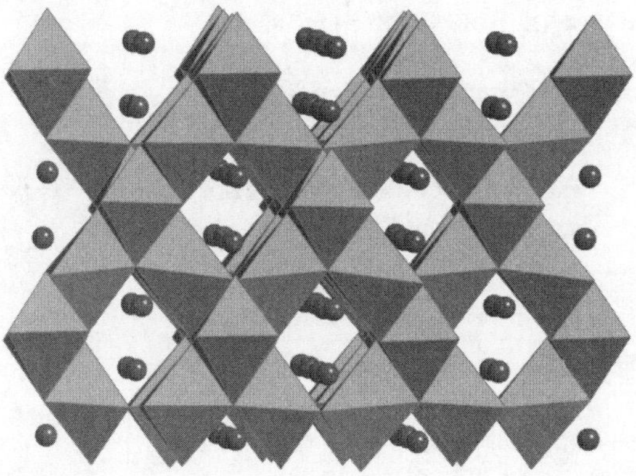

图5－5　尖晶石 $LiMn_2O_4$ 的晶体结构（蓝色：MnO_6；红色：Li 离子）（书后附彩插）

2. 锰酸锂电化学特征

$LiMn_2O_4$ 的理论放电比容量为148 mA·h/g，商业化 $LiMn_2O_4$ 材料的放电比容量根据Li/Mn比的不同在110～125 mA·h/g范围。由于锰资源丰富、材料成本低、安全性能高以及制备容易等优点，$LiMn_2O_4$ 成为非常重要的锂电正极材料之一。$LiMn_2O_4$ 可以单独应用于小型锂离子电池领域，也可以和三元材料掺混使用来提升电池的安全性能、降低电池的成本，曾用于电动汽车领域。但是，$LiMn_2O_4$ 材料的循环性能较差，尤其是当电池温度高于55 ℃时，容量迅速衰减，其主要原因如下。

（1）氧缺陷在合成过程中，由于温度过高或氧气不足，$LiMn_2O_4$ 容易失去

氧生成缺氧固溶体 $LiMn_2O_{4-x}$，使材料的循环性能较差。

（2）Mn^{2+}的溶解：电解液中的痕量水或者电池装配过程中材料未脱除的吸附水会和 $LiPF_6$ 发生反应生成 HF。溶解到电解液中的 Mn^{2+}会穿过隔膜在负极还原沉积，堵塞石墨材料的锂离子通道，使 $LiMn_2O_4$ 电池的放电容量迅速衰减。尤其当温度高于 55 ℃时溶解加剧，也加剧了电池的容量衰减。

（3）Jahn - Teller 效应：$LiMn_2O_4$ 在充放电过程中，当 Mn 的平均化合价 $< +3.5$时，将会发生 Jahn - Teller 畸变，导致晶胞发生非对称性收缩或膨胀，由此引起晶体结构由立方相向四方相的转变，从而破坏原有的结构，使材料的循环性能恶化。

（4）电解液的分解：在充电末期，锂离子脱出，会使材料中的 Mn 被氧化为 Mn^{4+}，材料表面高氧化性的 Mn^{4+}会导致有机电解液发生氧化分解，分解产物与 Li^+发生反应，生成 Li_2CO_3 沉积在活性物质表面，导致具有电化学活性的 Li^+减少和电池内阻的增加，造成 $LiMn_2O_4$ 正极材料循环性能恶化。

当该材料处于充电状态时，锂离子 Li^+会从晶体结构中脱出，直到充电状态结束，锂离子 Li^+全部脱出。此时，该材料变成了［Mn_2O_4］，其中的锰离子也从三价和四价共存状态变成了单一四价锰离子 Mn^{4+}状态。当该材料处于放电状态时，锂离子 Li^+又会重新嵌入晶体结构中，四价锰离子 Mn^{4+}也会被逐渐还原为三价锰离子 Mn^{3+}。在放电初期，重新嵌入晶格的锂离子 Li^+会先占据晶体结构［Mn_2O_4］中氧四面体的 8a 位处，该材料会因为少量锂离子的嵌入处于能量最低的状态，表现出第一个工作平台，电压约为4.10 V（图5 - 6）。当重新嵌入晶格的锂离子 Li^+达到甚至超过一半时，该材料的晶体结构中会出现两个立方相 $Li_{0.5}Mn_2O_4$ 和 $\lambda - MnO_2$ 共存的现象。随着锂离子的进一步嵌入，该材料会表现出第二个工作平台，电压约为 3.95 V。当锂离子完全嵌入尖晶石晶格的氧四面体的 8a 位时，该材料就会由初期的［Mn_2O_4］变成 $LiMn_2O_4$，整个充放电过程电化学反应如式（5 - 1）所示。如果该材料进一步放电，尖晶石晶格中会有过量的锂离子嵌入氧八面体的 16d 位，此时晶体结构中的四价锰离子 Mn^{4+}就会被进一步还原三价锰离子 Mn^{3+}，材料体系中锰离子的平均价态就会小于3.5，这会加剧姜泰勒效应的影响，降低晶体结构的对称性。该材料由立方相向四方相转变，阻碍锂离子 Li^+的迁移和扩散，影响该材料电化学性能的发挥。

$$\text{当 } 0 < x < 1：LiMn_2O_4 \rightleftharpoons Li_{1-x}Mn_2O_4 + xLi^+ + xe$$

$$\text{当 } 1 < x < 2：LiMn_2O_4 + xe^- + xLi^+ \rightleftharpoons Li_{1+x}Mn_2O_4 \qquad (5-1)$$

提高电池的能量密度一般有两种方法，一为提高活性材料的放电比容量；

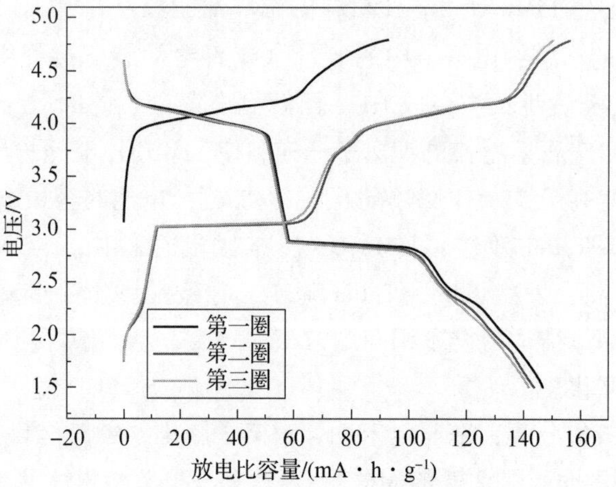

图 5-6 锰酸锂的充放电曲线

二为提高电极极片的压实密度，从而提高装填量。商业化应用的 $LiMn_2O_4$ 材料一般以电解 MnO_2(EMD)作为 Mn 源，但由于 EMD 中 Na、Fe 等杂质含量高，其实际放电比容量小于 120 mA · h/g。为了提高材料的放电比容量，研究人员采用溶胶-凝胶法或水热方法合成了高纯小粒径的 $LiMn_2O_4$ 材料，其 0.1 C 放电比容量大于 140 mA · h/g，但由于溶胶-凝胶法或水热方法合成的材料经常由纳米级或亚微米级材料组成，材料的振实密度及极片的压实密度非常低，电池中活性材料的装填量较小，所以电池的能量密度并不能得到提高。此外，纳米级或亚微米级材料比表面积会比较大，导致活性材料与电解液的副反应增多，材料的循环性能比较差。

3. 锰酸锂的合成方法

尖晶石 $LiMn_2O_4$ 的制备方法较多，可以分为高温固相法和液相法。高温固相法是目前已经商业化较为成熟的一种方法之一，但高温固相法制备出的材料往往存在颗粒大小不均、结晶形态不完善等缺点。因此，熔融浸渍法、微波烧结法、喷雾干燥法等在高温固相法基础上被开发出来。液相法包括水热合成法、共沉淀法、溶胶-凝胶法等方法。

1）高温固相法

高温固相法是制备尖晶石 $LiMn_2O_4$ 最简单的合成方法。该方法主要是将锂源和锰源经过一定比配混合，在研钵中充分研磨至混合均匀后经过高温煅烧制备出尖晶石 $LiMn_2O_4$ 样品。该方法工艺流程简单，易于达到工业生产的要求，因此目前工业生产的尖晶石 $LiMn_2O_4$ 大多采用该方法。

Siapkas等首次采用高温固相法合成尖晶石锰酸锂。由电化学MnO_2和Li_2CO_3合成$Li_xMn_2O_4$（$0.8<x<1.3$）作为前驱体；又在730 ℃下制备得到微米级$Li_{1.05}Mn_2O_4$，经过测试，其初次放电比容量为123 mA·h/g，但循环仅20次后容量就降低了10%。该方法制得的材料虽然初次放电比容量较高，不过，该材料的循环稳定性和高倍率性能表现不够理想，这与高温固相法的合成工艺有很大的关系。

Song等改善了高温固相法合成尖晶石$LiMn_2O_4$的工艺流程，将一步煅烧改成分段煅烧，并掺杂Fe对尖晶石$LiMn_2O_4$进行改性，使尖晶石$LiMn_2O_4$的循环性能得到改善。杨琪等采用不同形貌的$\alpha-MnO_2$作为前驱体，经过马弗炉分段煅烧得到尖晶石$LiMn_2O_4$。其中以三维网状$\alpha-MnO_2$为前驱体合成得到的样品在高放电倍率下仍具有良好的容量和循环性能。

2）熔融浸渍法

熔融浸渍法是在高温固相法的基础上开发出来的一种制备锂离子电池正极材料的方法。该方法是将锂盐与锰盐充分均匀混合后加热，使锂盐进入熔融态。融化的锂盐浸入锰盐中，经过进一步反应得到产物。该方法可以大大缩短反应时间、提高生产效率。Xia等采用$LiNO_3$和$\gamma-MnOOH$合成尖晶石$LiMn_2O_4$。MnOOH与$LiNO_3$在约300 ℃下生成$Li_{0.3}MnO_2$，在300~400 ℃下转变为无序状尖晶石$LiMn_2O_4$，温度升至550 ℃以上，无序状尖晶石$LiMn_2O_4$的结构逐渐变为有序状；并且发现在低温下合成得到的富锂样品具有较好的循环性能。余琦等以$\beta-MnO_2$和LiOH为原料，采用熔融浸渍法在470 ℃下预烧5 h、750 ℃下煅烧12 h得到单晶$LiMn_2O_4$。结果显示，该单晶$LiMn_2O_4$具有良好的结晶性和均一稳定的结构，在0.1 C充放电下，其首次放电比容量可达126 mA·h/g，经过100次循环其容量保持率仍高达91%。熔融浸渍法与高温固相法相比，具有合成时间短、合成样品电化学性能较稳定等优势，但可熔融的锂源较少成为限制该方法工业化的最大原因之一。

3）微波烧结法

微波烧结法同样也是高温固相法的改进方法之一。微波烧结法利用微波加热，可以使原料快速、均匀地加热。杨书廷等采用微波-模板法合成尖晶石$LiMn_2O_4$。采用链状聚丙烯酰胺（PAM）作为模板剂，电解MnO_2和$LiOH\cdot H_2O$分别作为锰源和锂源。将电解MnO_2和$LiOH\cdot H_2O$加入PAM凝胶中，真空干燥12 h后微波加热得到尖晶石$LiMn_2O_4$。经过SEM（扫描电子显微镜）和XRD（X射线衍射）分析，得到的样品呈球形，颗粒分布均匀，无团聚现象。该方法对尖晶石$LiMn_2O_4$的合成机理和晶粒调整技术都具有启示作用。梅丽莎等以碳酸锂和二氧化锰为原料，750 ℃下微波热处理得到形貌结构良好的尖晶石

$LiMn_2O_4$ 材料。0.1 C 下其首次放电比容量达到 112.38 mA · h/g，循环 50 次后容量保持率为 91.6%。与高温固相法相比，该方法所得尖晶石 $LiMn_2O_4$ 材料的颗粒尺寸更加均匀，形貌结构良好。

4）共沉淀法

共沉淀法是一种液相合成尖晶石 $LiMn_2O_4$ 的方法。该方法是将锂源与锰源混合后加入沉淀剂，将其沉淀，经过过滤、洗涤、烘干、煅烧得到锰酸锂粉末。该方法过程简单易操作。杨婧采用共沉淀法得到 $MnCO_3$ 粉末，结合碳酸锰热解法与 Li_2CO_3 混合得到尖晶石 $LiMn_2O_4$ 粉末。在最佳条件下合成的 $LiMn_2O_4$ 样品形貌良好且颗粒大小均匀。其首次放电比容量高达 127.6 mA · h/g，高放电倍率下依然具有较好的循环性能。黄新武等改进了共沉淀法，将反应装置置于螺旋通道型旋转床中，得到纳米级 $LiMn_2O_4$ 粉末。共沉淀法应用于制备三元材料较多，但是该方法对材料的化学计量比不容易控制。

5）聚合物前驱体法

聚合物前驱体法（Pechini 法）是将某些弱酸与某些阳离子形成螯合物，再通过螯合物与多羟基醇聚合形成固体聚合物树脂，然后将树脂煅烧而制备粉体的一种方法。由于金属离子与有机酸发生化学反应而均匀地分散在聚合物树脂中，故能保证原子水平的混合。而且树脂的燃烧温度较低，可在较低温度下煅烧得氧化物粉体。Vivekanandhan 等采用金属硝酸盐/乙酸盐作为金属离子源，与柠檬酸和聚乙二醇 -400 煅烧制备得到纳米 $LiMn_2O_4$ 粉末，其放电比容量为约 110 mA · h/g。

6）水热合成法

水热合成法是指在较低温度（100 ~ 400 ℃）、高压条件下利用水溶液中物质进行化学反应所合成的方法。通过水热合成法制备尖晶石 $LiMn_2O_4$ 材料研究较多。其中锰源和锂源的选择范围也较宽。伏勇胜等均以 $KMnO_4$ 为锰源采用一步水热合成法制备 $LiMn_2O_4$ 材料，合成出颗粒尺寸均匀、结晶性能和电化学性能较好的 $LiMn_2O_4$ 材料。刘学武等研究超临界情况下合成 $LiMn_2O_4$ 材料。该反应条件为水热温度在 380 ~ 420 ℃之间、压强为 30 MPa，可以得到结晶完善、电化学性能优越的尖晶石 $LiMn_2O_4$。但是该方法合成条件较苛刻，且有一定危险，难以实现工业化。

水热合成法是在温度为 100 ~ 1 000 ℃、压力为 1 MPa ~ 1 GPa 条件下利用水溶液中物质化学反应而进行的合成方法。在亚临界（100 ~ 240 ℃）和超临界（1 000 ℃左右）水热条件下，由于反应物处于分子水平，反应活性提高，因而水热反应可以替代某些高温固相反应。又由于水热反应的均相成核及非均相成核机理与固相反应的扩散机制不同，因而可以得到其他方法无法制备的新化合物和新材料。在水热条件下，水可以作为一种化学组分起作用并参加反应，既是溶剂又是矿化剂，同时还可作为压力传递介质；通过参加渗析反应和控制物理化学因素等，实现无机化合物的形成和改性既可制备单组分微小晶体，又可制备双组分或多组分的特殊化合物粉末，克服某些高温制备不可避免的硬团聚等。其具有粉末细（纳米级）、纯度高、分散性好、均匀、分布窄、无团聚、晶型好、形状可控和利于环境净化等特点。

在水热体系中，晶粒的形成分为三种类型：①“均匀溶液饱和析出”机制：由于水热反应温度和体系压力的升高，溶质在溶液中溶解度降低并达到饱和，以某种化合物结晶态形式从溶液中析出；②“溶解－结晶”机制：“溶解”是指水热反应初期，前驱物微粒之间的团聚和连接遭到破坏，从而使微粒自身在水热介质中溶解，以离子或离子团的形式进入溶液，进而成核、结晶而形成晶粒；③“原位结晶”机制：当选用常温常压下不可溶的固体粉末、凝胶或沉淀为前驱物时，如果前驱物和晶相的溶解度相差不是很大，或者“溶解－结晶”的动力学速度过慢，则前驱物可以经过脱去羟基（或脱水）、原子原位重排而转变为结晶态。

水热法又可以分为水热氧化、水热沉淀、水热合成、水热还原、水热分解等反应类型。本书所述反应类型为水热合成。水热合成可以允许在很宽的范围内改变参数，使两种或两种以上的化合物起反应，合成新的化合物。在反应过程中，反应向吉布斯能减小的方向进行，即反应物或中间产物向最终产物的方向进行。

4. 锰酸锂的改性

尽管锰酸锂自从20世纪80年代初就作为储锂材料进行研究，但是其高温循环和储存性能差的缺点一直限制着该材料在实际锂离子电池中的使用。目前国内外通常的合成技术是利用锰的氧化物和碳酸锂混合，然后在高温下烧结，再通过粉碎、分级等工艺过程制备出最终产品。该方法存在的主要缺点是无法对锰酸锂进行有效改性以及对颗粒形貌进行有效控制，合成的产品往往比表面积过大、粒度分布很宽，使得材料的电极加工性能差，高温循环与储存性能不佳，无法满足动力型锂离子电池的使用要求。

以 $LiMn_2O_4$ 为正极的电池能量密度的提升仍然是一个大的挑战。$LiMn_2O_4$ 材料高温循环性能较差，其中一个重要的原因是材料中的 Mn^{3+} 易发生歧化反应生成 Mn^{2+} 和 Mn^{4+}，Mn^{2+} 溶于电解液后沉积到负极，堵塞石墨的锂离子脱嵌通道，导致负极失效、电池容量快速衰减。

1）掺杂改性

（1）体相掺杂。体相掺杂是提升 $LiMn_2O_4$ 材料高温循环性能非常有效的方法，通过低价阳离子掺杂，可以提高 $LiMn_2O_4$ 中 Mn 的平均价态，减少 Mn^{3+} 的绝对含量，从而减少 Mn^{2+} 的溶解。此外，离子半径较小的阳离子还可以使 $LiMn_2O_4$ 的晶胞收缩，进一步稳定材料的尖晶石结构。化合价的阳离子掺杂，对 $LiMn_2O_4$ 材料电化学性能的影响程度有较大的差异，同样数量的离子掺杂，价态越低，放电比容量降低越多，循环性能提高越明显。在所有研究过的阳离子中，Al^{3+} 是最有前途的掺杂离子，因为它储量丰富、价格便宜、无毒而且比其他过渡金属离子原子量小。Al－O 键的键能比 Mn－O 键的键能高很多，Al^{3+} 的掺杂可以很好地抑制材料在充放电过程中的晶胞体积变化，由于 Li^+ 迁移通道的分布情况，所以 Li^+ 的脱嵌受到晶胞收缩的影响，放电比容量有一定的下降，但 55 ℃ 高温循环性能得到较大的提升。

（2）阴离子掺杂。阴离子掺杂能提高 $LiMn_2O_4$ 的常温及高温循环性能，F 和 C 有助熔的作用，可显著增大 $LiMn_2O_4$ 的一次晶粒尺寸，减小比表面积，抑制 Mn^{2+} 的溶解，但阴离子掺杂会产生氧缺陷，所以单独阴离子掺杂对循环性能的改善效果不是很明显。

（3）阴阳离子复合掺杂。阴阳离子复合掺杂一般比阳离子或阴离子单元素掺杂效果更好，这是因为不同离子之间的协同效应对减少 Mn^{2+} 的溶解、抑制 Jahn－Teller 效应、稳定材料的结构更有效。Al^{3+} 和 F^- 离子复合掺杂研究较多，而且对提高材料的高温循环性能效果最显著。经常采用的 Al 源为 $Al(OH)_3$，F 源为 LiF，其中 Al^{3+} 可以起到降低 Mn^{3+} 含量从而稳定材料结构的作用，而 LiF 是助熔剂，可以增大材料的一次晶粒尺寸、减小比表面积、抑制 Mn^{2+} 的溶解。

2）表面包覆改性

不同的包覆材料体现出不同的作用机制，展现出不同的效果，到目前为止，已经报道的包覆材料有几十种，作用机制可以归纳概括为以下三个方面。

（1）物理阻隔作用。在 $LiMn_2O_4$ 颗粒表面涂覆一次惰性介质可以减少活性材料与电解液的直接接触，从而减少二者之间的副反应，抑制 Mn^{2+} 的溶解，大大改善 $LiMn_2O_4$ 材料的高温循环性能。可以说，大部分包覆材料均有这一性能，如氧化物（MgO、Al_2O_3、ZnO、SiO_2、CeO_2、ZrO_2、TiO_2、Cr_2O_3 等）、氟化物（AlF_3、SrF_2、MgF_2、LaF_3 等）、磷酸盐（$AlPO_4$、$FePO_4$、YPO_4、$CePO_4$、$LaPO_4$ 等）、含 Li 快离子导体（$LiAlO_2$、Li_2ZrO_3、$Li_2O-2B_2O_3$ 等）、结构稳定的其他电极材料（$Li_4Ti_5O_{12}$、$LiNi_{0.5}Mn_{1.5}O_4$ 等）。在以上包覆材料中，有一些氧化物具有 Lewis 碱的性质，可以吸收电解液中残存的痕 HF，如 SiO_2、Al_2O_3、ZnO 等。

（2）物理阻隔及表面掺杂改性。包覆过程一般会经历二次焙烧，而小离子半径的金属氧化物如 Al_2O_3、MgO 等在热处理过程中会向活性材料颗粒内部发生一定的扩散，形成表面掺杂结构如 $LiMn_2-MO_4$（M = Al、Mg 等），这种表面掺杂会降低表面层中 Mn^{3+} 的含量，稳定表面结构。表面包覆和表面掺杂的协同效应，不仅减小了 $LiMn_2O_4$ 活性材料与电解液的直接接触面积，而且也稳定了材料的表面结构，使 $LiMn_2O_4$ 在充放电过程中，Mn^{2+} 的溶解大大减少，从而提升材料的常温和高温循环性能。

（3）提高 $LiMn_2O_4$ 材料的电子导电率。$LiMn_2O_4$ 材料的电子导电率比较低，为了改善其大电流充放电能力，常采用碳对其进行包覆改性，碳包覆不仅能够提供电子导电率，还能够改善材料对电解液的吸附能力。Patey 等合成了 $LiMn_2O_4$/C 纳米复合材料，该材料具有非常优异的倍率放电性能，以石墨为负极、以 $LiMn_2O_4$/C 纳米复合材料为正极组装的全电池，50 C 倍率下放电，电池能量密度依然高达 78 W · h/kg。

研究人员不仅对包覆材料进行了详细的筛选，还对包覆技术进行了广泛的研究。

目前，包覆技术主要包括干法包覆、液相沉淀法、溶胶 – 凝胶法、原子层沉积（atomic layer deposition，ALD）法、喷雾干燥法、聚合物包覆法等。以上包覆方法各具优缺点。干法包覆简单易行、对设备要求低、无废水排放，但包覆均匀性较差。液相沉淀法包覆层均匀性较好，方法也比较简单，但是会产生大量工业废水，增加了 $LiMn_2O_4$ 的生产成本。溶胶 – 凝胶法、原子层沉积法和喷雾干燥法包覆层均比较均匀，但是这些方法工艺复杂、能耗高，难以实现大规模工业化生产，而且会较大地提高 $LiMn_2O_4$ 材料的生产成本。虽然包覆技术可以提升 $LiMn_2O_4$ 的常温和高温循环性能，但由于会增加生产工序、提高生产成本，削弱 $LiMn_2O_4$ 材料的价格优势，因此包覆技术在实际生产中并未被广泛采用。

体相掺杂和表面包覆改性虽然可以提升 $LiMn_2O_4$ 材料的常温和高温循环性能，但是会不同程度地降低材料的放电比容量，降低 $LiMn_2O_4$ 电池的能量密度。Kaga 等报道了在高温储存实验中，具有多面体晶形的尖晶石 $LiMn_2O_4$ 在电解液中 Mn^{2+} 的溶解量比八面体晶形的 $LiMn_2O_4$ 低 40% 左右，同时他们认为 Mn^{2+} 的溶解主要发生在（111）晶面，因此为了减少（111）晶面面积，研究人员合成了削棱八面体或球形形貌的 $LiMn_2O_4$ 材料。例如，Kim 等利用水热反应合成了不同形貌的 $LiMn_2O_4$ 材料。电化学性能测试表明，削棱八面体形貌的 $LiMn_2O_4$ 材料具有最好的电化学循环性能，55 ℃下 400 次循环容量保持率高达 71.3%，而片状形貌的材料循环性能最差，55 ℃下 400 次循环容量保持率只有 35.45%。研究发现，在 $LiMn_2O_4$ 材料中机械掺混 10% ~ 30% 高 Ni 二元或三元材料可以明显提高 $LiMn_2O_4$ 材料的高温存储性能和高温循环性能。

高 Ni 材料碱性较高，一般 pH 值 > 11.0，在 $LiMn_2O_4$ 材料中掺混高 Ni 材料后，可以提高电池体系中电解液的 pH 值、减少 HF，从而可以很好地抑制电解液对 $LiMn_2O_4$ 材料的腐蚀。此外，$LiMn_2O_4$ 材料掺混高 Ni 材料后，复合材料在充放电过程中产生的应力会减小，因为在充电过程中，随着 Li^+ 的脱出，$Li_{1-x}Mn_2O_4$ 材料晶胞体积会变大，而高 Ni 层状材料晶胞会发生收缩，体积膨胀与收缩相互抵消，可以减小整个极片的体积变化，较小的形变也会提高电池体系的稳定性，提升电池的长期循环性能。

5.1.3 磷酸铁锂正极

1997 年，Goodenough 等首次提出磷酸铁锂（$LiFePO_4$，LFP）正极材料。其理论比容量为 170 mA · h/g，高于传统的层状锂电池正极材料，如 $LiCoO_2$、$LiNiO_2$ 以及 $LiMn_2O_4$ 等，此外 $LiFePO_4$ 正极材料也有循环性能好、热稳定性高以及环保等优点，广泛应用于动力锂电池领域。但由于导电性差，体能量密度低等缺点，其很难应用在 3C 锂电领域。

1. 磷酸铁锂基本结构

$LiFePO_4$ 晶体具有规整的橄榄石型结构，属于斜方晶系，空间群为 Pnma。每个晶胞中有 4 个 $LiFePO_4$ 单元，其晶胞参数为 $a=1.032\ 4$ nm，$b=0.600\ 8$ nm 和 $c=0.469\ 4$ nm。脱锂反应式如式（5-2）所示，在 $LiFePO_4$ 晶体结构中，氧原子以稍微扭曲的六方密堆方式排列。磷原子在氧四面体的 4c 位，铁原子和锂原子分别在氧八面体的 4c 位和 4a 位。在 b-c 平面上 Fe06 八面体通过共点连接起来。一个 FeO_6 八面体与两个 LiO_6 八面体和一个 PO_4 四面体共棱，而一个 PO_4 四面体则与一个 FeO_6 八面体和两个 LiO_6 八面体共棱，Li 在 4a 位形成共棱的连续直线链并平行于 c 轴，使之在充放电过程中可以脱出和嵌入。

$$LiFe(\text{II})PO_4 \leftrightarrows Fe(\text{III})PO_4 + Li^+ + e^- \tag{5-2}$$

锂脱嵌后，生成相似结构的 $FePO_4$，它的空间点群也为 Pnma，晶体参数 $a=0.579\ 2$ nm，$b=0.982\ 1$ nm，$c=0.478\ 8$ nm，晶胞体积为 0.272 4 nm^3。脱锂后，晶胞体积减小，这一点与尖晶石锰酸锂相似。

在 $LiFePO_4$ 晶体结构中（图 5-7），O^{2-} 与 P^{5+} 上形成 ${PO_4}^{3-}$ 的聚合四面体稳定了整个三维结构，强的 P-O 共价键形成离域的三维化学键使 $LiFePO_4$ 具有很强的热力学和动力学稳定性，从而使其在高温下更稳定、更安全。而且 O^{2-} 中电子对 P^{5+} 的强极化作用所产生的诱导效应使 P-O 化学键加强，从而减弱了 Fe－O 化学键。P－O－Fe 诱导效应降低了氧化还原电对的能量，Fe^{3+}/Fe^{2+} 氧化还原对工作电压升高，使 $LiFePO_4$ 成为非常理想的锂离子电池正极材料。然而因为 FeO_6 八面体被 PO_4^{3-} 分离，降低了 $LiFePO_4$ 材料的导电性；同时氧原子三维方向的六方紧密堆积只能为锂离子提供有限的通道，使室温下锂离子在其中的迁移速率很小，固有的晶体结构限制了其电导性与锂离子扩散性能。

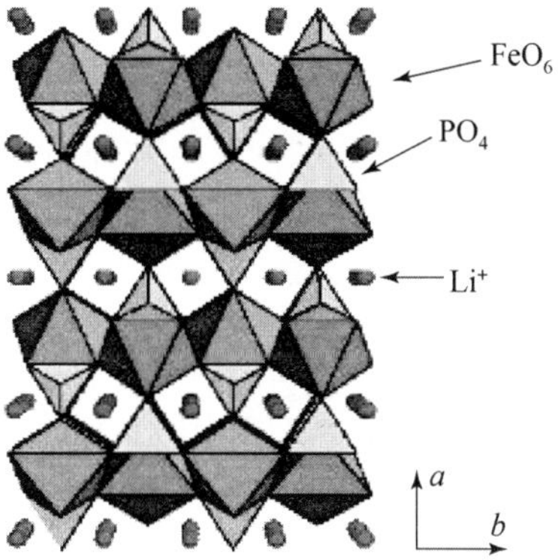

图 5－7 磷酸铁锂的晶体结构

D. Morgan 等研究了锂离子在橄榄石结构磷酸锂盐中的传输机制，在锂离子的［010］、［001］、［110］三个可能的传输方向中，［010］方向的传输系数比另外两个方向大出了多个数量级，因此锂离子通常沿［010］方向进行传输扩散，但一维的传输通道容易被杂质或缺陷堵塞，也导致较差的离子传输性能。

2. 磷酸铁锂的电化学特征

如图 5－8（a）所示，磷酸铁锂做正极时的循环伏安测试曲线，电池在充放电循环中有良好的可逆性，可以归因于锂离子脱出前后结构较好的相似性，Li^+ 从 $LiFePO_4$ 中脱出后，晶格常数 a、b 略微减小，c 稍稍增大，最终晶格体积较原来缩小 6.81%。图 5－8（b）为磷酸铁锂的充放电曲线，理论容量约为 170 mA·h/g，理论能量密度为 550 W·h/kg，相对金属锂的电极电位为 3.4 V，$LiFePO_4$ 的充放电平台较长，说明了其脱嵌锂时发生两相反应。锂离子在磷酸铁锂材料中的嵌入和脱嵌是一个非常复杂的过程，在此过程中既有锂离子在电解液与电极体相中的扩散，又有在电极表面的成膜反应，还有在界面处的电荷转移反应等。

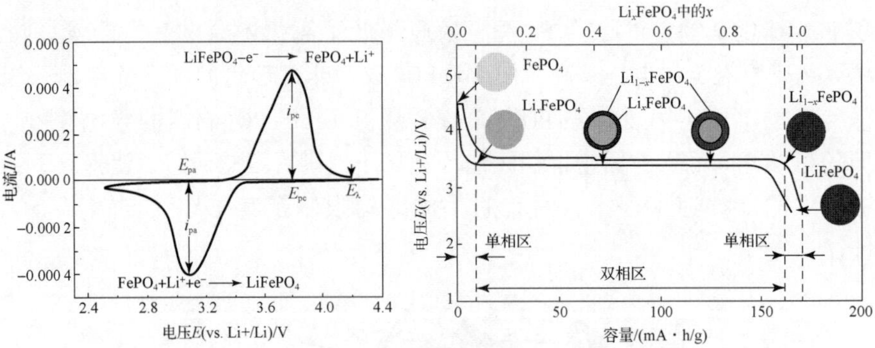

(a)　　　　(b)

图 5 – 8　磷酸铁锂循环伏安图及充放电容量电压图

(a) 循环伏安图；(b) 充放电容量电压图

3. 磷酸铁锂的制备方法

磷酸铁锂的制备方法主要包括高温固相法、机械化学活化法、碳热还原法、微波加热法、水热法、共沉淀法、喷雾热解法、微乳液干燥法。从大类上，其可以分为固态合成法、液态合成法及其他方法。固态合成法需要高温处理，不需要溶剂，液态合成法则是在适合的溶剂体系下发生化学反应。

1）高温固相法

高温固相法是合成 $LiFePO_4$ 最传统的方法，其对设备要求不高，操作简单、成本低廉，是目前已经商业化的采用最多的合成方法。前驱体混合和高温煅烧条件控制是高温固相合成电化学性能优良的 $LiFePO_4$ 的关键参数。工业上通常将前驱体混合和高温煅烧进行综合考虑，如可以采用球磨均匀混合前驱体，一般短时间的球磨需要较长时间的高温热处理，而较长时间的球磨则只需要较短时间的高温热处理。此外，球磨还有助于增加颗粒分散均一性和减小颗粒尺寸。尽管如此，高温固相法需要长时间高温处理，因此能耗高。此外，前驱体的混合本质上仍然是宏观上的物理混合，得到的产品均一性不足且粒径较大，一般是微米级别。最常用的前驱体是 Li_2CO_3 或者 $LiOH \cdot H_2O$ 作为 Li 源，$FeC_2O_4 \cdot 2H_2O$ 或者 $Fe(C_2O_4)$ 为 Fe 源，$NH_4H_2PO_4$ 为 P 源，前驱体混合均匀后，在惰性气氛（N_2 或者 Ar）下高温烧结，得到 $LiFePO_4$ 产品。前驱体的混合一般采用球磨，如 Fey 等探讨了前驱体球磨时间对 $LiFePO_4$/C 电化学性能影响，结果表明 18 h 球磨时间得到的 $LiFePO_4$ 粉体尺寸为 188 nm，在 0.1 C 倍率下放电容量为 161 mA·h/g，循环性能优异。除了球磨以外，也可以采用溶剂分散法来混合前驱体，然后把溶剂蒸干，如丙酮作为分散混匀剂，但是溶剂分散混匀常常会导致环境污染。

尽管传统的高温固相法是一步煅烧，但是两步煅烧也经常被采用。第一步煅烧是在 250 ~ 350 ℃，主要是使前驱体热分解。第二步煅烧是在相对较高的温度（400 ~ 800 ℃）下发生化学反应得到 $LiFePO_4$ 产品。无论是一步煅烧还是两步煅烧，煅烧温度对产品的结构、颗粒尺寸、放电容量有重要影响。例如，Yamada 等通过高温固相法合成了 $LiFePO_4$，探讨了不同煅烧温度对 $LiFePO_4$ 电学性能的影响，结果表明，在 500 ~ 600 ℃下煅烧均匀混合的前驱体，可以得到最高的放电容量（162 mA · h/g）。除了煅烧温度，控制煅烧气氛也至关重要，因为 Fe(Ⅱ)很容易被氧化成 Fe(Ⅲ)，如 Fe_2O_3 和 $Li_3Fe_2(PO_4)_3$ 杂质。

高温固相法制备 $LiFePO_4$ 正极材料需要高温，此外，需要多次球磨和惰性气氛保护，因此能耗高，制备周期较长。在保证优异的电化学性能的同时，对合成工艺的优化是降低生产成本的重要措施。

2）机械化学活化法

机械化学活化法是制备金属和合金粉体最常用的方法，其原理是通过高能球磨来提高前驱体的化学反应活性。化学反应活性的提高归因于前驱体最外层自由价键的形成和比表面积的增加。机械化学活化法制备的粉体尺寸相对较小，比表面积较大，但是该方法存在产品纯度不高的缺陷，这是因为在高能球磨过程中，球磨介质容易进入前驱体中。

在高能球磨过程中，前驱体的温度会升高，可能会促使前驱体热解，但是该温度并不能促使前驱体混合物发生化学反应得到 $LiFePO_4$ 产品，因此，机械化学活化法通常作为高温固相法合成工艺的前处理，这样的结合可以使 $LiFePO_4$ 产品尺寸尽可能小，此外还可以降低煅烧温度，从而减小能耗。与其他制备方法相比，机械化学活化法制备的 $LiFePO_4$ 粉体尺寸分布均一、结晶度好且放电容量较高（0.2 C 倍率可以达到 150 mA · h/g）。值得注意的是，前驱体混合物的反应活性受到球磨时间的影响，延长球磨时间可以减小颗粒尺寸，但是产品的制备周期也会相应延长。因此，有研究者提出了改性的机械化学活化法制备 $LiFePO_4/C$ 正极材料，如 Ahn 等采用改性的固相机械化学活化法制备了 $LiFePO_4/C$ 复合材料，其做法是在传统的机械化学活化法之前，将前驱体混合物在去离子水中机械搅拌分散，然后将分散良好的前驱体混合物蒸干，最终得到的产品碳层厚度薄且均一，在 1 C 倍率下的放电容量可以达到 140 mA · h/g，表明改性的固相机械化学活化法是一种提高材料能量密度的有效方法。

3）碳热还原法

无论是在高温固相法中还是在机械化学活化法中，一般都是使用 Fe(Ⅱ)盐作为前驱体来合成 $LiFePO_4$。然而，Fe(Ⅱ)很容易被氧化为 Fe(Ⅲ)，导致目标产物中有 Fe(Ⅲ)杂质。因此，在实际制备过程中要避免 Fe(Ⅱ)的氧化。近年来，碳热还原法逐渐引起人们的关注，因为 Fe（Ⅲ）盐廉价易得且化学性质稳定，直接采用 Fe（Ⅲ）盐为前驱体代替 Fe（Ⅱ）盐可以简化制备过程和降低成本。

碳热还原的温度相对较高，它是通过 O 与 C 的结合使氧化物被还原。在相对较高的温度下，碳源热解为 CO 或者 C 将 Fe(Ⅲ)还原为 Fe(Ⅱ)，从而得到目标产物 $LiFePO_4$。常用的碳源有炭黑、石墨和有机化合物热解碳。碳热还原是一个吸热过程，能耗较高。此外，由于碳热还原是固相反应，前驱体和还原剂的紧密接触至关重要。在 $LiFePO_4$ 的制备过程中，碳热还原温度对其颗粒尺寸和电化学性能有重要影响。例如，Zhao 等使用 $FePO_4$ 为铁源，聚丙烯同时作为还原剂和碳源，通过一步固相碳热还原（N_2 保护下 650 ℃煅烧 10 h）得到了碳包覆的磷酸铁锂（$LiFePO_4$/C）正极材料。复合物材料表面碳层均匀，颗粒尺寸为 100~300 nm，0.1 C 倍率下的首次放电容量为 160 mA · h/g，且在 0.5 C 倍率下表现出较好的循环性能。

Wang 等采用廉价的 $FePO_4$ 作为 Fe 源和 P 源，Li_2CO_3 作为 Li 源，葡萄糖作为还原剂和碳源，探究了碳热还原温度对 $LiFePO_4$/C 复合物性能的影响，结果表明碳热还原温度为 650 ℃，复合物表现出最好的电化学性能（1 C 倍率下放电容量为 144.1 mA · h/g），此外，颗粒尺寸分布均匀。

为了获得最好的电化学性能，有研究者提出了改性的碳热还原法。例如 Hu 等提出了将源料和两步加入碳源（蔗糖）相结合的改性碳热还原法，用该法制备了 $LiFePO_4$/C 复合材料，结果表明，$LiFePO_4$ 颗粒表面碳层厚度大约 3.5 nm 且碳层均匀包覆，在 0.1 C 倍率下的首次放电容量为 159.4 mA · h/g。蔗糖的作用是实现 Fe(Ⅲ)还原为 Fe(Ⅱ)，亲水性表面活性剂吐温 80 吸附在前驱体的表面，最后热分解为均一的碳层包覆在 $LiFePO_4$ 颗粒表面。改性的碳热还原法为制备综合性能最好的 $LiFePO_4$ 正极材料提供了一种新思路。

4）微波加热法

微波加热法不同于其他的固态合法，它是一种分子水平的加热过程，通过吸收微波能量推动发生化学反应。微波加热的原理是电荷运动能力增强引起极化变化，分子间的热运动和“摩擦”加剧，从而直接在材料内部产生热量。微波加热法可控性强、加热均匀性好，加热时间短（2~30 min），消耗低，成本低廉，此外，微波加热重复性好且可以选择性加热。采用微波加热法制备 $LiFePO_4$ 正极材料不需要还原气氛，只需要恰当地选择微波吸收剂，这是因为微波吸收剂可以保证有效的产热。采用微波加热法制备 $LiFePO_4$ 最常用作微波吸收剂的是碳，因为碳成本低廉，可快速产热，此外还可以产生还原性气氛防止 Fe(Ⅱ)被氧化为 Fe(Ⅲ)。除了碳以外，还可以使用 Fe 粉作为微波吸收剂。

由于微波加热法的独特优势，可以将微波加热法与其他制备方法结合起来，制备性能优异的 $LiFePO_4$。例如，Song 等将球磨（30 min）和微波加热（2~4 min）结合起来制备了 $LiFePO_4/C$ 复合物，平均尺寸小于0.64 μm，0.1 C 倍率下的首次放电容量可以达到161 mA·h/g。通过将微波加热法和其他制备方法相结合，可以更好地发挥两种方法的优势。

5）水热法

水热法是一种液相化学过程，在密闭的容器中以水为溶剂，温度升高至高于水的沸点，形成高温高压进行化学反应。水热过程中，热液加速了扩散，晶体长大相对较快。由于水热法可以实现前驱体在分子水平混合，因此水热法制备的 $LiFePO_4$ 尺寸可以达到纳米级别。此外，在密闭的体系下，其不易混入其他杂质，因此，水热合成简单、产品纯度高、均一性好、尺寸小、成本相对低廉。值得注意的是，采用水热法制备 $LiFePO_4$ 直接可以得到纯的产品，如果需要包碳，仍然需要在较高温度下进行煅烧处理。

Yang 等首次采用 $FeSO_4$、H_3PO_4、LiOH 为原料，Li：Fe：P 摩尔比为 3：1：1，在120 ℃条件下水热反应5 h，得到了纯的 $LiFePO_4$，但是尺寸在微米级别（平均尺寸为 3 μm）。制备得到的 $LiFePO_4$ 经过初步碳包覆后，在 0.14 mA/cm^2 电流密度下，可以获得100 mA·h/g 的容量，并且指出了微波辅助水热法是一种更快速的合成方法。由于纯 $LiFePO_4$ 电子导电性低，为提高材料的电子导电性，表面包覆或负载导电物质是一种有效方法，如碳包覆、石墨烯和碳纳米管包覆或负载。Chen 等在前驱体中加入 L-抗坏血酸或食糖及多壁碳纳米管（multi-walled carbon nanotubes，MWCNTs），在不同的温度下水热合成了 $LiFePO_4$，结果表明材料电子导电性的提高归因于食糖热分解形成的碳层，或者是碳纳米管负载；此外还发现，水热温度超过175 ℃时 Fe 反位缺陷最小，L-抗坏血酸或食糖作为还原剂可以阻止 Fe(Ⅱ)被氧化为 Fe(Ⅲ)。Meligrana 等采用十六烷基三甲基溴化铵（CTAB）作为表面活性剂，以 LiOH、$FeSO_4$ 和 H_3PO_4 为原料，在120 ℃水热反应5 h，然后进行高温煅烧（600 ℃），得到了高比表面积的 $LiFePO_4/C$ 正极材料，结果表明，CTAB 为 13.7 mmol 时，$LiFePO_4$ 晶粒尺寸最小（50 nm）、比表面积最大（44.7 m^2/g），10 C 倍率下的放电容量可以达到110 mA·h/g，表现出较优的电化学性能。残留的 CTAB 在煅烧过程中产生的还原性气氛阻止了 Fe(Ⅱ)被氧化为 Fe(Ⅲ)，并且碳在 $LiFePO_4$ 表面原位包覆。

在水热反应中，前驱体的 pH 和水热温度是影响 $LiFePO_4$ 电化学性能的重要参数。这是因为前驱体 pH 会影响产品的纯度和 Fe 反位缺陷，而成核速率、电离度、晶粒尺寸和结晶度均与水热温度有关。例如，Liu 等基于水热法探究了前驱体不同 pH 对 $LiFePO_4$ 缺陷化学的影响，结果表明，前驱体 pH 为弱碱性和中性，才能得到高纯的 $LiFePO_4$。随着前驱体 pH 的减小，$LiFePO_4$ 中 Fe 的反位缺陷增加，导致 Li^+ 扩散系数减小。Ou 等探究了水热温度对 $LiFePO_4$ 形貌和电学性能的影响，结果表明，水热温度从 120 ℃增加到 175 ℃，$LiFePO_4$ 的形貌从菱形板向多边形片转变，相应的厚度从 130 ~ 150 nm 减小到 80 ~ 90 nm，形貌和尺寸的变化取决于 Fe^{2+} 和 PO_4^{3-} 的浓度；在 0.1 C 倍率下，其初始放电容量为 161.2 mA · h/g，表现出较好的电化学性能。

6）共沉淀法

共沉淀法是基于液态合成法制备 $LiFePO_4$ 的另一种方法。该方法容易控制、产品纯度高、结晶度好、颗粒尺寸小。通过控制前驱体混合液的 pH，将锂盐和磷酸盐前驱体混合可以形成共沉淀，经过滤、洗涤和真空干燥，最后在惰性气氛下，500 ~ 800 ℃煅烧即可得到 $LiFePO_4$。选用合适的前驱体和恰当的过程参数，采用共沉淀法可以制备尺寸范围为 100 nm 到几个微米的 $LiFePO_4$。除了尺寸范围在微米或亚微米级别，选用适当的溶剂，采用共沉淀法也可以制备纳米级的 $LiFePO_4$ 粉体，如 Huang 等采用乙二醇为溶剂，利用共沉淀法在 180 ℃下合成了片状 $LiFePO_4$，纳米片的厚度小于 50 nm，经过碳包覆后，在 0.1 C 倍率下的容量达到 160 mA · h/g。共沉淀法也可以与其他方法结合，制备性能更优异的 $LiFePO_4$，例如，Chang 等采用共沉淀法先制备高密度的 $FePO_4$ 前驱体，然后将前驱体、Li_2CO_3 和葡萄糖在 N_2/H_2 混合气中高温热处理，得到了高振实密度的 $LiFePO_4/C$ 正极材料，其在 0.1 C 倍率下的能量密度可以达到 300.6 mA · h/cm^3，获得了较高的体积能量密度。

7）喷雾热解法

喷雾热解法是快速制备结晶度好的粉体的一个重要手段。喷雾热解制备 $LiFePO_4$ 是在泵的作用下将前驱体混合物输送到热解炉（400 ~ 600 ℃）中，通过载气将前驱体喷雾为微小液滴，然后在 700 ~ 800 ℃高温煅烧形成 $LiFePO_4$ 晶体。喷雾得到的微液滴粉体结晶度低，通常需要结合高温煅烧才能提高结晶性。为了提高 $LiFePO_4$ 粉体的比表面积和电化学性能，可将喷雾干燥法和高能球磨相结合，还可以在两种方法结合中加入碳源，提高材料的导电性，形成 $LiFePO_4/C$ 复合材料。例如，Konarova 等将喷雾热解和球磨技术相结合制备 $LiFePO_4$，其尺寸为 100 nm 左右，在 10 C 率下放电容量达到 100 mA · h/g，电化学性能良好。喷雾干燥法制备的 $LiFePO_4$ 粉体类球形度高，粒径分布均匀，纯度高、操作简单，是一种适用于大规模制备磷酸铁锂的重要方法。

8）微乳液干燥法

微乳液是一种热力学稳定的液态混合物，是由水、油和乳化剂组成。在微乳液干燥过程中，微乳液对 $LiFePO_4$ 的合成扮演着微型反应器的作用，晶粒的长大和形貌受到微乳液滴尺寸的制约，因此，微乳液干燥过程对合成 $LiFePO_4$ 的性能至关重要。在微乳液中，前驱体可以在原子尺寸均一分散，产物粒径一般在纳米级别。

微乳液干燥法制备 $LiFePO_4$ 正极材料主要过程如下：首先按照化学计量比制备前驱体混合液，然后将液相和含有烃类的油相充分混合形成微乳液，最后在惰性气氛下，将其在 650～800 ℃下进行煅烧处理。为提高 $LiFePO_4$ 的电子导电性，也可以将碳源加入微乳液制备过程中，如 Xu 等使用十六烷基三甲基溴化铵和聚乙二醇（PEG）为乳化剂控制颗粒尺寸，使用蔗糖作为碳源，采用微乳液干燥法制备了 $LiFePO_4$/C 复合材料，结果表明产物的平均尺寸为90 nm，0.1 C 倍率下的放电容量为 163 mA · h/g。

4. 磷酸铁锂的改性

1）碳包覆

碳涂层技术首先是由 Armand 和他的同事提出，他们报道了涂覆碳涂层来改进动力学。这种工艺引导纯的电极材料在室温下向理论容量接近。总体来说，碳负载有以下重要的几个作用。

（1）扮演了还原剂的角色，可防止制备过程中 Fe^{3+} 的生成。

（2）使烧结过程中各个粒子之间相互孤立，防止粒子的进一步生长。

（3）增强粒子以及粒子之间的导电性。

（4）避免粒子的团聚并为锂离子扩散提供通道。

已经证明碳在正极材料中均匀分布能够改善导电性并且增强粒子之间的相互作用。嵌入的碳也影响锂离子扩散系数的大小，锂离子扩散系数随着碳含量的增长而显著提高。合成 $LiFePO_4$ 可以通过磁性的考察来研究碳热力学效应对于纯相的影响，结果表明添加 5% 的碳源就可以抑制如 Fe_2P 和 Fe_2O_3 的生成。在前人工作中，三种不同的碳（蒸汽法合成的碳纤维、炭黑和石墨）被加入以便考察它们的负载效率。结果表明包覆碳纤维和炭黑的正极材料相对只用碳纤维、炭黑和石墨的情况有较高的负载效率。电沉积 C－$LiFePO_4$ 导电聚合物在容量和循环性能方面有很大的提高，在 10 C 的放电倍率下仍能保持高容量和较好的循环性能。聚乙烯乙醇作为碳源的工作也很有效，提升了其电化学性能。电池保持最大的体积和重量密度要求掺杂较少的碳。碳负载能够引起体积能量密度的减小，所以非常有必要调节碳的含量。

2）导电聚合物包覆

由于界面特性是影响电极性能的关键因素，因此在 $LiFePO_4$ 颗粒表面涂覆导电材料，如碳、导电聚合物、陶瓷或金属等，有望改善电极性能。导电聚合物，如聚-3,4-乙烯二氧噻吩，不仅提高了导电性，而且提高了机械柔韧性，是覆盖无机微晶表面的极具吸引力的材料。

Dinh 等采用水热法制备了纳米 $LiFePO_4$ 橄榄石晶体。分别用 P123 嵌段共聚物和分子表面活性剂制备了均匀的单个 $LiFePO_4$ 纳米板和与其分级组装的 $LiFePO_4$ 微结构。分散良好的单个 $LiFePO_4$ 纳米粒子包覆了导电聚合物 PEDOT，在高倍率容量和提高循环稳定性方面显示出优异的电池性能。在所研究的正极材料中，PEDOT（20 wt%）包覆的纳米 $LiFePO_4$ 具有最好的循环性能和最大的比容量。在 10 C 倍率下，电池第一次循环的比容量为 136 mA·h/g，第 500 次循环的比容量为 128 mA·h/g，衰减率仅为 6% 左右。

3）减小颗粒直径

碳包覆和元素掺杂是提高 $LiFePO_4$ 电极材料电导率的有效途径。然而，碳包覆和掺杂都不能解决 $LiFePO_4$ 的本征离子电导率低的问题，这一问题可以通过减小颗粒尺寸来解决。显然，减小颗粒尺寸，减小固体传输长度，提高表面反应性，已成为解决上述问题的主要方法。

Gaberscek 等研究了 $LiFePO_4$ 基电极的平均粒径与电化学性能之间的关系。他们指出，电极材料的电阻完全取决于平均颗粒尺寸，如图 5-9（a）所示。同时，$LiFePO_4$ 基电极的放电容量与平均粒径近似线性下降，无论是否有天然碳涂层，如图 5-9（b）所示。

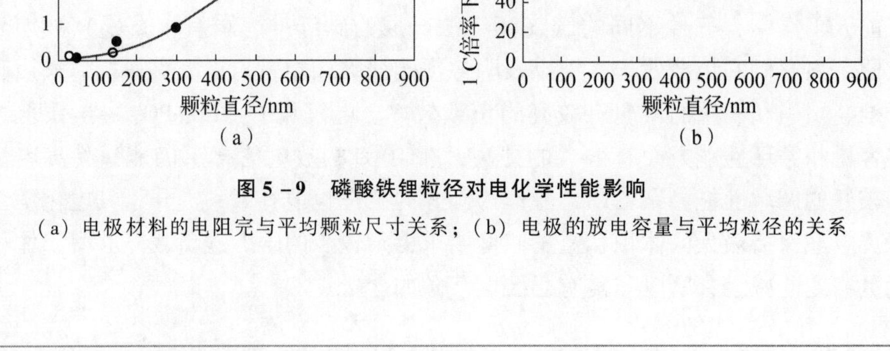

（a）　　　　（b）

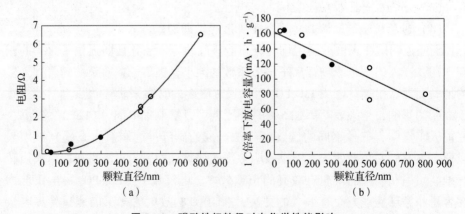

图 5-9　磷酸铁锂粒径对电化学性能影响

（a）电极材料的电阻完与平均颗粒尺寸关系；（b）电极的放电容量与平均粒径的关系

4）掺杂

许多研究报道了掺杂对 $LiFePO_4$ 的倍率容量和循环稳定性的积极影响；研究过的掺杂剂包括 Ti^{4+}、Mg^{2+} 和 Co^{2+} 等，其积极的影响可以归结为掺杂 $LiFePO_4$ 粒子的本征电子电导率的提高和锂离子扩散系数的增加。在以前研究工作者的报道中，由于掺杂引起的电荷补偿，可以让 $LiFePO_4$ 粉末的电子电导率提高2～8个数量级。

（1）Li位掺杂。大量研究表明，锂离子掺杂会导致 $LiFePO_4$ 晶格缺陷，有利于锂离子的扩散。Chung等通过制备 $Li_xM_{1-x}FePO_4$ 来研究超价掺杂，结果表明，超价阳离子占据了Li位，导致了 Fe^{2+}/Fe^{3+} 共存；根据 Fe^{2+}/Fe^{3+} 的不同比例，$LiFePO_4$ 的充放电结构在p型相和n型相两者间变化；1%掺杂的磷酸铁锂的室温电导率是未掺杂的 10^8 倍，绝对值要大于 $10^3\ S\cdot cm^{-1}$。

但超价掺杂对电子电导率的影响依然有所争议，欧阳楚英等的研究结果表明，Li在橄榄石 $LiFePO_4$ 中的扩散是一维的，虽然Li位掺杂提高了 $LiFePO_4$ 的电导率，但并没有改善 $LiFePO_4$ 作为正极材料的电化学性能。由于锂离子中的高价重金属离子会堵塞一维扩散通道，降低了离子电导率，这对电池的性能是不利的。

（2）Fe位掺杂。与Li位掺杂类似，Fe位掺杂也可以通过引起晶格缺陷来改善 $LiFePO_4$ 的电化学性能。陈立泉课题组曾成功制备了 $LiFePO_4$ 和铁氧体掺杂 $LiFe_{0.9}M_{0.1}PO_4$（M = Ni，Co，Mg），其在10 C的倍率下容量分别为81.7 mA·h/g、90.4 mA·h/g和88.7 mA·h/g。电化学性能的显著改善应部分与掺杂样品的电子电导率（从 2.2×10^{-9} 增加到 $<2.5\times10^{-7}$ S/cm）和 Li^+ 离子迁移率的提高有关。

（3）O位掺杂。除阳离子掺杂外，阴离子掺杂也有望成为提高 $LiFePO_4$ 电导率的有效途径。一些研究选择 Cl^- 和 F^- 代替 O^{2-} 阴离子，Meng等在F掺杂LFP上涂覆了N、B、F三元掺杂碳层（F-LFP@NBFC）以离子液体[BMIM]BF_4 为C、N、B和F的唯一来源，采用水热法合成的F-LFP@NBFC与原始LFP相比，具有优越的电化学性能。F-LFP@NBFC被证明在0.1 C下的放电容量为162.2 mA·h/g，接近其理论容量；并在0.1 C的倍率下还显示出优良的倍率性能，进行40次循环后，F-LFP@NBFC保持100%的放电容量；在15 ℃条件下提供71.3 mA·h/g的放电容量，这种优异的性能归因于LFP的表面涂层以及碳和LFP中的杂原子掺杂。一方面，N、B、F三元掺杂碳膜作为LFP粒子的有利网络，提高了电极粒子的电子导电性，从而增强了 Li^+/Li 还原/氧化动力学。另一方面，F掺杂使LFP的晶格增大，有利于 Li^+ 的插层/脱层。

5. 磷酸铁锂电池的应用

磷酸铁锂在 20 世纪 90 年代被发现的最初几年里，由于其锂离子扩散速度慢等原因而没有受到重视。从 21 世纪初，M. Armand 等利用包碳技术改善其电化学性能后，该材料成为锂离子电池正极材料研发的热点和重点，目前磷酸铁锂的生产几乎都利用该工艺技术。

磷酸铁锂具有结构稳定性和热稳定性高、常温循环性能优异等特点，并且存在 Fe 和 P 的资源丰富、对环境友好等优势。最近几年国内普遍选择磷酸铁锂作为动力型锂离子电池的正极材料，将其作为动力型锂离子电池的发展方向。分析其原因，主要有下列两点：首先是受到美国研发方向的影响，美国 Valence 公司与 A123 公司最早采用磷酸铁锂做锂离子电池的正极材料；其次是国内一直没有制备出可供动力型锂离子电池使用的具有良好高温循环与储存性能的锰酸锂材料。

但磷酸铁锂也存在不容忽视的根本性缺陷，归结起来主要有以下几点。

(1) 在磷酸铁锂制备时的烧结过程中，氧化铁在高温还原性气氛下存在被还原成单质铁的可能性。单质铁会引起电池的微短路，是电池中最忌讳的物质。

(2) 磷酸铁锂存在一些性能上的缺陷，低的振实密度与压实密度导致锂离子电池的能量密度较低、低温性能较差，即使将其纳米化和碳包覆也没有很好解决这一问题。

(3) 材料的制备成本与电池的制造成本较高，电池成品率低。磷酸铁锂的纳米化和碳包覆尽管可以提升磷酸铁锂电化学性能，但是也带来了其他问题，如合成成本的提高、电极加工性能不良以及对环境要求严格等问题。

比亚迪的刀片电池其实就是磷酸铁锂电池，不过，刀片电池形状和传统磷酸铁锂电池的造型截然不同，刀片电池是将单个电芯进行“扁平化”处理，长得又长又薄，有点像刀片，所以叫刀片电池。刀片电池成品如图 5 – 10 所示。

图 5 – 10　刀片电池成品

刀片电池既是能量体，又是结构件，承担多种功能作用。电芯作为一个结构件，本身就很硬，叠起来强度大，就像一根筷子容易掰折，一把筷子掰不折，100 个刀片电池就是 100 个横梁。单排的刀片电芯会直接铺在底板上，电芯两端固定在端板上，由两端边框提供对电芯的支撑力。同时在刀片电池侧脊背上安装高强度板，这样电池侧面就可以承担支撑作用，并且不需要再布置结构件。

比亚迪刀片电池依靠自身的强度来实现自我支撑，同时再依靠集成后的电芯强度来增加整个电池包的结构强度，100 个刀片电池组成的电池排布在一起，并且上下两面各加一块高强度蜂窝铝板，组成类蜂窝铝三明治稳定结构。

刀片电池包经实测，在承受重达 46 t 的重型卡车碾压后无明显变形，无烟无火，重新装车后车辆仍可正常行驶。

5.1.4　三元正极

三元层状镍钴锰酸锂（NCM）通式为 $LiNi_{1-x-y}Co_xMn_yO_2$，该正极材料综合了 $LiCoO_2$、$LiNiO_2$ 和 $LiMnO_2$ 三种锂离子电池正极材料的优点，三种过渡金属元素存在明显的协同效应。该体系中，材料的电化学性能及物理性能随着这三种过渡金属元素的比例改变而不同。引入 Ni，有助于提高材料的容量，但是 Ni^{2+} 含量过高时，与 Li^+ 的混排导致循环性能恶化；通过引入 Co^{2+}，能够减少阳离子混合占位，有效稳定材料的层状结构，降低阻抗值，提高电导率，但是当 Co 的比例增大到一定范围时会导致晶胞参数 a 和 c 减小且 c/a 增大，容量变低。引入 Mn，不仅可以降低材料成本，而且还可以提高材料的安全性和稳定性，但是当 Mn^{2+} 含量过高时会使容量降低，破坏材料的层状结构。因此，该材料的一个研究重点就是优化和调整体系中 Ni、Co 和 Mn 三种元素的比例。目前，研究热点主要集中在以下几种比例的材料，如 $LiNi_{1/3}Co_{1/3}Mn_{1/3}O_2$、$LiNi_{0.4}Co_{0.2}Mn_{0.4}O_2$ 和 $LiNi_{0.8}Co_{0.1}Mn_{0.1}O_2$ 等。下面简单介绍这几种镍钴锰酸锂正极材料的结构、电化学特征及研究进展。

1. 典型三元材料结构及电化学特征

1）$LiNi_{1/3}Co_{1/3}Mn_{1/3}O_2$

$LiNi_{1/3}Co_{1/3}Mn_{1/3}O_2$ 正极材料具有与 $LiCoO_2$ 相似的单一的基于六方晶系的 $\alpha-NaFeO_2$ 型层状岩盐结构，空间点群为 $R\bar{3}m$。在该晶体结构中，氧离子占据 6c 位置，呈面心立方堆积构成结构骨架。每个 Ni、Co 和 Mn 离子由周围的 6 个氧离子包围构成 MO_6 八面体结构，而 Li^+ 则嵌在氧与过渡金属原子形成的层之间。由于 Ni^{2+} 与 Li^{+} 的半径非常接近，因此在实际合成的 $LiNi_{1/3}Co_{1/3}Mn_{1/3}O_2$ 正极材料中，会有一部分 Ni^{2+} 进入锂层。在充放电过程中，其在 3.6～4.6 V 有两个平台、一个在3.8 V 左右，另一个在4.5 V 左右，主要归因于 Ni^{2+}/Ni^{4+} 和 Co^{3+}/Co^{4+} 这两个电对。在 2.3～4.6 V 电压范围内，其放电比容量为 190 mA·h/g。在2.8～4.3 V、4.4 V和4.5 V电位范围内进行电性能测试，其放电比容量分别为159 mA·h/g、168 mA·h/g和177 mA·h/g。镍钴锰酸锂正极材料的层状结构如图5－11 所示。常见三元材料的晶体结构示意如图5－12 所示。

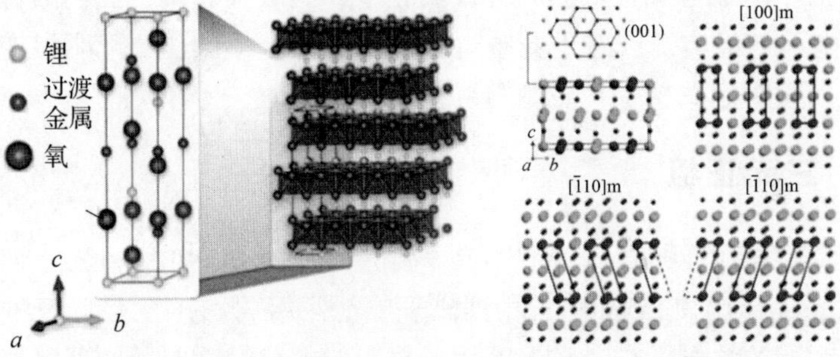

（a）　　　　（b）

图5－11　镍钴锰酸锂正极材料的层状结构

（a）三元材料晶体结构示意；（b）三元材料晶胞结构示意及［100］、［110］方向透视

2）$LiNi_{0.4}Co_{0.2}Mn_{0.4}O_2$

$LiNi_{0.4}Co_{0.2}Mn_{0.4}O_2$ 三元正极材料同 $LiNi_{1/3}Co_{1/3}Mn_{1/3}O_2$ 相似，同属于六方晶系的 $\alpha-NaFeO_2$ 型层状岩盐结构，空间点群为 R3m。将 Ni/Mn 两种金属元素的摩尔比固定为1∶1，以维持三元过渡金属氧化物的价态平衡。J. K. Ngala 等采用 XRD 精修和 XPS（X 射线光电子能谱法）分析等方法对 $LiNi_{0.4}Co_{0.2}Mn_{0.4}O_2$ 合成条件、晶体结构以及电化学性能进行了详细的研究，他们发现该材料的最佳合成温度为800～900 ℃。XRD 精修表明 Co 元素能有效地抑制阳离子混排，而 Ni 则能促进过渡金属阳离子向锂层迁移。XPS 研究结果显示：在该材料结构中全部的 Co 元素均为＋3 价；Ni 元素的价态分布为：20% 呈＋3 价，80% 呈＋2 价；Mn 元素的价态分布为：20% 呈＋3 价，80% 呈＋4 价。在 2.5～4.3 V、0.1 mA/cm² 的充放电条件下，其首次放电比容量为 180 mA·h/g；当电流密度增加到2.0 mA/cm² 时，放电比容量仍有155 mA·h/g，显示出较好的倍率性能。

3）$LiNi_{0.8}Co_{0.1}Mn_{0.1}O_2$

$LiNi_{0.8}Co_{0.1}Mn_{0.1}O_2$ 晶体属于六方晶系，是 $\alpha-NaFeO_2$ 的层状化合物；空间群为（$R\bar{3}m$）。在其单胞中，锂原子和过渡金属原子 Ni/Co/Mn 交替占据 3a

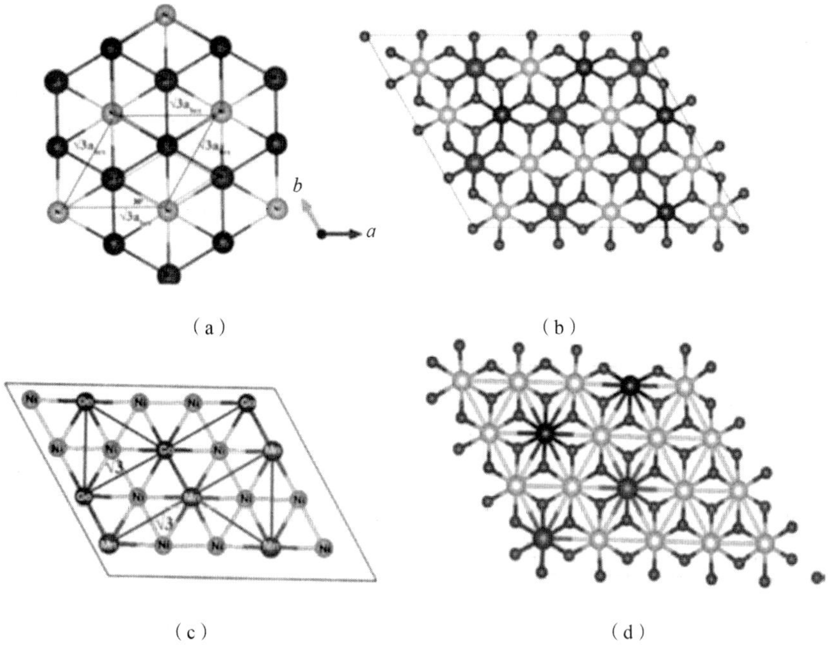

图 5－12　常见三元材料的晶体结构示意

(a) NCM333；(b) NCM523；(c) NCM622；(d) NCM811

(0，0，0)和 3b(0，0，1/2)位置，O 位于 6c(0，0，z)位置。其中 6c 位置上的 O 为立方密堆积，3b 位置的金属原子（Ni/Co/Mn）和 3a 位置的锂分别交替占据八面体间隙，在（111）晶面上呈层状排列。其理论放电比容量为 275 mA · h/g，可用比容量约为 210 mA · h/g。

Jose J. Saavedra Arias 等以 Li_2O（氧化锂）、NiO、Co_3O_4 和 MnO_2 为原料在异丙醇介质中经球磨 24 h 干燥后，在空气气氛下 900 ℃煅烧 48 h，合成了 $LiNi_{0.8}Co_{0.1}Mn_{0.1}O_2$正极材料。XRD 精修测试结果显示有 3.5% 的 Ni^{2+}进入了 Li 层。采用原位 X 射线衍射结构研究和拉曼光谱研究了材料在 3.0～4.5 V 电压区间内不同阶段的嵌锂和脱锂过程中的性能，主体的层状结构保持较好。在 3.0～4.5 V、1/14 C 下，首次放电比容量较低，为 132 mA · h/g。这可能是由于其煅烧气氛以及阳离子混排较严重所致。

镍钴锰酸锂三元材料的研究和应用可以分为 3 个阶段。

第一个阶段是在 20 世纪 90 年代，为了解决镍酸锂的热稳定性和结构稳定性差的问题，有些学者将钴和锰通过体相掺杂的方式引入其晶体结构中，出现了最早的镍钴锰酸锂三元化学组成，但由于采用类似钴酸锂的固相烧结工艺（将氧化钴、氧化镍、氧化锰、碳酸锂进行混合与高温烧结），无法达到镍、钴、锰在晶体结构中原子水平上的均一分布，因此电化学性能不理想，并且没有阐明相关的电化学反应机理，未引起人们对该材料的足够重视。

第二个阶段是在21世纪前10年，Tsutomu Ohzuku 等与 Lu Zhonghua 等利用共沉淀法制备出一系列镍钴锰的氢氧化物前驱体，然后将其与氢氧化锂混合研磨，高温烧结出 $Li(Ni,Co,Mn)O_2$ 化合物。通过氢氧化物前驱体制备工艺，使镍、钴、锰能够实现均一分布，因此电化学性能优异，结构稳定性和热稳定性都优于钴酸锂。在该化合物中，镍呈现正二价，是主要的电化学活性元素；锰呈现正四价，对材料的结构稳定性和热稳定性提供保证；钴是正三价，其存在有利于该材料层状结构形成、降低材料电化学极化和提高倍率特性。该制备工艺的主要缺点是，由于二价锰离子在碱性溶液中的易氧化性引起的前驱体过滤洗涤困难以及前驱体化学成分的不确定性，从而导致产品的一致性较差。通过该工艺制备出的镍钴锰酸锂三元材料微观形貌是由亚微米一次晶粒团聚而成的二次球形颗粒，一次晶粒之间存在很多缝隙。这种微观颗粒形貌导致镍钴锰酸锂三元材料的压实密度低以及电极辊压时二次球形颗粒的破碎。低的压实密度和不良的电极加工性能使镍钴锰酸锂三元材料的电极能量密度始终低于钴酸锂，而智能电子产品对小型锂离子电池的能量密度具有很高的要求，这使三元材料在过去10年里始终没有取代钴酸锂占据正极材料主流位置。

第三个阶段是21世纪第二个10年以来，通过采用新型前驱体制备工艺和三维自由烧结技术，合成出类似钴酸锂的微米级一次单晶颗粒。该制备工艺克服了生成氢氧化物沉淀时二价锰离子在碱性溶液中的易氧化性引起的前驱体过滤洗涤困难问题。制备出的微米级一次单晶颗粒化合物具有更加完整的晶体结构、较高的压实密度和优异的电极加工性能，其电极压实密度可高达 $3.85\ g/cm^3$，接近钴酸锂的水平。随着生产技术的进一步完善，其有望完全取代钴酸锂。

2. 三元材料的制备

制备方法对材料的理化性能起着至关重要的作用，不同的制备方法得到的材料也各有优缺点。目前，三元正极材料比较广泛使用的合成方法有高温固相法、化学共沉淀法、喷雾干燥法、溶胶－凝胶法等。

1）高温固相法

高温固相反应是指反应温度600 ℃以上的固相之间的反应。它是通过高温条件下，固体原子或者离子之间的扩散完成的。高温固相法是众多方法中最简单易行、易于实现工业化的一种方法，在设备要求、成本问题等方面具有较大优势。然而，反应物必须混合均匀、充分接触，才能保证制备得到材料的均一性。在实际操作中，该因素往往也是限制高温固相法广泛使用的关键因素。

实验室中采用高温固相法制备三元材料，大多以金属氧化物、氢氧化物、碳酸盐等为原材料。采用机械球磨的方式将物料混合，之后进行高温烧结而得。Tsutomu 等以镍锰氢氧化物、氢氧化锂、碳酸钴为原料，首次采用高温固相法1 000 ℃煅烧后合成三元材料 $LiNi_{1/3}Co_{1/3}Mn_{1/3}O_2$，该材料在 3.5 ~ 4.2 V 以及 3.5 ~ 5.0 V 电压范围内呈现出 150 mA · h/g、200 mA · h/g 的可逆放电比容量。刘环等以碳酸锂、碱式碳酸钴、碱式碳酸镍及碳酸锰为原料，机械混合后进行高温固相煅烧得到三元正极材料 $LiCo_{1/3}Ni_{1/3}Mn_{1/3}O_2$，该材料在 2.7 ~ 4.2 V 电压范围内，首次放电比容量达 130.21 mA · h/g，循环 50 周，放电比容量略有上升；在 2.7 ~ 4.6 V 电压范围内，该材料的首次放电比容量可达到 210.76 mA · h/g，经 30 圈循环，容量保持率仍为 91.98%。

针对高 Ni 系材料结构稳定性和热稳定性差的问题，研发人员经常采用体相掺杂、表面包覆、合成核 – 壳或梯度材料来对材料进行改性；此外，还采用水洗或醇洗等手段来降低材料的残余碱含量，以降低材料的 pH 值。

2）化学共沉淀法

化学共沉淀法一般是指向原料溶液中加入沉淀剂，使溶液中各组分按照一定的化学计量比同时沉淀出来的方法。该法可通过实验参数控制产物的粒度、形貌、振实密度等，各元素能够达到原子、分子级别的混合。三元材料制备过程中，通过将 Ni、Co 及其他掺杂元素的可溶性金属盐配置成一定浓度的溶液，在搅拌条件下，加入沉淀剂、络合剂，通过控制搅拌速度、温度、pH、时间等条件制备得到共沉淀前驱体，之后再与锂盐混合，进行高温煅烧制备得到目标产物。胡国荣通过共沉淀法制备得到 $LiNi_{0.8}Co_{0.15}Al_{0.05}O_2$ 前驱体，然后经 500 ℃预烧 4 h 后再于 750 ℃高温煅烧 18 h 制备出粒径 12 μm 球形颗粒，该材料在 2.8 ~ 4.3 V 电压范围内，以 0.2 C 电流密度条件下放电比容量高达 196 mA · h/g，且循环 50 圈后容量保持率仍有 96.1%。在合成过程中，由于 Ni^{2+} 较难氧化为 Ni^{3+}，未被氧化的 Ni^{2+} 会占据 Li^+ 的位置，因此高 Ni 系材料容易产生 Li^+/Ni^{2+} 混排，在充放电过程中，随着 Li^+ 的脱出及嵌入材料发生多个相变，这些均导致其结构稳定性较差。采用其他元素对部分 Ni 进行掺杂取代以稳定材料的层状结构是行之有效的手段，现以掺杂元素的化合价为依据对其进行分类叙述。

Xie 等以采用改进的共沉淀法制备得到球形三元正极材料 $LiNi_{0.80}Co_{0.15}Al_{0.05}O_2$，该材料在 2.8 ~ 4.3 V 电压范围内、0.1 C 电流密度条件下放电比容量达 192 mA · h/g，1 C 电流密度条件下循环 100 周，容量保持率仍为 90.24%。

3）喷雾干燥法

喷雾干燥法是一种将金属氧化物机械球磨或砂磨成浆料，或者将可溶性金属盐按照化学计量比配制成均一溶液，然后通过蠕动泵将浆料或溶液输入喷雾干燥设备，快速蒸干溶剂，进行喷雾造粒的物理方法。收集得到的固体粉末进行煅烧后即得目标产物。该方法制备得到的材料各元素分布能够达到原子级别的混合，且可实现连续化生产，在实现工业化方面具有较好前景。

Liu 等以 Li、Ni、Co、Mn 的硝酸盐为原料，PVA（聚乙烯醇）为多聚物载体，采用喷雾干燥法制备得到三元正极材料前驱体，经 900 ℃煅烧 10 h 后得到粒径 5～20 μm 的 $LiNi_{1/3}Co_{1/3}Mn_{1/3}O_2$ 正极材料，该材料在 3～4.35 V 电压范围内、0.2 C 的电流密度下，可逆放电比容量达 153 mA·h/g。

Ju 等以 $LiCO_3$，$Ni(NO_3)_2 \cdot 6H_2O$，$Co(NO_3)_2 \cdot 6H_2O$，$Mn(CH_3CO_2) \cdot 4H_2O$ 为原料，用乙二醇和柠檬酸为添加剂配置聚合物前驱体溶液，采用超声喷雾干燥法制备得到三元正极材料前驱体。经 900 ℃煅烧 10 h 后得到粒径 70 nm 的 $LiNi_{1/3}Co_{1/3}Mn_{1/3}O_2$ 正极材料，该材料在 2.8～4.5 V 电压范围内、0.5 C 电流密度下放电比容量可达 188 mA·h/g，循环 50 圈后降至 135 mA·h/g。

4）溶胶－凝胶法

溶胶－凝胶法作为一种液相体系方法，弥补了固相法中元素分布不均的缺点，制备得到的材料能够达到原子级别的均匀分布。三元材料制备过程中，常以可溶性金属盐为原料，通过络合剂水解缩合形成溶胶，干燥后进行高温煅烧，得到目标产物。Gurpreet 等使用溶胶－凝胶法在使用螯合剂柠檬酸：金属离子（摩尔比）=3 的条件下，制备出纳米级别的 $LiNi_{1/3}Mn_{1/3}Co_{1/3}O_2$，该材料在 2.5～4.6 V 电压范围内，首圈库仑效率为 93%，放电比容量达 200 mA·h/g。Xia 等采用改进的 Pechini 法，以金属硝酸盐为原料，柠檬酸－乙二醇为双螯合剂，制备 $Li(Ni_{1/3}Mn_{1/3}Co_{1/3})O_2$ 正极材料，900 ℃条件下制备得到的该材料内部锂镍阳离子混排程度极低、粒径较小，具有优良的倍率性能。

3. 三元材料的改性

1）三元材料的掺杂改性

高镍正极材料由于其具有与 $LiCoO_2$ 相同的层状结构及较高的比容量，已经被认为是最具有发展前景的锂离子电池正极材料之一。但是，高镍三元正极材料在实际应用中存在几个普遍的问题，最终导致电池充放电过程中结构不稳定、容量衰减严重甚至引起热失控。其中原因之一是高镍三元正极材料中存在的 Li^+/Ni^{2+} 混排现象。Li^+ 半径（0.076 nm）和 Ni^{2+} 半径（0.069 nm）相似，在烧结过程中部分 Ni 以 Ni^{2+} 形式存在，除此之外，在反复充放电循环过程中产生 Ni^{2+}，在非化学计量的引导下，Ni^{2+} 在过渡金属层转移到锂层，层间局部发生结构坍塌，最终 Li^+ 不能可逆地嵌入正极材料，导致损失容量并进一步加速结构恶化。第一性原理结果证明高温时 Li^+/Ni^{2+} 混排更加严重。Ohzuku 等研究表明，即使 Li^+/Ni^{2+} 混排程度不严重，对材料电化学性能影响也极为严重。Arai 等已经证明，如果 10% 的 Ni^{2+} 占据锂层位置，$LiNiO_2$ 的放电比容量将减少 40%，这是由于 Ni^{2+} 占据锂层后，阻碍了 Li^+ 的移动并破坏材料层状结构。为了改善高镍材料结构稳定性，科研工作者们做了大量实验，其中向高镍正极材料中引入其他离子已经被证实是一种有效的方法。引入阳离子可以稳定 Ni 的价态或者形成静电斥力，从而阻碍在电池充放电过程中 Ni^{2+} 从过渡金属层向锂层移动，抑制 Li^+/Ni^{2+} 混排程度，最终稳定高镍三元材料层状结构并提升材料电化学性能。HongbinXie 等成功将 Na^+ 引入高镍三元 $LiNi_{0.8}Co_{0.15}Al_{0.05}O_2$ 正极材料中，合成一系列 Na 掺杂的 $Li_{1-x}Na_xNi_{0.8}Co_{0.15}Al_{0.05}O_2$（$x=0$，0.01，0.02，0.05）正极材料。XRD 结果显示，所有掺杂 Na^+ 的材料均为六方层状结构并没有产生杂相，Na^+ 被引入材料晶格中，成功地嵌入锂层，由于 Na^+ 半径（0.102 nm）比 Li^+ 半径（0.076 nm）大，*a* 轴和 *c* 轴随着 Na^+ 含量的增加而增加，增大 Li 层的层间距，降低 Li^+ 迁移活化能，减小离子混排，增加材料结构稳定性，改善材料的电化学性能。

掺杂 Na^+ 的材料首周放电比容量和效率略低于不掺杂 Na^+ 材料的首周放电比容量和效率，但是循环性能和倍率性能有所提高。Na^+ 掺杂可以抑制材料 H2/H3 相转变、抑制材料体积变化，从而改善材料结构稳定性。另一种掺杂类型是将金属离子引入过渡金属层中，Kang - JoonPark 等通过密度泛函理论计算得出如下结论：B 掺杂量低至 1% mol 的水平时，会改变材料表面能，从而产生一种具有高组织的微观结构，可以缓解深度充电过程中材料产生的内应变。在配锂烧结前驱体（$Ni_{0.90}Co_{0.05}Mn_{0.05}$）$(OH)_2$ 过程中加入一定量的 B_2O_3，制备 B 掺杂的材料。在此过程中，B 被引入材料晶格中，改变表面能，诱导原生颗粒定向生长，最终控制材料微观结构。XRD 结果显示，B^{3+} 由于其离子半径较小，占据了四面体间隙，增加了晶胞尺寸。B^{3+} 的引入可以加强过渡金属 - 氧键的键能，稳定材料在长循环过程中的层状结构。

除了向高镍三元正极材料中掺杂阳离子之外，掺杂阴离子也可以有效地改善材料的性能。引入阴离子相比阳离子的一个优点是不代替参与电化学反应的离子，不会降低材料容量。Jan O. Binder 等向 $Li_{1.02}(Ni_{0.8}Co_{0.1}Mn_{0.1})_{0.98}O_2$（NCM）中引入阴离子 F^- 和 N^{3-}。在 F^- 掺杂的情况下，F^- 不但与表面结合，还在二次颗粒表面形成含 F 化合物的薄膜。但是对于 N^{3-} 掺杂的材料而言，N^{3-} 已经被掺入氧层，因而增加晶格参数，提升材料倍率性能。

（1）-1 价离子掺杂。其主要为 F 离子。F 的电负性最高，掺入后能显著增强材料的二维层状结构，提高材料的结构稳定性，减少 Li^+/Ni^{2+} 混排，改善材料的循环性能。K. Kubo 等用高温固相反应合成了 F 掺杂的材料，该材料首次放电比容量为 182.5 mA · h/g，100 次循环容量保持率为 97.3%。刘兴泉等采用高温固相反应合成了 F 掺杂的材料，材料也具有非常优异的循环稳定性能。

（2） +1 价金属离子掺杂。其主要包括 Li^{+} 和 Na^{+}。B. J. Hwang 等用溶胶－凝胶法合成了 Li^{+} 掺杂的三元材料，该材料具有 189.3 mA · h/g 的首次放电比容量，100 次循环后容量保持率为 82.9%，他们认为过量的 Li^{+} 掺杂后，为了保持电荷平衡，会有更多的 Ni^{2+} 被氧化为 Ni^{3+}，因此会减少 Ni^{2+} 在 3a 位置的数量，从而减少 Li^{+}/Ni^{2+} 混排，提高材料的循环性能。H. B. Xie 等以 Na_2CO_3 为 Na 源合成了 Na^{+} 掺杂的材料，他们认为由于 Na^{+} 的半径远大于 Li^{+}，Na^{+} 会占据 Li 层的 3a 位，增大 Li^{+} 层的层间距，从而降低了 Li^{+} 迁移活化，降低了阳离子混排。在 2.8 ~ 4.3 V 范围内、0.1 C 充放电倍率下，该材料的首次放电比容量为 184.6 mA · h/g，1 C 倍率 200 次循环容量保持率为 90.71%。

（3） +2 价金属离子掺杂。其主要包括 Mg^{2+}、Ca^{2+}、Cu^{2+}、Ba^{2+}、Zn^{2+}。以上六种 +2 价金属离子中，Mg^{2+} 掺杂效果是最佳的。C. Delmas 认为，掺杂 Mg^{2+} 后，由于 Mg^{2+} 的离子半径与 Li^{+} 相近，掺杂的部分 Mg^{2+} 会占据 Li 层的 3a 位。

对于纯相的 $LiNiO_2$ 材料，会有部分 Ni^{2+} 占据 Li^{+} 的 3a 位，在充电时，Ni^{2+} 周围的 Li^{+} 脱出，Ni^{2+} 会被氧化为离子半径更小的 Ni^{3+}，导致 Ni^{2+} 周围的 Li 位塌陷，Li^{+} 不能回嵌，造成较高的不可逆容量。Mg^{2+} 掺杂后，位于 3a 位的 Mg^{2+} 会对层板起到一定的柱撑作用，稳定材料在充放电过程中的层状结构，虽然放电比容量有一定的下降，但循环性能得到非常大的提升。

Cu^{2+} 掺杂不但对高 Ni 材料的电化学性能无改善作用，还使放电比容量明显下降，掺杂 2.5% 的 Cu 后的放电比容量较未掺杂的降低，而且循环性能非常差。

此外，Ca^{2+}、Ba^{2+} 和 Zn^{2+} 三种金属离子对高 Ni 材料的电化学循环性能的改善亦无太大作用，而且还会降低材料的放电比容量。

（4） +3 价金属离子掺杂。主要包括 Al^{3+}、Fe^{3+} 两种三价离子。由于和 $LiCoO_2$ 材料具有相同的晶体结构，其可以在整个范围内形成固溶体，因此用 Co^{3+} 取代部分 Ni^{3+} 合成了二元材料。相比 $LiNiO_2$ 以及未掺杂 Co 的 $LiNi_yMO_z$（M = Mg、Mn、Al 等），二元材料合成难度大大降低，甚至不需要氧气气氛，材料的层状结构更加稳定，Li^{+}/Ni^{2+} 阳离子混排大大降低，电化学性能得到大幅度提高。Z. X. Yang 等在空气气氛下合成了 $LiNi_{0.8}Co_2O_2$ 材料，该材料在 0.1 C 充放电倍率下，放电比容量高达 194.8 mA · h/g，20 次循环容量保持率为91.9%。

在材料基础上，用Al部分取代Co合成了Al掺杂进一步提高了材料的循环性能和热稳定性，NCA材料（镍钴铝三元材料）已经应用于Tesla电动汽车用锂离子电池。Fe^{3+}掺杂虽然能在一定程度上提高了富Ni系材料的电化学性能，但由于工业界对Fe杂质的控制非常严格，因此Fe^{3+}掺杂并未被采用。

（5）+4价金属离子掺杂。其主要包括Mn^{4+}、Ti^{4+}、Zr^{4+}等。其中，Mn^{4+}是研究最多的+4价离子。用Co和Mn共同掺杂$LiNiO_2$，合成了三元材料，最具代表性的有NCM111、NCM523、NCM622和NCM811材料。在三元材料中，Mn为+4价，因此有多少数量的Mn，就会有相应量的Ni^{3+}转变成Ni^{2+}以维持电荷的平衡。由于Mn的价格较低，Mn^{4+}掺杂可以降低材料的成本，此外，Mn^{4+}掺杂还可以大大提高材料的热稳定性。

Ti^{4+}掺杂量较少时，虽然放电比容量有一定下降，但可以显著提升材料的循环性能。同时，Y. K. Sun也指出，Ti^{4+}掺杂可以抑制NCA材料表面NiO的生成，减缓材料在循环过程中的阻抗增加，提升了材料的电化学循环性能。随着Ti^{4+}掺杂量的增加，有更多的Ni^{3+}转变为Ni^{2+}，使I(003)/I(104)比值逐渐减小、电化学放电比容量降低、循环性能变差。

Zr^{4+}和Ce^{4+}离子半径均较Ni^{3+}和Co^{3+}的离子半径大很多，所以Zr^{4+}和Ce^{4+}很难掺杂到高Ni材料的晶格中，因此对电化学性能的提高并不明显。

（6）更高价金属离子掺杂。如Mo^{6+}、Nb^{5+}、V^{5+}等。这些高价金属离子掺杂会影响材料中各种金属阳离子的占位情况，而它们对材料电化学性能的影响结果却有较大的差异。S. Sivaprakash等合成了Mo^{6+}掺杂的$LiNi_{0.8}Co_{0.2}O_2$材料，认为Mo^{6+}掺杂能够增大层间距c值，有利于Li^+在材料中的脱出与嵌入，从而提高材料的倍率性能。而X. Li等合成了Cr^{6+}掺杂的$LiNi_{0.8}Co_{0.1}Mn_{0.1}O_2$材料，却发现晶胞参数$c$值变小，削弱了材料的电化学性能。

2）三元材料的包覆改性

除了阳离子混排之外，电极与电解液接触界面的不稳定性也是导致电池容量衰减的原因。电极/电解液接触界面是锂离子或电子在电极材料端扩散并进入电解液的重要位置，所以电池中大部分副反应发生在电极/电解液界面。NCM(523)正极材料在高压循环后电极表面发生的结构破坏。因为材料表面最先接触电解液，所以材料发生结构破坏一般都是由材料表面向中心渗透。另外，电解液在电池充电到高压状态时会发生分解反应，电解液发生分解后会产生电极/电解液界面钝化膜，钝化膜的主要成分是无机盐（Li_2CO_3）、HF、有机物（碳酸亚乙酯）等，破坏电极材料。所以最有效的方法就是在正极材料表面建立保护层避免电解液与电极材料直接接触。表面包覆被证实是一种有效地避免电极与电解液直接接触的方法。Kim 等通过 AlF_3 包覆 $LiNi_{0.8}Co_{0.15}Al_{0.05}O_2$ 改善材料的性能，研究结果表明，包覆 AlF_3 的材料相比未包覆 AlF_3 的材料，首周放电比容量并没有明显的下降、循环性能显著提升、热分解温度有所提高、抑制氧析出的能力也有所提升，除此之外，包覆层在电池长循环的过程中降低电荷转移阻抗进而改善材料的倍率性能。表面包覆具有操作简单、成本低廉等优点，具有产业化的潜力。然而该方法只改善了材料表面的性能，并不能改善材料整体的性能。若涂层材料过薄，则不能达到完全包覆正极材料的效果，涂层过厚可能抑制材料容量的释放。除此之外，电池经过长时间循环后，涂层可能会产生脱落现象，正极材料被电解液侵蚀。因此控制包覆层的厚度、调整结构均匀性、选择具有优异导电性及表面黏结性的包覆层至关重要。

对材料进行表面包覆，可以隔绝活性材料与电解液的直接接触，减少二者之间的副反应，降低过渡金属离子的溶解，从而提高材料的循环性能以及热稳定性。已经报道过的包覆材料有很多种，但总体可以分为两种类型。

（1）电化学惰性的金属氧化物、磷酸盐或氟化物包覆。如 Al_2O_3、MgO、ZrO_2、ZnO、TiO_2、SiO_2、CeO_2、La_2O_3、$AlPO_4$、$FePO_4$、AlF_3 等，这些包覆材料通过共沉淀反应、溶胶－凝胶反应、干法包覆或原子层沉积等手段包覆到活性材料表面，减少活性材料与电解液之间的副反应。以上包覆材料之间由于自身性质的不同也有较大的差别，Al_2O_3、SiO_2 和 ZnO 等具有 Lewis 碱的性质，能够吸收电解液中痕量的 HF，从而缓解 HF 对活性材料的腐蚀。SiO_2 由于导电性很差，会降低材料的倍率性能。而 ZrO_2 的导电性能较好，在提高材料循环性能的同时，并不会降低材料的倍率性能。采用电化学惰性的材料对活性材料进行包覆改性后，虽然提高了材料的循环性能和热稳定性，但却降低了材料的放电比容量。

（2）具有电化学活性的材料包覆。电化学活性材料表面包覆改性是指用一种具有脱嵌锂功能的化合物对活性材料进行包覆，如 $LiFePO_4$ 包覆 NCM523 材料、$LiMn_2O_4$ 包覆 $LiNiCoO_2$ 材料、$LiCoO_2$ 包覆 $LiNiCoO_2$ 材料等。这种包覆方式，不仅提升了材料的循环性能，放电比容量也损失较小。值得一提的是，X. Xiong 等用 V_2O_5 包覆了 NCM811 材料，在高温焙烧过程中，部分 V_2O_5 与材料表面的残余锂反应形成了包覆材料，这不仅起到了包覆作用，还降低了 NCM811 材料的表面残余锂。核－壳材料是在用具有电化学活性的材料对其他正极材料进行表面包覆改性的基础上演化而来的。表面包覆时，包覆层的厚度一般较小，从几个纳米到两三百纳米，而如果包覆材料的厚度达到微米级，则变成核－壳材料，所以核－壳材料也可以认为是包覆型材料的一种。韩国 Y. K. Sun 等合成了以高镍的材料为核、以富锰的 $LiNi_{0.5}Mn_{0.5}O_2$ 为壳的具有核壳结构的材料。高镍材料具有高的放电比容量，但是循环性能和热稳定性较差，而 $LiNi_{0.5}Mn_{1.5}O_2$ 材料具有较高的结构稳定性和热稳定性，但放电比容量较低，合成的核－壳材料既保持了高的放电比容量，也兼具优异的循环性能和热稳定性，在 3.0～4.3 V 电压范围内、0.1 C 倍率下放电比容量为 188 mA · h/g，500 次循环后容量保持率高达 98%，此外，材料的放热起始温度由 180 ℃提高到 220 ℃，表现出优异的电化学性能和高的热稳定性。

但是，核－壳材料存在一个致命的缺陷，由于核材料和壳材料在充放电过程中不同的体积膨胀，在多次循环后核与壳的界面处会出现裂缝，使材料放电容量急剧下降。为了克服这一问题，Y. K. Sun 等又进一步合成了梯度材料，该梯度材料在核壳界面上，Ni、Co、Mn 三个元素的浓度是连续变化的，核材料的化学组成依然是 $Li[Ni_{0.8}Co_{0.1}Mn_{0.1}]O_2$，壳的最外层为 $Li[Ni_{0.5}Mn_{0.5}]O_2$。壳层材料元素梯度分布形式使核－壳之间的裂缝最小化，材料也具有更优异的电化学性能。虽然核－壳材料和梯度材料在一定程度上克服了高 Ni 系材料的缺点，但由于壳层较薄，使得材料的稳定性还不够好，尤其是当电池在较高温度下循环时，材料的循环性能依然不够理想。如果将壳的厚度增加，那么材料的热稳定性和长期循环性能就会进一步提高，但是材料的能量密度就会降低。为了克服以上问题，Y. K. Sim 等又进一步提出了全梯度的概念，从最核心到最外层，Ni、Co、Mn 三个元素的浓度均是连续变化的。合成的全梯度材料的化学式为 $LiNi_{0.75}CoMn_{1.25}O_2$，该材料在 2.7～4.5 V（vs. Li^+/Li）电压范围内，0.2 C 倍率下放电比容量为 215.4 mA · h/g，以 MCMB（中间相炭微球）为负极，装配成全电池，在 2.7～4.2 V 电压范围内、25 ℃下循环 1 000 次，容量保持率为 90%，表现出非常优异的长期循环性能。

3）核壳结构设计

除了离子掺杂和表面包覆，对材料进行核壳结构设计也是一种改善正极材料性能的有效方法。2005 年，Sun 等首次提出了核壳结构正极材料的概念。通过共沉淀及高温固相烧结的方法制备了以 $LiNi_{0.8}Co_{0.1}Mn_{0.1}O_2$ 为核、以 $LiNi_{0.5}Mn_{0.5}O_2$ 为壳的 NCM 正极材料，其中，高镍核结构为材料提供容量，高锰壳结构提升材料结构稳定性及热稳定性。核与壳的共同作用让材料在尽量不损失容量的前提下，改善材料的结构稳定性及电极/电解液界面稳定性，进而延长材料的循环寿命、提升安全性能。其结果还表明，壳的厚度对改善材料的性能有很大的影响：如果壳的厚度过薄，在循环后期可能由于包覆不完全而导致部分材料结构过快被破坏从而造成容量衰减。而随着壳的厚度增加，可以有效保护核结构，使之不直接与电解液接触，但是过厚的壳结构由于其较低的镍含量在一定程度上抑制了材料容量的释放。

核壳结构材料设计的主要原则如下。

（1）以高容量材料为核，高结构稳定性和热稳定性材料为壳层。

（2）核壳成分尽量有良好的晶体结构匹配度，避免电池在反复充放电过程中由于核壳结构晶格体积变化差异过大导致核壳分裂，加速容量衰减。

（3）调控好配锂烧结时的温度和时间，避免材料烧结过程中发生离子扩散。对材料进行浓度梯度结构设计也被证实是一种有效改善高镍正极材料结构稳定性和循环稳定的手段。

Sun 等对高镍材料进行浓度梯度的结构设计，从材料中心到表面，Ni 含量逐渐降低，Co 含量几乎保持不变，Mn 含量逐渐升高，浓度梯度材料结构稳定性和热稳定性相比均相材料均有所改善，并且避免了核壳结构材料中出现的长时间循环后核壳结构可能分离的现象。Hu 等已经通过共沉淀—高温固相法成功合成了总成分为 $LiNi_{0.8}Co_{0.15}Al_{0.05}O_2$ 的浓度梯度材料，在该浓度梯度二次颗粒中自内而外，Al 含量逐渐增加，Ni、Co 含量逐渐降低。浓度梯度的材料性能优于均相材料的性能，主要是由于浓度梯度材料为表面富铝材料，电化学非活性的 Al 元素可以稳定电极与电解液接触的界面。Hou 等采用共沉淀—高温固相法合成的浓度梯度 $LiNi_{0.8}Co_{0.15}Al_{0.05}O_2$ 材料呈现出相同的规律。基于上述设计原则，科研人员设计并合成一系列单层、双层及多层核壳结构及浓度梯度正极材料。实验结果均表明，对材料进行合理的核壳结构设计是一种有效改善材料性能的手段。三元材料的核壳结构设计示意图如图 5－13 所示。

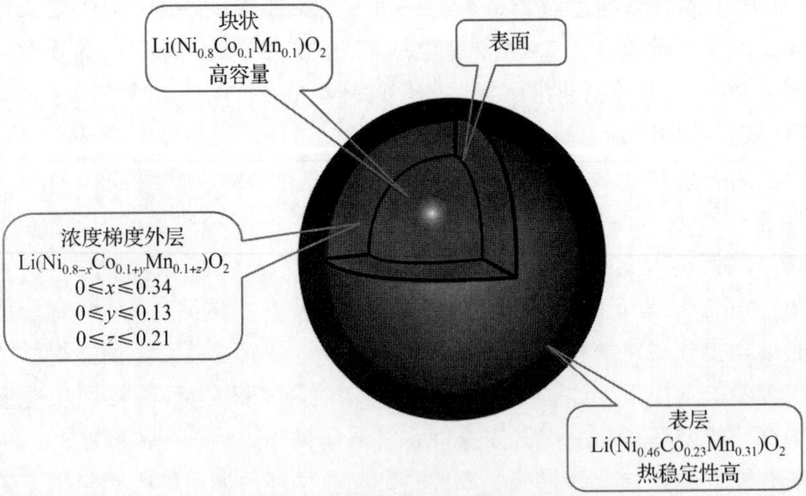

图 5－13　三元材料的核壳结构设计示意图

在高 Ni 系材料合成时，通常加入过量的锂盐来抑制 Li^+/Ni^{2+} 混排，因而成品材料中会有未反应的 Li 以 Li_2O 的形式存在下来，使材料的 pH 值较高，一般 pH > 11.5。当高 Ni 材料暴露在空气中时，Li_2O 就会和空气中的 H_2O 和 O_2 发生反应，生成 LiOH 和 Li_2CO_3。当高 Ni 材料装配成电池后，在充放电过程中，会发生分解生成 CO_2 气体，使电池发生鼓胀，LiOH 和 Li_2CO_3 还会和电解液中的反应生成 LiF 包覆到活性材料表面，增加电池的阻抗。为了降低高 M 材料的 pH 值，可以用水或者乙醇对其进行洗涤，除去未反应的残余锂。水洗后材料的 pH 值显著降低。但是，材料的放电比容量也有较大的下降。到目前为止，在保证电化学性能不下降的同时降低材料的 pH 值还是一个大的难题。

5.1.5 富锂材料

从最初酸处理得到高容量 Li_2MnO_3 到发现充电电压接近 4.5 V 时脱出 Li_2O，再到 Thackeray 首次提出富锂锰基层状氧化物正极材料的概念，至今已然发展了近 30 年。这一材料具有极高的放电比容量（250 mA · h/g）、独特的电化学行为（氧对充放电反应过程的参与）等特点，因而引起了研究者们浓厚的兴趣。

1. 富锂材料的结构

富锂材料的结构中包含 Li_2MnO_3 和 $LiMO_2$ 两种组分，M 代表一种过渡金属，但是 Li_2MnO_3 也能用类似 $LiMO_2$ 结构的分子式 Li［$Li_{0.33}Mn_{0.67}$］O_2 表示，所以 Li_2MnO_3 可以看成是一种特殊结构的 $LiMO_2$ 成分，其中，过渡金属层中的 Mn 有 1/3 被 Li 所取代，形成了 Li 被 6 个 Mn 所包围的蜂窝模式。这两种结构都可以看成是层状的 $\alpha-NaFeO_2$ 类型的岩盐结构，氧在其中形成立方密排阵列结构，八面体位都被过渡金属和锂所占据。对于这两种组分是属于两相组成的复合材料，还是属于单相的固溶体结构，目前还存在争议。Thackeray 等首先提出复合结构的概念，即富锂材料的结构是由三方晶系（空间群 $R\bar{3}m$）的 $LiMO_2$ 和单斜晶系（空间群 C2/m）的 Li_2MnO_3 复合而成。这种空间群的差异主要来自过渡金属层的有序性，对于 $LiMO_2$ 结构，过渡金属层的元素是随机分布的，而在 Li［$Li_{1/3}Mn_{2/3}$］O_2 结构中，Li^+ 和 Mn^{4+} 是有序分布的。

Mohanty 等通过中子衍射对 $Li_{1.2}Mn_{0.55}Ni_{0.15}Co_{0.10}O_2$ 材料进行了测试，然后将得到的衍射谱数据进行结构精修分析，发现如果将 $Li_{1.2}Mn_{0.55}Ni_{0.15}Co_{0.10}O_2$ 看成是由 50% 单斜的 Li_2MnO_3(C2/m) 相和 50% 三方的 $LiMO_2$($R\bar{3}m$) 相组成的复合结构，那么得到的数据与实验结果十分匹配。大量的研究也都证实了 C2/m 相和 $R\bar{3}m$ 相在纳米尺度上相互共生的存在。比如 Yu 等通过 HRTEM 和 EELS 测试，直接在原子分辨率下发现了 $LiMO_2$ 相和 Li_2MnO_3 相互共存于 $Li_{1.2}Mn_{0.567}Ni_{0.166}Co_{0.067}O_2$ 材料中。Amalraj 等通过高分辨率透射电子显微镜

(HRTEM) 对 $0.5Li_2MnO_3 \cdot 0.5LiMn_{1/3}Ni_{1/3}Co_{1/3}O_2$ 材料进行了研究，进一步证实了这是一种两相复合的结构，三方的类 $LiNiO_2$ 结构和单斜的 Li_2MnO_3 结构共存于纳米区域，且在原子水平上紧密结合并相互连接。富锂材料结构示意如图 5－14 所示。

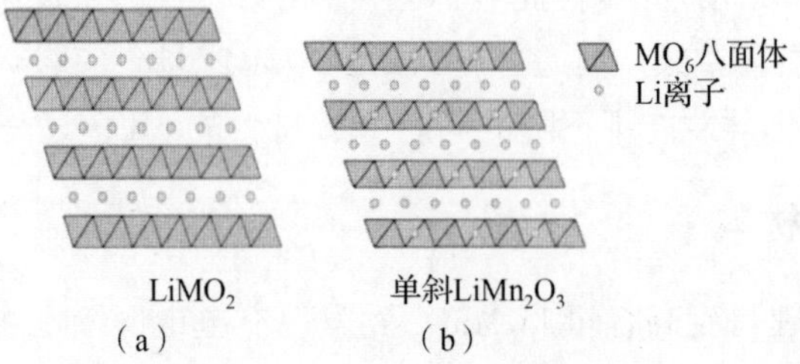

图 5－14　富锂材料结构示意

(a) $LiMO_2$ 结构 ($R\bar{3}m$)；(b) 单斜相 (C2/m) $LiMn_2O_3$

不过还有一种观点认为富锂材料只是一种单相固溶的结构而不是 C2/m 和 $R\bar{3}m$ 两相的组成。一部分研究者认为富锂材料可以看成是均一的单斜 Li_2MnO_3 (C2/m) 固溶体结构。Jarvis 等通过 XRD 和高角度环形暗场－扫描透射电子显微镜 (HAADF－STEM) 的测试结果，认为 $Li[Li_{0.2}Ni_{0.2}Mn_{0.6}]O_2$ 是一种单相的结构，有着 C2/m 的对称性，由类 Li_2MnO_3 固溶体以及多重平面缺陷所组成的结构。Fuji 等通过 XRD 和 HRTEM 也分析发现，$Li_{1.85}Mn_{0.7}Co_{0.45}O_3$ 和 $Li_{1.95}Mn_{0.9}Co_{0.15}O_3$ 两种材料都是单斜 (C2/m) 的超晶格结构。另外还有一部分研究者虽然也认为富锂材料是单一固溶体结构，不过他们觉得其应该属于三方晶系 ($R\bar{3}m$) 的固溶体。Koga 等通过 XRD 对 $Li_{1.20}Mn_{0.54}Co_{0.13}Ni_{0.13}O_2$ 材料进行研究发现，除了在 20°～30°之间存在一些额外的峰，其他所有的峰都应该属于单斜的结构。而 20°～30°之间观察到的峰可以归结于过渡金属层中由于 Li 和 Mn 的有序排列而产生的结构。他们觉得这种有序排列既没有在层中完全展开，也没有沿着 *c* 轴方向展开，不能作为单独的一种相存在，所以认为 $Li_{1.20}Mn_{0.54}Co_{0.13}Ni_{0.13}O_2$ 应该属于三方的结构。而且他们通过对中子衍射谱进行精修分析，进一步证实了 $Li_{1.20}Mn_{0.54}Co_{0.13}Ni_{0.13}O_2$ 材料是属于 $R\bar{3}m$ 的固溶体结构。Ohzuku 等通过对 $Li[Li_{1/5}Ni_{1/5}Mn_{3/5}]O_2$ 研究，也认为其应该属于 $R\bar{3}m$ 的固溶体结构。

目前对于富锂材料是由两相还是单相组成，还没有定论，因为这种材料的结构很可能随合成条件和组成的不同而改变。事实上，Macalla 等的研究明确地说明了控制组成、氧分压和冷却速度等条件对于形成单相富锂材料十分有用。也有其他研究者发现组成，特别是锂含量，对形成单相富锂材料影响巨大。而且，当纳米复合材料仅仅只是由几个原子组成时，如何将它与固溶体区分开来也是值得考虑的，因为在如此小的尺度下，它们之间的区别会变得很模糊。

2. 富锂材料的电化学性质

通常 $LiMO_2$ 在高电压下是不稳定的。因为如果从层状 $LiMO_2$ 电极结构中脱出大量锂离子，会降低和氧层之间的结合能，导致材料变得不稳定。所以，$LiMO_2$ 材料自身会将过渡金属离子从过渡金属层迁移到相邻锂层中锂离子脱出时留下的空位（比如 $LiNiO_2$），或者通过紧密排列的氧平面的滑动降低体系中的自由能（比如 $LiCoO_2$），来调节和维持结构稳定，防止晶格崩塌。但这个过程会导致相变，使材料容量衰减严重。不过富锂材料 $xLi_2MnO_3 \cdot (1-x)LiMO_2$ 中 $LiMO_2$ 却能在高电压（4.8 V）下保持结构稳定，主要是因为 Li_2MnO_3 在材料中能够起到稳定者的作用。$LiMO_2$ 结构中反应所消耗的锂离子，可以通过 Li_2MnO_3 中过渡金属层八面体位的锂离子迁移进入 $LiMO_2$ 的四面体位来得到补充，从而缓解了因锂离子脱出而造成的结构不稳定。

因此，Li_2MnO_3 成分能够在高电压下有效地稳定 $LiMO_2$ 结构，从而增加循环稳定性。Choi 等研究发现，$Li[Ni_{1/3}Co_{1/3}Mn_{1/3}]O_2$ 材料在充放电过程中因为体积的变化而产生的结构崩塌可以通过加入 Li_2MnO_3 来得到抑制。Yang 等也发现少量 Li_2MnO_3 的掺入就能有效地抑制 $Li[Ni_{0.8}Co_{0.1}Mn_{0.1}]O_2$ 材料在高电压下（4.8 V）循环时的相转变。Li_2MnO_3 能对 $LiMO_2$ 起到稳定结构的作用，而反过来，$LiMO_2$ 也对 Li_2MnO_3 的结构稳定发挥着作用。纯相 Li_2MnO_3 本身存在结构不稳的隐患，尤其是在激活以后，会存在很明显的由层状结构向尖晶石转变的现象，这主要和氧参与的阴离子氧化还原反应有关。而 Ni 和 Co 的加入，能够抑制 Li_2MnO_3 激活后向尖晶石相转变的过程，维持材料的结构稳定。而且，Li_2MnO_3 虽然能够为富锂材料提供高容量，但纯相 Li_2MnO_3 本身的电化学活性并不高，早期的时候甚至被认为是非活性的。即使充电到 4.8 V，Li_2MnO_3 能发挥的容量也很低而且活化过程极其缓慢。而 $LiMO_2$ 相能有效地激发 Li_2MnO_3 的活性，起到类似催化剂的效果，所以在 $xLi_2MnO_3 \cdot (1-x)LiMO_2$ 结构中，Li_2MnO_3 在第一圈就基本上能完成活化。另外，Mn^{4+} 的绝缘性导致 Li_2MnO_3 的导电率很差，而 $LiMO_2$ 的加入能够在一定程度上增加导电性，提高材料的倍率性能。正是这种两相之间的相互协同作用使富锂材料有了比较优异的电化学性能。

目前，不管富锂材料的结构属于固溶体还是纳米级别的复合，对于富锂材

料 $x\mathrm{Li_2MnO_3}\cdot(1-x)\mathrm{LiMO_2}$ 的激活过程都有同样的理解，在富锂材料的首次充电过程中，充电曲线可以明显地分成两个部分（图 5－15），第一部分是一段倾斜的区域，第二部分是一个较长的平台区域。在第一个区域，也就是电压低于 4.5 V 的时候，锂离子主要是从 $\mathrm{LiMO_2}$ 的结构中脱出，并伴随着 $\mathrm{Ni^{2+}}$/$\mathrm{Ni^{4+}}$ 和 $\mathrm{Co^{3+}}$/$\mathrm{Co^{4+}}$ 的氧化还原反应，在这个过程中，$\mathrm{Li_2MnO_3}$ 没有被激活，所以不提供容量。第二个区域是当电压大于 4.5 V 时，$\mathrm{Li_2MnO_3}$ 的激活阶段，这时候锂离子主要从 $\mathrm{Li_2MnO_3}$ 结构中脱出。由于材料中 Mn 的化合价为正四价，不会升高，所以为了保持结构的电荷平衡，氧离子会从表面结构中脱出，以氧气形式释放。材料表面晶格氧的释放，会导致材料结构发生转变，如过渡金属迁移，Li 和 Mn 的有序排列消失等。而且因为电解液中有碳酸亚乙酯、碳酸丙烯酯等碳酸基的溶剂，其极易和氧气发生反应，产生二氧化碳、一氧化碳及水等物质。脱出的锂和氧也会和电解液反应生成氧化锂、碳酸锂等。电解液中的锂盐六氟磷酸锂在有水的时候极易水解生成氟化氢。这些副产物会促使过渡金属的溶解，使材料表面变得绝缘，从而恶化材料的电化学性能。

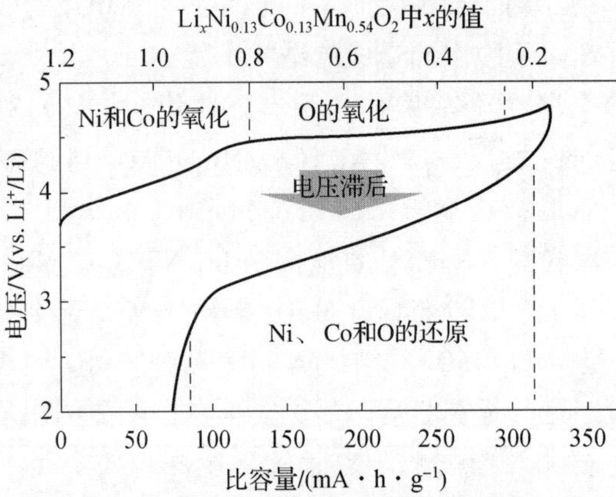

图 5－15　富锂材料的首周充放电曲线

$\mathrm{Li_2MnO_3}$ 早期是被当作电化学非活性的，因为 $\mathrm{Mn^{4+}}$ 被认为氧化到 $\mathrm{Mn^{5+}}$ 或者更高价态的可能性极低。然而，当充电超过 4.5 V 时，它释放出大量的容量。尤其是在 30 ℃ 首次充电时，其能得到超过 400 mA · h/g 的容量，相当于从单位材料结构中脱出了两个锂离子。这个结果让科研者对 $\mathrm{Li_2MnO_3}$ 的电化学活性产生了浓厚的兴趣。Kalyani 曾提出，$\mathrm{Li_2MnO_3}$ 的激活过程有可能是 $\mathrm{Mn^{4+}}$/$\mathrm{Mn^{5+}}$ 氧化还原反应。但是这一推测并没有确凿的证据来支持，而且随后的理论和实验工作也证明了 $\mathrm{Mn^{4+}}$/$\mathrm{Mn^{5+}}$ 的机制并不正确。早期大量的研究通过 2H 的核磁共振和中子衍射测试都发现，$\mathrm{Li_2MnO_3}$ 在脱锂激活的过程中存在 $\mathrm{Li^+}$/$\mathrm{H^+}$ 交换的现象。H^+离子是在充电到高电压时，由非水性电解液氧化产生的。不过在这些研究中，大部分测试样品都是通过化学脱锂或者酸处理，即从材料中脱出 Li_2O 形成拥有氧空位的混合物的方式来制备的。

在 $xLi_2MnO_3 \cdot (1-x)LiMO_2$ 材料中，同时存在可逆与不可逆的阴离子氧化还原反应。材料体相的阴离子氧化还原反应一般都是可逆的，而不可逆的主要在富锂材料的表面。不可逆的阴离子氧化还原反应会造成表面氧气释放及结构重排，带来严重的不可逆容量损失，并给后续的循环和电压稳定带来隐患。

循环过程中电压衰减的问题是目前富锂材料产业化进程中遇到的最大挑战，因为它不仅会导致循环过程中能量密度不断减小，而且会使电池难以和电池管理系统（BMS）相适配。电压降的产生主要是由循环过程中层状结构向尖晶石结构转变造成的。而这个过程有很大程度上和首次充电 Li_2MnO_3 激活时 O 的脱出和随后的结构重排相关。Tran 等研究发现，当氧从富锂材料中脱出时，会导致过渡金属向锂空位进行迁移。他们用 XRD 和 EDS 测试发现，Li/TM 的有序排列在脱氧平台区域因为过渡金属的重新排列而消失了。XRD 的精修结果显示，TM/O 的比值比开始的时候变得更大。他们提出了一个阳离子迁移的模型，在这个模型中，锂从过渡金属层中脱出时伴随氧气释放，同时会诱导过渡金属向锂层迁移，这个过程会导致晶体结构收缩，形成类似 $LiMO_2$ 的层状结构。通过精修结果还发现，首次充电到4.8 V 的过程中，3a 位的过渡金属迁移到 3b 的锂位，从而形成了 Li—Li 的哑铃结构。这种过渡金属的迁移会导致在高电压下层状结构向类尖晶石的立方相转变，最终导致循环中电压的衰减。

富锂材料倍率性能较差，主要是多个原因造成的。首先从材料本身来说，决定倍率性能的因素有两个，一个是材料的电子导电率，另一个是离子导电率。因为富锂材料中 Li_2MnO_3 导电率很差（Mn^{4+}电导率低），富锂材料的电子导电性并不好。对于离子导电率，富锂材料层状的晶体构成属于二维的空间结构，使锂离子只能在 Li 层的平面内进行迁移，虽然离子导电率优于 $LiFePO_4$ 这种一维的结构，但是在较高电流下充放电，性能并不理想。另外就是充放电过程中材料表面和电解液之间的电荷转移阻抗比较大，以及循环中表面容易形成较厚的 SEI 膜。

3. 富锂材料的合成方式

材料的电化学性能与合成材料的方法有密切关系。目前，富锂材料的合成还处于发展阶段，主要的制备方法有共沉淀法、溶胶－凝胶法、固相法和水热法等，以下介绍几种近几年来广泛采用的制备方法。

1）共沉淀法

共沉淀法是指在溶液中含有两种或多种阳离子，它们以均相存在于溶液中，加入沉淀剂，经沉淀反应后，可得到各种成分均一的沉淀，是制备含有两种或两种以上金属元素的复合氧化物超细粉体的重要方法，成为目前研究人员研究最多的一种富锂锰基正极材料的制备方法。这种方法的主要步骤包括前驱体的制备、与锂盐混合以及烧结三个步骤，具有计量比较准确，产品粒度和形貌易于控制，合成反应温度较低的特点。该方法的关键在于前驱体的制备，在沉淀过程中反应物的浓度、pH 值、温度、加料速度和搅拌速度对粒径的大小、形貌及电化学性能产生显著的影响，因此在制备过程中要严格控制各种工艺参数。根据沉淀剂的不同，共沉淀法主要包括氢氧化物共沉淀法、碳酸盐共沉淀法、草酸盐共沉淀法等。

Zheng 等制备的 $0.5Li_2Mn_2O_3 \cdot 0.5Li(Ni_{1/3}Co_{1/3}Mn_{1/3})O_2$ 是将一定摩尔比的 Mn、Co、Ni 醋酸盐混合，然后加入一定量的 LiOH 溶液，在 50 ℃下连续磁力搅拌得到前驱体 $Mn_{0.54}Ni_{0.13}Co_{0.13}(OH)_{1.6}$，将所得前驱体通过过滤、洗涤、干燥后与适量的 $LiOH \cdot H_2O$ 混合，先在 480 ℃下煅烧 10 h，然后再在 900 ℃下煅烧 3 h 冷却至室温。制备材料的晶格参数 $a = 2.853\ 5$ nm，$c = 14.237\ 2$ nm，在 2.0～4.8 V 电压下以 0.1 C 放电 30 个循环后的放电容量为 207 mA · h/g，是初始放电容量的 82.8%。

2）溶胶－凝胶法

溶胶－凝胶法是将有机或无机化合物经溶液、溶胶、凝胶等过程直接固化，然后进行热处理以制备固体氧化物的一种方法。Zheng 等将化学计量的 $Ni(NO_3)_2 \cdot 6H_2O$, $Co(NO_3)_2 \cdot 6H_2O$, $Mn(NO_3)_2 \cdot 6H_2O$，溶于蒸馏水中形成混合溶液，然后慢慢加入 $LiNO_3$，以柠檬酸为螯合剂，利用氢氧化铵调节混合溶液 pH 值至 7.0～8.0，同时将该溶液在 80 ℃加热搅拌形成透明凝胶体，将干燥的前驱体在 450 ℃下煅烧 10 h，并研磨成颗粒。再在 900 ℃下烧结 3 h 淬火至室温得到 $Li[Li_{0.2}Mn_{0.54}Ni_{0.13}Co_{0.13}]O_2$ 正极材料。

Wang 等通过溶胶－凝胶法结合高温煅烧法制备了锂离子电池富锂锰基正极材料 $xLi_2MnO_3 \cdot (1-x)Li[Ni_{1/3}Mn_{1/3}Co_{1/3}]O_2$，结果表明：$x = 0.5$ 时，在 900 ℃下煅烧 12 h 得到颗粒细小均匀的层状 $xLi_2MnO_3 \cdot (1-x)Li[Ni_{1/3}Mn_{1/3}Co_{1/3}]O_2$ 材料，并具有良好的电化学性能，该材料在室温下以 20 mA/g 的电流密度充放电，2.0～4.8 V 首次放电比容量高达 260.0 mA · h/g，循环 40 次后放电比容量为 244.7 mA · h/g，容量保持率为 94.1%。该方法有合成温度低、产品粒径小、粒度分布窄、比表面积大和形态易于控制等优点，制备的材料热稳定性好，但由于合成工艺相对复杂，成本较高，不利于工业化生产。

3）固相法

固相法主要是由含有的过渡金属氧化物或氧化物前驱体（包括碳酸盐、氢氧化物等）与含 Li 化合物混合均匀后，在高温下直接烧结得到目标产物的方法。由于焙烧时间长、能耗大、混合不均匀，所以合成出的材料电化学性能不够理想。但由于该方法过程简单、原料易得、控制方便，所以固相法仍然是合成粉体材料最常用的一种方法，也是制备正极材料比较成熟的方法。

杜柯等通过对原材料进行超细球磨，高温固相煅烧制备 $Li[Li_{0.2}Mn_{0.54}Ni_{0.13}Co_{0.13}]O_2$ 在 2.0～4.8 V、60 mA/g 的放电电流密度下，首次比容量可达到 248.2 mA·h/g。循环 50 次后，其放电比容量保持为 239.4 mA·h/g，容量保持率达到 96.4%。

低温固相法又叫室温固相法，指在室温或近室温（≤100 ℃）的条件下，固相化合物之间所进行的化学反应，具有便于操作和控制的优点，其主要特点就是将反应温度降到室温或者接近室温。该类反应在原子簇化合物、配位化合物、纳米材料和复合金属氧化物的合成中已经得到了广泛的应用。

Yu 等利用低温固相法制备 $0.65Li[Li_{1/3}Mn_{2/3}]O_2 \cdot 0.35Li(Ni_{1/3}Co_{1/3}Mn_{1/3})O_2$ 正极材料。取化学计量的草酸与 $LiOH \cdot H_2O$ 混合放入研钵中研磨使其充分混合反应，然后将相应化学计量的乙酸镍、乙酸钴、乙酸锰粉末放入研钵充分混合得到粉色稠状前驱体。将制备的前驱体置于真空箱中于 150 ℃下烘干24 h，然后再分别于 700 ℃和 600 ℃下在空气氛围中煅烧得到 $0.65Li[Li_{1/3}Mn_{2/3}]O_2 \cdot 0.35Li(Ni_{1/3}Co_{1/3}Mn_{1/3})O_2$ 粉末材料。值得一提的是，该材料的放电容量随着循环次数的增加逐渐增大，在 2.5～4.6 V、0.5 C 条件下，首次放电容量仅为 97 mA·h/g，循环第 25 周时达到 229 mA·h/g，即使 50 周循环后其容量仍保持在 216 mA·h/g。

4）水热法

水热法是利用高温高压的水溶液使那些在大气条件下不溶或难溶的物质溶解，或反应生成该物质的溶解产物，通过控制高压釜内溶液的温差产生对流以形成过饱和状态而析出晶体的方法。由于在高温高压下，反应物的活性较高，反应的活化能相对较低，可以加速反应的进行。水热法合成材料纯度较高，晶体粒度易于控制，可以合成取向规则、晶型完美的材料，这在锂离子正极材料的制备上具有一定的优势。Wei 等以 $Co(CH_3COO)_2$、$Mn(CH_3COO)_2$ 和 $Li(CH_3COO)_2$ 为原料，加入草酸为沉淀剂、醋酸为添加剂搅拌。所得混合液置于聚四氟乙烯容器中在 150 ℃预处理 3 h，然后将混合物搅拌至干燥。将干燥的前驱体在 450 ℃下加热 4 h，然后在 750 ℃下焙烧 3 h，得到目标产物 $Li[Li_{0.2}Co_{0.4}Mn_{0.4}]O_2$。这一材料在电流密度 100 mA·h/g 下，初始放电容量为 174.2 mA·h/g，首周库仑效率为 87.4%，容量保持率为 91.8%。

4. 富锂材料的改性

富锂复合正极材料 $xLi_2MnO_3 \cdot (1-x)LiMO_2$ 具有高比容量以及较好的安全性能等优点，但是它仍然存在很多制约性的缺点，如其不可逆容量损失大、材料的倍率性能不佳以及材料的容量保持率也不尽如人意。这些问题在一定程度上限制了富锂材料的商业化进程，因而，近年来各研究组针对这些不足进行诸多方面的努力，其中主要包括体相掺杂、表面包覆和正极材料颗粒的纳米化以及结构或形貌控制等。

1）体相掺杂

2003 年，Park 等为改善电极材料性能，向富锂过渡金属氧化物中掺杂 Al 制备 $Li[Li_{0.15}Ni_{(0.275-x/2)}Al_xMn_{(0.575-x/2)}]O_2(x=0\sim0.1)$，掺杂 Al 的正极材料结构稳定，有较高的放电比容量，且电化学阻抗降低，进而改善了材料的倍率性能。

2007 年，Jiao 等向富锂过渡金属氧化物中掺杂 Cr 制备 $Li[Li_{0.2}Ni_{0.2-x/2}Mn_{0.6-x/2}Cr_x]O_2$ $(x=0, 0.02, 0.04, 0.06, 0.08)$，随着掺杂 Cr 量的增加，晶胞参数 c/a 的值增加，这意味着 Cr 的加入有利于层状结构的形成。当 $x=0.04$ 时，正极材料的放电比容量和倍率性能最佳，同时掺杂适量的 Cr 也可以降低正极材料的电化学阻抗。

2）表面包覆

近年来，各研究组对富锂正极材料颗粒表面包覆从而改善材料电化学性能进行了大量深入的研究。对材料进行表面包覆不仅可以抵抗电解液对材料的腐蚀、有效抑制锰离子的溶解，而且经包覆后的材料可以在一定程度上阻挡氧原子的脱出，起到稳固晶体层结构的作用。因此，表面包覆可以提高材料的首次可逆循环容量以及提高其倍率性能。

Manthiram 课题组在对富锂过渡金属氧化物正极材料进行表面包覆方面做了大量工作，他们对富锂材料进行 Al_2O_3、CeO_2、ZrO_2 和 $AlPO_4$ 包覆，其中 3wt% 的 Al_2O_3 包覆效果最佳，表面包覆后材料的首次不可逆容量损失明显降低、放电比容量随之增大。例如，经过 Al_2O_3 包覆后的 $Li[Li_{0.2}Mn_{0.54}Ni_{0.13}Co_{0.13}]O_2$ 在电压区间 2.0～4.8 V、C/20 的充放电电流密度下，首次不可逆容量由包覆前的 75 mA · h/g 降到 41 mA · h/g，放电比容量由包覆前的 253 mA · h/g 增加到 285 mA · h/g，并且具有很好的倍率性能。除此之外，该课题组还尝试了混合包覆 $Al_2O_3+RuO_2$，其在 C/20 条件下放电比容量可达 280 mA · h/g，30 周循环以后容量保持率为 94.3%，5 C 条件下的放电比容量为 160 mA · h/g；以 $AlPO_4$ 或 $CoPO_4$ 为内包覆层，以 Al_2O_3 为外包覆层的双层包覆，其中 $AlPO_4$/

Al_2O_3 在2 C时的放电比容量为 215 mA · h/g，$CoPO_4/Al_2O_3$ 在 2 C 时的放电比容量为 204 mA · h/g，均比只包覆 $AlPO_4$、$CoPO_4$ 或者 Al_2O_3 的放电比容量要高。

3）正极材料颗粒的纳米化以及结构或形貌控制

富锂正极材料颗粒的粒径尺寸、晶体结构以及形貌对材料的电化学性能有一定影响，材料的粒径大，则意味着 Li^+ 在脱嵌过程中的扩散路径长，倍率性能随之较差。因此，富锂正极材料的颗粒粒径应尽可能小至纳米级，这样活性材料就可以和电解液充分接触，缩短 Li^+ 的扩散路径，提高材料的电化学性能。

Sun 等通过改进的方法，将前驱体先在水热条件下预热一段时间，制备出晶体习性－调谐的纳米板材料 $Li(Li_{0.15}Ni_{0.25}Mn_{0.6})O_2$（HTN－LNMO），即晶体表面为（010）的纳米板材料产率增加，结果及电化学分析表明，HTN－LNMO 材料较高的倍率性能不仅与材料颗粒的纳米级粒径有关，更重要的是具有（010）面的纳米板材料的含量增多，（010）面是 Li^+ 的脱嵌过程中具有活性的一个面，它能够促进 Li^+ 的脱/嵌过程。

5.2　钠离子电池正极材料

早在20世纪80年代，钠离子电池和锂离子电池同时得到研究，随着锂离子电池成功商业化，钠离子电池的研究逐渐放缓。钠与锂属于同一主族，具有相似的理化性质，电池充放电原理基本一致。充电时，Na^+ 从正极材料（以 $NaMnO_2$ 为例）中脱出，经过电解液嵌入负极材料（以硬碳为例），同时电子通过外电路转移到负极，保持电荷平衡；放电时则相反。与锂离子电池相比，钠离子电池具有以下特点：钠资源丰富，约占地壳元素储量的 2.64%，而且价格低廉、分布广泛。然而，钠离子质量较重且半径（0.102 nm）比锂（0.069 nm）大，这会导致 Na^+ 在电极材料中脱嵌缓慢，影响电池的循环和倍率性能。同时，Na^+/Na 电对的标准电极电位（－2.71 V vs SHE）比 Li^+/Li 高约0.3 V（－3.04 V vs SHE），因此，对于常规的电极材料来说，钠离子电池的能量密度低于锂离子电池。锂离子电池作为高效的储能器件在便携式电子市场已得到广泛应用，并向电动汽车、智能电网和可再生能源大规模储能体系扩展。从大规模储能的应用需求来看，理想的二次电池除具有适宜的电化学性能外，还必须兼顾资源丰富、价格低廉等社会经济效益指标。最近，二次电池在对能量密度和体积要求不高的智能电网与可再生能源等大规模储能的应用，使钠离子电池再次得到人们的密切关注。

正极材料是钠离子电池的重要功能部分，负责提供活性钠离子和高电位氧化还原电对，直接影响电池的可逆容量和工作电压。钠离子电池的电化学性能主要取决于电极材料的结构和性能，通常认为，正极材料的性能（如比容量、电压和循环性）是影响钠离子电池的能量密度、安全性以及循环寿命的关键因素。因此，正极材料性能的改善和提升以及新型正极材料的开发与探索一直是钠离子电池领域的研究热点。储钠正极材料的选取原则如下。

(1) 具有较高的比容量。

(2) 较高的氧化还原电位。

(3) 合适的隧道结构，有利于钠离子嵌入脱出。

(4) 良好的结构稳定性。

(5) 良好的电子和离子导电率。

(6) 价格低廉、资源丰富、环境友好等。

当前可用的正极储钠材料主要包括过渡金属氧化物、聚阴离子化合物、普鲁士蓝及其衍生物等。以下列举了几种常见的钠离子电池正极材料。

5.2.1 钴酸钠正极

层状 $LiCoO_2$ 在锂离子电池中的成功使结构类似的 Na_xCoO_2 也被认为是一类非常有前景的钠离子电池正极材料。早在 1981 年，Delmas 等依据 Na^+ 在过渡金属层间的排列方式，将层状 Na_xMO_2 主要分为 O3 型和 P2 型两类（图 5-16），其中大写字母代表 Na 离子所处的配位多面体（O：八面体；P：三棱柱），数字代表氧的最少重复单元的堆垛层数。由于充放电过程中时常发生晶胞的畸变或扭曲，这时需要在配位多面体类型上面加角分符号（′）。例如 $P'3-Na_{0.6}CoO_2$ 由三方扭曲为单斜晶系。O3 型呈 ABCABC 方式排列。同样的道理，Pn 型中的 P 指的是钠离子和氧离子为三棱柱配位（trigonal-prismatic coordination），P2 型呈 ABBAAB 方式排列。Delmas 等研究 Na_xCoO_2 在充放电过程中结构变化，发现 Na_xCoO_2 存在 $O3 \rightleftharpoons O'3 \rightleftharpoons P'3$ 相间的相互转化，因此导致了较差的循环稳定性。原位 XRD 技术表明，$P2-Na_xCoO_2$ 存在复杂的相变过程，在充电过程中会出现多个单相和两相的电化学反应区域，这与不同 Na 浓度下 Na^+/V_{Na^+}（Na^+ 空穴）结构重排有关。$NaMnO_2$ 与 $NaCoO_2$ 相比，具有较高的理论容量（243 $mA \cdot h \cdot g^{-1}$）且价格低廉。除了 O3 相和 P2 相外，O2 相和水钠锰矿的 Na_xMnO_2 也显示了电化学活性。但是层状 Na_xMnO_2 在充放电过程中存在持续的应力和扭曲，造成结构的坍塌和无定形化，导致材料的循环稳定性很差。此外，$NaFeO_2$、$NaCrO_2$、

$NaNiO_2$ 和 NaV_xO_y 等层状化合物也得到了人们的研究。目前，层状正极材料的研究主要集中在 P2 相和 O3 相，其中 P2 相的比容量一般较高，稳定性较好。这主要是由于 Na^+ 在 P2 相中占据的三棱柱配位空间大于其在 O3 相中的八面体配位空间，有利于 Na^+ 的扩散。但是在电化学反应过程中，层状氧化物的结构稳定性普遍较差，限制其实际应用。为了提高层状正极材料的结构稳定性并综合各类材料的优点，研究人员常采用阳离子取代的方法来制备多金属氧化物。例如 Co 元素取代产物 $Na[Ni_{1/3}Mn_{1/3}Co_{1/3}]O_2$ 展示了出色的循环稳定性，50 周循环后几乎无容量衰减。

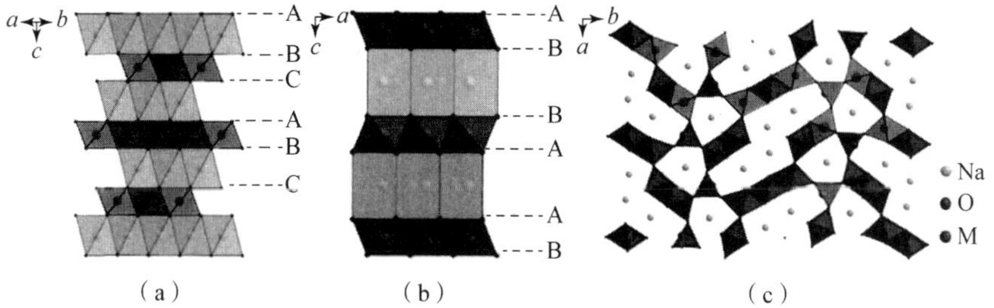

图 5-16　钴酸钠正极结构示意

(a) O3 相；(b) P2 相；(c) 隧道结构示意图

$NaCoO_2$ 在 2M NaOH 溶液中以 0.15 mV/s 的扫描速率获得的循环伏安图如图 5-17 所示。$NaCoO_2$ 的循环伏安曲线在 0.39 V 处有一个氧化峰，在 0.29 V 处有一个还原峰，峰电位差为 0.1 V。在这种扫描速率下，发现阳极和阴极的峰电流之比不等于 1，这是因为在插入过程中，较大尺寸的钠比从 CoO_2 母体中提取更困难，因此，在还原过程中形成了小而宽的峰，而与氧化峰相比，氧化峰更尖锐。

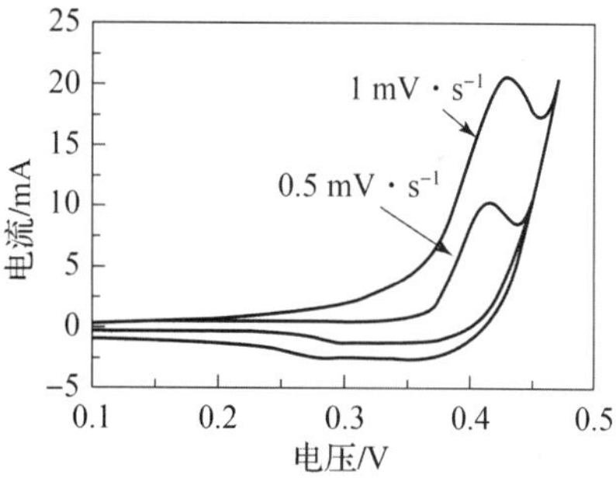

图 5-17　$NaCoO_2$ 正极的循环伏安图

单组氧化还原峰的出现可以根据钴物种的氧化还原活性来解释。在 $NaCoO_2$ 中，给予或接受中心的初级电子都是钴，这是众所周知的事实。因此，出现的充电峰是由 $NaCoO_2$ 中的 Co^{2+} 氧化为 Co^{3+}，伴随着 Na^+ 离子的脱嵌而产生的。放电峰被指定为由 Co^{3+} 还原为 Co^{2+}，同时伴随着 Na^+ 离子通过下列化学反应嵌入。

$$充电:NaCoO_2 \rightarrow Na_{(1+x)}CoO_2 + xNa^+ + xe^-$$
$$放电:Na_{(1+x)}CoO_2 + xNa^+ + xe^- \rightarrow NaCoO_2 \qquad (5-3)$$

5.2.2 磷酸钒钠正极

钠离子超导体具有特殊的骨架结构，是快速钠离子导体，如 $Na_3Zr_2PSi_2O_{12}$，主要组成形式为 $A_xMM'(XO_4)$，其中 A 为碱金属元素，MM′为 Fe、Ti、Sc、V、Zr 等具有 3d 能级的金属元素，X 一般为 W、P、S、Si、Mo。$Na_3M_2(PO_4)_3$ (M = Ti，Fe，V)。$Na_3V_2(PO_4)_2F_3$ 等聚合物体系具有开放式三维 NASICON 结构，适合钠离子快捷迁移，可提升具有较大半径和重量的钠离子在电化学迁移过程中的动力学特性，因而是理想的钠离子电池正极体系。$[V_2(PO_4)_3]$(NVP)相比其他过渡金属 NASICON 结构材料具有易制备、大容量、高电位特点。NVP 电化学反应过程 V^{4+}/V^{3+} 和 V^{3+}/V^{2+} 氧化还原电对分别产生 3.4 V 和 1.6 V (vs. Na/Na^+) 的工作电压，理论容量可达 176 mA · h/g，离子扩散系数为 ~10 ~11 cm^2/s。当前，NVP 作为电极材料已被应用于钠离子电池、混合离子电池、水系电池、混合超级电容器等体系，并具有理想的电化学储能特性。

1. 磷酸钒钠的结构

1）六方晶族 γ - NVP

NASICON 结构材料由“灯笼式”骨架单元组成，每个原胞含有 6 个 $[V_2(PO_4)_3]$ 公式单元。$Na_3V_2(PO_4)_3$ 的结构可以看作是每个 VO_6 八面体与 3 个 PO_4 四面体共用，Na^+ 离子发生在间隙位的 M1（八面体位置）和 M2（四面体位置），其中 M1 位位于同一 $[V_2(PO_4)_3]$ 带中相邻的 $[V_2(PO_4)_3]$ 单元之间，M_2 位位于相邻的 $[V_2(PO_4)_3]$ 位之间，$[V_2(PO_4)_3]$ 位位于 $[V_2(PO_4)_3]$ 带的相邻 $[V_2(PO_4)_3]$ 位之间。值得注意的是，Na^+ 离子占据 M1 位和 M2 位的位置不同。如图 5 - 18 所示，$[V_2(PO_4)_3]$ 单元沿 c 轴排列，形成 $[V_2(PO_4)_3]$ 条带。这些条带通过 PO_4 四面体沿着轴线连接在一起，形成了一个开放的 3D 骨架结构，这为钠离子的转移提供了巨大的空间。

图 5 - 18 六方晶族 γ - NVP 晶体结构示意图

NVP 具有高度开放的三维结构，能产生很大的间隙空间供给钠离子迁移。主要有两类不同氧环境的钠离子位于该晶体的空隙或通道中，其中一类是六配位环境位于八面体位置的容钠位（6b），定义为 Na(1)位，另一类是八配位环境位于四面体位置的容钠位（18e），定义为 Na(2)位，NVP 最稳定的钠原子顺序与 $Na_3Ti_2(PO_4)_3$ 相同，其中一个 Na 原子占据 Na(1)位（1.0 空位），另外两个原子占据 3 个 Na（2）位中的两个（0.67 位）。因此，一个结构基元中的聚阴离子体$[V_2(PO_4)_3]$最多可容纳 4 个单价碱金属离子。但在合成过程中，由于二价 V^{2+} 极不稳定，从而 $Na_xV_2(PO_4)_3$ 中的钒价态一般为三价 V^{3+}，而控制电化学反应在一定电压区间内进行则可以实现钒价态的转变。而 NVP 良好的热稳定性归功于稳定的 P－O 键。

2）单斜晶系 α－NVP

许多研究中的 NVP 都可以在 NASICON 结构框架内的 R3c 空间群（菱面体晶胞）中标引。而 Masquelier 等坚持认为 NVP 在低温下可以转变为具有 C2c 空间群的单斜晶系结构。2000 年，Masquelier 与 Nazar 等通过高分辨同步加速 XRD 进行研究，表明 NVP 大部分强衍射峰分裂成 2～3 个属于单斜对称的特征峰。计算得到的晶胞参数为 $a=1.5124$ nm，$b=0.8733$ nm，$c=0.8847$ nm，$\beta=124.65°$。其他低强度的衍射峰来自室温下钠离子有序排布所产生的超结构。2014 年，Masquelier 等再次通过 400 ℃和 700 ℃两段高温固相反应合成 NVP 并对其进行研究。实验所得 XRD 图及精修结果说明 NVP 属于 C2c 空间群的单斜晶系，其晶胞参数分别为 $a=1.5112$ nm，$b=0.8727$ nm，$c=0.8824$ nm，$\beta=124.54°$。同时，他们指出，当温度高于 200 ℃时，α－NVP 的单斜晶系可转变为 R3c 单斜晶系。2015 年，Masquelier 等率先利用差示扫描量热技术（DSC）研究了 NVP 在－30～225 ℃范围内的相变，并总结出升温过程中 3 个可逆相变过程：25.8 ℃发生 α→β 相变，118.6 ℃发生 β→β′相变，177.2 ℃发生 β′→γ 相变。冷却过程的 3 个相变温度与升温过程的相变温度相比，发生不同程度的偏移。α 相与 γ 相发生相变时具有类似尖锐的热效应峰，而 γ 相被认为具有 $R\bar{3}c$ 空间群的菱形对称结构，α 相对应的晶体结构则一直未被研究。

3）β－NVP 和 β′－NVP

Masquelier 等通过 DSC 曲线发现在介于 α－NVP（C2c）和 γ－NVP（$R\bar{3}c$）相之间，存在两类过渡相，分别为 β－NVP（－30～10 ℃）和 β′－NVP（125～170 ℃）。NVP 相变位于 β－NVP 和 β′－NVP 之间时，会出现不属于菱形对称的超结构衍射峰。NVP 从高温（200 ℃）冷却至 20 ℃时，（116）和（211）位置的衍射峰发生了明显的分裂。尽管他们之前报道过该类超结构衍射峰属于单斜对称，但同步加速 XRD 中出现的超结构衍射峰并不完全符合单斜对称。结合同步加速 XRD 图谱和单晶衍射图谱，Masquelier 等指出 β－NVP 和 β′－NVP 可以认为是经过不对称调整后的单斜结构，也可能是 α－NVP 相

和 γ-NVP 相之间不完全转换而形成的过渡相结构。Lalere 等已经报道了这一观察结果以及低强度的超结构峰。实际上，他们甚至还给出了一个单斜晶胞来尝试索引所有这些额外的峰（$a = 15.112°$ A，$b = 8.723°$ A，$c = 8.824°$ A，$\beta = 124.54°$）。

2. NVP 电化学储能机理

NVP 钠离子电池电压区间在 2~4.6 V（vs. Na/Na^+）内，循环伏安曲线中出现的氧化峰（Na 离子脱出）和还原峰（Na 离子嵌入）分别位于 3.7 V 和 3 V，且有一对不明显峰出现在 2.3 V 左右，完成两个离子的脱嵌。原位 XRD、ICP（电感耦合等离子光谱发生仪）、K-edge XANES 等测试说明了两个钠离子在充电过程中脱出 NVP 形成物相 $NaV_2(PO_4)_3$ 的过程。非原位的 XPS 测试通过测定 NVP 中钒 V^{3+} 经充电氧化变为 V^{4+} 再经放电还原为 V^{3+} 的过程，说明存在两个钠离子的嵌入和迁出反应实现钒价态之间的转变。随着循环次数的增加，发现还原峰位置不断正移，而氧化峰位置基本没有出现偏移，使氧化还原峰电位差不断减小，说明 NVP 材料在钠离子嵌入和迁出的循环过程中会经过结构的重整优化。NVP/Na 钠离子电池在 2~4.6 V（vs. Na/Na^+）电压区间内，以 0.1 C、0.2 C、0.5 C 和 1 C 电流密度充放，比容量分别为 117.6 mA·h/g、111 mA·h/g、104 mA·h/g 和 100 mA·h/g。首次充放电库仑效率为 94.4%、92%、92.8% 和 97%，即使在高倍率电流充放时也表现出较高的效率，主要是由于通过碳热还原法制备的 NVP 表面结构包覆碳，电导率得到提升。NVP 钠离子电池极化电压仅为 0.04 V，而 Jian 和 Cong 等在文献中报道过 0.07 V 的极化电压。

NVP 具有两类不同氧环境的钠位，Na(1) 位处于六配位环境，在两个沿着 z 轴方向相邻的八面体 $V_2(PO_4)_3$ 结构所形成的空隙中，Na(2) 位具有八配位环境，位于沿 z 轴方向相邻的四面体 PO_4 结构中并与磷原子相平行的位置。Houria 和 Lim 等已经报道如果所有 Na(1) 位和 Na(2) 位被钠离子占据，则可形成 $Na_4V_2(PO_4)_3$，其中 Na(1) 位容纳 1 个离子，Na(2) 位容纳 3 个离子。NVP 钠离子电池可以通过控制电压区间实现钠离子嵌入和迁出，进行 V^{4+}/V^{3+} 与 V^{3+}/V^{2+} 之间的氧化还原反应。由于 V^{2+} 在 $Na_4V_2(PO_4)_3$ 中相对不稳定，很难通过化学反应制备出含有 4 个钠离子的 $Na_4V_2(PO_4)_3$ 材料，而是形成稳定 V^{3+} 的 NVP，因此通过碳热还原法制备时，即使有过多的碳原料存在于反应物中，在 600~800 ℃范围内最终也只是能够制备出 V^{3+} 的 NVP。钠离子电池充放电过程中，离子迁移个数将对电池比容量产生重要影响，而 NASICON 结构 NVP 不同钠位的占据位不同，对脱嵌离子数目会产生不同影响。

3. NVP 的改性

NVP 具有 NASICON 开放式三维结构，V_{3d}与 O_{2p}轨道能级相差大，从而导致其电导性差。NVP 在碱金属离子脱嵌过程中产生的体积形变大，所产生的晶格应力会使颗粒表面产生缝隙而不稳定，造成容量的衰减及副反应的发生。目前，通过减小颗粒尺寸（纳米化）、表面提供包覆碳网络、体相掺杂与形貌控制等技术可以提升材料的导电特性，缩短离子和电子传输距离，提升其储能特性。合成方法包括传统的固相反应、溶胶－凝胶法、静电纺丝法、水热法等。

1）碳复合包覆

碳包覆是一类广泛用于碳热还原法以提高材料导电特性的方法，导电碳可在高温固相反应中原位包覆在材料颗粒表面形成导电网络，是一种固相合成电池电极材料使用最广泛、操作易控制、成本相对较低的制备方法。

Jian 等通过导电碳包覆提高材料的导电性，从而改善了材料的循环性能。传统的碳包覆方法容易造成碳不均匀或不完全包覆颗粒表面，从而影响最终的性能。Zhu 等采用软化学法制备了具有多孔碳基体、镶嵌碳包覆 NVP 的新结构。颗粒表面的碳包覆一般通过热裂解碳骨架的有机结构形成，并且包覆碳为无定形结构，其导电性能有限。为了进一步提高包覆碳的导电性，Fang 等通过化学气相沉积方法将经过高温煅烧得到的 NVP 颗粒置于 CVD 管式炉中，原位包覆了石墨烯结构的碳（或称为石墨化的碳）并被同时形成的石墨纤维连接在一起。这种多层级碳包覆的 NVP 作为钠离子电池正极材料，在 500 C（58.5 A/g）电流密度下仍具有 38 mA·h/g 比容量；在 30 C 下经过20 000 个循环，容量保持率 54%。石墨烯作为一类具有特殊结构的碳材料，已被广泛用作电极材料以及作为基体进行材料负载以提升电导性。Yan 等在 2015 年报道了结合冷冻干燥法，将碳包覆的 NVP 颗粒包裹在还原的石墨烯中形成具有三维层级结构的 NVP/C/rGO（复合物）。聚乙烯吡咯烷酮（PVP）不仅在原料的混合过程中作为螯合剂，使无机盐原料与氧化石墨烯均匀融合，而且在后续的高温煅烧过程中形成多孔碳承载 NVP 纳米颗粒，有效阻止 NVP 颗粒在高温反应过程中团聚和生长。纳米 NVP 颗粒表面包覆有无定形介孔碳（mesoporous carbon），可缩短钠离子固相扩散距离。大孔和介孔结构能够为大电流密度下快速钠离子和电子传导提供网络，并能缓解钠离子脱嵌反应产生的形变。

Jiang 等将 NVP 纳米颗粒固定在三维高定向介孔碳 CMK－3 中，CMK－3 不仅能够在高温反应阶段阻止 NVP 颗粒的生长，使其具有纳米尺寸以缩短离子扩散路径，还能够作为导电基体，提供快速电子传输网络。在合成过程中，葡萄糖与原料前驱体混合以实现 NVP 表面碳包覆，形成 NVP@ C 结构。在 CMK－3 中煅烧后，得到二维方向的“核壳”结构 NVP@ C@ CMK－3。NVP@ C@ CMK－3 作为钠离子电池正极，在 30 C 电流下比容量可达到 81 mA · h/g；5 C 电流密度充放，经过 2 000 个循环容量具有 78 mA · h/g。

2）体相掺杂

杂原子掺杂可以调节 NVP 组成与结构，从而影响 NVP 物理化学性质。目前基于 NVP 的体相掺杂主要为掺入金属元素取代部分 Na 或 V，改变原 NVP 的体积结构与电导性。将具有更大离子半径的钾离子掺入 NVP 结构中，通过延伸 NVP 的 c 轴扩大了 NVP 晶格体积，并产生了更大的钠离子扩散通道。掺入的钾离子能够稳定 NVP 结构，使其在电化学反应过程中不会产生较大的体积形变，而钾离子自身并不参与反应。通过对比分析，掺入钾离子含量对掺杂 NVP 电化学储能特性会产生不同影响。含有 0.09 个 K 的 $Na_{2.91}K_{0.09}V_2(PO_4)_3$ 具有较低的电荷转移电阻、较高的钠离子扩散速度及稳定的结构而成为最优掺杂比例。$Na_{2.91}K_{0.09}V_2(PO_4)_3$ 在 0.2 C 下具有 110.4 mA · h/g 的比容量，倍率与循环性能相比未掺杂 NVP 具有明显的提高。Mason 等通过掺入 Fe 原子，可以激活 V^{4+}/V^{5+} 的电化学活性，得到 4 V 的电位平台，并且可以增加约 12% 的容量。Li 等通过 Mg 掺杂可以取代 V 的位点，继而提高材料的倍率性能和循环稳定性。然而一些元素掺杂的系统研究和理论分析仍然不足，对选择合适的掺杂元素和比例尚存盲目性。

3）NVP 形貌控制

Kajiyama 等采用静电纺丝技术，制备了碳包覆的 NVP 一维纳米纤维。静电纺丝是制备一维结构材料的方法，他们将制取 NVP 的原料混合螯合剂与高分子聚合物后得到前驱体浆料，经静电纺丝产生包含前驱原料的纳米纤维，经过高温煅烧得到碳包覆 NVP 纤维。该结构中无定形碳厚度约为 50 nm，纤维中心为团聚的 NVP 纳米晶，直径为 20～50 nm。选区电子衍射说明 NVP 纳米晶在一维碳鞘内呈现一维定向生长特点。纳米颗粒或静电纺丝由于 NVP 在形成的过程中经历较多的晶体生长过程，因此很难在一维碳模板内快速定向生长，因而需要较长的高温反应时间以实现高定向 NVP 晶体的生长。该一维结构中碳鞘能与 NVP 中的聚阴离子体结构形成 C－O 键等稳定的化学键，并可以有效阻止内部 NVP 副反应的发生。块体材料在钠离子脱嵌时会产生较大的体积形变，内部还会出现裂缝缺陷结构。定向生长的纳米颗粒可以缓解钠离子脱嵌时产生的应力，并有效缩短离子和电子传导路径，利于延长材料的循环寿命、提升其倍率特性。Li 等采用静电纺丝法得到纤维前驱体后经过二次煅烧，得到一维 NVP/C 纳米棒结构。NVP/C 纳米棒用作钠离子电池正极在 0.05 C 下产生

116.9 mA·h/g 比容量，0.5 C 下具有 105.3 mA·h/g 比容量。Liu 等通过制备静电纺丝技术，将 NVP 纳米颗粒均匀包裹在一维的交联碳纤维中，得到 NVP/C 的复合电极。该电极在 0.1 C 倍率下具有 101 mA·h/g 放电容量，并且由于材料的高电导性网络，在高倍率电流下仍能保持理想比容量。An 等通过共沉淀方法制备了纳米片组装的多层级 NVP/C 微米花状结构。多层级 NVP/C 微米花状结构除了使其导电性得到提升以外，还增大了电极与电解液的接触面积，并缩短了离子扩散距离。

5.2.3　普鲁士蓝正极

普鲁士蓝 $Fe_4[Fe(CN)_6]_3$ 在 18、19 世纪用作颜料，随着人们对其认识的不断深入，普鲁士蓝开始被应用于更多领域，如海水淡化、癌症治疗、生物传感等。普鲁士蓝的储能能力在近些年才得到深入的研究。普鲁士蓝可以通过取代和修饰形成一系列衍生物，普鲁士蓝及其衍生物（Prussian blue & analogue，PBAs）刚性开放的骨架结构与间隙阳离子小的相互作用为离子的输运提供了快速且稳定的通道，由于 PBAs 的骨架间隙较大，可以储存 Li、Na、K、Zn、Mg、Al 等多种离子，并且其化学组成可以灵活调整，具有很好的适用性，可以应用于多种电池体系。

1. 普鲁士蓝的结构和性质

普鲁士蓝及其衍生物材料的分子式通式为 $AM_A[M_B(CN)_6]_z \cdot nH_2O$，其中，$M_A$ 和 M_B 通常是 Mn、Fe、Co、Ni、Cu 或 Zn，A 通常为 Li、Na、K 等碱金属。M_A 和 M_B 可以是相同的过渡金属，但它们的自旋状态存在差异，这种差异是由于它们处于不同的配体中心产生的。图 5－19 所示为 PBAs 的单个晶胞示意图，过渡金属 M_A、M_B 与氰根 $-C\equiv N-$ 按 $M_A-C\equiv N-M_B$ 排列，形成 M_AN_6 和 M_BC_6 两种八面体，共同构成开放的三维立方体结构，由于 N 的配位晶体场较弱，而 C 的较强，位于 M_AN_6 八面体中心的 M_A 与位于 M_BC_6 八面体中心的 M_B 分别处于高自旋（HS）状态和低自旋（LS）状态。根据前驱体和制备条件的不同，M_A 和 M_B 可以呈现出多种价态组合。M_A、M_B 可以是相同的原子，也可以是不同的原子，其中 M_B 为 Fe 的情况最为常见，$[Fe(CN)_6]^-$ 可以用—HCF 表示。由于 PBAs 通常属于 Fm－3m 空间群，因此结构中往往会有随机分布的 $M_B(CN)_6$ 的空位，空位的数量取决于特定化合物的化学计量，而其化学计量又与两个金属离子 M_A、M_B 的价态相关。另外晶体结构中的八面体空穴会被“配位水”占据。6 个配位水分子附着在八面体空穴的 6 个顶点上，与 Fe^{HS}

离子配合。除了配位水，还有被称为沸石水或间隙水的水分子，部分或全部地占据晶胞中 8 个 8c（1/4，1/4，1/4）位点。可以认为，PBAs 的晶体结构由迁移离子、过渡金属、空位和结晶水四部分组成，这四部分对于 PBAs 的形貌和电化学性能影响巨大。

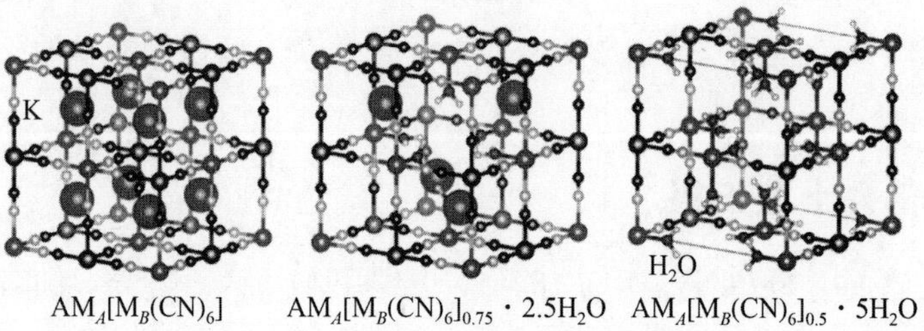

图 5－19　PBAs 的单个晶胞示意图

PBAs 的储能机理是迁移离子在框架结构中嵌入/脱嵌，同时框架结构中的过渡金属离子发生价态变化。迁移离子的种类和数量会影响材料的晶形结构和电化学性能，除了引起相变外，离子的插入还会导致材料的颜色发生变化。比如，FeHCF 的颜色随着其中钠含量的上升由绿转蓝，再由蓝转白，相应地，它的名字也从柏林绿变成普鲁士蓝再变成普鲁士白。过渡金属 M_A 和 M_B 的类型对于电化学性能也有显著影响。当 M_A 为 Mn、Fe、Co、V，M_B 为 Fe 或 Mn 时，由于此类 PBAs 有两个氧化还原活性位点，且一般两个活性位点的金属元素所具有的电压平台不同，在电化学测试中可以观察到这两个充放电平台，理论容量可以达到 170 mA · h/g。不过，在一些特殊情况下，两个放电平台可以合二为一。另一个特例是具有三个平台的六氰合锰酸锰，这是由于其中低自旋锰在钠离子的嵌入/脱嵌过程中可以发生两次变价。而当 M_A 为电化学惰性的 Ni 或 Cu 时，这类 PBAs 只有一个氧化还原位点，因此只能观察到一个平台。结合水和空位会对 PBAs 的电化学性能产生不良影响，结合水会阻碍 Na^+ 的迁移，而空位会阻碍电子的迁移，它们的存在还会削弱 PBAs 储存迁移离子的能力。在迁移离子的脱嵌过程中，空位还会引起晶格扭曲，甚至造成 Fe－C≡N－Fe 桥键的塌陷，从而降低材料的比容量和库仑效率，最终导致电池性能的退化。空位和结晶水的数量可以通过制备工艺的优化进行控制。

根据 PBAs 的性质分析，PBAs 材料优异的储能性能主要源于两个特质。

（1）PBAs 结构中有足够大的三维扩散通道，并且与扩散离子的相互作用较弱，有利于离子的运输，并且适用于多种扩散离子，适用性强。

（2）$[M_B(CN)_6]^{4-}$ 空位可以通过控制合成过程来减少，从而提高结晶度，这对于长时间的循环和高比容是必要的。

2. 普鲁士蓝及其衍生物

FeHCF 是所有 PBAs 中研究最多的一种，两种自旋状态的 Fe 原子可以在不同的电位下提供氧化还原反应的活性储存位点，理论容量可达 170 mA · h/g。不过，由于早期合成的 FeHCF 材料容量和循环稳定性不佳，这种理论值与实验值的巨大差异也困扰了研究者比较长的时间。Yang 等合成了 $FeFe(CN)_6$ 单晶颗粒，颗粒内部的缺陷较低，外表为近乎完美的立方体形貌，容量达到 120 mA · h/g，循环 500 圈后保持 87% 的容量，表现出良好的循环性能。更重要的是，这项工作发现导致电化学失活的原因主要是晶格中空位和结晶水的存在对 Na^+ 氧化还原活性位点的占据和插入造成离子通道的堵塞。因此，制备出低缺陷的 PBAs 单晶成了一项重要的研究任务。

NiHCF 通常为立方结构，由于 Ni 原子是电化学惰性的，它只含有一对氧化还原活性位点，即 $[Fe(CN)_6]^{4-}/[Fe(CN)_6]^{3-}$，平衡电位约为 3.07 V。尽管它只具有 63 mA · h/g 的可逆容量，但 Ni 原子使材料的结构相当稳定，具备零应变的特性，零应变特性能够消除结构变化引起的容量衰减，对于延长二次电池的使用寿命具有重要意义。Guo 等率先研究了 NiHCF 的电化学性能和零应变性质。他们采用湿化学法合成了 NiHCF（$Na_{0.84}Ni[Fe(CN)_6]_{0.71}$），发现在 200 圈的循环后 NiHCF 的晶格参数的变化小于 1%，这种可以忽略的体积变化不仅维持了自身结构的稳定性，还保持了钠离子和电子通路的稳定性，该工作引起了对于 NiHCF 的广泛关注，此后镍元素作为最常用的掺杂元素广泛地应用于其他类型 PBAs 的改性中。在 NiHCF 的研究中，容量的提升是最大的研究重点。

在单金属普鲁士蓝类化合物中，MnHCF 具有较高的比容量和氧化还原电位。Jin 等报道了利用泰勒－库特反应器在不同干燥条件和温度下制备立方、单斜、菱方相 MnHCF。其中菱方相 MnHCF 具有最高的容量（150 mA · h/g）。

3. 普鲁士蓝的改性

在单金属 PBAs 的研究中可以发现，根据过渡金属的不同，充放电曲线会呈现出不同的电压平台，平台越多，比容量就越大。但容量的提升往往会带来循环性能的下降。对材料进行修饰是解决上述矛盾的有效方法之一。其中最常见的有掺杂和包覆两种手段。

1）掺杂

PBAs 的性质可以通过高自旋离子位置的杂原子掺杂或部分取代来调控，这为其电化学性能的调节提供了相应的自由度。在这方面，镍由于其电化学惰性，常用于提升 PBAs 的循环稳定性。Moritomo 等研究了 Fe、Co、Ni 部分取代 MnHCF 中的 Mn 对 SIB 速率和循环性能的影响。他们发现在 50 C 时，取代样品的放电容量是可以测到的；而在 20 C 时，未取代样品的放电容量就消失了。他们认为倍率性能的提高是由于掺杂离子抑制了 Mn^{3+} 的 Jahn – Teller 畸变，从而激活了 Mn 还原反应。此外，Fe 与 Ni 的掺杂可以增大 PBAs 的晶胞体积，以促进 Na^+ 的脱嵌并提升材料的可逆容量。

2）包覆

对 PBAs 进行表面包覆的目的主要是提升材料表面的导电性以及材料结构的稳定性，常用的包覆材料有碳材料、聚合物材料。

碳材料是一种常用的高导电性包覆材料，新型碳材料的陆续发现逐渐拓宽碳包覆在二次电池的应用领域。Moritom 等以葡萄糖为碳源，通过两步法对 MnHCF 进行碳包覆，改善了材料的倍率性能。Jiang 等通过原位复合碳材料的方法合成了高性能的 PB@ C 复合电极材料。完美立方体形貌的纳米 PB 颗粒均匀地附着在碳基体上，保证了快速的离子扩散和电子传导。同时，理论计算结果表明部分钠离子的嵌入能够提升 PB 的电子电导率，使高自旋铁具有快速的氧化还原反应动力学。Prabakar 等报道了由固定在氧化石墨烯（Fe_2O_3/GO）上的 Fe_2O_3 纳米颗粒在氧化石墨烯（GO）层中合成出高结晶的 PB@ GO 复合材料，表现出优越的电化学性能。

在聚合物包覆中，以聚吡咯为包覆层，除了可以提升材料表面电导率，还可以稳定 PBAs 的结构，缓解充放电过程中的结构损坏，从而提升循环性能。掺杂的 PPy 还可以增加可逆氧化还原位点，从而增加复合材料的容量。Tang 等通过原位聚合包覆的方法合成了 PB@ PPy 复合材料，该材料具有良好的倍率性能，在 200 mA/g 的充电倍率下，容量达到 108.6 mA · h/g，循环 500 圈后还保留 79% 的容量。Chen 等通过盐酸刻蚀的聚乙烯吡咯烷酮复合 PBAs 正极，制备出 PVP 包覆的多通道 PBAs 材料。研究发现 PVP 包覆材料的引入除了提升导电性和结构稳定性外，还能有效控制材料的粒径分布，并有效移除 PBAs 内部的空位和结合水，增加 PBAs 的结晶度。同时盐酸的刻蚀有利于：除去材料内部的空位，促进多孔和扩散通道的形成，并增加材料的比表面积，使材料与电解液更加充分地接触。该复合材料在容量和倍率方面均有提升。

5.2.4 其他钠离子电池正极材料

1. $NaMnO_2$ 等层状氧化物

$NaMnO_2$ 与 $NaCoO_2$ 相比，具有较高的理论容量（243 mA · h/g）且价格低

廉。除了 O3 相和 P2 相外，O2 相和水钠锰矿的 Na_xMnO_2 也显示出电化学活性。在 Na_xMnO_2 氧化物正极材料中，$Na_{0.44}MnO_2$ 由于具有高的比容量和循环稳定性而被广泛研究。$Na_{0.44}MnO_2$ 属于正交晶系，结构非常复杂，在一个晶胞单元中有 5 种不同位置的锰离子，分别处于两种不同环境，所有的 Mn^{4+} 和一半的 Mn^{3+} 处于 MnO_6 的八面体离子位置，另一半的 Mn^{3+} 处于 MnO_5 四方锥离子位置。由于 Na2、Na3 位于大的 S 形隧道中，Na1 离子位于小隧道中，有大量的 3D 隧道空隙，适合钠离子脱嵌，并且 $Na_{0.44}MnO_2$ 能够承受在结构变形中的一些应力，这使材料结构稳定，因此在钠离子脱嵌过程中具有较高的容量和较好的循环稳定性能。

但是层状 Na_xMnO_2 在充放电过程中存在持续的应力和扭曲，造成结构的坍塌和无定形化，导致材料的循环稳定性很差。由于 Fe 资源丰富且 Fe^{4+}/Fe^{3+} 电对活性较高，$NaFeO_2$ 也是一种潜在的正极储钠材料。$NaFeO_2$ 的性能严重依赖于充电截止电位的选择，实验表明，当充电到 3.4 V 时，$NaFeO_2$ 可释放 80 ~ 100 mA · h/g 的容量；但当充电到 3.5 V 时，材料发生不可逆结构变化，阻塞 Na^+ 传输通道，循环性能急剧下降。除此之外，$NaCrO_2$、$NaNiO_2$、NaV_xO_y 等层状金属氧化物也得到了人们的关注。

2. 橄榄石型 $NaFePO_4$

作为 $LiFePO_4$ 的类似物，$NaFePO_4$ 被较早地应用于钠离子电池的研究。$NaFePO_4$ 有磷铁钠矿（maricite）和橄榄石（olivine）两种晶型，maricite 型 $NaFePO_4$ 能通过高温煅烧直接合成，但是电化学活性较差；相反地，橄榄石磷酸铁钠具有较好的电化学性能，但是只能通过化学或者电化学转换橄榄石 $LiFePO_4$ 的方式合成。Le Poul 等首先报道了在有机溶剂中将橄榄石 $LiFePO_4$ 通过化学氧化再还原的方式，转化成橄榄石型的 $NaFePO_4$；Zhu 等比较了 $NaFePO_4$ 在钠离子电池和 $LiFePO_4$ 在锂离子电池中的电化学性能，得出 $NaFePO_4$ 低的钠离子扩散系数和高的电荷转移电阻是导致 $NaFePO_4$ 电化学性能受限的原因。同时，钠离子嵌入脱出过程中的反应机理也被详细地研究。与 $LiFePO_4$ 两相反应不同的是，研究发现 $NaFePO_4$ 在电化学反应过程中存在一个 $Na_{2/3}FePO_4$ 的中间相，即首先通过固溶体过程形成 $Na_{2/3}FePO_4$，然后通过两相反应得到橄榄石 $FePO_4$。这样在充电曲线上表现为两个平台，如图 5 - 20 所示。

3. 焦磷酸盐（$Na_2MP_2O_7$）

$Na_2MP_2O_7$（M = Fe，Mn）属于三斜晶系，P1 空间群，以 FeO_6 八面体和

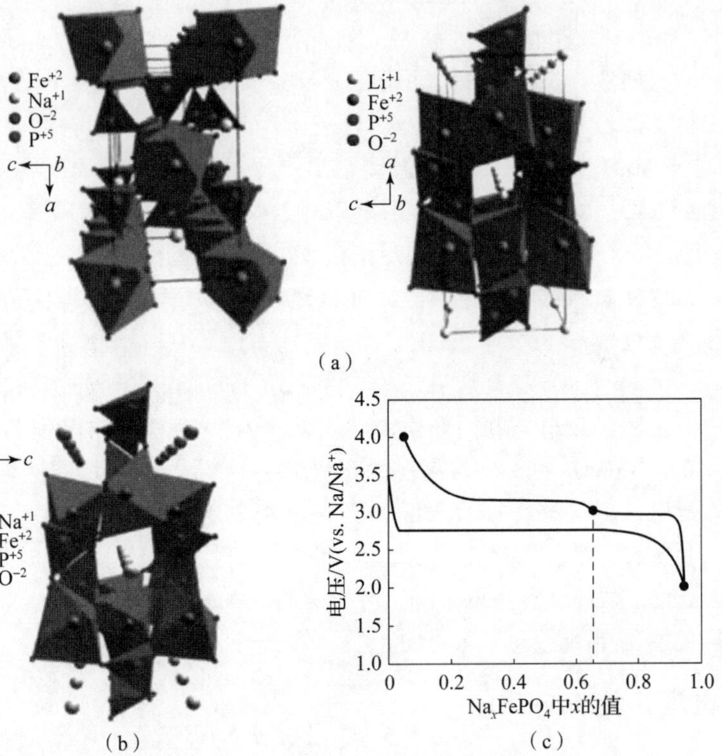

图 5－20　$NaFePO_4$ 的结构和电化学性能

(a) $NaFePO_4$ 与 $LiFePO_4$ 单个晶胞的对比；(b) $NaFePO_4$ 配位多面体示意；

(c) Na^+ 嵌入和脱嵌过程中电压的变化

PO_4 四面体，通过共顶点氧原子，产生［011］方向的钠离子扩散通道，因此表现出储钠电化学活性。结构中也存在 P_2O_7 的单元，以共角或共边的形式形成 Fe_2O_{11} 二聚体。焦磷酸盐以 $Na_2FeP_2O_7$ 性能最为优异，研究比较广泛。由焦磷酸盐的结构和性能可知，焦磷酸盐可以直接通过高温煅烧得到电化学活性较好的材料，针对铁基化合物具有较好的优势。但是，由于含有较大的 P_2O_7 离子，材料的分子量较大，理论容量偏低。

4. 氟化磷酸盐

氟磷酸钠盐 $NaMPO_4F$ 也是一类重要的聚阴离子正极材料，它是由四面体结构的 PO_4 和八面体 MO_6 与 F 连接构成的一类化合物。2007 年，Nazar 课题组首次研究了 Na_2FePO_4F 正极材料。由于其两个钠离子占据 $FePO_4F$ 层间空隙，具有二维的钠离子迁移通道，有利于钠离子的脱嵌，其理论容量较高，约为

135 mA·h/g；并且其在 $Na_2FePO_4F-NaFePO_4F$ 的相变过程中，晶胞体积变化率仅为 3.7%，近似零应变材料，因此在钠离子脱嵌过程中结构稳定，具有较好的循环稳定性。

5. 硫酸盐

硫酸盐的储钠性能也被广泛地研究，其中 Fe 基硫酸盐表现出最为优异的电化学性能。Barpanda 等制备了 alluaudite 型的 $Na_2Fe_2(SO_4)_3$，该材料表现出 3.8 V 的电压，并且具有 102 mA·h/g 的可逆比容量，在 20 C 的倍率下有 55 mA·h/g 的理论比容量。同时，理论计算以及穆斯堡尔谱分析该材料存在一些杂相。Yamada 等分析了非整比的 $Na_{2+2x}Fe_{2-x}(SO_4)_3$，发现 $x=0.25$ 的时候，杂相含量最小，由此 $Na_{2.4}Fe_{1.8}(SO_4)_3$ 的结构被广泛地研究。Meng 等通过自上而下的方法合成了单壁碳纳米管修饰的 $Na_{2+2x}Fe_{2-x}(SO_4)_3$ 材料，该材料表现出优异的倍率性能和循环稳定性。Wei 等研究了 Mn 掺杂 $Na_{2.5}(Fe_{1-y}Mn_y)_{1.75}(SO_4)_3(0\leq y\leq 1)$ 的电化学性能，发现随着 Mn 的掺入，Fe^{3+}/Fe^{2+} 氧化还原电位会升高，但是材料的容量会降低。目前研究的硫酸盐体系，$Na_{2.4}Fe_{1.8}(SO_4)_3$ 材料的综合性能最优，其具有较高的工作电压以及合适的容量，加之铁基材料价格低廉、环境适应性好，通过寻找适合大规模合成的方法，构造合适的导电网络，可获得较好的电化学性能，具有潜在的应用前景。

5.3 钾离子电池正极材料

锂离子电池作为一种典型的高效储能系统，由于具有比容量高、工作电压高、电荷保持能力强等优点受到了越来越多的关注和研究。然而，便携式设备的迅速发展和使用使储量不高且分布严重不均的锂资源显得更加匮乏和供不应求。因此，急需开发储量丰富和价格便宜的新型材料储能电池体系——钾离子电池。相比锂离子电池，钾离子电池有以下优点：①成本低廉、储量丰富；②钾元素与锂元素在元素周期表中处于同一主族，具有相似的物理化学特性；③钾在有机电解液 PC/EC 中的标准电极电势接近锂的，这使钾离子电池具有较高的工作电压和能量密度；④碱金属离子中钾离子的 Lewis 酸性较弱，溶剂化离子半径（Stockes 半径）较小，使溶剂化的钾离子具有较高的离子迁移数和扩散系数；⑤电解液中溶剂化的钾离子具有较低的去溶剂化能量，具有较快的扩散动力学特性。上述优势都赋予了钾离子电池更加广阔的应用前景。

钾离子电池的构造与锂离子电池类似，也是由正负极材料、电解液和隔膜组成。由于钾和铝不会生成钾铝合金，钾离子电池的活性物质大多可以涂敷在价格低、质量轻的铝集流体上；电解液主要为溶于有机溶剂的钾盐溶液；常用隔膜为玻璃纤维隔膜。钾离子电池的工作原理是基于钾离子的“摇椅式”穿梭，完成电荷转移及能量存储。如图 5 - 21 所示。

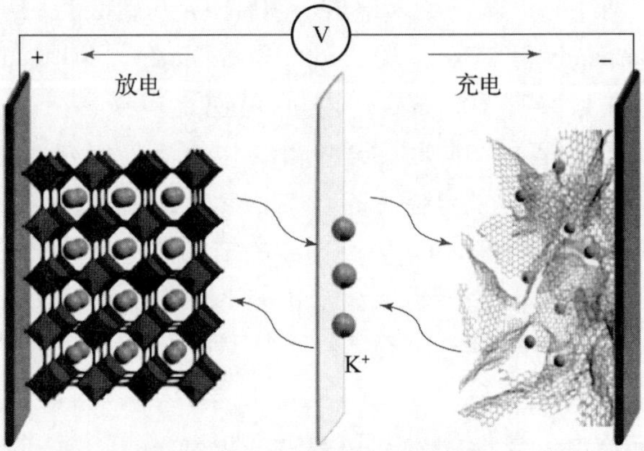

图 5 - 21　钾离子电池工作原理图

虽然新型钾离子电池具有许多优势，但其发展仍处于初步阶段，仍然面临着许多问题和挑战。例如，钾离子半径较大，使其在电极材料中脱出/嵌入过程缓慢，较难实现快速充放电；同时电极材料在钾离子反复脱嵌过程中体积变化也大，会产生较大的结构应力，造成容量衰减快。因此，开发利于钾离子可逆脱嵌的电极材料是关键，尤其是正极材料。目前，钾离子电池正极材料主要包括有机化合物类、层状金属氧化物、聚阴离子化合物和普鲁士蓝及其类似物等。本节详细综述了上述正极材料的最新研究进展，总结归纳了这些材料存在的问题与改性策略，并对钾离子电池正极材料未来的发展方向做出展望。

5.3.1　层状金属氧化物正极材料

层状结构金属氧化物正极材料（A_xMO_2，A 为碱金属，M = Co、Mn、Cr、Fe 等）由于具有较高的理论比容量、环境友好、易于制备等优点，最早被用于锂离子电池中，且已经得到商业化应用，文献中报道较多的钠离子电池正极材料中层状过渡金属氧化物也占一大比例。层状过渡金属氧化物是过渡金属和氧原子排列成的八面体结构，碱金属离子位于过渡金属层间。如图 5 - 22 所示，不同层状过渡金属氧化物结构差异很大，排列方式可大体分为 P2、P3、O2、O3 四种，结构不同导致其电化学性能有很大差别。

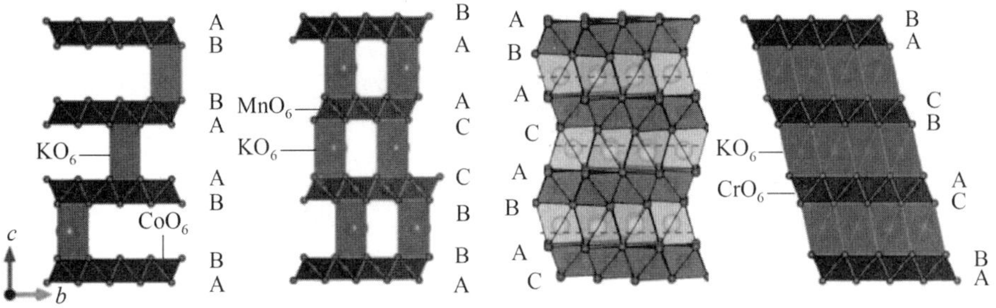

(a) (b) (c) (d)

图5-22 不同氧原子堆叠方式的钾离子层状氧化物

(a) P2-$K_{0.6}CoO_2$；(b) P3-$K_{0.5}MnO_2$；(c) O2-$LiMeO_2$；(d) O3-$KCrO_2$

1. 钴基金属氧化物正极材料

上文提到钾离子电池工作原理与锂离子电池原理相似，所以钴酸锂作为最早用于商业化的锂离子电池正极材料同样吸引了研究人员的关注，钴酸钾与钴酸锂同样具有层状结构，可以实现钾离子充放电过程的脱嵌步骤，充电时钾离子从层状材料的正极脱出经离子迁移到正极，放电时则过程相反。例如Kim课题组研究了P3-$K_{0.5}CoO_2$和P2-$K_{0.6}CoO_2$钾离子正极材料的储钾性能，并采用原位XRD和电化学滴定法进一步探究钾离子嵌入和脱出机制。结果表明放电过程中材料的衍射峰强度发生了变化但仍保持原有晶体结构，是因为钾离子脱出时氧负离子相互排斥导致层间距离增大，上述结果都可证明钾离子在层间的嵌入脱出过程导致材料发生了相变；同时电化学表征结果显示该材料的实际比容量可提高至80 mA·h/g，且工作电压平台可达2.7 V。然而，表征结果表明该材料在反复的充放电过程中会与电解液发生很多副反应，导致其容量衰减较快，适当的纳米化处理和结构设计，不但可以缩短钾离子和电子的传输路径，而且还可以稳固电极材料的结构，进一步提升循环稳定性。基于此，Deng等设计出了一种由纳米片组装而成的P2-$K_{0.6}CoO_2$微球，其在1.7~4.0 V的电压窗口内，循环300圈后容量仍有64 mA·h/g，表现出较好的容量保持率(88%)，如图5-23所示。

2. 锰基金属氧化物正极材料

相比钴酸钾正极材料，锰元素资源丰富绿色环保且成本较低。目前，层状锰酸钾正极材料主要包括P2-$K_{0.3}MnO_2$、P3-$K_{0.5}MnO_2$、$K_{0.65}Fe_{0.5}Mn_{0.5}O_2$等，典型材料制备流程如图5-24所示。然而，此类材料在钾离子的脱嵌过程中会发生严重的结构畸变（如层滑脱）和相变，导致容量衰减较快、循环稳定性

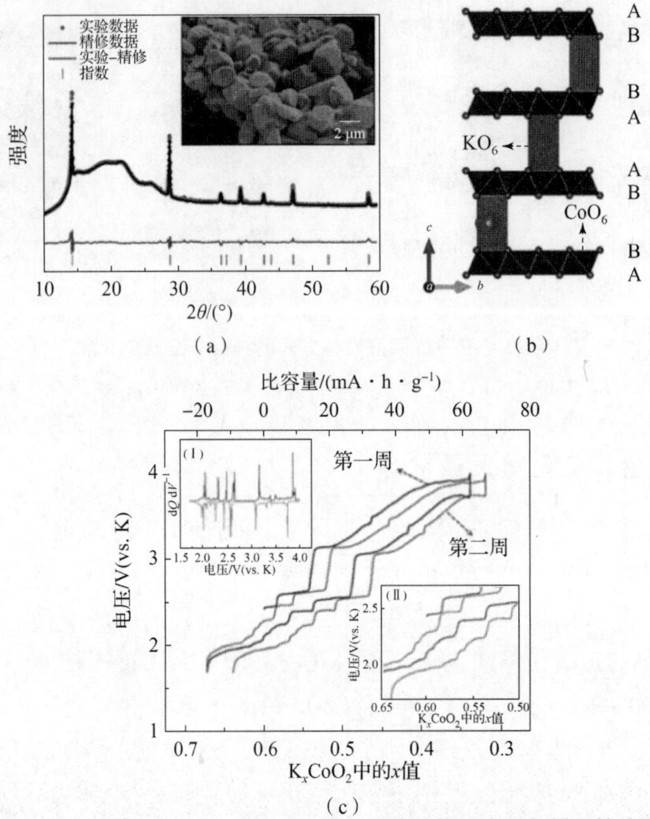

图 5-23 P2-$K_{0.6}CoO_2$ 的 XRD 图、晶体结构示意图与循环性能图

(a) P2-$K_{0.6}CoO_2$ XRD 图;

(b) P2-$K_{0.6}CoO_2$ 晶体结构示意图;(c) P2-$K_{0.6}CoO_2$ 循环性能图

差。为此，研究者们通过引入结晶水，使其沿着 *c* 轴扩展，增大层间距，以容纳较大体积的钾离子，从而抑制 Jahn-Teller 畸变和不可逆的相变，提升循环性能和倍率性能。例如，$K_{0.27}Mn_{0.98}O_2 \cdot 0.53H_2O$ 正极材料以结晶水为层间柱，扩大了层间距离（1.409 nm），改善了钾离子扩散动力学并延长了循环寿命，其在大倍率 5 C 下循环 50 圈后放电比容量仍可达 50 mA · h/g。

此外，提高水合锰酸钾中钾离子的含量可以提升电池的容量，如 $K_{0.77}MnO_2 \cdot 0.23\ H_2O$ 的可逆容量可以达到 134 mA · h/g（电流密度 100 mA · h/g）。另外，表面包覆也是一种提升循环稳定性的有效手段，如 Zhao 等利用化学沉淀法，在 $K_{1.39}Mn_3O_6$ 正极材料的表面包覆了一层 AlF_3（记作 AlF_3@S-KMO），包覆层厚度为 3.1 nm。研究发现，AlF_3 包覆层可有效防止 $K_{1.39}Mn_3O_6$ 与电解液发生副反应，从而使电极材料与电解液之间的界面变得十分稳固。电化学结果显示 AlF_3@S-KMO 的电池性能得到了大幅提升，其可逆容量高达 110 mA · h/g。

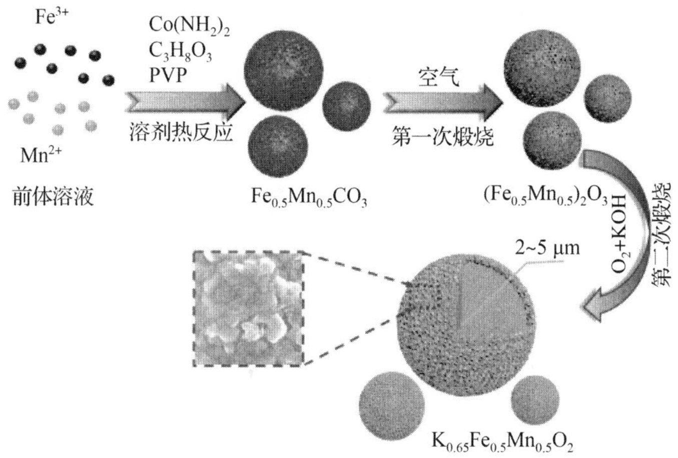

图 5－24　制备多孔微球 P2－$K_{0.65}Fe_{0.5}Mn_{0.5}O_2$ 的流程示意图

3. 其他金属氧化物正极材料

铬酸钾也是一种钾离子电池正极材料，如利用电化学离子交换法，以 $NaCrO_2$ 为载体，成功合成出 $K_{0.69}CrO_2$ 正极材料，其在 1 C 倍率下，首次放电比容量为 100 mA · h/g，且 1 000 圈循环后容量保持率可达 65%。Naveen 等还报道了一种 P3－$K_{0.8}CrO_2$ 正极材料，它的晶体结构比较稳定，可逆容量为 91 mA · h/g，且与石墨负极匹配组装成钾离子全电池也显现出较好的电化学性能，如图 5－25 所示。

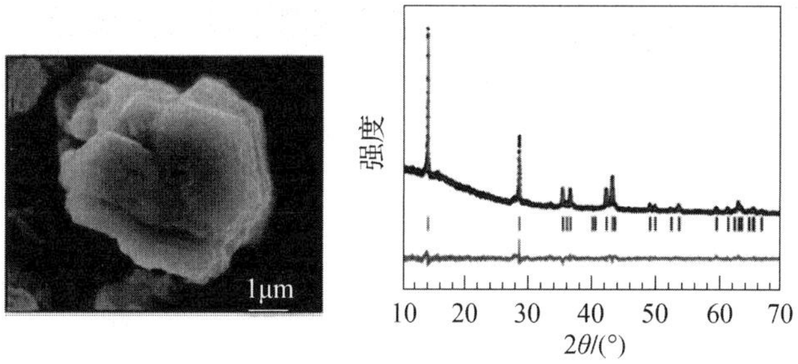

图 5－25　P3－$K_{0.8}CrO_2$ 正极材料 SEM 及 XRD 示意图

此外，层状氧化钒/钒酸钾也是钾离子电池正极材料的研究热点之一。比如 $K_{0.5}V_2O_5$ 具有较大的层间距（~0.95 nm），可以促进钾离子的快速传输。其在 100 mA · h/g 的电流密度下，循环 250 圈后容量保持率可达 81%。$K_2V_3O_8$ 材料（晶面间距 0.52 nm）也表现出良好的电化学性能，其在 10 mA · h/g 下可逆容量可以达到 116 mA · h/g。进一步，在层状氧化钒/钒酸钾中引入结晶水可以增大层间距，为钾离子的插层反应提供更大的空间。如 $V_2O_5 \cdot 0.6H_2O$ 气凝胶在电流密度 50 mA · h/g 下，经过 500 圈循环后仍能保持 104 mA · h/g 的可逆比容量，而无结晶水的 V_2O_5 已几乎没有容量。层状结构 $K_{0.42}V_2O_5 \cdot 0.25H_2O$ 得益于结晶水和钾离子的共同柱撑作用，表现出优异的充放电性能，其在 C/15（1 C = 300 mA · h/g）的电流密度下，比容量可高达 226 mA · h/g。

除了上述金属氧化物材料，金属矿物质材料也是近年研究热点。Vaalm 等报道了将具有层状结构的水钠锰矿 $K_{0.3}MnO_2$ 用于钾离子正极材料（图 5 – 26），其在 1.5 ~ 3.5 V 的电压区间内具有良好的循环稳定性，可逆容量约为 70 mA · h/g。Cede 等研究了不同放电电位窗下 P3 – $K_{0.5}MnO_3$ 的电化学性能：在电压范围为 1.5 ~ 3.9 V 的 CV 曲线中，存在对应的氧化还原峰；在上限电压增加为 4.2 V 时的 CV 曲线中，在 3.7 V 和 4.1 V 的位置出现氧化峰，却没有相应的还原峰。随后，他们对材料进行原位 XRD 测试，结果证明其结构在高电压范围内发生了 P3 到 O3 的不可逆相变，这与低电压范围内 P3 $\rightleftharpoons$ O3 $\rightleftharpoons$ X 的可逆转变不同。向锰氧化合物中掺杂 Ni、Co、Fe 等过渡金属元素可以有效抑制复杂的相变，增强结构的稳定性能，获得更好的电化学可逆性。Mai 等通过静电纺丝技术得到了 $K_{0.7}Fe_{0.5}Mn_{0.5}O_2$ 纳米线，原位 XRD 结果显示该材料在钾离子嵌脱的整个过程中始终保持稳定的层状框架结构。由于具有快速的 K^+ 扩散通道和三维电子传导网络，$K_{0.7}Fe_{0.5}Mn_{0.5}O_2$ 作为正极材料与软碳负极材料组装成钾离子全电池时，在 20 mA · h/g 的电流密度下可以获得119 mA · h/g 的容量，循环 250 周后容量保持率为 76%。此项研究工作推动了由地球丰富元素组成的高性能钾离子正极材料的广泛研究。Wang 等通过改进的溶剂热法合成出由初级纳米粒子自组装而成的均匀 $K_{0.65}Fe_{0.5}Mn_{0.5}O_2$（P2 – KFMO）微球。其作为钾离子正极材料时，在 20 mA · h/g 电流密度下具有高度可逆的储钾容量（151 mA · h/g），在 100 mA · h/g 电流密度下循环 350 周后，表现出 78% 的容

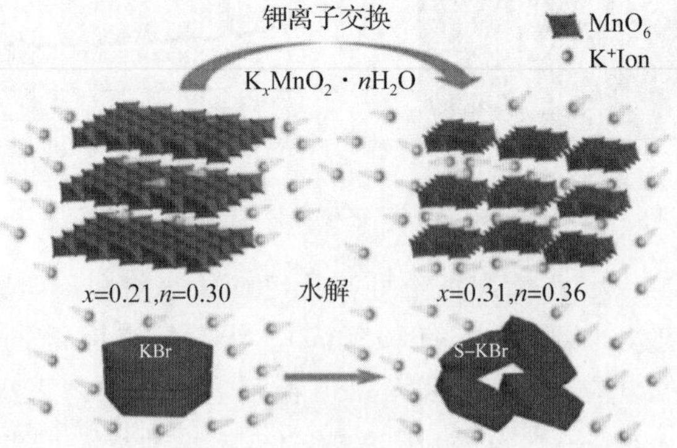

图 5 – 26　水钠锰矿离子交换过程示意图

量保持率。他们指出活性材料良好的结构稳定性和优异的电化学性能归因于其独特的分层结构。微粒级的二级 $K_{0.65}Fe_{0.5}Mn_{0.5}O_2$ 微球减小了 P2 – KFMO 与电解质的接触面积，有效降低了两者之间的副反应；同时纳米级的初级粒子能够缩短 K^+ 扩散距离，提供稳定的 K^+ 和电子传输路径。此外，P2 – KFMO 微球中的孔隙可以容纳充放电过程中电极的体积变化，使微球表面生成的钝化层更加稳定，从而实现了材料的长期循环稳定。

Li 等利用水热法合成了网状 $V_2O_5 \cdot 0.6H_2O$ 干凝胶，通过将结晶水限制在 V_2O_5 层中，可以扩大材料的层间距，从而获得优异的钾储存能力。其首圈放电比容量可达 224.4 mA · h/g，在 50 mA · h/g 的电流密度下循环 500 周后能够提供 103.5 mA · h/g 的放电容量。Zhu 等同样采用水热法制备出了层状结构的 $K_{0.5}V_2O_5$。该材料的层间距可达 9.50 Å，有利于 K^+ 的可逆嵌脱。X 射线衍射结果显示，当材料完全放电至 1.5 V 时，其层间距缩小为 9.06 Å；当充电至 3.8 V 时，材料的层间距恢复为 9.50 Å。值得注意的是，SEM 图谱显示充放电过程中重复的晶格膨胀与收缩并没有造成材料结构的坍塌。其在 100 mA · h/g 的电流密度下，循环 250 周后仍能保持 81 % 的初始容量。通过 X 射线光电子能谱的结果可以分析出，在钾离子的嵌脱过程中，钒离子的价态是在 +4 和 +5 价之间可逆转换。为了研究 $K_{0.5}V_2O_5$ 材料在嵌脱钾时的热力学和动力学机理，研究者进行了恒电流电歇滴定测试，结果表明 K^+ 在 $K_{0.5}V_2O_5$ 中的扩散对材料嵌脱钾过程中的动力学起到了决定性作用，这意味着可以通过调整活性材料的微观结构进一步增强其电化学性能。

5.3.2 普鲁士蓝正极材料

普鲁士蓝及其类似物是一类过渡金属氰化物，它的化学式为 $AxM[M'(CN)6]y \cdot m\ H_2O$（其中 A 为碱金属元素；M 为过渡金属元素，如 Fe、Co、Mn、Ni、Cu、Zn；M 一般情况下为 Fe；$0 \leqslant x \leqslant 2$）。PBAs 具有间隙较大的刚性开放骨架，为离子半径较大的钾离子的可逆嵌脱提供了丰富的活性位点和传输通道。

常见的 PBAs 具有钙钛矿结构，晶格中过渡金属 M 与亚铁氰根按照 Fe – C≡N – M 排列形成三维骨架结构。Fe 离子与 M 离子按照立方体状排列，C≡N 位于立方体的棱上。掺杂的过渡金属元素 M（Fe、Mn）是具有电化学活性的，所以与传统的层状金属氧化物的储钾机理不同。如图 5 – 27 所示，PBAs 在充电过程中，当第一个 K^+ 从结构中脱嵌，由于 N 的吸电子能力较强，与 N 配位的 Fe^{2+} 在电压升高的过程中率先发生氧化反应，即平台 1；随着电压继续升高，当第二个 K^+ 从结构中脱嵌时，与 C 配位的 Fe^{2+} 也发生氧化反应，即平台

2；放电过程则首先发生与 C 配位的 Fe^{3+} 的还原反应，其次再发生与 N 配位的 Fe^{3+} 的还原反应。其充放电过程中特殊的反应进程反映在其充放电曲线上，则出现两个明显电位差的电位平台。然而与此同时，两电子转移的特性也使该材料的结构不稳定，易发生不可逆的转变；当掺杂的过渡金属 M（Ni、Cu、Zn 等）是电化学惰性的，该类材料只能实现一个电子的转移，但也正是这些过渡金属元素的电化学惰性使它们起到支撑开放结构框架的作用，所以含有此类过渡金属元素的材料表现出良好的循环性能和优异的库仑效率。

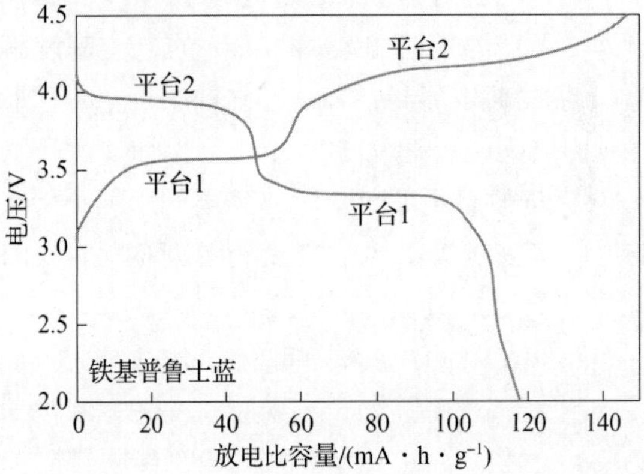

图 5-27　铁基普鲁士蓝材料充放电曲线图

锰作为自然界中含量较多的金属以及无毒性使其在电池领域得到广泛应用。钠离子电池中已经证明，PBAs 正极材料中引入 Mn 元素后所得的 Mn 基普鲁士蓝类似物（Mn-PBAs），会有较高的比容量和放电平台电压，进而获得较高的能量密度。同样，相对于铁基普鲁士蓝，锰基普鲁士蓝的放电电位更高，从而可获得更高的能量密度。

Eftekhari 等最早将普鲁士蓝作为非水系钾离子电池的正极材料进行研究，发现 $KFe[Fe(CN)_6]$ 作为钾离子电池正极材料时具有优异的循环性能及良好的电化学性能（图 5-28）。Lei 等制备得到了一种低成本的普鲁士蓝纳米颗粒，利用其作为钾离子正极材料时呈现出 3.1~3.4 V 的高放电平台和稳定的可逆比容量，且容量衰减速率极慢，每圈仅有 0.09% 的容量衰减。同时他们通过分析此材料的电化学储存机理，发现这种框架式分子结构有利于 K^+ 进行可逆的嵌脱反应，主要活性位置在与 C 相配位的 Fe^{2+}/Fe^{3+} 上。

有研究学者认为在正负极之间可逆嵌脱的钾离子数量会影响电池的电化学性能和材料的晶型结构，增加正极材料中 K^+ 的含量可有效提高全电池能量密度和可逆比容量。Chen 等采取添加 KCl 的方式来增大反应介质中 K^+ 浓度，获得了富钾态普鲁士蓝类化合物 $K_{1.92}Fe[Fe(CN)_6]_{0.94} \cdot 0.5H_2O$，其在电解质体

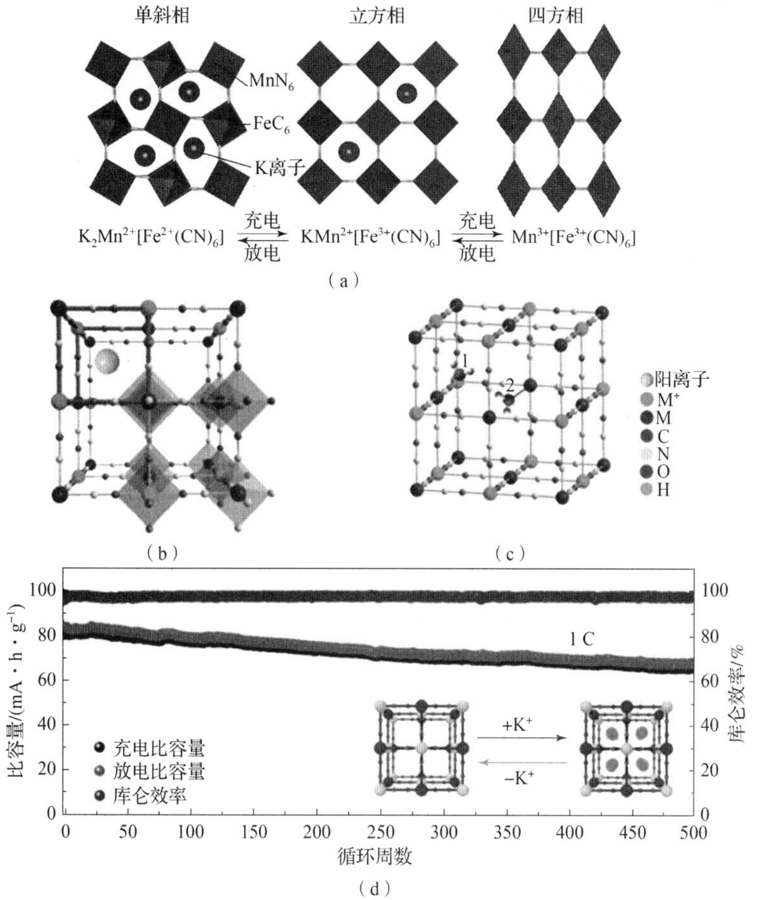

图 5－28　普鲁士蓝晶体结构及电化学性能示意图（书后附彩插）

(a) Mn－PBAs 充放电过程相结构及化学式；(b) 普鲁士蓝工作机理；
(c) 晶体结构示意图；(d) 长循环电化学性能图

系 $KClO_4$/PC 中具有 133 mA · h/g 的高比容量和良好的长循环稳定性，0. 1 C 电流密度下循环 200 圈后容量保持率为 92. 8%。Goodenough 等将制备出的 $K_{1.89}Mn[Fe(CN)_6]_{0.92} \cdot 0.75H_2O$ 作为钾离子电池正极材料时，可以得到 142 mA · h/g 的放电比容量。由于与 N 相配位的高自旋 Mn^{3+}/Mn^{2+} 和与 C 相配位的低自旋 Fe^{3+}/Fe^{2+} 具有接近的能势，该材料在放电过程中展现出两个电压集中在 3. 6 V 的放电平台。当使用亚铁氰化钾和亚铁氰化钠分别与锰的硝酸盐发生共沉淀反应时，前者的产物颗粒尺寸比后者小，表明亚铁氰化锰钾的结晶速率比亚铁氰化锰钠的快。于是他们在反应体系中同时加入 KCl 和 NaCl，发现 Na^+ 会诱导颗粒尺寸较小的初级粒子聚集形成直径约 350 nm 的二级粒子，该策略有效地改善了材料的循环性能。

研究者发现当框架中的 M 采用不同的过渡金属时，可以获得丰富的结构体系，表现出不同的储钾比容量和倍率性能。Ji 等合成了一系列普鲁士白类似 $K_xMFe(CN)_6 \cdot mH_2O$（M = Fe、Co、Ni 和 Cu）。其中 FeFe - PW（PW：普鲁士白）具有两电子转移特性，在 20 mA · h/g 的电流密度下可以达到 110 mA · h/g 的可逆容量；而 NiFe - PW、CoFe - PW 和 CuFe - PW 表现出单电子反应机制。CoFe - PW 作为钾离子电池正极材料时只有约 60 mA · h/g 的低放电容量，而钠类似物 $Na_2CoFe(CN)_6$ 却表现出两电子转移特性，他们推测这种差异可能是因为 K^+ 和 CN^- 之间的强键合作用导致电子云密度向 K^+ 偏移，产生的诱导效应使 Co^{3+}/Co^{2+} 的氧化还原电位增加，Co^{2+} 在充电上限电压的限制下不能被氧化。

Komaba 等将通过水溶液沉淀法制得的 $K_{1.75}Mn[Fe(CN)_6]_{0.93} \cdot 0.16H_2O$ 和 $K_{1.64}Fe[Fe(CN)_6]_{0.89} \cdot 0.15H_2O$ 作为钾离子电池正极材料，前者具有 3.8 V 的放电电压平台和 137 mA · h/g 的放电容量，后者则表现出 3.4 V 的放电电压平台和 130 mA · h/g 的放电容量。根据钠电上 $Na_2Fe[Fe(CN)_6]$ 正极材料的研究，他们指出两者容量的差异归因于 $[Fe(CN)_6]$ 结构缺陷的数量不同，这些结构缺陷会减少电化学活性中心，使容量利用率降低。此外，他们将石墨作为钾离子电池负极材料与 $K_{1.75}Mn[Fe(CN)_6]_{0.93} \cdot 0.16H_2O$ 正极材料组装成全电池，该电池表现出 110 mA · h/g 的可逆比容量，且在 3.8 V 的放电平台下具有 536 W · h/kg 的能量密度，与锂电中 $LiCoO_2$ 表现出的 532 W · h/kg 能量密度相当。他们还提出该正极材料在钾离子的嵌入和脱出过程中经历了单斜晶相、立方相、四方晶相的可逆相变。其中，第一个两相变化归因于处于旋转态的 MnN_6 和 FeC_6 八面体转变为未旋转的规整状态，第二个两相变化是由高自旋 Mn^{3+} 的 Jahn - Teller 效应引起的。

Liu 等通过水热法制备出 $KFe[Fe(CN)_6]$ 纳米颗粒，其作为正极材料时具有超长循环寿命，即在电流密度 100 mA · h/g 下循环 1 000 周后容量保持率为 80.49% 且电压平台在循环过程中没有明显的变化。他们指出钾离子的嵌入与脱出是一个温和的固溶过程，还通过非原位 XRD 和非原位傅里叶转换红外光谱对钾离子的嵌脱机制进行了分析，发现在充放电的过程中水分子始终存在，水分子虽然对容量并没有贡献，但却可以起到支撑框架结构的作用。利用常规水溶液共沉淀法制备的普鲁士蓝类化合物，其沉淀溶解平衡常数极小，导致晶体的成核和生长在自发沉淀期间通常是一个快速过程，造成产物差的结晶度和颗粒的严重聚集。研究表明材料的晶粒尺寸对其电化学性能有很大的影响，柠檬酸盐等络合剂可以与过渡金属离子 M^{2+} 发生螯合作用从而减小产物结晶速率。Nazar 等通过柠檬酸盐辅助络合沉淀法合成了不同尺寸的普鲁士白类似物

$K_{1.7}Fe[Fe(CN)_6]_{0.9}$。当晶粒尺寸为20 nm时，其拥有接近140 mA·h/g的理论容量和分别为4.0 V和3.2 V的两个明显的放电电压平台；通过调控柠檬酸盐的量使晶粒尺寸增大时，其电化学性能下降。

Fu等利用$K_3Fe(CN)_6$和$FeCl_3$的共沉淀反应制备得到零应变的纳米材料格林绿$FeFe(CN)_6$，其可逆容量高达124 mA·h/g，在5 C倍率下循环500周后仍具有93 mA·h/g的可逆容量。Li等首次通过热处理$K_4Fe(CN)_6·3H_2O$并对其进行导电炭黑的包覆，最终得到$K_4Fe(CN)_6/C$复合物，其循环500周后可以提供65.5 mA·h/g的放电比容量。

众多研究者发现通过添加柠檬酸盐或氯化钾等方式辅助沉淀普鲁士蓝类似物，减少了传统普鲁士蓝类材料结构缺陷多、结晶水含量大等突出问题，进一步提高了材料稳定性，增加了初始充放电容量。然而普鲁士蓝类材料依然面临高倍率下性能匮乏、长循环下容量衰减快等诸多挑战。因此，制备出低缺陷、含水少的普鲁士蓝类材料是显著提升该类材料电化学性能表现的关键。

5.3.3　聚阴离子类正极材料

聚阴离子化合物为包含四面体和八面体阴离子结构基团（$(AOm)^{n-}$（A = P，S，Mo，W等）的化合物。这些正极材料具有开放性的三维框架结构、强诱导效应和X－O强共价键，因此其作为钾离子电池正极材料具有离子传输快、工作电压高、结构稳定等优点。聚阴离子型化合物的通式为$K_xM(XO_4)_3$（M是V、Ti、Tr、Al、Nb等或其中的几种组合；X是P或S）。M多面体与X多面体通过共边或者共点连接而形成多面体框架，而K^+位于框架间隙中。该类材料中的过渡金属Mn^+具有较高的氧化还原电对。这些化合物具有强共价骨架，有对碱金属离子的扩散能低，具有低氧损失、高热稳定性、高工作电压和长循环稳定性等优点。阴离子在晶体结构中呈四面体或八面体配位，其诱导作用可以提高电极材料的氧化还原电位。目前已研究了焦磷酸盐、氟磷酸盐和氟草酸盐等聚阴离子化合物作为钾离子电池的正极材料，这些聚阴离子化合物中的大多数包含铁和钒元素，表现出极高的工作电压。

聚阴离子化合物具有各种结构和组成，如$K_{3-x}Rb_xV_2(PO_4)_3/C$、$K_3V_2(PO_4)_2F_3$、$KVOPO_4$、$KVPO_4F$、$K_{1-x}VP_2O_7$、$K_4Fe_3(PO4)_2(P_2O_7)$和$KFeC_2O_4F$等，其平均电压均在3.7 V以上，具有出色的电压平台，反应机理可以用以下反应方程式说明：

$$KMPO_4 \rightarrow K_{1-x}MPO_4 + xK^+ + xe^-$$

在充放电过程中，M过渡金属离子的氧化还原反应为K离子的嵌入和脱出提供比容量。$(PO4)^{3-}$阴离子以八面体结构与金属离子配位，其本身的诱导效应同时也提高了 M 金属离子的氧化还原电位。但是，K 基聚阴离子化合物具有较低的振实密度，这将导致较低的体积能量密度；此外，普通电解质在高工作电压下易分解，从而导致低的循环稳定性和库仑效率，因此，未来的研究也应集中在开发与聚阴离子化合物的高工作电压匹配的新型电解质上。

$LiFePO_4$ 已广泛应用于锂离子电池正极材料，虽然有报道称少量的 K 可以占据 Li 位点，但是由于钾离子尺寸较大，制备纯橄榄石相 $KFePO_4$ 仍然是一个巨大的挑战。Mathew 等提出将无定形的 $FePO_4$ 作为钾离子电池正极材料，无定形 $FePO_4$ 具有的短程有序结构可以促进客体离子 K^+ 的插入。电化学测试表明在 1.5~3.5 V 电压范围内，每个 $FePO_4$ 单元可以容纳 $0.89K^+$，这相当于 156 mA · h/g 的高放电容量。非原位 XRD 结果显示非晶相 $FePO_4$ 材料在充放电过程中发生了从无定形到结晶相的可逆转变。这项研究工作为开发类似的过渡金属磷酸盐电极材料提供了可能性。

除了常用的铁基聚阴离子正极材料（图 5-29），近年来，钒基（V）聚阴离子型材料作为储钾电极材料受到广泛关注，Xu 等首次提出将快离子导体 NASICON 型的 $K_3V_2(PO_4)_3/C$ 复合物作为钾离子电池阴极材料。在 2.5~4.3 V电压窗口内该材料可以提供 54 mA · h/g 的可逆容量，其放电平台在 3.6~3.9 V 内，在 20 mA/g 的电流密度下循环 100 周后能保持初始容量的 80%。他们通过将纳米 $K_3V_2(PO_4)_3/C$ 复合材料与块状的 $K_3V_2(PO_4)_3$ 相比较，发现 $K_3V_2(PO_4)_3/C$ 复合物具有更有利的储钾主体结构。其 3D 多孔的结构有利于 K^+ 的扩散，原位碳涂层保证了反复的充放电过程中结构的稳定性且促进了固体电解质膜的形成。此外，纳米级 $K_3V_2(PO_4)_3$ 颗粒更容易与电解液充分接触，从而使活性物质积极参与到电化学反应中。$K_3V_2(PO_4)_3/C$ 结构及电化学性能示意图如图 5-30 所示。

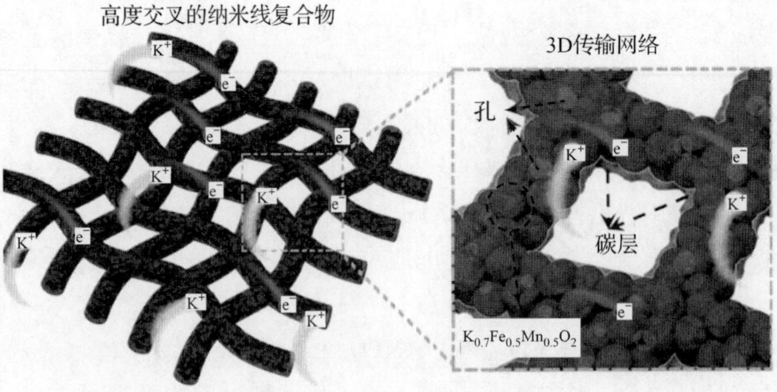

图 5-29　$K_{0.7}Fe_{0.5}Mn_{0.5}O_2$ 的三维纳米线结构

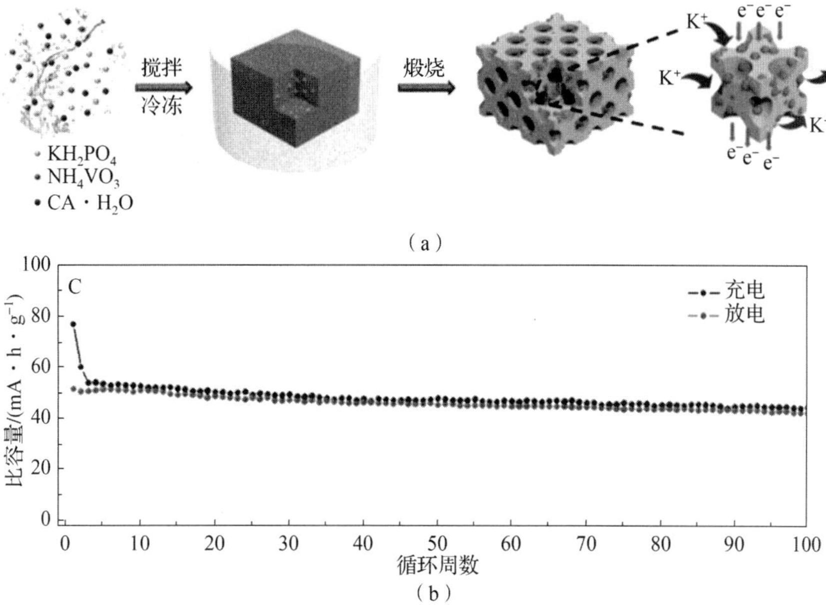

图 5-30　$K_3V_2(PO_4)_3/C$ 结构及电化学性能示意图

(a) 结构；(b) 电化学性能示意图

尽管聚阴离子正极材料有稳定性好、电化学平台较高等优点，但聚阴离子基化合物的密度较低，限制了其比能量的提升。近年来对聚阴离子正极材料的改性方法层出不穷，包括减小材料尺寸、表面碳包覆和元素掺杂等方式可以有效提升钾离子电池中聚阴离子型正极材料的电化学性能。Komaha 等在聚阴离子型框架结构中引入强电负性的 F 和 O，制备出具有 4 V 工作电压平台的 $KVPO_4F$ 和 $KVOP_4$ 正极材料。在 2.0～5.0 V 的电压窗口内，前者由于结构中的 VO_4F_2 八面体而存在 V^{3+}/V^{4+} 氧化还原电对，在 4.13 V 的工作电压平台下可以提供 92 mA · h/g 放电容量；后者的 VO_6 八面体表现出中心离子侧 V^{4+}/V^{5+} 的氧化还原反应，在 4.0 V 的工作电压平台下放电容量可达 84 mA · h/g。通过在结构中引入强吸电子基团，提高了材料的工作电压平台，从而使材料的能量密度得以提升。Ceder 等采用两步固相法合成了化学计量的 $KVPO_4F$ 正极材料，电化学测试结果表明其具有极高的放电电压——4.233 V，可提供 105 mA · h/g 的比容量和 454 W · h/kg 的质量能量密度。为了更好地理解 $KVPO_4F$ 中氟氧比例对其电化学性能的影响，研究者通过温和的还原环境制备出 $KVPO_{4.36}F_{0.64}$。他们指出 $KVPO_4F$ 的氧化导致阴离子的无序结构，造成更加平缓的电压平台。同时，F 含量的降低使诱导效应减弱、电压平台下降。另外，氧含量的增加使 V 的初始价态升高、V 的氧化还原反应受到限制，从而降低了材料的比容量。O 少量取代 F 虽然造成容量的衰减，但是材料的循环性能和倍率性能却得到提高。

基于 $Na_3V_2(PO_4)_2F_3$ 的研究，Zhang 等报道了一种新型的氟磷酸盐 $K_3V_2(PO_4)_2F_3$ 阴极材料，在 3.7 V 的工作电压下可以给出 100 mA · h/g 的比容量。将材料在 10 ~ 100 mA · h/g 的电流密度下进行电化学测试，发现仍有 80% 的初始容量，即使在 2 C 倍率下也有 50 mA · h/g 的容量。优异的倍率性能归因于 VO_4F_2 八面体和 PO_4 四面体构建的开放框架结构。值得一提的是，这里制备的 $K_3V_2(PO_4)_2F_3$ 具有约为 2 μm 的较大尺寸，通过控制颗粒尺寸和碳涂层的方式可以进一步提升材料的倍率性能。这项工作证实了从锂电和钠电类似物中寻求有潜力的电极具有重大意义，同时也促进了高性能钾离子电池正极材料的发展。

Park 等结合理论计算和实验系统地研究了 $KTiP_2O_7$、KVP_2O_7、$KMoP_2O_7$、$KFeP_2O_7$ 等多种聚阴离子化合物的储钾性能，其中，KVP_2O_7 中 60% 的钾离子能够可逆地插入/脱出，比容量约为 60 mA · h/g。此外，KVP、$KTi_2(PO_4)_3$（KTP）和 $K_3V_2(PO_4)_2F_3$(KVPF) 也表现出较好的储钾性能。结果表明，通过纳米化、碳包覆和离子掺杂等策略可以有效提升它们的电化学性能。如 Han 等发现纳米结构的 KVP/C 复合正极材料比块状 KVP 具有更好的电化学性能。纳米结构 KVP/C 复合正极材料在 20 mA · h/g 电流密度下的首次充电和放电比容量分别为 77 mA · h/g 和 54 mA · h/g，工作电压平台约 3.6 V。经过 100 圈循环后，其容量保持率可达 96.3%，表现出优异的循环稳定性。这主要归因于它的多孔结构有利于钾离子的快速扩散和迁移；纳米级 KVP 颗粒可以缩短钾离子的扩散距离且可与电解液充分接触；碳包覆可提高材料导电性，并确保电极材料在反复的充放电过程中的结构稳定性。Zhang 等采用回流和冷冻干燥辅助的方法成功制备出具有均匀形貌的碳包覆 KVP 复合正极材料（颗粒尺寸 0.5 ~ 1.0 μm），其在 2.0 ~ 4.0 V 电压区间内可获得91 mA · h/g 的比容量（电流密度 15 mA · h/g），经过 100 圈循环后，比容量仍有 85 mA · h/g，表现出较好的循环性能。Zhang 等采用氧化还原石墨烯、碳纳米管和无定形碳（AC）协同增强 KVP 的导电性和结构稳定性，表现出优异的倍率性能和循环稳定性能。在大倍率 5 C 下，500 圈循环后，其容量保持率可达 75%。

5.3.4 有机化合物类正极材料

与上文介绍的刚性无机材料相比，有机化合物类正极材料结构设计灵活、理论容量高、环境友好、价格低廉；同时由于有机大分子间相互作用弱，较大的 K^+ 离子可以较容易地嵌入这些有机框架中，是一类具有广阔应用前景的储钾材料。以PTCDA（苝四甲酸二酐）阴极材料为例，有机材料在充放电过程中以下反应：$PTCDA + 2K^+ + 2e^- \rightarrow K_2PTCDA(+2K^+ + 2e^- \rightarrow K_4PTCDA + 2K^+ + 2e^- \rightarrow K_{11}PTCDA)$。该电极材料在0.01 V的低放电电位下与$K^+$形成$K_{11}PTCDA$化合物比容量为753 mA·h/g，$K_2PTCDA$和$K_4PTCDA$在1.5~3.5 V的电位下形成，约131 mA·h/g，且该材料在40次循环后比容量下降60%左右。Ji等证明了KPTCDA（有机阴离子与钾离子的复合物）作为钾离子电池正极材料时，在20 mA·h/g的电流密度下能够给出122 mA·h/g的容量。为了更好地理解该材料的储钾机制，研究者采用了非原位XRD和非原位红外光谱技术。分析结果显示，材料在嵌钾的过程中经历了高度的非晶化，脱钾的过程中有序结构在2.8 V时会发生部分扭曲，这种现象表明非晶化是部分可逆的。

蒽醌（AQ）基化合物具备丰富的羰基和苯环结构，理论上能够实现多电子的电池反应。但是在锂离子和钠离子的电池的研究中发现，这类有机小分子在电解液中面临严重的溶解问题，往往循环稳定性极差。为解决有机小分子的溶解问题，研究者通常将小分子聚合形成聚合物或将小分子转化为相应的盐。鉴于此，Jian等以AQ为单体制备了聚蒽醌硫醚（PAQS）聚合物。PAQS展示了超过200 mA·h/g的稳定容量，并展现出两个明显的放电电压平台。研究者认为两个电压平台对应了钾离子嵌入的两个步骤。此外，Zhao等将蒽醌类型的小分子转变为蒽醌-1，5-二磺酸钠盐（AQDS），以此来抑制蒽醌基小分子的溶解。AQDS释放了将近95 mA·h/g的可逆容量。此外，AQDS表现出极佳的循环稳定性，100次循环后仍然能够释放将近78 mA·h/g的容量。结合FTIR和非原位的XRD分析，研究者认为AQDS中两个羰基的位置是钾离子存储的位点。

作为新兴的电化学储能器件，钾离子电池由于其高能量、低成本以及钾储量丰富等优势引起了广泛的重视与研究。钾离子电池正极材料作为关键组成部分，其研究在很大程度上决定了整个电池体系的储钾性能。本小节主要介绍了钾离子电池无机正极材料的最新研究进展，分析和总结了这些正极材料存在的关键问题及解决当前问题的设计策略，并提出了钾离子电池未来发展到实际应用的可行途径。具体地，层状金属氧化物的比容量虽高，但结构易坍塌，循环寿命较短。通过调整钾离子含量、引入结晶水以及表面包覆，可在一定程度上改善它的倍率性能和循环稳定性。聚阴离子化合物的晶体结构较稳定，且其三维框架结构有利于钾离子快速扩散。适当的纳米结构设计、表面修饰和本体掺杂，可以提升其电压平台、可逆容量和倍率性能。普鲁士蓝及其类似物的开放结构可以为钾离子提供快速脱嵌的通道。研究发现，富钾型PBAs可以显著提升储钾容量。上述正极材料都表现出一定储钾性能，有望在大规模储能领域得到推广和应用。然而，钾离子电池的发展仍处在初期阶段。由于钾离子的半径较大，其仍存在诸多问题。目前正极材料的电化学性能仍不太理想，需继续开发高性能的新型正极材料。与此同时，需要优化正极材料的制备方法、简化反应流程、减少反应能耗和降低生产成本，实现正极材料的宏量制备。此外，在基础研究方面，还存在充放电机理、构效关系不明晰等问题，需要对原位/非原位表征技术、电化学技术等进行深入的探索研究，揭示相关机制（如微观结构、钾含量、柱撑离子种类等对电化学性能的影响规律）。在具体操作过程中，由于钾金属较活泼，原位表征装置的设计存在较大挑战。另外，钾离子电池的电解液一般都沿用了锂（钠）离子电池体系的酯类电解液，在充放电过程中会产生一定的副反应，影响钾离子电池的性能。因此，开发与正极材料匹配的专用钾离子电池电解液也十分重要。最重要的是，钾离子电池还存在一些潜在的安全问题。如当电池使用不当时，会导致其内部温度急剧升高，使活性物质分解或电解液氧化，有可能会发生电池燃烧甚至爆炸。然而，目前关于改善钾离子电池的安全保护设计和安全解决方案较少，需要进一步研究。

|5.4 锂－硫电池正极材料|

5.4.1 硫正极材料

硫（sulfur）作为正极材料使用已有60年的历史。1962年，Herbet和Ulam首次组装了以硫作为正极材料的锂电池，之后Bhaskara计算了锂－硫电池的理论能量密度。然而，由于锂－硫电池阳极的安全性堪忧、电池循环性能差等问题使得其在20世纪的能源电池竞争中缺少足够优势。直到2009年，Nazar在锂－硫电池领域取得了重大突破后，锂－硫电池及硫正极材料才逐渐受到人们的关注。

1. 硫的基本性质

硫，俗称硫黄，是一种非金属单质，常温下为淡黄色脆性结晶或粉末，有特殊臭味，不溶于水，易溶于二硫化碳，低毒。硫的密度是2.07 g/cm^3，熔点为118 ℃，沸点为445 ℃。硫以游离态和化合态存在于自然界，其中化合态主要为硫化物和硫酸盐。

硫的同素异形体有很多，如斜方硫、单斜硫和弹性硫等，其中斜方硫又称

为菱形硫或 α - 硫。当温度低于 96 ℃时，硫为斜方硫；当温度介于 96 ℃和 118 ℃之间时，硫为单斜硫，上述两种形态的硫均以环状的 S_8 形式存在。温度升至熔点后，硫开始融化，转变为黄色的液体硫；升温至 160 ℃，S_8 开环为链状；温度继续升高，硫的黏度开始变大，颜色逐渐加深，由黄色转变为橘色，最终变为红色。温度介于 200 ℃和 445 ℃之间时，硫会发生聚合和解聚；在更高的温度下，其会解离为短链的硫，如图 5 - 31 所示。

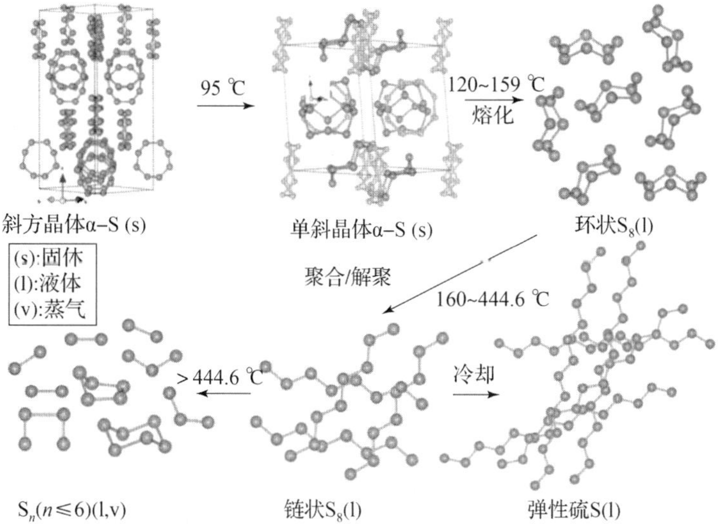

图 5 - 31　硫在不同温度下的结构变化

硫的化学性质比较活泼，既有氧化性又有还原性，因此能跟大多数元素化合生成离子型或共价型化合物。硫在空气中燃烧时的火焰为蓝色，燃烧产物为二氧化硫。

$$S + Fe \xrightarrow{\text{加热}} FeS$$

$$2S + Cl_2 \xrightarrow{\text{加热}} S_2Cl_2$$

生产生活中，硫主要用于制硫酸、硫化橡胶等，还可用于农业和医药等领域。

2. 硫的优势与不足

1）硫的优势

新能源二次电池的发展方向为轻元素、多电子和高比能。对锂 - 硫电池体系，可按下式计算电池的理论比能量：

$$C_0 = \frac{26.8nm}{M} = \frac{m}{K}$$

$$W_0 = C_0 E = \frac{m}{K} E = \frac{26.8nm}{M} E$$

其中，C_0 为电池理论容量；n 为电池反应中涉及的电子数；m 为参与电池反应的活性物质质量；M 为该活性物质的摩尔质量；K 为活性物质的电化学当量；W_0为电池的理论比能量；E 为电池电动势。

由上述两式可知，欲提高电池的比能量、获得高比能电池体系，活性物质的电化学当量要小，即应选用低摩尔质量 M 的活性物质；同时应增大反应中涉及的电子数 n 和提高电池电动势 E，提高电池电动势即选择电极电势较正的正极和电极电势较负的负极。

从以上方面考虑，硫单质正极材料具有极大优势。首先，硫是轻质元素之一，其摩尔质量小，理论比容量可高达 1 680 mA · h/g。理论上，硫可以发生多电子反应，其理论比容量可达2 600 W · h/g；同时硫与氟、氯、氧等元素类似，具有电化学当量小且电极电位较正的特点。

除原理角度外，硫单质的储量大、来源丰富、价格低廉，其既是我国石油精炼和工业生产的副产品，也可从硫酸盐矿物中直接提取，还能与废气回收工业耦合实现可持续发展。

2）硫的不足

尽管单质硫在性能、储量、成本等方面具有一定的优势，但硫正极材料也同样存在若干问题限制其发展。

（1）单质硫的绝缘性。常温下，硫的电子电导率仅为5×10^{-30} S/cm 左右，其表现为电化学惰性；不仅如此，硫的还原产物 Li_2S 和 Li_2S_2 也具有绝缘性，严重影响锂 - 硫电池的电化学性能。

（2）体积膨胀。硫的密度为 2.07 g/cm^3，而放电最终产物 Li_2S 的密度仅为 1.66 g/cm，因此在放电过程中电极会发生严重的体积膨胀现象。反复充放电将导致电池体积变化，进而严重破坏电池的正极结构，造成粉化，严重影响电池的性能和使用寿命。

（3）穿梭效应。在充放电过程中，电池正极会产生可溶性的中间产物多硫化物 Li_2S_n（$3 \leqslant n \leqslant 6$）导致电池容量快速衰退并伴随穿梭效应发生。图 5 - 32 中多硫化物的溶解用绿色箭头表示，穿梭效应则由红色箭头表示。

电化学反应过程中生成的长链多硫化物溶解在有机电解液中，其在浓度梯度的驱使下，从正极扩散到负极并于负极被还原成不可溶的短链多硫化物，这种短链多硫化物在负极表面聚集会造成负极钝化，发生不可逆的自放电行为；在充电过程中，部分易溶的短链多硫化物在电场的驱使下，从负极扩散回到正极被氧化成长链多硫化物，上述现象即为穿梭效应。穿梭效应会造成单质硫正

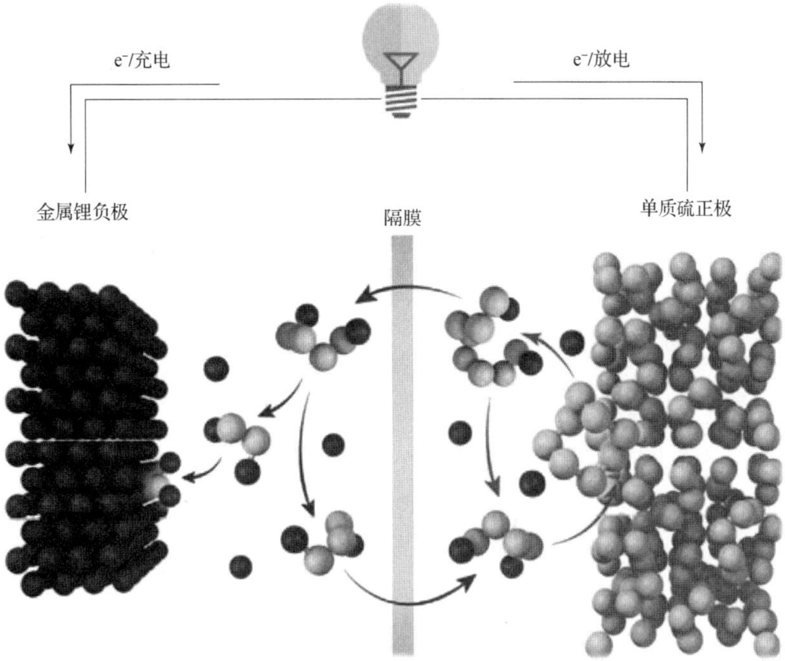

图 5－32　穿梭效应示意图（书后附彩插）

极材料的不可逆损失，损失容量。

综上所述，单质硫难以作为单独的锂－硫电池正极材料使用，因此近年来的主要研究思路是用其他材料包覆硫单质或将单质硫固定、负载于其他导电基体上形成复合材料，或者选择适当的离子掺杂方式来作为锂－硫电池的正极材料。

3. 硫的电化学行为

在锂－硫电池的充放电过程中，硫正极会发生多步多电子氧化还原反应并伴随复杂的多硫化物相变过程。放电过程中，硫正极共经历 4 个主要阶段，如图 5－33 所示。

第 1 阶段，固相的 S_8 转变为液相 S_8^{2-}：

$$S_8(s) + 2e^- \longrightarrow S_8^{2-}(l)$$

第 2 阶段，液相的 S_8^{2-} 转变为短链的液态硫：

$$3S_8^{2-}(l) + 2e^- \longrightarrow 4S_6^{2-}(l)$$

$$2S_6^{2-}(l) + 2e^- \longrightarrow 3S_4^{2-}(l)$$

第 3 阶段，短链的液态硫转变为固相 Li_2S_2：

$$S_4^{2-}(l) + 4Li^{2+} + 2e^- \longrightarrow 2Li_2S_2(s)$$

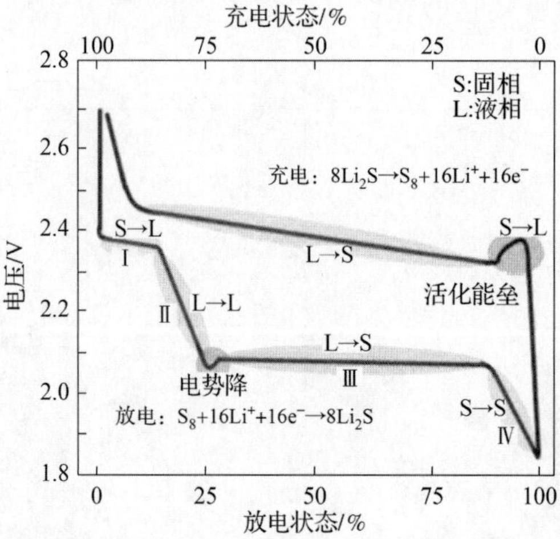

图 5－33　锂－硫电池中硫正极的电化学行为

第 4 阶段，固相 Li_2S_2 转变为 Li_2S，放电过程结束。

$$Li_2S_2(s) + 2Li^{2+} + 2e^- \longrightarrow 4LiS_2(s)$$

充电过程是放电过程的逆过程，Li_2S 首先转变为固相 Li_2S_2，之后经短链的液态硫中间态转变为长链液态硫，最终由长链液态硫转变为固态 S_8。

4. 硫复合正极材料

为了弥补硫本身的缺陷，通常将其与其他材料复合使用，形成电导率高、循环性能稳定的复合材料。其中，表面包覆和硫负载是制备硫复合正极材料的两种常用方法，这两种方法均能显著提高硫的电导率并有效抑制穿梭效应。

1）表面包覆

（1）碳包覆。碳材料的导电性良好、结构多样、富有弹性，是十分理想的包覆材料。目前，碳包覆技术已成功应用并提高了硫正极材料的储锂性能。为提高碳包覆层的电子导电性，传统的碳包覆技术通常在 500 ℃以上条件下进行，如化学气相沉积、水热烧结、溶剂热等方法。显然，传统方法并不适用于硫单质的碳包覆，因为硫的沸点仅有 444.6 ℃。因此，需要开发新的低温碳包覆技术。

提高碳材料的电子导电性或选择导电性更好的碳材料有望降低表面包覆的反应温度。例如，石墨烯或还原氧化石墨烯是具有高比表面积的二维材料，具有更优秀的电子导电性；同时，其更容易包裹硫单质粒子从而形成导电网络，提供良好的接触以降低硫单质粒子间的界面电阻，提高硫的电化学活性。不仅如此，石墨烯还具有良好的机械柔韧性，对于硫正极在充放电过程中的体积变化具有一定的缓冲能力；其致密的结构还能抑制多硫化物的溶解和穿梭效应。

当然，也可以同时使用上述两种碳材料，或以炭黑颗粒修饰石墨烯。这些方法均有利于硫单质间的电子传导，提高硫的电化学活性，维持电池良好的循环寿命。

需要注意的是，尽管碳颗粒和石墨烯的包覆可以提升活性物质的电化学性能，对电池性能起正向促进作用，但其仍是非活性组分，即添加过多也会限制正极中的活性物质含量，对电池性能产生不利影响。

（2）导电聚合物包覆。除碳材料外，导电聚合物也能用于硫的包覆，如聚吡咯、聚噻吩、聚苯胺等。导电聚合物包覆硫的复合材料中，多以核壳结构为主。该结构中，聚合物壳层能够促进电子在聚合物链上的转移，同时弹性的聚合物框架结构也能调节正极的体积变化并将硫和多硫化物限制在正极内部，抑制穿梭效应。导电聚合物包覆层不仅提高了硫的正极稳定性，较石墨烯也更加便宜；然而聚合物的电导率仍有待进一步提高以实现聚合物和硫之间的高电子传递性。

（3）固体氧化物包覆。固体氧化物是一种高效的包覆材料。例如，通过控制水解可在单分散的硫纳米颗粒上形成 TiO_2 介孔涂层，而后硫部分溶解得到了 S－TiO_2 蛋黄壳纳米结构，增加了内部的缓冲空间。研究发现，TiO_2 壳层可以使 Li^+ 通过并能防止聚硫化物溶解脱离；另外，蛋黄壳结构内部的空隙能够满足硫的体积膨胀。然而，非晶态的 TiO_2 壳层电子导电性差，因此需添加大量的导电剂，直接影响了活性物质的含量。S－TiO_2 蛋黄壳结构的合成与表征如图 5－34 所示。

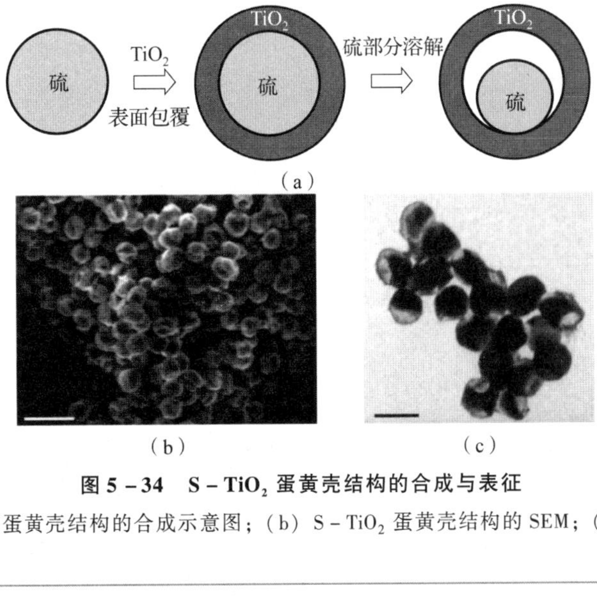

图 5－34　S－TiO_2 蛋黄壳结构的合成与表征

（a）S－TiO_2 蛋黄壳结构的合成示意图；（b）S－TiO_2 蛋黄壳结构的 SEM；（c）TEM 图像

硫的表面包覆是获得硫复合正极材料的重要手段，该方法对提高电子传导、缓冲体积膨胀及限制穿梭效应都具有明显的优势。然而，该方法仍有以下问题亟待解决。首先，用于表面包覆的硫粒径较大，通常要大于500 nm，这限制了硫颗粒内的电子传递，对硫的容量产生不利影响；其次，硫的完美包覆难以实现，因此仍会发生多硫化物的溶解，引起穿梭效应，影响电池的循环性能。针对上述问题，可以减小硫的粒径，也可以对硫颗粒进行多层包覆防止多硫化物溶解。然而多层包覆势必要降低电子的传导性能，因此需要提高包覆层的导电性。同时，使用聚合物和其他高电导率材料，如石墨烯的混合涂层有望获得包覆成本低、效果好的硫复合正极材料。

2）硫负载

除硫的表面包覆外，使用不同的碳基体负载活性物质是另一种制备硫复合正极材料的方法。依负载基体的不同，可将其分为一维、二维和三维三种碳基体，现逐个进行介绍。

（1）一维碳基体。碳纳米管是一种具有优异导电性的一维碳纳米材料，其电导为 $10^2 \sim 10^6$ S/cm，具有较大的长径比，最高可达 1.3×10^8 并具有良好的机械强度。将碳纳米管直接引入锂-硫电池中取代乙炔黑等碳材料，可以提高电池的倍率性能和循环性能；也可以采用熔融扩散法将硫负载于多壁碳纳米管上。不同于简单的碳材料替换，后者还可以提供电化学反应位点、抑制穿梭效应并为放电产物 Li_2S 提供储存空间，避免了正极孔隙的堵塞。此外，将一维的碳纳米管交叉互连也可以得到由碳纳米管组成的三维导电网络，促进电子和离子的扩散，为电化学反应提供大量的活性位点并抑制多硫化物的穿梭。

然而，由于碳材料本身是非极性材料，碳纳米管仅能在物理层面限制多硫化物，因此碳纳米管/硫复合材料的电化学性能仍然较差。为此，可以设计结构更加精巧的碳纳米管并尝试元素掺杂。例如，Sun 等制备了独立支撑的双层碳-硫复合阳极（FBCS），其顶层仅由多壁碳纳米管组成，底层由硫负载的 MWCNT-S 和 N 掺杂多孔碳（NPC）组成（图5-35）。这种双层结构能够以两种不同的方式阻止多硫化物的穿梭效应，即下层 NPC 主要通过 N 与 S 的化学键作用限制多硫化物；顶部的多壁碳纳米管则阻断了多硫化物从正极向负极的迁移。

碳纳米纤维（carbon nanofibers，CNFs）是另一种一维碳纳米材料，常常由有机物碳化得到，拥有低的成本、高的表面积、良好的力学性能以及优异的电子导电性。

在锂-硫电池的正极材料中，碳纳米纤维同样深受研究者的欢迎。静电纺丝技术是常用的制备碳纳米纤维的方法之一，其成本低，可以调节碳纳米纤维

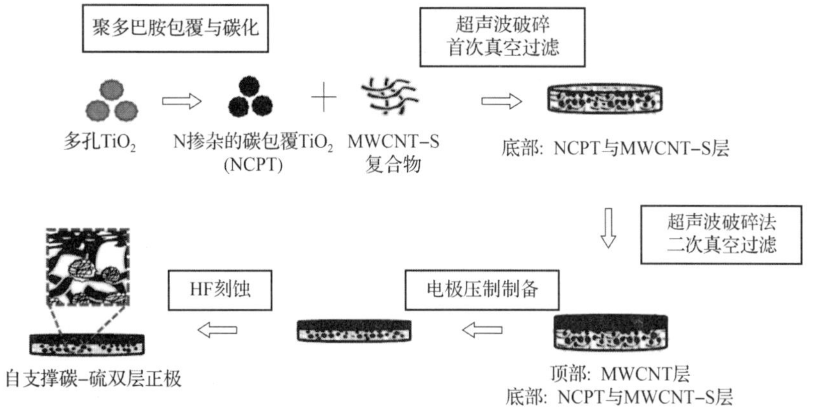

图5-35　FBCS正极的制备过程示意图

的孔隙大小、孔隙数量等。与碳纳米管类似，单独使用碳纳米纤维对电池性能的提升并不明显，通常需要进行元素掺杂。

由于碳纳米纤维优异的机械性能，碳纳米纤维在独立支撑的柔性电极中也能体现出其优势。例如，Chen等受柔性逐层堆积结构的启发，将硫负载到Mn_3O_4纳米粒子包覆的三维互连的氮掺杂碳纳米纤维骨架中，制备了一种可以逐层堆积的Mn_3O_4@CNF/S柔性电极，通过物理、化学双重作用抑制多硫化物的穿梭效应。

（2）二维碳基体。石墨烯是由单层碳原子以sp^2杂化轨道构成的新型二维碳纳米材料，其具有特殊的光学、力学和热学特性，而其最大的特性是超高的电子传导速率，接近光速的1/300，远远超过了电子在一般导体中的运动速度；另外，单层的石墨烯还具有非常大的比表面积。在锂-硫电池研究中，石墨烯材料可作为硫单质的载体及导电骨架，并可通过表面改性或调控结构的方式来提升复合材料在电池中的电化学性能。

2011年，Wang等首先将石墨烯引入锂-硫电池中作为负载硫的碳骨架，然而其使用熔融法负载硫单质使硫在石墨烯表面难以分布均匀，导致较差的电化学性能。之后研究者开始在石墨烯/硫复合正极上开展大量的研究工作，如Cui等直接通过液相沉积的方法制备了负载均匀的石墨烯/硫复合材料，如图5-36所示。

对石墨烯表面进行改性能够弥补纯碳材料对多硫化物限制能力较弱的缺点。Qiu等报道了一种简单、低成本的方法来制备纳米复合材料，首先在氨气气氛下用热处理的方法对氧化石墨烯表面进行掺杂改性，同时将氧化石墨烯还原成石墨烯，后用氮掺杂的石墨烯包覆硫纳米颗粒。氮掺杂的石墨烯/硫复合材料表现出优异的倍率性能，该电池还表现出超过2 000次的超长循环寿命和

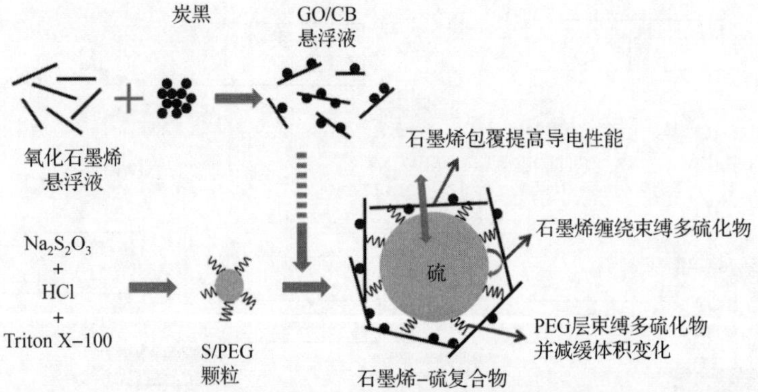

图 5-36　液相沉积法制备负载均匀的石墨烯/硫复合材料的示意图

极低的容量衰减率。

石墨烯具有优异的力学性能，在锂-硫电池的应用中可直接作为导电骨架，甚至在极片制备过程中可以利用其形成的三维交织网状结构作为具有一定机械强度和韧性的硫单质的载体，减少黏结剂使用，提高电池的能量密度。

（3）三维碳基体。三维碳基体，主要指不同孔径大小的多孔碳。2009 年，Nazar 等提出了用多孔基体负载硫的想法，其通过将硫引入有序介孔碳 CMK-3 改善了硫正极的循环性能。此后，人们制备了各种各样的多孔基体来负载活性物质硫，尽管这些基体的化学成分和结构不同，但其设计目的均是使基体达到最佳的硫负载情况。依孔隙大小，多孔基体可分为大孔（孔径 > 50 nm）、介孔（2 nm ≤ 孔径 ≤ 50 nm）和微孔（孔径 < 50 nm）基体。CMK-3/S-155 复合材料的结构、制备及电化学过程的示意图如图 5-37 所示。

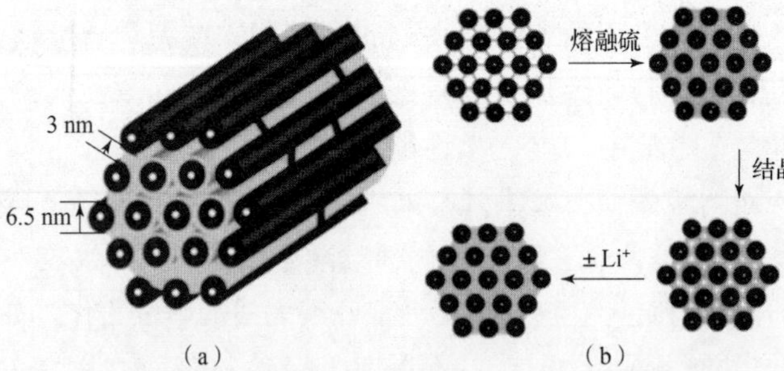

图 5-37　CMK-3/S-155 复合材料的结构、制备及电化学过程的示意图

（a）CMK-3/S-155 的结构示意图；（b）CMK-3/S-155 的制备及电化学过程示意图

使用多孔基体负载硫，首要考虑的是复合材料中活性物质硫的含量。因使用过多的碳材料基体会不可避免地降低实际电池的能量输出，所以，为最大限度地提高电池的能量输出，硫单质应该在正极材料中保持尽可能高的含量。

大孔基体拥有最大的孔隙体积，可充分吸收电解液形成良好的电解液浸润；然而其大尺寸和相对的开放结构使其难以作为硫的优良负载体，如其难以限制多硫化物的溶解和激活负载的活性物质。为此，可以使用高黏度的电解质改善大孔基体的性能，因多硫化物在高黏度电解质中的流动性减弱，可将其限制在正极附近。若基体可与活性物质之间形成强的相互作用，也可以考虑使用大孔基体。

尽管可以通过某些方法对大孔基体改性以提高电池的循环稳定性，但这种开放式结构的复合材料仍不能有效缓解多硫化物的溶解和穿梭效应，不利于锂电池的长期循环性能。

介孔基体是目前研究的主要对象。相较于大孔基体，介孔基体拥有更多的空间以提高复合材料中 S 的负载含量；同时孔径的减小能够增强 S 与多孔孔道之间的相互作用，对多硫化物形成更强的约束和限制。使用介孔基体，活性物质的颗粒尺寸也随之减小，使 S 的电化学活性也得到了一定提升。

同时，通过化学修饰的功能化介孔碳材料在锂－硫电池中的研究开发中受到研究者的欢迎。因为化学修饰不仅可以提供大量活性位点促进 S 在碳材料中的均匀分布，促进硫和碳材料的紧密接触，而且可以通过强的化学键作用有效地将多硫化物限制在正极一侧。

微孔基体是在介孔碳基础上的进一步研究成果，因为介孔碳体系中仍无法消除多硫化物的溶解和穿梭效应。2018 年，Wu 等利用金属有机骨架作为模板和前驱体合成了花状微孔氮掺杂碳纳米片，该特殊结构可以有效限制电池在电化学过程中产生的小分子硫 S_{2-4}，如图 5－38 所示。

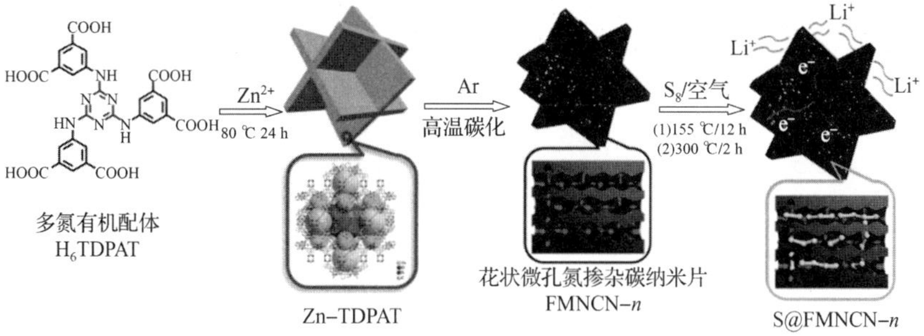

图 5－38　花状 Zn－TDPAT、花状微孔氮掺杂碳纳米片 FMNCN－*n* 及 S@FMNCN－*n* 的制备原理图

然而，当微孔碳的孔径减小至临界值（约 0.5 nm）时，由于此时的孔径小于环 S_8 的尺寸，S 会以链状分子形式负载并与孔隙通道发生强烈的相互作用，从而消除多硫化物的溶解并产生新的电化学行为，与正常硫/碳复合正极有较大差别，如图 5－39 所示。

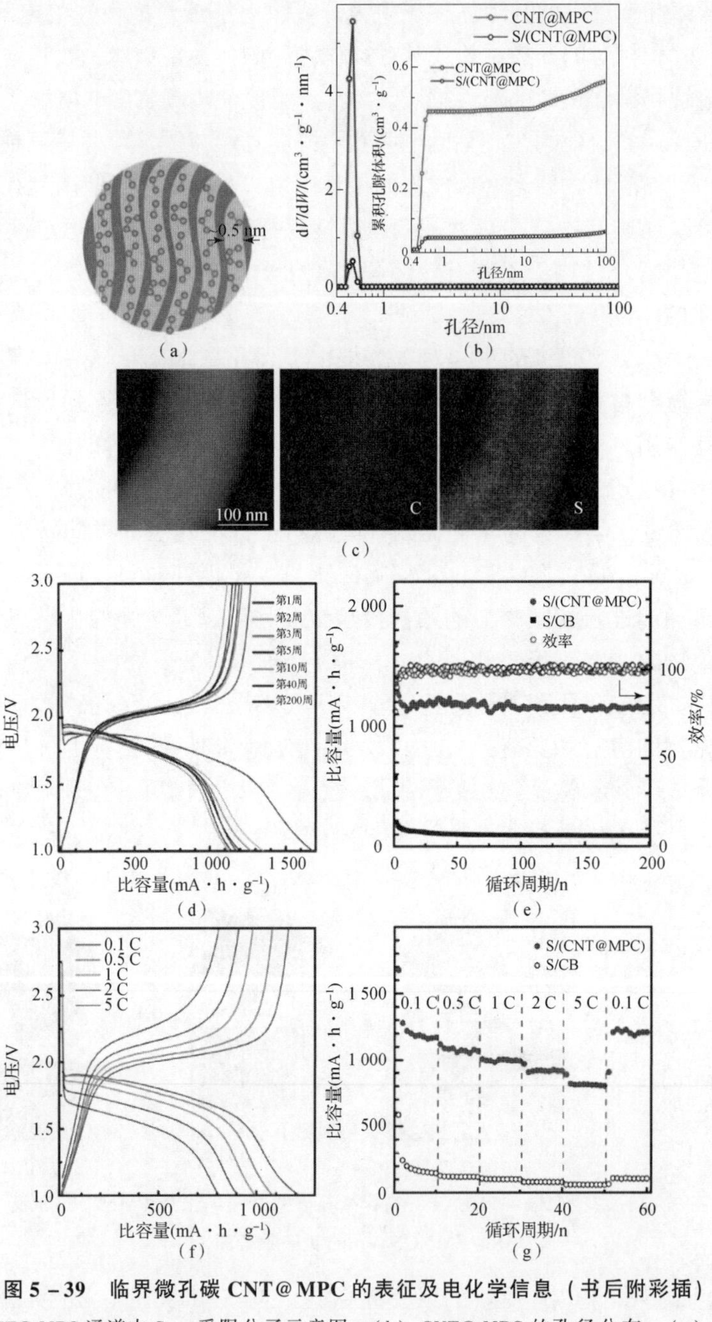

图 5－39　临界微孔碳 CNT@MPC 的表征及电化学信息（书后附彩插）

（a）CNT@ MPC 通道中 S_{2-4}受限分子示意图；（b）CNT@ MPC 的孔径分布；（c）CNT@ MPC 的 TEM 图像及 C 和 S 的元素映射；（d）0.1 C 下 S/（CNT@ MPC）的充放电曲线；（e）0.1 C 下 S/(CNT@ MPC) 和 S/CB 的循环性能［蓝色圆圈表示 S/(CNT@ MPC) 的库仑效率］；（f）不同充放电速率下 S/(CNT@ MPC) 的电压曲线；（g）S/(CNT@ MPC) 和 S/CB 的倍率性能

分级多孔碳是综合介孔碳和微孔碳的优点，于近些年被提出的新型三维碳基体材料。该基体中，微孔使硫在复合材料中主要以活性链状分子的形式储存，从而保证了电池的高容量和良好的循环稳定性；介孔则增加了碳的孔体积，实现了较高的含硫量并促进了 Li^+ 转移的顺利进行，保证了复合材料优异的动力学性能。此外，通过改变制备条件可实现分级多孔碳的孔隙结构调节并直接影响电池的相关性能。

Xin 等开发了一种更先进的分级结构空心多孔碳 HPC，这种分级结构空心多孔碳集合了微孔、介孔和大孔孔隙。当 HPC 负载活性物质时，S 优先以短链分子的形式负载于微孔孔隙中，并且介孔孔隙促进了 Li^+ 的迁移，中空结构则减轻了锂化和脱锂过程中的应力变化。基于上述结构特征，硫正极不再发生多硫化物的溶解并具有良好的循环寿命。S/HPC 的制备流程示意图如图 5－40 所示。

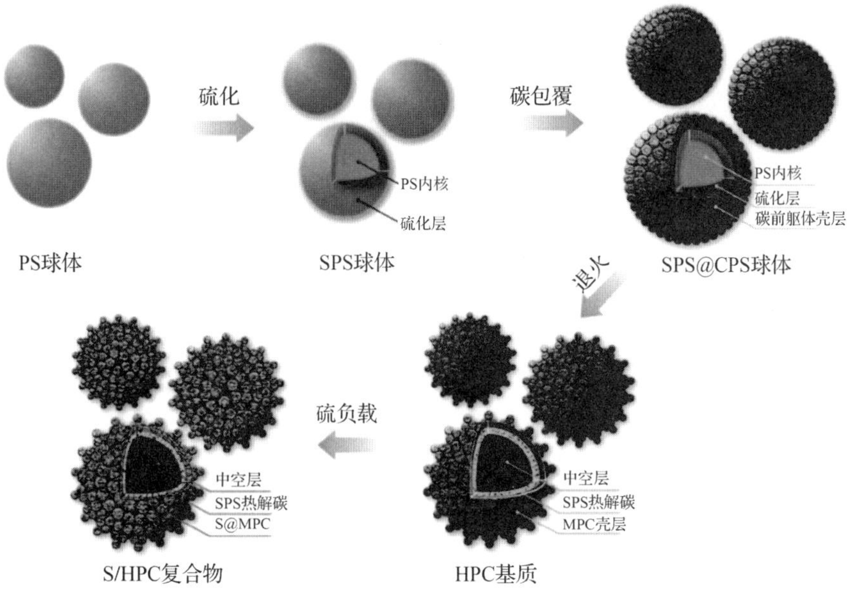

图 5－40　S/HPC 的制备流程示意图

5.4.2　硫化锂正极材料

除硫单质可以作为锂－硫电池的正极材料外，硫化锂也是一种极具潜力的锂－硫电池正极材料并在最近几年得到了人们的广泛关注。Li_2S 的理论容量高达 1 166 mA · h/g，因此硫化锂 Li_2S 是一种非常有商业前景的正极材料；但由于目前对硫化锂 Li_2S 的研究仍然较少，尚有若干问题亟待解决。

1. 硫化锂的基本性质

硫化锂，是一种白色或黄色的晶体或粉末，具有类似臭鸡蛋的气味，晶体结构呈反萤石结构。硫化锂的密度为 1.66 g/cm^3，熔点为 938 ℃，沸点为 1 372 ℃，其易溶于水，可溶于乙醇和酸，不溶于碱。

硫化锂在空气中极易与水反应，生成剧毒的硫化氢（H_2S）气体。同样地，其可与酸反应产生硫化氢，而酸性降低会使反应的剧烈程度减弱，如硫化锂可与硝酸发生剧烈反应，但与氢溴酸和氢碘酸的反应只能在加热条件下发生。此外，硫化锂与浓硫酸反应缓慢，但同稀硫酸会发生剧烈反应。

$$Li_2S + H_2O \longrightarrow LiOH + LiHS$$

$$Li_2S + H_2SO_4 \longrightarrow Li_2SO_4 + H_2S$$

值得注意的是，硫化锂在空气中加热至 300 ℃时会被氧气氧化，但并不生成二氧化硫，而是生成硫酸锂（Li_2SO_4）。

$$Li_2S + 2O_2 \xrightarrow{300\ ℃} Li_2SO_4$$

2. 硫化锂的优势与不足

1）硫化锂的优势

（1）提高正极稳定性。传统锂－硫电池中，常使用硫单质作为正极。在充电过程中，锂离子嵌入硫单质中，使其转变为硫化锂，而锂离子的嵌入无疑会导致电极的体积膨胀；放电过程中，锂离子从正极中脱出，又会使电极体积收缩。正极材料反复膨胀收缩会导致其稳定性降低，严重者更会导致材料的粉碎。

使用锂－硫电池的充电反应最终产物硫化锂代替硫作为初始的正极材料，可以直接避免电极的体积膨胀问题，从而减小了正极材料粉碎的可能。

（2）提高电池安全性。除了能避免电池正极在充放电过程中的体积变化效应，硫化锂也可以充当锂－硫电池中的锂源，因此负极可以选用石墨、硅或者锡等无锂材料，从根本上避免了金属锂负极潜在的安全性问题。

（3）拓宽复合方法。为提升材料性能，最常用的策略是将活性物质与其他材料复合，而活性物质的物理化学性质则会限制某些方法的使用。硫化锂的熔点为938 ℃，高于硫单质的熔点115 ℃，因此硫化锂与其他材料的复合可以选择温度更高的方法。所以，许多无法用于合成硫复合材料的制备方案可以应用于硫化锂的复合材料合成中。

2）硫化锂的不足

尽管用硫化锂代替硫单质作为正极材料具有一定优势，但二者的电化学本质仍是相同的，即电池反应仍是基于硫化锂与硫单质之间的转化。因此，对于硫化锂，硫单质的某些问题仍会存在，如多硫化物的穿梭效应。

（1）导电性差与穿梭效应。硫化锂作为一种金属硫化物，其导电性较差，电子电导率和离子电导率分别为 10^{-13} S/cm 和 10^{-11} S/cm。另外，活性物质的改变并不影响锂－硫电池的电化学本质，所以硫正极材料面临的多硫化物穿梭效应同样影响硫化锂正极材料。

基于上述两点，硫化锂同样需要与电子或离子导电基质混合或封装以改善硫化锂的导电性；同时，与导电性良好的基质混合或封装对缓解多硫化物的穿梭效应也有积极作用。

（2）化学稳定性差。硫化锂的化学性质极其活泼，其可以与空气中的水蒸气和氧气反应而变质。因此，使用硫化锂对实验环境要求较为苛刻，通常在手套箱中完成相应实验操作。

（3）硫化锂的首周过电位。在首次充电过程中，硫化锂需要较大的过电位才能活化。如果正极材料的结构设计不当，则硫化锂的活化将会十分困难。现已证明，硫化锂的过电位与所用活性物质粒径、形貌和结晶度直接相关，尤其是市售的硫化锂粒径可达几十微米，因此其电化学性能很差，难以直接使用。

3. 硫化锂的电化学行为

1）首周过电位与首周充电原理

前已述及，硫化锂和单质硫的电化学本质是相同的；其不同在于，以硫化锂作为正极材料时电池应先进行充电，而在首次充电过程中需要较大的过电位才能活化硫化锂。如图5－41所示，在最初的3周循环中，只有在第一次充电时可以观察到约4.1 V的高过电位；后两次充放电过程中的电压则保持在1.5～3.5 V之间。

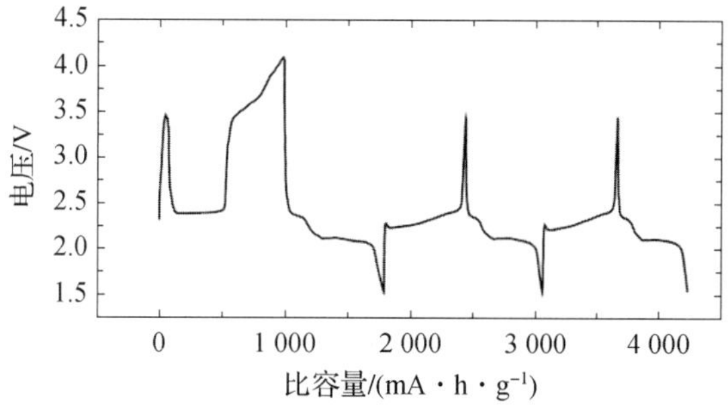

图5－41　Li_2S 正极前3周充放电循环的电压曲线

有学者对首周高过电位和首周充电的电化学原理进行了大量研究并给出了合理的解释。

(1) 首周高过电位的产生原因。通过研究表明，充电过程是一个固－液两相反应，因此需要额外的驱动力来使可溶性多硫化物相成核，这将导致首周高过电位。

向电解液中加入多硫化物溶液的实验则佐证了该观点，向电解液中加入多硫化物后，由于多硫化物核已经存在，不再需要额外的能量来进行相成核，因此可以观察到初始高过电位的消失。

上述结果表明，首周高过电位的产生原因是液相多硫化物的相成核过程；然而过电位大小并不仅仅由成核阶段决定。其他动力学过程，如离子传导、电子传导和电荷转移同样在相成核过程中存在，这些因素同样有可能对过电位的大小产生影响。研究表明，电荷转移是决定过电位大小的主要因素。

(2) 首周充电原理。如图 5－42 所示，在首周充电过程中，Li_2S 正极主要经历 4 个过程。

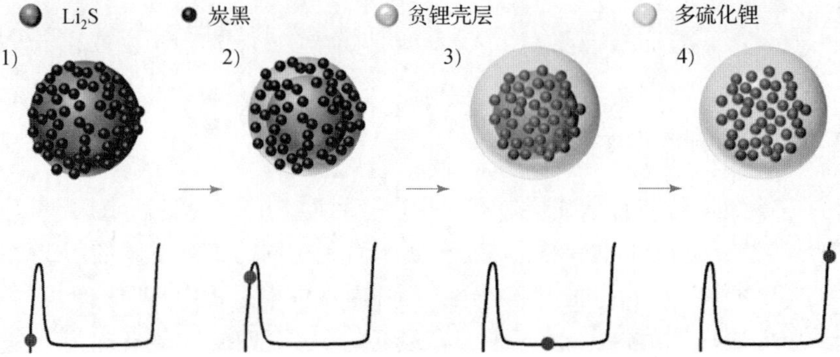

图 5－42　Li_2S 正极首周充电过程示意图

充电开始时为过程 1，该阶段中，Li_2S 表层的 Li 最先脱出，表层的 Li_2S 则转变为 $Li_{2-x}S$ 的固相贫锂壳层，此时 $Li_{2-x}S$ 以单相存在。

$$Li_2S(s) \longrightarrow Li_{2-x}S(s) + xLi^+ + xe^-$$

首次充电刚刚开始时电荷转移过程缓慢，因此该过程阻力较大。Li 脱出后，产生液相的多硫化锂核，但此时多硫化锂含量极少，不足以引发反应。因此过程 2 是液相多硫化锂的积累阶段。随着充电过程的进行，颗粒外层贫锂程度加剧且贫锂壳层逐渐向 Li_2S 内核发展。

$$Li_2S(s) \longrightarrow Li_{2-x}S(s) + xLi^+ + xe^-$$

$$yLi_2S(s) \longrightarrow Li_2S_y(l) + (2y-2)Li^+ + (2y-2)e^-$$

当液相的多硫化锂浓度达到一定程度后即可激活反应，此时不再需要较高的充电电压。

$$yLi_2S(s) \longrightarrow Li_2S_y(l) + (2y-2)Li^+ + (2y-2)e^-$$

$$Li_2S_y(l) \longrightarrow \frac{y}{8}Li_2S_8(l) + \left(2-\frac{y}{4}\right)Li^+ + \left(2-\frac{y}{4}\right)e^-$$

在充电结束时，活性物质全部转变为液相的多硫化物。

2）硫化锂的活化

（1）向电解质中加入添加剂。通过向电解质中加入适当的添加剂，可以达到活化硫化锂的效果。

向电解液中加入乙醇或碘化锂作为添加剂，可以增强硫化锂在电解液中的溶解性，从而增加活性物质与导电碳材料和电解液的接触面积，以实现硫化锂的快速反应动力学，显著降低初始激活电压。

向电解液中加入五硫化二磷，有助于在硫化锂表面形成含硫和含磷的物质，其可以增强硫化锂颗粒和电解质之间的电荷转移，从而促进硫化锂的氧化过程。

向电解液中引入氧化还原媒介 RMs 是目前一种比较新奇的方法。充电过程中，电解液中的氧化媒介 RM_{ox} 的氧化还原电位高于硫化锂，因此其可以氧化硫化锂从而被还原为还原媒介 RM_{red}；之后，还原媒介 RM_{red} 通过扩散抵达集流体表面，经电化学氧化再次转变为氧化媒介 RM_{ox}，实现循环，该循环过程如图 5－43 所示。

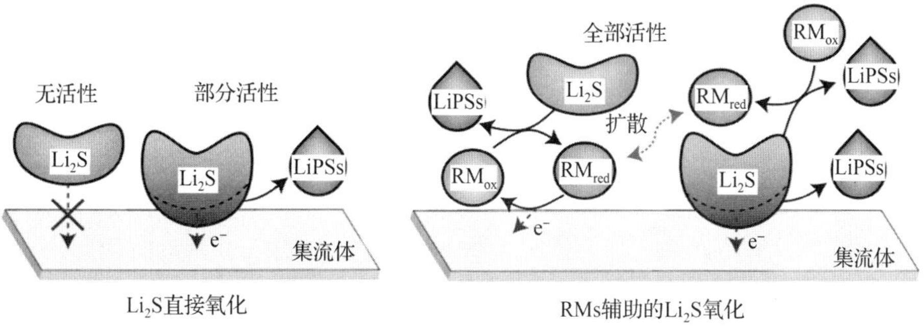

图 5－43　直接氧化 Li_2S 与氧化还原媒介辅助氧化 Li_2S 的过程

氧化还原媒介 RMs 需要满足 3 个基本条件，即其氧化还原电位应略高于硫化锂的平衡电位，同时在电解液中具有良好的溶解性和循环稳定性。

（2）调控硫化锂颗粒。

①减小粒径。硫化锂的弱导电性严重限制了其活化过程，而将硫化锂的颗粒尺寸减小到纳米级是促进其活化的主要方法。如图 5－44（a）所示，微米

尺度的硫化锂复合材料的充电势垒高于0.5 V，远高于纳米尺度的硫化锂在初始充电过程中的充电势垒，由此说明颗粒大小在其电化学动力学中起着关键作用。另外，粒径减小也会增大颗粒的比表面积，增加颗粒与电解液界面处的锂交换率。对纳米级硫化锂颗粒的阻抗测试（EIS）和离子导电性的研究也反映了相同结果。如图5－44（b）所示，纳米级硫化锂的EIS的半圆更小、斜率更大，表明其电荷转移速度和锂离子扩散速度均快于微米级的硫化锂颗粒。与微米级硫化锂颗粒相比，纳米级颗粒的离子导电性可以提升两个数量级，如图5－44（c）所示。

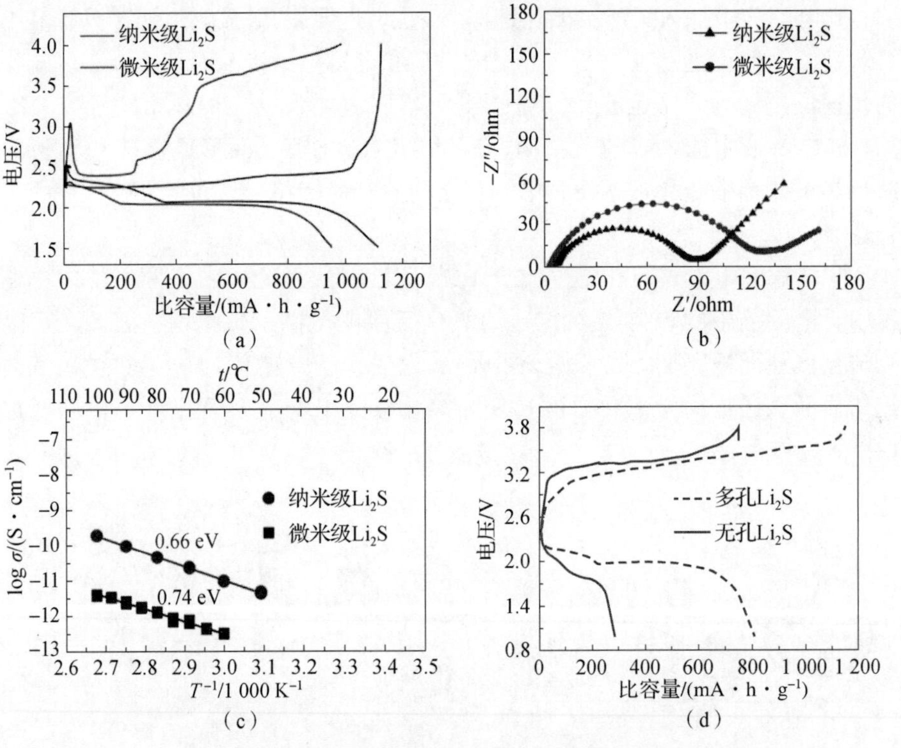

图5－44　不同粒径和形貌的Li2S相关性质比较

（a）纳米级 Li_2S 和微米级 Li_2S 的初始充放电曲线；

（b）纳米级 Li_2S@ graphene 电极和微米级 Li_2S@ graphene 电极的奈奎斯特曲线；

（c）纳米级 Li_2S 和微米级 Li_2S 的离子电导率对比；

（d）多孔 Li_2S 和无孔 Li_2S 在0.1 C条件下的初始充放电曲线

②改变形貌。如图5－44（d）所示，多孔硫化锂正极较无孔硫化锂正极的充电电压低200 mV。这是因为多孔结构增加了活性物质与电解液的接触面积并增强了硫化锂与电解液之间的电荷转移。

③结晶度。硫化锂的结晶度同样在其活化过程中起着关键作用。低结晶度的硫化锂中，Li^+ 和 S^{2-} 的结合力更弱，使 Li^+ 更容易挣脱。通过密度泛函理论的计算也可以得到同样的结果，即从硫化锂晶体中提取一个锂原子需要 3.21 eV，而在非晶态硫化锂中这一过程仅需 2.18 eV。

（3）开发基体材料。将硫化锂与基体材料结合是降低初始过电势的另一个重要手段。

目前，主要选用碳材料作为活性物质的基体材料。当反应发生在硫化锂、碳和电解质三相的边界时，碳材料的关键作用是为电荷转移提供有利的界面。

此外，能够加速 Li－S 键断裂或伸长的基体材料也能有效降低硫化锂的激活电压，如过渡金属磷化物和硫化物。其不仅能捕获可溶性多硫化物，而且能有效催化硫化锂的分解，从而提高活性物质的利用率。这类材料中，常见的有 CoS_2、VS_2（二硫化钒）、TiS_2、Fe_2P、Co_2P 和 Ni_2P 等。

4. 硫化锂正极材料的制备

前已述及，为了降低硫化锂的初始过电势、提升其性能，一方面要将其与另外的基体材料混合或封装，得到硫化锂基复合材料；另一方面也要设法减小硫化锂粒径、改变其形貌和结晶度，其中减小粒径是最常用、最简单的手段。因此，传统的硫化锂正极材料的制备思路是先合成纳米级的硫化锂颗粒，然后通过一系列方法实现与集体材料的封装。

然而，硫化锂对环境极其敏感，先合成、再封装的“两步法”制备过程难以保证硫化锂不与水蒸气或氧气发生副反应；因此，能够实现合成、封装同时进行的“一步法”原位制备过程逐渐受到研究人员的关注和青睐。

1）纳米级硫化锂的合成

（1）基于硫化锂颗粒的合成。市售的硫化锂由于粒径过大，难以作为锂－硫电池的活性物质直接使用，因此需要通过物理或化学方法减小市售硫化锂的颗粒粒径。

球磨是一种用于减小颗粒尺寸的简单物理方法。通过球磨，可以显著减小硫化锂的粒径；同时，球磨也可以有效地将硫化锂颗粒与碳基体混合以制备电池正极。然而，球磨的作用是有限的，经球磨后的硫化锂颗粒仍处于亚微米级别，其电化学性能仍然较差。

重结晶是另一种减小硫化锂 Li_2S 粒径的物理方法。首先将大颗粒的硫化锂溶解在有机溶剂如无水乙醇中，然后通过蒸发溶剂重结晶即可得到粒径均匀的小颗粒硫化锂。相比之下，重结晶比球磨更能有效减小硫化锂的粒径，通过这种方法可以得到直径小于 100 nm 的硫化锂颗粒。Hu 等采用改进的重结晶法，

将 Li_2S/乙醇溶液缓慢加入聚丙烯腈/二甲基甲酰胺溶液中，然后通过蒸发溶剂以重结晶 Li_2S，制备了粒径约为 5 nm 的 Li_2S 纳米粒子。

除上述物理方法外，也可以使用化学方法制备小粒径的 Li_2S 颗粒。例如采用 Li_2S_3 或 Li_2S_6 的歧化反应可以获得粒径在 30 ~ 500 nm 之间的 Li_2S 颗粒。Li_2S_3 或 Li_2S_6 的歧化反应需要在溶液中进行，且需依照 S 与 Li_2S 的化学计量反应严格配置溶液，之后将溶液加热至 200 ℃即可使 Li_2S_3 或 Li_2S_6 分解，得到纳米级 Li_2S 颗粒。Li_2S_3 和 Li_2S_6 的歧化反应如下：

$$Li_2S_3 \longrightarrow Li_2S + 2S$$

$$Li_2S_6 \longrightarrow Li_2S + 5S$$

然而，这种方法需要使用乙二醇二甲醚或四氢呋喃（THF）等有机溶剂，这些有机物的毒性和高昂的成本限制了这种方法的使用。

（2）基于硫酸锂的碳热还原。碳热还原反应是一种经济、实用的方法，可以使用价格低廉的硫酸锂制备硫化锂，其理想化学反应如下：

$$Li_2SO_4 + 2C \xrightarrow{\text{高温}} Li_2S + 2CO_2$$

硫酸锂的粒径对硫化锂的粒径有极大影响。例如，市售硫酸锂经过多溶剂重结晶后，粒径分布更窄、平均粒径更小，从最大 30 μm 缩小至均一的 2 μm 左右，制得的硫化锂粒径也相应从 10 μm 减小至 3 μm。

除多溶剂重结晶外，球磨同样可以减小硫酸锂的粒径。例如，球磨 60 h 可以将市售硫酸锂的粒径由 300 μm 减小至 150 nm，通过碳热还原可以得到 50 ~ 150 nm 的硫化锂，之后可以通过球磨继续减小硫化锂的颗粒尺寸。

碳热还原的反应温度是决定产物硫化锂结晶度和粒径的另一个关键因素。热力学计算表明，硫酸锂的碳热还原反应需要在 300 ℃以上才能进行，且随着还原温度的提高，硫化锂的结晶度和粒径均会逐渐增大，对硫化锂的电化学性能产生不利影响，如图 5 - 45 所示。

碳热还原反应中，除直接加入还原碳外，也可以引入有机聚合物作为还原碳的前驱体。例如，PVA 的高活性不饱和碳 - 碳键可以促进硫酸锂在低温下转变，得到结晶度低、粒径小的硫化锂颗粒；然而，反应的温度应足够高，以达到聚合物转变为导电碳的条件。

（3）基于锂 - 硫反应合成。含锂化合物与硫单质或硫化氢反应也可以得到硫化锂。目前，常用的含锂化合物主要有正丁基锂（BuLi）、萘化锂（Li - Naph）、氢氧化锂（LiOH）、三乙基硼氢化锂（$LiEt_3BH$）和氢化锂（LiH）等，如表 5 - 1 所示。

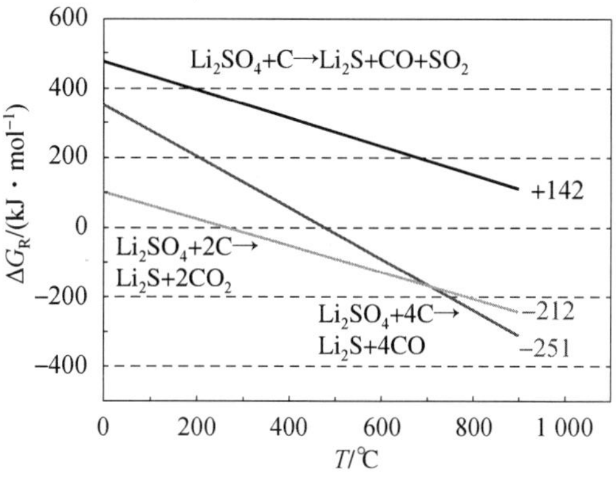

图 5－45　不同碳热还原反应的埃林汉姆图

表 5－1　基于锂－硫反应合成硫化锂中涉及的反应物及其化学反应（部分）

反应物	化学反应
BuLi & S	$2C_4H_9Li + 2S \rightarrow Li_2S + C_4H_9 - S - C_4H_9$
Li－Naph & S	$2Li - C_{10}H_8 + S \rightarrow Li_2S + 2C_{10}H_8$
$LiEt_3BH$ & S	$2LiEt_3BH + S \rightarrow Li_2S + 2Et_3B + H_2$
LiH & S	$2LiH + S \rightarrow Li_2S + H_2$
Li－Naph & H_2S	$2Li - C_{10}H_8 + H_2S \rightarrow Li_2S + C_{10}H_8 + C_{10}H_{10}$
LiOH & H_2S	$2LiOH + H_2S \rightarrow Li_2S + 2H_2O$

其中，萘化锂与硫化氢的反应比较特殊，这是因为在该反应中只有硫化锂是固态的，大大降低了产物纯化的难度。同时，该反应的原料是常见的工业废气硫化氢，而副产物 1,4－二氢萘（$C_{10}H_{10}$）则是一种液体燃料。因此，该反应具有极高的工业废气资源化价值。

另外，通过三乙基硼氢化锂与硫的反应可以得到粒径较小的硫化锂颗粒，但三乙基硼氢化锂对空气极敏感，且成本较高、具有较高安全隐患，因此该方法使用较少。

通过化学反应制备硫化锂需要重点关注颗粒的粒径及其分散性。其中，粒径对硫化锂电化学性能的影响不再赘述；但需要强调的是，小粒径的硫化锂容易发生聚集团聚，导致电化学性能降低。例如，500 nm 的 Li_2S 活化动力学慢于 1 μm 的 Li_2S，即前者的 Li^+ 扩散距离更长，这可能是由于 500 nm 的 Li_2S 颗粒在高温处理后发生团聚所致。同时，尽管纳米级的硫化锂可能提供更好的电化学动力学，但因为纳米粒子具有较大的比表面积，因此更容易被污染，导致副反应发生。

与硫化锂的粒径调控类似，其形貌和结晶度也会影响锂-硫电池的电化学动力学过程，但目前对这两方面的研究较少。

2）纳米级硫化锂的封装

硫化锂的电子导电性和离子导电性均较差，因此常将其封装于具有较高电子导电性和离子导电性的材料中，以改善硫化锂纳米粒子的导电性。目前在绝大多数的研究中，均使用碳材料对硫化锂进行封装，因此本小节侧重介绍碳封装的相关内容。同时，用于封装硫化锂的基体也可以通过物理或化学作用阻止可溶性多硫化锂的扩散，抑制穿梭效应，提高活性材料的利用率。

与硫单质不同，硫化锂的刚性较大使其难以通过球磨的方式达到碳基体包覆；同时硫化锂的熔点高、蒸气压低，因此也很难通过毛细效应扩散到基体的纳米孔中。然而，凭借硫化锂的高熔点，可以考虑采用硫单质无法使用的一些封装方法。根据封装工艺的不同，目前常用的三类纳米级硫化锂的封装方法分别是混合热解碳封装、化学气相沉积和硫化锂表面反应。

（1）混合热解碳封装。聚合物和离子液体因为黏度较大，可以与硫化锂形成良好的混合；混合后在惰性气氛下进行高温热解反应就可以在硫化锂颗粒上形成碳包覆涂层。目前，常用的聚合物有聚丙烯腈（PAN）、聚苯乙烯（PS）、聚乙烯吡咯烷酮等；离子液体则主要考虑具有高流动性的，如1-乙基-3-甲基咪唑二氰胺盐（[EMim]-dca）等。

混合热解碳封装不仅能对硫化锂形成碳包覆，在某些情况下还具有减小硫化锂粒径的作用。例如Li和Liang在研究中发现，嵌入由聚丙烯腈或聚苯乙烯制备的碳包覆层中的硫化锂颗粒，其由最初的亚微米尺寸减小至几十纳米，说明了热解包覆过程可以减小颗粒尺寸。

需要注意的是，该封装过程需要在较高温度下进行，通常600 ℃以上才能将聚合物转变为导电碳材料，所以该方法仅适用于具有较高熔点的硫化锂，对硫单质并不适用。

（2）化学气相沉积。化学气相沉积是另一种封装硫化锂颗粒的方法。通过分解乙炔（C_2H_2）能够在硫化锂颗粒上包覆一层碳材料，提升材料导电性并防止硫化锂与电解液直接接触，抑制多硫化锂的穿梭效应。

$$C_2H_2 \xrightarrow{\text{高温}} 2C + H_2$$

碳材料的沉积厚度和均匀程度是该方法重点关注的问题。通过控制硫化锂在氩气-乙炔气氛中的暴露时间精准调控碳包覆的厚度；改用旋转化学气相沉积炉则能提高碳包覆的均匀程度并对多硫化锂（Li_2S_x）起到良好的限制效果。如图5-46所示。

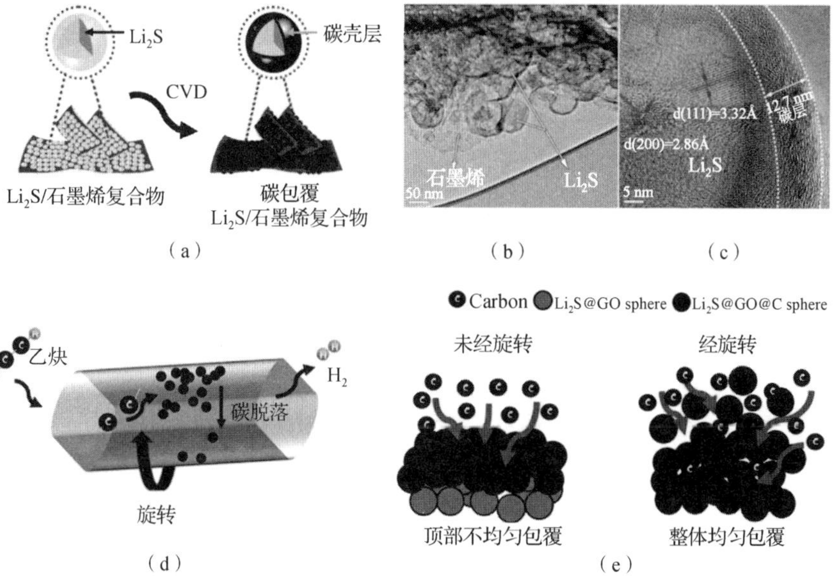

图5-46 使用化学气相沉积对Li_2S进行碳封装

（a）使用CVD进行Li_2S颗粒碳封装的示意图；（b）碳包覆的Li_2S/石墨烯复合材料在低分辨率下的TEM图像；（c）碳包覆的Li_2S/石墨烯复合材料在高分辨率下的TEM图像；（d）使用旋转CVD炉进行碳包覆的工艺示意图；（e）传统CVD方法和改进CVD方法的碳包覆效果差异示意图

乙炔的热分解温度较高，因此与混合热解碳封装相同，化学气相沉积也仅适用于硫化锂的碳包覆。

（3）硫化锂表面反应。除上述两种方法外，还有一种比较简单的方法是利用化学反应将硫化锂的表层转化为其他物质，实现对硫化锂的封装。在选择化学反应时，应主要考虑反应产物具有良好电子导电性、离子导电性或是能够抑制穿梭效应的反应，如表5-2所示。

表5-2 利用表面反应封装Li_2S颗粒涉及的化学反应（部分）

反应产物	产物特点	化学反应
TiS_2	高电子导电性	$TiCl_4 + 2Li_2S \rightarrow TiS_2 + 4LiCl$
ZrS_2		$ZrCl_4 + 2Li_2S \rightarrow ZrS_2 + 4LiCl$
VS_2		$VCl_4 + 2Li_2S \rightarrow VS_2 + 4LiCl$

续表

反应产物	产物特点	化学反应
Li_3PS_4	高离子导电性	$3Li_2S + P_2S_5 \rightarrow 2Li_3PS_4$
$LiTO_2$	高电子－离子导电性	$2TiO_2 + Li_2S \rightarrow 2LiTO_2 + S$

TiS_2 是一种具有优良电子导电性的二维层状材料，通过 $TiCl_4$ 与 Li_2S 的反应能够在 Li_2S 表面得到 TiS_2 包覆层，将 Li_2S 的电子导电性由 10^{-13} S/cm 显著提高至 5.1×10^{-3} S/cm。此外，TiS_2 层除了通过物理作用限制 Li_2S_x 外，还存在 TiS_2 中 S 和 Li_2S_x 中 Li 的化学作用，从而抑制 Li_2S_x 溶解。除 TiS_2 外，该方法也能拓展至其他 2D 层状过渡金属二硫化物，如用 $ZrCl_4$ 或 VCl_4 得到 ZrS_2 和 VS_2 等。值得一提的是，这类反应摆脱了对传统碳基材料的需要，也开辟了过渡金属二硫化物有效封装其他高容量电极材料的新前景。

Li_3PS_4 是一种具有优良离子导电性的材料，其本身电化学活性低且能有效防止锂枝晶的形成，因此其被认为是一种优秀的固态电解质。通过 Li_2S 与 P_2S_5 的表面反应即可得到由 Li_3PS_4 包覆的 Li_2S 材料。室温下，Li_3PS_4 包覆层可以将 Li_2S 的离子导电性由 10^{-11} S/cm 提高至 10^{-7} S/cm。此外，Li_3PS_4 作为 Li_2S 和固体电解质的离子导电涂层，同时避免了多硫化锂的穿梭效应和锂枝晶生长问题。

$LiTiO_2$ 是一种离子－电子导体，可以通过 650 ℃下 Li_2S 与 TiO_2 反应制得，与 TiS_2 和 Li_3PS_4 不同的是，其能同时增强 Li_2S 的电子导电性和离子导电性。此外，$LiTiO_2$ 中的极性 Ti－O 键能与 Li_2S_x 形成很强作用力，因此能够减缓 Li_2S_x 的扩散。

3）原位构筑纳米硫化锂封装颗粒

相较于先合成、再封装的“两步法”过程，“一步法”制备纳米硫化锂封装颗粒可以减少 Li_2S 暴露在空气中的可能性，也能降低制造成本、提高生产力，因此受到人们越来越多的关注。

（1）聚合物热解合成。以聚合物为碳前驱体的碳热还原是一种常见的原位制备碳包覆硫化锂颗粒的方法，该方法大大简化了硫化锂复合材料的生产过程；同时，聚合物分子量高、黏性大，也能保证反应物的均匀混合。

例如，Ye 等通过静电纺丝制备了含有 Li_2S_3 和聚乙烯吡咯烷酮的纳米纤维，随后通过高温加热使 Li_2S_3 的分解和 PVP 的热解同时进行，得到了 Li_2S@C 纳米纤维。Yu 将 Li_2SO_4 限制在金属－有机框架化合物 ZIF－8 中后进行热解，可以将小于 5 nm 的 Li_2S 粒子包埋在含有 ZnS 粒子的 N 掺杂碳笼中，其中的 ZnS 对

Li_2S 的解离具有明显的电催化作用，对多硫化锂也具有较强的化学吸附作用。

（2）基于锂热反应合成。受中学课本中镁在二氧化碳中燃烧反应的启发，研究人员提出利用锂热反应进行纳米硫化锂封装颗粒的原位合成思路，即以 Li 或 LiH 与 CS_2 反应，得到碳包覆的 Li_2S 复合材料。

$$4Li + CS_2 \xrightarrow{\text{高温}} 2Li_2S + C$$

$$4LiH + CS_2 \xrightarrow{\text{高温}} 2Li_2S + C + 2H_2$$

Tan 经研究证明，通过在 CS_2 中燃烧锂箔可以得到由石墨烯层包覆的粒径 50 ~ 100 nm 的颗粒 Li_2S@ C。这种新型的复合材料可以增强正极 – 电解液界面的电荷转移，提高电极的稳定性；而生成的石墨烯包覆层能够减缓 Li_2S 在循环过程中较大的体积变化，抑制 Li_2S 的聚集，使电池表现出优异的循环稳定性和倍率性能。

（3）基于电化学的合成。与化学反应不同，还有一种制备和封装 Li_2S 颗粒的电化学方法。

$$MoS_2 + xLi^+ + xe^- \longrightarrow Li_xMoS_2 (0.6\ V \leqslant U < 1.2\ V\ vs.\ Li/Li^+)$$

$$Li_xMoS_2 + (4 - x)Li^+ + xe^- \longrightarrow Mo + 2Li_2S (0.01\ V \leqslant U < 0.6\ V\ vs.\ Li/Li^+)$$

通过在碳酸盐基电解质中将 MoS_2 纳米颗粒深度放电，可以得到粒径约为 15 nm 的 Li_2S 纳米颗粒，其会嵌入在放电过程中因电解液分解而形成的高度稳定的聚合物凝胶状 SEI 膜中，同时 Li_2S 基体中生成的金属颗粒 Mo 也可以增强正极 Li_2S 的电子导电性。

相似地，MoS_2 的粒径对 Li_2S 的电化学性能也起着至关重要的作用，由 MoS_2 纳米颗粒制备的 Li_2S 正极比由 MoS_2 微米颗粒制备的 Li_2S 正极电化学性能更好。原位构筑纳米硫化锂封装颗粒的流程示意图如图 5 – 47 所示。

5. 硫化锂正极材料举例

目前，研究人员已经设计开发出了多类硫化锂正极材料，如 Li_2S/碳复合材料、Li_2S/金属复合材料、Li_2S/导电聚合物复合材料和 Li_2S/介体复合材料等。现就每种材料进行适当介绍。

1）Li_2S/碳复合材料

（1）Li_2S/石墨烯材料。石墨烯是一种二维薄片材料，其具有优异的电子导电性可以提高电子传输能力；石墨烯也能够被多种元素或官能团修饰，以此构筑多种改性石墨烯表面。然而，石墨烯价格昂贵，因此难以进行大规模的工业生产。

Chen 等加热 Li_2S/氧化石墨烯海绵（Li_2S – GS）并通过热原子层沉积在

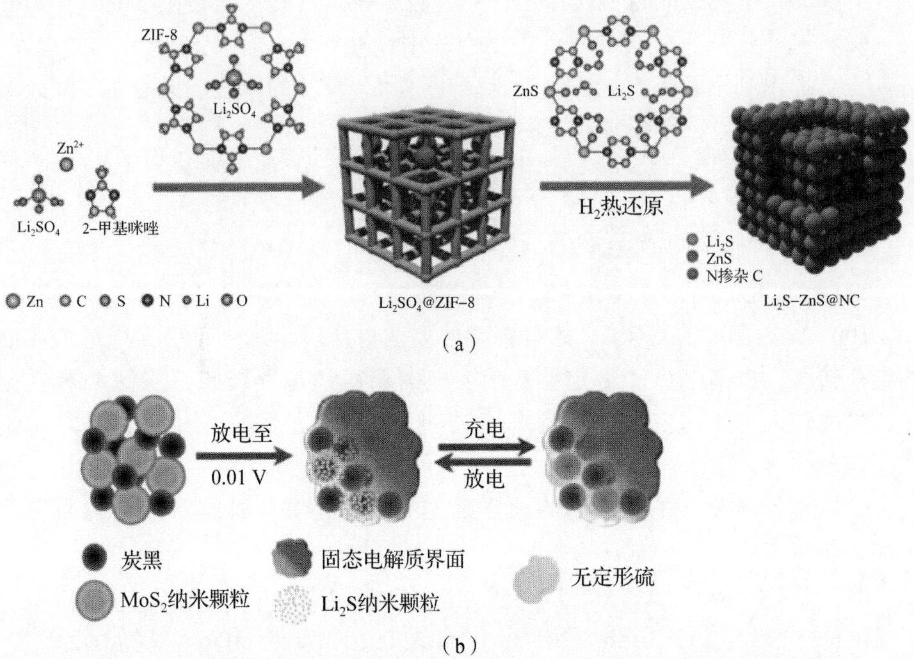

图 5－47　原位构筑纳米硫化锂封装颗粒的流程示意图（书后附彩插）

（a）通过聚合物热解合成 Li_2S-ZnS@NC；（b）使用电化学方法同时合成和封装 Li_2S

Li_2S-GS 的表面沉积 Al_2O_3 薄膜，得到了无黏结剂的 Al_2O_3 薄膜涂覆 Li_2S 的 3D 石墨烯框架，如图 5－48（a）所示。该研究中，石墨烯框架可以作为良好的电子和离子促进剂；同时 Al_2O_3 膜可以通过物理和化学作用抑制多硫化物 Li_2S_x 的溶解，得到的 $Al_2O_3-Li_2S-GS$ 电池具有高比容量和优异的循环稳定性。

（2）Li_2S/多孔碳材料。多孔碳的合成有多种思路和方法。目前的常见思路是首先将硫化锂与多孔碳的前驱体进行组合，如静电纺丝、球磨、气溶胶喷雾等，后通过热解得到 Li_2S/多孔碳材料。此外也有其他思路可以采用，如先通过真空注入法向多孔碳基体中注入硫蒸气，后通过喷涂锂合成硫化锂。多孔碳材料的孔隙同样有效地限制了多硫化物的溶解迁移并表现出优异的性能；但其电子传导性要低于石墨烯。

Zhang 等碳化植酸掺杂的聚苯胺水凝胶制备了氮、磷共掺碳的多孔碳基体 N，P－C，该基体的多孔结构可以容纳 Li_2S 纳米颗粒且无须使用黏结剂，如图 5－48（b）所示。研究表明，共掺杂的多孔碳基体可以通过分层多孔通道实现连续的电子路径和高效的锂离子传输；磷掺杂可以通过与硫和碳骨架之间

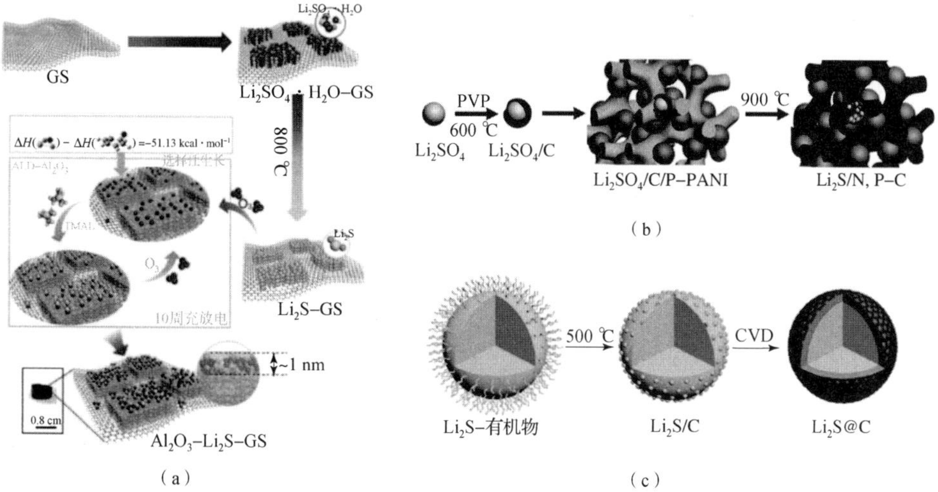

图5-48　硫化锂复合正极材料合成思路举例

(a) Al_2O_3-Li_2S-GS正极的合成示意图；(b) Li_2S/N，P-C的合成示意图；

(c) 涂层工艺的示意图Li_2S@C球体

的相互作用吸收多硫化物。此外，碳材料表面的磷元素能够催化含硫物质的氧化还原反应、提高离子导电性。

(3) Li_2S/碳-核壳结构材料。核壳结构是经典的Li_2S/碳复合材料结构之一，该结构中的碳壳层不仅可以作为一种有效的电子导体，还可以通过物理作用将Li_2S_x限制在碳壳内。相较于多孔碳，核壳结构是更加有效的物理屏障，可以更有效地限制Li_2S_x溶解迁移；同时核壳结构也具有非常稳定的循环性能。然而，核壳结构的合成比多孔碳更加复杂，成本也较高。

Nan等合成了具有特殊核壳结构的Li_2S@C材料。首先以四氢呋喃为溶剂，通过硫和三乙基硼氢化锂的反应制备了粒径分布均匀的Li_2S纳米颗粒；之后以乙炔为碳源，通过化学气相沉积在Li_2S纳米颗粒上沉积碳壳层。由于碳壳层的保护作用，该材料表现出较高的初始比容量和良好的循环稳定性；通过SEM能发现即使在400次的长循环后，该材料也仅有轻微的形态变化。

2) Li_2S/导电聚合物复合材料

与S正极相比，关于Li_2S/导电聚合物复合材料的研究相对较少。作为添加剂，导电聚合物可以从两方面对正极材料起到改进作用：一方面，聚合物的柔韧性和可弯曲性，使其能够与活性材料良好接触；另一方面，聚合物中的大量官能团可以与多硫化物作用，抑制穿梭效应，提高循环性能。

Seh等通过原位合成获得了Li_2S-聚吡咯复合材料，高分辨率XPS表明，聚吡咯中的N元素与Li_2S中的Li存在相互作用，使多硫化物与Li_2S表面紧密结合。聚吡咯与 Li_2S 紧密接触以提供良好的电子路径，从而使所获得的复合材料具有良好的循环性能和速率性能。

5.5 锂－氧电池正极材料

近年来，锂－氧电池逐渐成为能源领域的热点研究对象。科学家们认为，锂－氧电池的性能是锂离子电池的 10 倍，可以提供与汽油同等的能量，因为其阴极（以多孔碳为主）很轻，且氧气从环境中获取而不用保存在电池里。另外，锂－氧电池从空气中吸收氧气完成充电，因此这种电池可以实现拥有更小的体积和更轻的重量。

锂－氧电池的定义是：一个以氧气和金属锂为活性原料，在一定条件下使两者发生电化学反应，并将两者的化学能转化为电能的新型电池装置。它的结构主要包括负极金属锂、正极多孔材料（包括基体材料和氧化还原反应/氧析出反应双效催化剂材料）以及两者间的电解质层。顾名思义，锂－氧电池在发生电化学反应的过程中，正极参与反应的活性物质是氧气。

1996 年，美国东北大学的 K. M. Abraham 课题组在美国电化学杂志上首次报道了锂－氧电池，世界上的首个锂－氧电池以聚合物作为电解质。经过 20 余年的发展，人们逐渐把锂－氧电池按照所使用的电解液分为四种：水系锂－氧电池、有机体系锂－氧电池、混合体系锂－氧电池、固态电解质体系锂－氧电池。不同的电解液体系所涉及的反应机理不同，目前研究最为广泛的是有机体系锂－氧电池。有机体系锂－氧电池的反应机理主要可以分为两部分：①放电过程中的氧化还原反应；②充电过程中的氧析出反应。更为简单地说，这两个反应分别对应的是反应的放电产物 Li_2O_2 和 Li_2O 的可逆合成与分解，如图 5－49 所示。

在放电过程中，一开始，氧气失去电子被还原成超氧根离子（O^{2-}），并与锂离子（Li^+）结合形成超氧化锂（LiO_2）：$O_2 + Li^+ + e^- \rightarrow LiO_2$；与此同时，大量的 O_2 和 Li^+ 在电子的作用下在超氧化锂（LiO_2）表面形成氧化锂（Li_2O）：$O_2 + 4Li^+ + 4e^- \rightarrow 2Li_2O$。接下来在超氧化锂的内部发生歧化反应，生成氧气和 Li_2O_2：$2LiO_2 \rightarrow Li_2O_2 + O_2$。

而在电化学反应的过程中，生成的过氧化锂形貌对整个电池体系的运行尤为重要。控制过氧化锂形貌的关键是中间体超氧化锂的形成位置，目前的主流观点是：当超氧化锂作为充放电中间体吸附在正极表面时，倾向于形成过氧化

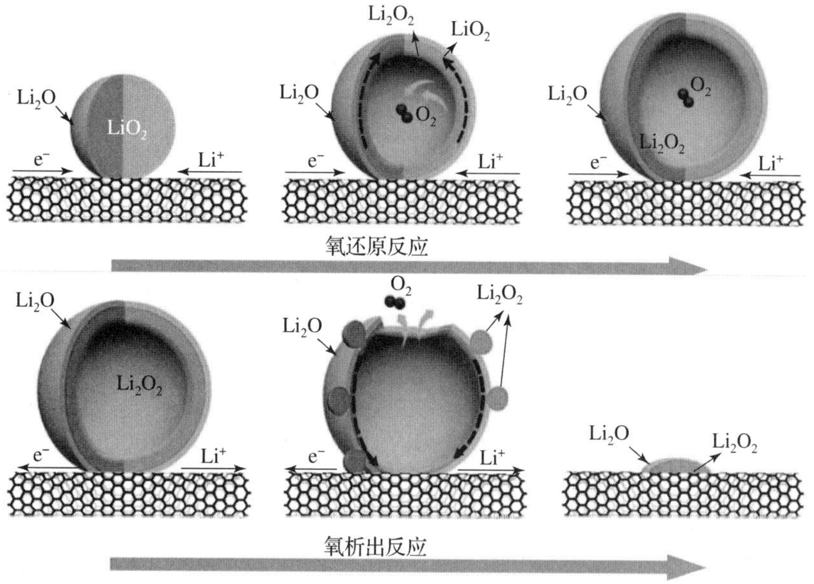

图5-49 锂-氧电池OER和ORR示意图

锂薄膜，研究人员把这种机理称为“表面吸附路径”；另外，当超氧化锂溶解在电解液中时，会产生体积更大的环形过氧化锂，研究人员把这种机理称为“溶液路径”。对于这两种路径，目前普遍公认的一点是：由于过氧化锂的导电性很差，因此，在提高锂-氧电池的容量和延长循环寿命方面，生成环形形态的过氧化锂要优于薄膜形态。

从充放电的化学原理本身来看，锂-氧电池的正极材料本身并不参与电化学反应过程。但是，锂-氧电池的正极材料在整个电化学过程中却扮演着极为重要的角色。锂-氧电池的正极是充放电反应进行的主要场所，同样也是氧气、锂离子和放电产物容纳的载体，也就是说，正极材料的结构、形貌以及催化活性对锂-氧电池的性能起着至关重要的作用。与此同时，正极材料的价格与电池的成本息息相关。

综上所述，理想的锂-氧电池正极材料应该具备以下几点：①具有高的导电率；②物理化学性质稳定，在较高电压下能稳定存在；③有较大的比表面积和孔道，易于放电产物的存储；④有优异的ORR和OER双向催化活性；⑤材料价格低廉、易得、无毒。

本部分内容将主要分类介绍目前锂-氧电池正极材料的主要研究方向，并介绍近年来的代表性研究。

5.5.1 氧正极材料

最早，日本研究人员所提出的锂－氧电池的设计构思更多来自燃料电池。但是，相比只有发电作用的燃料电池，锂－氧电池是一种二次电池，除了要完成放电过程，还要进行可逆的充电过程。效仿燃料电池的正极设计理念，研究人员顺理成章地在锂－氧电池中提出了氧正极的概念，开始对氧化还原反应和氧析出反应都有优秀催化性能的材料的探索。

近年来，有关锂－氧电池的氧正极材料的研究主要包括三个方面：①碳材料；②金属及金属氧化物材料；③复合材料。

1. 碳材料

碳材料由于易于造孔、价格低廉、质量轻、导电性高和氧吸附能力强等优点，而用作锂－氧电池的氧气正极。较高的比表面积和丰富的孔道让它不仅可以作为催化剂的载体，本身也具有一定的催化性能。一般而言，用于氧气正极研究的碳材料主要分为商业化碳材料、功能化碳材料和异原子掺杂碳材料三大类。

1）商业化碳材料

在过去20年中，纳米碳材料已经取得了很大突破，这些碳材料由单个尺寸在1~100 nm之间的物质构成，开创了从纳米计算到智能医疗植入物的广泛可能性。由于纳米材料的尺寸较小，因此具有常规散装材料无法比拟的性能，包括高强度重量比（即强度高但重量轻）以及卓越的电气连接性。碳基纳米材料已经显示出作为各种工业材料替代品的巨大潜力。

近年来，随着新能源产业的蓬勃发展，科琴黑、Vulcan XC－72、Super P、乙炔黑、活性炭等一系列已经商业化的碳材料被广泛用于锂－氧电池的研究中。其中，美国卡伯特公司制造的XC－72炭黑，由于其良好的导电性和分散性，被广泛应用为商业化铂碳催化剂的碳载体；Super P和乙炔黑被广泛应用于各种二次电池电极片浆料的导电剂。

商业化碳材料具有价格便宜、环境友好、易于大规模批量化生产等优点。但是，商业化碳材料仍然存在很多缺点：产品杂质较多、催化活性低，在电池体系中的能量转化效率低、循环性能差等。这些缺点限制了它们的进一步应用，因此，商业化碳材料在锂－氧电池中通常用作导电剂或催化剂材料的载体。

2）功能化碳材料

碳基纳米材料，特别是石墨烯和碳纳米管，已经显示出作为各种工业材料替代品的巨大潜力。

石墨烯是以蜂窝结构排列的单原子厚碳层。石墨烯内部碳原子的排列方式与石墨单原子层一样以 sp^2 杂化轨道成键，并有如下的特点：碳原子有 4 个价电子，其中 3 个电子生成 sp^2 键，即每个碳原子都贡献一个位于 pz 轨道上的未成键电子，近邻原子的 pz 轨道与平面呈垂直方向可形成 π 键，新形成的 π 键呈半填满状态。研究证实，石墨烯中碳原子的配位数为 3，每两个相邻碳原子间的键长为 1.42×10^{-10} m，键与键之间的夹角为 120°。除了 σ 键与其他碳原子连接成六角环的蜂窝式层状结构外，每个碳原子的垂直于层平面的 pz 轨道可以形成贯穿全层的多原子的大 π 键（与苯环类似），因而具有优良的导电和光学性能。

碳纳米管是以管状结构排列的石墨烯片。碳纳米管可以看作是石墨烯片层卷曲而成，因此按照石墨烯片的层数可分为单壁碳纳米管（或称单层碳纳米管，single - walled carbon nanotubes，SWCNTs）和多壁碳纳米管（或多层碳纳米管），多壁碳纳米管在开始形成的时候，层与层之间很容易成为陷阱中心而捕获各种缺陷，因而多壁碳纳米管的管壁上通常布满小洞样的缺陷。与多壁碳纳米管相比，单壁碳纳米管直径大小的分布范围小、缺陷少，具有更高的均匀一致性。单壁碳纳米管典型直径在 0.6 ~ 2 nm，多壁碳纳米管最内层可达 0.4 nm，最粗可达数百纳米，但典型管径为 2 ~ 100 nm。

碳纳米管是在 20 世纪 90 年代初发现的，但是石墨烯在 2004 年才被人们发现。尽管它们具有相似的性质和应用，但是不同的结构导致它们具有完全不同的发展路线。石墨烯是有史以来测得的最强的材料。它具有优异的强度重量比，导电性能接近超导体的性能，几乎是透明的。从航空航天到半导体再到运动器材，各个行业都在研究如何使用石墨烯来提高性能。但是，石墨烯和碳纳米管目前还难以从实验室转移到大规模生产，并发挥其独特的材料特性。

此外，近年来，研究人员通过多种手段，还合成出了众多结构多样、功能各异的新型碳材料。例如：介孔碳、碳纳米纤维等。研究人员将这些新型的碳材料应用于锂 - 氧电池中，大幅改善了锂 - 氧电池的电化学性能。

2004 年，英国曼彻斯特大学物理学家安德烈·盖姆和康斯坦丁·诺沃肖洛夫，用微机械剥离法成功从石墨中分离出石墨烯，因此共同获得 2010 年诺贝尔物理学奖。石墨烯是一种以 sp^2 杂化连接的碳原子紧密堆积成单层二维蜂窝状晶格结构的新材料，而碳纳米管和富勒烯（fullerene）等石墨烯类碳材料在继承了石墨烯优点的基础上，在结构上又出现了各自的特点。石墨烯类碳材料具有质量轻、导电性能良好、比表面积大和表面催化活性强等优点，作为氧气正极材料广泛应用于锂 - 氧电池中。

早在2011年，加拿大韦仕敦大学机械与材料工程系的研究团队便以石墨烯纳米片（Graphene Nanosheets，GNSs）为正极材料，在75 mA/g的电流密度下进行放电，该材料的放电容量可达8 705.9 mA·h/g，远远大于商业化碳材料BP 2000和Vulcan XC－72的放电容量。

同年，美国太平洋西北国家实验室的张继光博士课题组成功制备出一种功能化的分层多孔石墨烯，将其用作锂－氧电池的正极材料，相应的锂－氧电池的放电比容量可达15 000 mA·h/g，这归功于功能化石墨烯材料独特的分层结构和表面的大量含氧官能团。该团队通过第一性原理理论计算证明，过氧化锂倾向于在石墨烯表面的官能团处成核生长，从而证明石墨烯表面的缺陷和含氧官能团有利于增大锂－氧电池的放电容量，如图5－50所示。

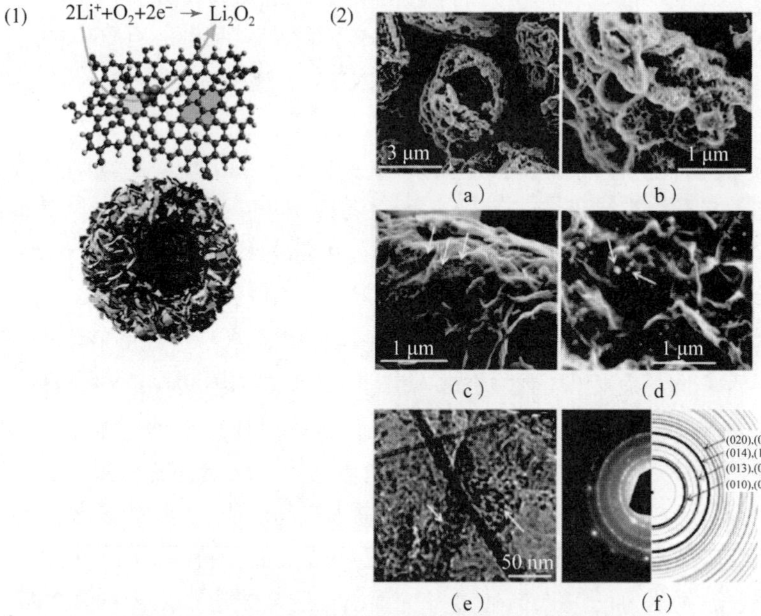

图5－50　石墨烯氧正极材料示意图以及电镜照片

（1）石墨烯正极材料结构示意图；（2）石墨烯正极材料的形貌：

（a，b）分层多孔功能化石墨烯正极材料在不同倍数下的扫描电镜图；（c，d）分层多孔功能化石墨烯正极材料放电后的扫描电镜图；（e）分层多孔功能化石墨烯正极材料放电后的透射电镜图，白色箭头指的是沉积在正极表面的Li_2O_2颗粒；（f）分层多孔功能化石墨烯正极材料的电子衍射图谱

3）异原子掺杂碳材料

随着合成工艺的进步，研究人员发现，碳材料掺杂一定量的非金属元素（N、S、P等），即用其他元素原子取代一部分碳材料本身的碳原子之后，其电化学性能会发生显著提升。这归因于异原子掺杂能够改变碳材料本身的电子

分布、增强碳材料表面的催化活性，还能引入缺陷和官能团，为电化学反应提供额外的活性位点。目前，这种新型碳材料已经广泛应用于锂-氧电池氧正极材料。

2014 年，凯斯西储大学高分子科学与工程系的戴黎明教授课题组通过化学沉积方法制备了具有珊瑚结构的氮掺杂碳纤维（N-VACNF）材料，因为该材料基体中具有大量反应活性位点，所以放电产物过氧化锂以纳米颗粒的形式生长在电极表面。在充电过程中，该形貌的放电产物较易分解，从而有效降低了充电过电位。在 100 mA/g 的电流密度下循环，充放电电压平台之间的差值仅为 0.3 V。

2. 金属及金属氧化物材料

纵使碳材料有很多优势，但是其在电化学过程中并没有足够的稳定性和令人满意的催化性能。近年来，研究人员逐渐将目光转向传统的金属以及金属氧化物材料。金属及其氧化物有出色的导电性，此外，一些贵金属和过渡金属、过渡金属氧化物等具有显著的催化性质。将其用作有机体系锂-氧电池的催化剂材料，在锂-氧电池中可以有效降低充放电过程中产生的过电位，提高电池的整体性能。目前，金属和金属氧化物材料主要分为：①贵金属及其氧化物材料；②非贵金属及其氧化物材料。

1）贵金属及其氧化物材料

不论在工业催化领域还是在电催化领域，贵金属及其氧化物材料都是目前公认的性能最好的催化剂材料。

贵金属（precious metal）主要指金（Au）、银（Ag）和铂族金属：钌（Ru）、铑（Rh）、钯（Pd）、锇（Os）、铱（Ir）、铂（Pt），共 8 种金属元素。这些金属大多数拥有美丽的色泽，具有较强的化学稳定性，一般条件下不易与其他化学物质发生化学反应。贵金属材料的密度和熔点见表 5-3。

表 5-3　贵金属材料的密度和熔点

性质	金	银	铂	钯	铑	铱	锇	钌
元素符号	Au	Ag	Pt	Pd	Rh	Ir	Os	Ru
密度/（$g \cdot cm^{-3}$）	19.32	10.49	21.45	12.02	12.44	22.65	22.16	12.16
熔点/C°	1 064.43	961.93	1 769	1 555	1 963	2 447	3 045	2 310

以铂元素为例，铂元素在周期表中第六周期第Ⅷ族，原子序数 78；密度 21.45 g/cm，熔点 1 769 ℃，沸点 3 827 ± 100 ℃，氧化态有 +2 价、+3 价、+4 价，是具有良好延展性的银白色金属。铂在空气中不被氧化，在 450 ℃以下无明显的氧化膜生成，450 ℃以上生成挥发性氧化物稍有失重。在 500 ℃的氧气气氛中能氧化成氧化铂。

然而，这些贵金属在地壳中的储量极为稀少，造价相较于其他金属元素要昂贵得多。单独使用贵金属作为锂－氧电池的正极材料不现实。研究人员目前多是将纳米尺度的贵金属负载到多孔的载体材料上，即制备具有极低含量贵金属的复合材料，研究瓶颈在于如何实现超低的负载量并简化合成工艺，这种材料之后会在复合材料一节中继续进行介绍。

相比纯的贵金属，贵金属氧化物省去了更为复杂的提纯工艺，因此在成本上略占优势。例如，铂族金属有多种价态的氧化物，如氧化钯（PdO）、三氧化二铑（Rh_2O_3）、三氧化二铱（Ir_2O_3）、氧化钌（RuO_2）、二氧化铑（RhO_2）、氧化铱（IrO）、氧化铂（PtO_2）、四氧化钌（RuO_4）等。以氧化钌为例，其本身为深蓝色结晶，隶属于四方晶系，不溶于水及酸，溶于熔融碱液，在空气中性质稳定，主要用作化工催化剂，是制作电阻和电容器的重要原料。除了锇、钌两种贵金属的氧化物外，其他多数贵金属氧化物自身性质不稳定，在高温下容易分解为单质。大多数贵金属氧化物同样具有很高的 ORR/OER 催化活性，且可以通过改变合成工艺来调控其形貌，是很理想的锂－氧电池氧正极材料。如图 5－51 所示。

2015 年，南京大学现代工程与应用科学学院的周豪慎教授课题组成功制备了一种厚度为 2 nm、横向尺寸为 1 μm 的二维 RuO_2 纳米片材料。该 RuO_2 纳米片作为锂－氧电池的正极，有效减小了电荷转移阻抗。在 2.3～4.0 V 的截止电压范围内，电池可以稳定循环 50 周以上，且保持放电产物 Li_2O_2 的可逆生成与分解。循环到第 50 周时，电池的容量也可以保持在 900 mA · h/g 以上，且充放电过电势分别为 0.15 V 和 0.59 V。电池取得优异的电化学性能归功于超薄 RuO_2 纳米片良好的导电性、稳定性和催化活性。该研究为锂－氧电池正极的设计提供了新的思路。同年，周豪慎教授课题组还合成了一种具有分级多孔结构的中空球形 RuO_2 材料，其作为锂－氧电池的正极材料，取得了更为优异的电化学性能和倍率性能。在 2.3～4.0 V 的截止电压范围内，电池可以稳定循环 100 周以上，且电池容量保持在 1 400 mA · h/g，充电过电势为 0.13 V，放电过电势为 0.54 V。

2）非贵金属及其氧化物材料

在金属材料中，过渡金属由于具有未充满的价层 d 轨道，基于十八电子规

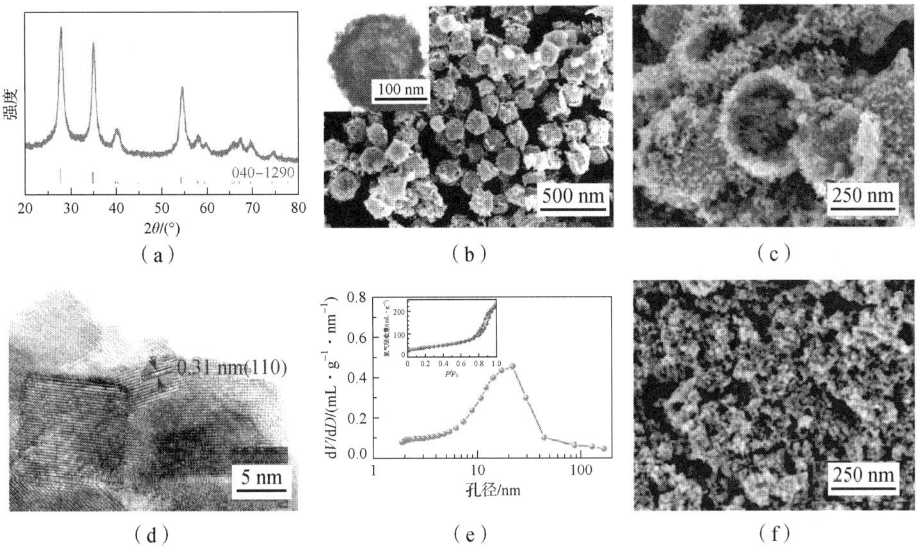

图 5-51　RuO_2 空心球的物理特性以及电镜照片

(a) RuO_2 空心球的 XRD 谱图；(b) RuO_2 空心球的扫描电镜照片及其嵌入的 TEM 图像显示空心结构；(c) RuO_2 的扫描电镜照片；(d) RuO_2 的透射电镜照片；(e) RuO_2 的孔径分布；(f) 合成的 RuO_2 纳米粒子

则，性质与其他元素有明显差别。“过渡元素”这一名词首先由门捷列夫提出，用于指代第Ⅷ族元素。门捷列夫认为从碱金属到锰族是一个“周期”，铜族到卤素又是一个“周期”，那么夹在两个周期之间的元素就一定有过渡的性质。

在非贵金属材料中，一系列第四周期的过渡金属，如铁（Fe）、钴（Co）、镍（Ni）、锰（Mn）等，凭借自身独特的电子结构，获得了优秀的催化性能。但是单独使用纯金属作为正极材料在实际应用中难以实现。近年来，研究人员发现，相比单纯的过渡金属，过渡金属所形成的氧化物更容易制备，且价格便宜、储量丰富，其对 ORR 和 OER 过程都有催化活性，且不与放电产物发生副反应，不仅能提高电池的能量转化效率，还能增加电池的放电比容量。目前，过渡金属氧化物已广泛用于锂－氧电池正极材料及催化剂的研究。

锰元素在众多过渡金属中脱颖而出，锰广泛存在于自然界中，土壤中含锰 0.25%。另外，锰元素价态丰富，锰的化合价有 +2、+3、+4、+5、+6、+7、−1，−2，−3 价。其中以 +2（Mn^{2+} 的化合物）、+4（二氧化锰，为天然矿物）和 +7（高锰酸盐，如 $KMnO_4$）、+6（锰酸盐，如 K_2MnO_4）为稳定的氧化态。其在空气中易氧化，生成褐色的氧化物覆盖层。它也易在升温时氧化，氧化时形成层状氧化锈皮，最靠近金属的氧化层是 MnO（一氧化锰），而外层是 Mn_3O_4（四氧化三锰）。在酸性溶液中，+3 价的锰、+5 价的锰和 +6 价的锰元素均比较容易发生歧化反应。

锰的氧化物主要有一氧化锰、二氧化锰、三氧化二锰（Mn_2O_3）、四氧化三锰、亚锰酸酐、锰酸酐（MnO_3）和高锰酸酐（Mn_2O_7）。而且，自然界中存在着各种各样晶型的天然锰矿石，锰的氧化物储量丰富，价格较为低廉。最常见的有软锰矿（MnO_2）、硬锰（mMnO · MnO_2 · nH_2O）、偏锰酸矿（MnO_2 · nH_2O）、水锰矿［MnO_2 · Mn（OH）$_2$］、褐锰矿（Mn_2O_3）、黑锰矿等。

以二氧化锰为例，它主要取自天然矿物软锰矿，亦称“过氧化锰”，是四价锰的氧化物，熔点 847 ℃，密度 5.026 g/cm^3，黑色斜方晶体或黑褐色粉末，具有四面体晶格，不溶于水和硝酸；在热浓硫酸中放出氧而成硫酸亚锰；在盐酸中氯化而成氯化亚锰；与苛性碱和氧化剂共熔，放出二氧化碳而成高锰酸盐。二氧化锰是强氧化剂，与有机物或其他可氧化物质（如硫、硫化物和磷化物等）摩擦或共热，能引起燃烧和爆炸。在空气中将 MnO_2 加热至 480 ℃以上转变成 Mn_2O_3，温度达到 900 ℃以上转变成 Mn_3O_4。图 5－52 展示了电解得到的不同尺度和形貌的 MnO_2。在工业上，二氧化锰被大量用于炼钢，并用于制玻璃、陶瓷、干电池等。二氧化锰有较为复杂的晶型结构，如 α、β、γ 等 5 种主晶及 30 余种次晶，通常二氧化锰的活性随其所含结晶水的增加而增强，结晶水能促进质子在固体相中的扩散，因此 γ－MnO_2 是各种晶型的 MnO_2 中活性最佳的。但在非水溶液中，MnO_2 所含的结晶水反而会使它的活性下降。一般来说，二氧化锰作为电极材料的要求很高，必须全部为 β 晶型，同时对其含量、粒度、比表面积、导电率等都有较高的要求。

正因为锰基氧化物具有其他材料无法兼备的优秀属性，目前，一系列的锰基氧化物是研究较多的锂－氧电池正极催化剂，其不仅被单独应用于正极反应，且经常以复合材料的形式使用。

早在 2006 年，英国圣安德鲁斯大学化学系的 Peter G. Bruce 教授课题组便将电解产生的 MnO_2 作为正极材料用于锂－氧电池的研究。他们比较了不同种锰氧化物正极材料的电化学性能，如 α－MnO_2（α 相的二氧化锰）、β－MnO_2（β 相的二氧化锰）、γ－MnO_2（γ 相的二氧化锰）、λ－MnO_2（λ 相的二氧化锰）、Mn_2O_3 和 Mn_3O_4。其中，α－MnO_2 作为正极材料的放电容量最高，在 70 mA/g 的电流密度下，放电比容量可达 3 000 mA · h/g，充放电电压平台分别为 2.6 V 和 4.0 V（vs. Li/Li$^+$）。

2013 年，美国阿贡国家实验室的 Amine 教授课题组就将纳米 α－MnO_2 负载

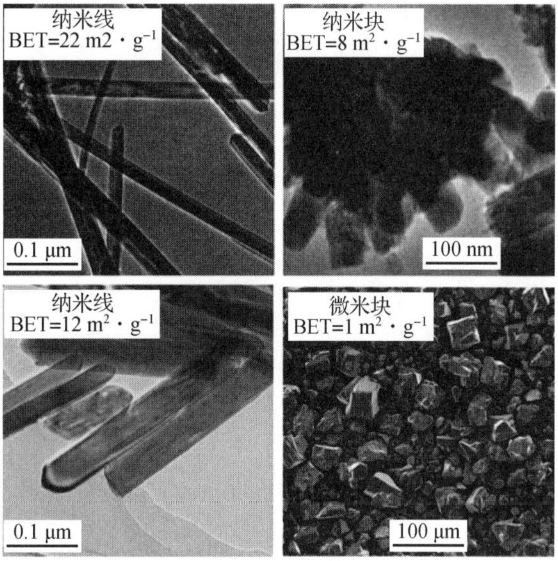

图 5－52　块状和纳米线形貌的 α－MnO 和 β－MnO_2 的透射电镜照片和扫描电镜照片

在多孔碳材料表面。这种新型的复合材料作为锂－氧电池的正极，表现出良好的电化学性能，在 100 mA/g 的小电流密度下，容量能达到 1 400 mA · h/g，其充电过程的电压平台在 3.5～3.7 V 之间。

其实，早在 2010 年，日本九州大学工学部应用化学系的 Tatsumi Ishihara 课题组就研究比较了不同种类的金属氧化物作为锂－氧电池正极材料的性能（表 5－4），包括 Co_3O_4、NiO、Fe_2O_3、CuO、V_2O_5、MoO_3 和 Y_2O。从表 5－4 可以看到，这些金属氧化物材料在循环 5 周之后，容量都有所增加，其中以 V_2O_5 为正极的锂－氧电池容量最高。另外，不难发现，这些金属氧化物材料都可以作为锂－氧电池的 ORR/OER 双功能催化剂，有助于提升电池反应的可逆性。

表 5－4　不同种类的金属氧化物作为锂－氧电池正极材料的性能

催化剂	首周比容量 /(mA · h · g^{-1})	循环 5 周后比容量 /(mA · h · g^{-1})	每周容量保持率 /%
MnO_2	262	653	248
Co_3O_4	199	304	152
NiO	298	362	121

续表

催化剂	首周比容量 /(mA·h·g^{-1})	循环 5 周后比容量 /(mA·h·g^{-1})	每周容量保持率 /%
Fe_2O_3	264	285	108
Pd	277	859	310
RuO_2	317	330	104
CuO	292	658	225
V_2O_5	216	829	383
MoO_3	152	152	100
Y_2O_3	238	213	89
Ir_2O_3	345	354	102

2021 年，北京理工大学能源与环境材料系的谭国强教授课题组报道了一种在氧化锰中掺杂了钴元素的二元氧化物。该课题组成员通过调节二元氧化物中 Mn 元素和 Co 元素的含量比例，获得了不同晶体结构的二元氧化物 $Co_xMn_{1-x}O$，将具有不同晶相的氧化物应用在锂 - 氧电池体系的氧正极材料中，氧化物催化剂在锂 - 氧电池中展示出的过电位与不同的晶相结构之间存在显著的相关性。随着锰元素含量的增加，二元氧化物中的氧化锰组分增加，氧化锰材料更优异的 ORR/OER 催化性能会发挥更大的作用。因此，通过合理优化锰钴元素的比例，可以实现大幅降低锂 - 氧电池的过电位。

3. 复合材料

复合材料是人们运用先进的材料制备技术将不同性质的材料组分优化组合而成的新材料。一般定义的复合材料需满足以下条件。

(1) 复合材料是人造材料，是人们根据当下的需要所设计制造的材料。

(2) 复合材料必须由两种或两种以上化学、物理性质不同的材料组分，以所设计的形式、比例、分布组合而成，各组分之间有明显的界面存在。

(3) 复合材料可进行复合结构设计。

(4) 复合材料不仅保持各组分材料性能的优点，而且通过各组分性能的互补和关联可以获得单一组成材料所不能具备的综合性能。

在有机体系锂 - 氧电池中，不溶于有机电解液的放电产物通常生长在氧正极的表面或孔道中。因此，正极材料需具备大比表面积、大孔容的特性。同时，正极材料（或催化剂）要能够有效降低ORR和OER过程中因极化产生的过电位，从而提高能量转化效率。然而，单一的材料很难满足上述所有要求。因此，复合电极材料成了当前锂-氧电池的研究趋势。

目前，锂-氧电池所用的复合正极材料主要可以分为四种：①贵金属及其化合物/碳材料复合正极；②非贵金属及其化合物/碳材料复合正极；③钙钛矿型氧化物/碳材料复合正极；④无碳复合正极材料。本小节将主要介绍每种复合材料的典型案例和研究进展。

1）贵金属及其化合物/碳材料复合正极

有关贵金属及其化合物的一些性质和代表性物质在5.5.1小节有所介绍，在这里不再展开讨论。由贵金属或贵金属化合物催化剂与功能化碳材料组合的复合材料，既可以保留碳材料的优势，同时可以发挥贵金属及其化合物优异的催化性能，有效地降低充放电循环过程中的过电位，从而减少充放电过程中的电池极化。作为活性物质载体的功能化碳材料，大多拥有特殊的结构，不仅有利于氧气和电解液的扩散、容纳放电产物，还有利于催化剂颗粒的分散以提高催化活性。而且，功能化碳材料表面有缺陷和官能团，其本身就对氧气还原反应有催化活性。

这种复合材料还可以减少贵金属的使用量，将纳米级别的贵金属或者贵金属化合物颗粒均匀地分散附着在碳材料或者其他载体（如MXene、MOF等）上，可以大幅降低成本，更为高效地利用资源稀缺的贵金属。

2015年，韩国汉阳大学能源工程系的Yun Jung Lee课题组等系统研究了Pt、Pd和Ru纳米颗粒的催化性能，将它们负载于还原氧化石墨烯上，作为锂-氧电池的氧正极材料。电化学测试证明，贵金属纳米颗粒均能降低锂-氧电池体系的充电过电位，其中Ru-rGO复合材料呈现出最好的循环稳定性和最低的充电过电位。他们通过各种表征手段对充放电后的放电产物进行了分析，发现纯的还原氧化石墨烯电极表面形成的是粗颗粒状的过氧化锂，贵金属纳米颗粒在氧化还原反应中，促进形成了薄膜状或纳米颗粒状且结晶化程度更低的过氧化锂，而结晶化程度低的过氧化锂更容易在充电过程中被分解，随之在充电过程中具有更低的分解电位。

2015年，美国阿贡国家实验室的Amine教授课题组通过原子层沉积技术在被氧化锌（ZnO）钝化的多孔碳上均匀地分散钯纳米颗粒，合成了一种正极复合材料，铂纳米颗粒均匀地分散在氧化锌钝化的多孔碳上，该材料表现出高的电化学催化活性，尤其是OER催化活性。X射线吸收光谱分析（X-ray absorption spectra，XAS）表明碳支撑的Pd存在复合相（包括金属Pd和PdO），氧化锌钝化层有效地覆盖在碳表面的缺陷部位，最大限度地减少了电解质分解。电化学性能测试结果表明，以该材料为正极的锂－氧电池的放电电位约为 2.8 V，充电电位约为 3 V，循环效率可达 95%。

随后，在 2019 年，Amine 教授课题组采用铂修饰策略来调整氧正极材料的结构，用金属－有机骨架（metal－organic frameworks，MOF）材料作为氮掺杂碳材料的前驱体，通过溅射（表面涂覆）和热还原（体掺杂）实现了两种不同的改性方法，将贵金属铂与含有钴的碳材料进行复合，并在表面构筑了铂钴合金（Pt_3Co）（图 5－53）。这种氧正极材料的复合结构优化了锂－氧电池的电极动力学，促使锂－氧电池的 OER/ORR 过电位显著降低。这项研究表明，不同的铂修饰方法导致活性材料具有不同的纳米结构，最终影响过氧化锂的形成和分解机制，纳米尺度的体掺杂方法可能是解决锂－氧电池氧正极电极动力学迟缓问题的一个有前途的策略。

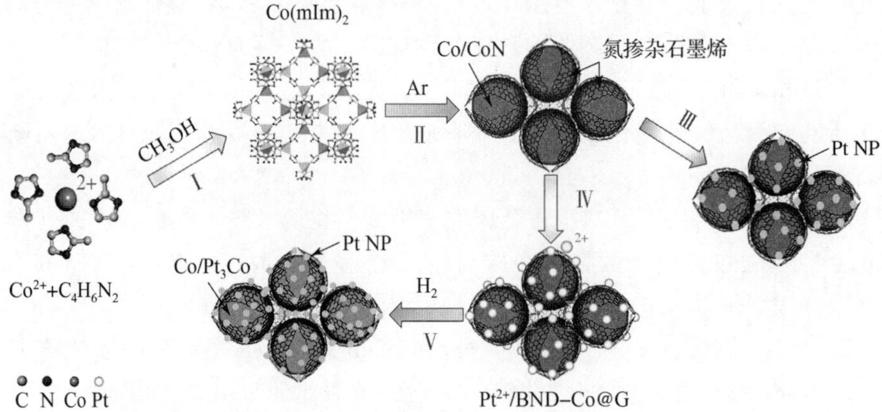

图 5－53　用金属－有机骨架材料作为氮掺杂碳材料的前驱体制备流程图

2）非贵金属及其化合物/碳材料复合正极

有关非贵金属及其化合物的一些性质和代表性物质在 5.5.1 小节有所介绍，在这里不再展开讨论。以过渡金属为典型代表的非贵金属及其化合物同样具有优秀的催化性能，本身性价比优势显著，与碳材料进行复合后，整体性能可以再上一个台阶。碳材料作为载体，为过渡金属提供了更好的结构支撑，提供更多反应活性位点，弥补了整体的电子结构。

2014 年，厦门大学化学化工学院化学系的董全峰教授课题组将 CoO（氧化钴）和碳材料进行复核，并与商业化的 CoO 和只含氧空位的 CoO 相比较，含有氧空位的复合材料作为正极的锂－氧电池有更高的初始容量和比容量，同时过电位更低。他们将复合材料性能的提升归因于其含有的氧空位提升了电子和锂离子的迁移能力，同时可以作为氧气和 Li_2O_2 反应的活性位点，从而提升了 ORR/OER 的反应活性。掺杂的 C 不仅提升了 CoO 的导电能力，而且稳定了 ORR/OER 过程中的氧空位。而且，通过进一步研究表明，在不同充电状态下，改变 CoO/C 和商业 CoO 基正极的形貌和相组成可以大大促进充放电过程中 Li_2O_2 的分解与生成，从而大大提升锂 - 氧电池的性能。这为后续的工作提供了良好的参考。

除了铁、钴、镍，近年来，钼（Mo）这种金属元也备受关注。钼位于门捷列夫周期表第 5 周期、第ⅥB 族，属于过渡金属元素，原子序数 42，原子量 95. 95。由于价电子层轨道呈半充满状态，钼介于亲石元素（8 电子离子构型）和亲铜元素（18 电子离子构型）之间，表现出典型过渡状态。戈尔德施密特在元素的地球化学分类里将它称为亲铁元素。研究人员发现，钼的一些化合物，如碳化钼（molybdenum carbide，Mo_2C）、氧化钼（MoO）等，具有广阔的应用前景。以 MoC 为例，分子量为 107. 95，具有较高熔点和硬度、良好热稳定性和机械稳定性与很好抗腐蚀性等特点，已广泛用于各种耐高温、耐摩擦和耐化学腐蚀等领域。其具有类似贵金属的电子结构和催化特性，可广泛用于析氢反应（HER）、水煤气变换（WGS）反应、燃料电池电化学反应等的催化剂，并展示出优异的性能。

2015 年，韩国汉阳大学能源工程系的 Yang - Kook Sun 课题组制备出了一种碳化钼和碳纳米管复合材料，并将其应用在锂 - 氧电池的正极，研究了其对锂 - 氧电池电化学性能的影响。结果表明，碳化钼的引入使电池能够可逆循环 100 次以上，且呈现出 88% 的高能量效率，尤其是在循环过程中，充电电压保持在 3. 25 ~ 3. 4 V 之间，说明碳化钼的引入对充电过程中过电位的降低起到了明显的作用。他们通过理论计算和 XPS 数据分析得出碳化钼粉末有被氧化的倾向，同时测定到三氧化钼（MoO_3）生成，充放电循环 10 次后 MoO_3/C 类似物成为电极表面主要的物相。随后的 XRD 数据显示有晶化程度低的三氧化钼相，他们将其描述为充放电过程中碳化钼表面形成了无定形的三氧化钼薄层。而正是三氧化钼薄层的形成使锂 - 氧电池获得了性能的提升。结果表明引入碳化钼将成为提升锂 - 氧电池性能的一个很好的方法。

3）钙钛矿型氧化物/碳材料复合正极

钙钛矿是指一类陶瓷氧化物，此类氧化物最早被发现，是存在于钙钛矿石中的钛酸钙（$CaTiO_3$）化合物，因此而得名。钙钛矿的英文名是以俄罗斯矿物学家 Lev Perovski 的名字命名的，其结构通常有单钙钛矿结构、双钙钛矿结构和层状钙钛矿结构。简单钙钛矿化合物的化学通式是 ABX_3，其中 A 通常为半径较大的稀土或碱土金属元素，如 Ca、Sr、Ba；B 位为半径较小的过渡金属元素，如 Ti、Mn、Fe、Co 等，其价态的多变性使其通常成为决定钙钛矿结构类型材料很多性质的主要组成部分；X 位为 O 或卤素，如 I、Cl 等。常见钙钛矿如 $LaMnO_3$、$BiFeO_3$、$CsPbI_3$ 等。ABX_3 钙钛矿材料晶胞结构示意图如图 5－54 所示。

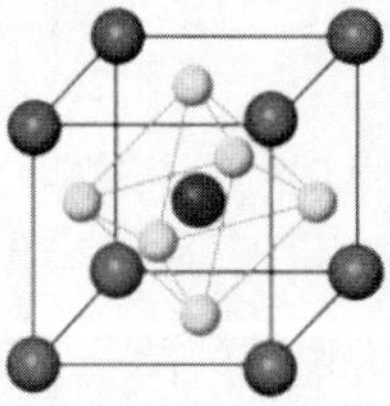

图 5－54　ABX_3 钙钛矿材料晶胞结构示意图

事实上，元素周期表中 90% 的金属元素都可以成为钙钛矿的 A 或 B 离子，A 位和 B 位皆可被半径相近的其他金属离子部分取代而保持其晶体结构基本不变，其物理和化学性质可因组成元素 A、B 的不同而发生极大的变化，因此在理论上它是研究催化剂表面及催化性能的理想样品。

近年来，钙钛矿型氧化物不仅是陶瓷业研究的重要对象，而且被开发为新型智能材料。至今，人们已对其铁磁性、超导性及催化性能进行了大量研究，发现该类氧化物可用作氧化催化剂、固体氧化物燃料电池的阳极材料、阴极材料、固体电解质材料、连接材料、电子材料以及高温超导材料等。理想的钙钛矿结构具有立方对称特征，空间群符号为 Pm－3m。其立方钙钛矿结构可以看成是由 BO6 八面体通过点共享的排列方式组成的骨架主体，而 A 离子填充在由 8 个 BO6 八面体围成的间隙中心位置。另外，如果 A 离子半径足够大并能够支撑起整个立方钙钛矿的骨架结构，这时的钙钛矿结构也可以看成是 BO6 八面体填充在由 A 离子组成的立方骨架结构的间隙中心。一般认为，BO6 八面体组成了立方钙钛矿的骨架结构，它的稳定性决定了整个立方钙钛矿结构的稳定。

钙钛矿型氧化物早期被研究人员在高温下应用于固体氧化物燃料电池中，其在燃料电池体系中表现出良好的催化活性。最近几年，研究人员在室温下将其应用于锂－氧电池中，其作为氧正极材料可以表现出优秀的 ORR/OER 催化活性。

2014 年，加拿大滑铁卢大学化学工程系的陈忠伟教授团队将钙钛矿结构的 $La_{0.5}Sr_{0.5}Co_{0.8}Fe_{0.2}O_3$ 纳米颗粒与 N 掺杂的碳纳米管（N－doped carbon nanotubes，NCNTs）进行复合，并将这种复合材料用作锂－氧电池的氧正极材料。通过电化学测试，这种复合材料表现出良好的 ORR/OER 双效催化活性，充放电过电位仅 0.95 V，催化性能堪比传统的铂碳催化剂正极材料。

另外，相比普通钙钛矿结构的氧化物而言，双钙钛矿结构的氧化物有更高的氧和电子的转移能力。当采用两种不同的A位元素时，钙钛矿氧化物的化学通式变为$AA'B_2O_6$，该结构称为A位双钙钛矿结构。其中A位通常为半径较小的镧系元素（Lanthanide，Ln），如Y、Pr、Sm、Gd等；A′位是半径较大的碱土金属，通常是Ba；B位为可变价过渡金属，如Fe、Mn、Co等。由于A位元素半径差异较大，更倾向于采用层状排列，即沿c轴采取–[BaO]–[MnO2]–[LnOδ]–[MnO2]–[BaO]–排列。为缓解晶格应力，该层会产生大量氧空位，且氧空位完全集中于该层。由于氧空位含量较大，通常A位层状钙钛矿的化学通式写为$AA'B_2O_5+\delta$，此处δ并非表示氧空位。这种氧空位高度有序化结构可为氧离子迁移提供快速通道，从而增加氧离子电导率。A位有序程度主要取决于两种A位元素的半径差，半径差越大，越易形成有序排列。

当B位为不同元素时，化学通式变为$A_2BB'O_6$，该结构称为B位双钙钛矿结构。其中A位元素通常为碱土金属，如Ca、Sr、Ba等；B位通常为低价过渡金属元素，如Fe、Ni、Co等；B′位通常为高价过渡金属，如Mo、Nb、W等。由于B位元素半径接近，但电价相差较大，因此易形成岩盐有序结构，B与B′两种阳离子沿三维方向上交替排列，即沿a、b、c轴均呈现B–O–B′排列，可有效调控双钙钛矿结构氧化物的性能。B位离子的有序性主要取决于B位元素的价态差，价态差越大，越易形成有序结构。双钙钛矿氧化物材料的3种有序结构示意图如图5–55所示。

2014年，上海交通大学化学工程系的马紫峰教授课题组报道了一种双钙钛矿结构的氧化物$Sr_2CrMoO_{6-\delta}$，将此氧化物用于锂–氧电池的正极，使电池的放电容量达到2 306 mA·h/g，相比纯的Super P电极（1 434 mA·h/g）有较大提升。在电流密度为75 mA/g时，双钙钛矿电极首次循环放电电压达到2.61 V，经过30次循环后，仍然可以保持在2.46 V，说明双钙钛矿结构的氧化物对锂–氧电池的性能有一定的促进作用。

除此之外，还有很多其他的钙钛矿型氧化物如$LaFeO_3$、$LaMn_{0.6}Fe_{0.4}O_3$等同样被用于锂–氧电池正极催化剂而得以研究。虽然这些钙钛矿型氧化物的应用使锂–氧电池的性能有所提高，但这种氧正极材料的性能仍衰减较快，循环性能处于较低的水平（仅能维持100次左右），对钙钛矿型氧化物这一类材料的研究还需更加深入和全面。

4）无碳复合正极材料

虽然碳材料在锂–氧电池体系中有很多优势，但是碳材料会与电化学过程中产生的中间体过氧化锂发生副反应，生成难以分解的碳酸锂。为了避免这一

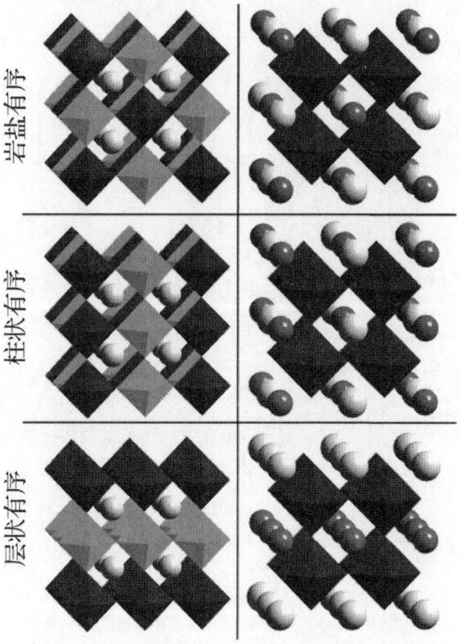

图 5-55　双钙钛矿氧化物材料的 3 种有序结构示意图

副反应的发生，研究人员开始尝试开发不含碳的氧正极以避免碳酸锂的生成。近年来，贵金属和金属化合物组合的无碳复合材料开始进入科研人员的视野。尽管这种复合材料的整体密度大，会不可避免地导致电池质量比容量降低，但该材料有很好的电化学稳定性，是有机体系锂-氧电池正极材料的一个重要发展方向。

2013 年，南京大学现代工程与应用科学学院的周豪慎教授联合日本东京大学发表学术论文，将贵金属钌纳米颗粒沉积在氧化铟锡（ITO）表面制成 Ru/ITO 氧正极，其充电过电势比将贵金属钌负载到碳材料上要低 600 mV。与碳基氧正极相比，无碳正极钌/氧化铟锡可有效减少放电过程中碳酸锂或其他碳酸盐的形成。钌/氧化铟锡性能的提升可归因于贵金属钌纳米颗粒对氧化还原反应和氧析出反应的优异催化活性。

2014 年，美国波士顿学院化学系的王敦伟教授课题组报道了一种以纳米网状硅化钛（$TiSi_2$）为骨架、以贵金属钌纳米颗粒为催化剂的复合氧正极材料。纳米网状的硅化钛材料具有比表面积大、导电性好的优点，且不与放电产物或中间产物发生副反应，保证了充放电过程中放电产物过氧化锂的顺利生成与分解。密度泛函计算表明，选择性是不同界面能的结果。异质纳米结构使这种复合材料成为一种高效的氧正极材料。以该材料为正极的锂-氧电池至少能稳定循环 100 周，且能量转化效率保持在 70% 以上。

4. 氧正极材料总结

锂-氧电池的研究动力，主要来自其惊人的高理论比容量，但其存在的问题极多，而正极双功能催化剂材料是目前研究较为顺利的热门方向之一。经过 20 余年的发展，目前锂-氧电池正极材料最为主要的问题有两个。

(1) 锂-氧电池放电过程中氧化还原和氧析出反应，使反应过程很难发生，需要催化剂协助。效果较好的贵金属催化剂成本太高；大环化合物也能发挥近似作用，但由于生产过程复杂，其成本也不低。因此，降低成本是重中之重。

(2) 空气电极载体形貌、孔径、孔隙率、比表面积等因素对锂空气电池能量密度、倍率性能以及循环性能都有很大影响。有机系锂-氧电池，放电产物存在堵塞氧气扩散通道的风险，可能导致放电结束。改进载体材料也是取得更优性能的重点任务之一。

未来的锂-氧电池氧正极材料的研究工作需要先从这两个重点方面着手，对材料进行全方位的优化，进而争取早日实现锂-氧电池的商业应用。

5.5.2　氧化锂正极材料

锂-氧电池一经提出便受到学术界的广泛关注的最关键原因，就是其拥有其他电池体系无法达到的高理论能量密度。然而，气态的活性物质氧气和固体产物之间存在缓慢的动力学势垒，这也就导致电池体系当中存在严重的极化过电位。此外，目前的锂-氧电池大多采用开放式气室结构和笨重的储氧附件，这些因素都给锂-氧电池的实际应用带来了额外的负担。想要解决锂-氧电池的实际应用问题，需要全新的研究思路。

金属锂拥有多种不同价态的氧化物，常见的有氧化锂、过氧化锂、超氧化锂等。

氧化锂分子量为 29.88，为白色粉末或硬壳状固体，离子化合物，相对密度为 2.013 g/cm^3，熔点为 1 567 ℃ (1 840 K)，沸点为 2 600 ℃，1 000 ℃以上开始升华，它是第一主族 (IA) 中各元素氧化物中熔点最高的，是金属锂最常见的氧化物，被广泛用作玻璃的组分；固态的氧化锂为反萤石型结构，即氟化钙晶体结构中的 Ca^{2+} 被 O^{2-} 替代，F^- 被 Li^+ 替代。其属于面心格子，Li^+ 为四面体配位，O^{2-} 为立方体配位，每个晶胞含有 4 个 Li_2O。气态的氧化锂以直线型的 Li_2O 分子存在，锂氧键键长与强离子键键长相近。一般来说，氧化锂是借由锂在氧气中燃烧而产生。由于锂离子半径较小，极化能力比较强，因此燃烧反应主要产物是氧化锂，只产生少量的过氧化锂。

过氧化锂是一种无机化合物，为白色细小晶体，属六方晶系。其加热时分解为氧化锂和氧，分解反应可用于氧化锂的制备。其在空气中逐渐转变为碳酸锂；溶于水会逐渐分解并释放出氧气，在水中的溶解度随温度升高而降低。过氧化锂常用作氧化剂。此外，由过氧化锂固溶体烧结形成的单晶是制造热电偶的良好材料，在工业上常用于制造含氧化锂光学玻璃、高纯氧化锂、合成锂的有机过氧化合物等，亦可用于制造泡状结构制件的原料，如作为磷酸盐的发泡剂。过氧化锂还能净化密闭潜艇、宇宙飞船、航天飞机内的气体，经常用作潜艇氧源的结合剂，起生氧和除氯的双重作用。

超氧化锂是一种淡黄色粉末状固体，由于锂离子半径过小，核对电子吸引力远大于电子间的斥力，因此超氧化锂很不稳定，在室温下难以稳定存在。

过氧化锂和超氧化锂是锂 - 氧电池电化学过程中的反应中间体，而氧化锂失去电子可以转化为过氧化锂和超氧化锂，研究人员以此为思路展开了研究，在正极材料中加入氧化锂，通过在不同固相之间的转化中控制氧化还原反应过程，来实现一个完整的锂 - 氧电池体系，并开发出了新型的无氧系统锂 - 氧电池。

这类锂 - 氧电池的正极反应方程式为

$$2Li_2O \rightarrow 2Li^+ + 2e^- + Li_{2-x}O$$

这个电化学反应的氧化态产物 $Li_{2-x}O$ 可以是 Li_2O_2、LiO_2 或者 O_2。从机理上，其与传统的锂 - 氧电池相比没有区别，而且省去了气态活性物质参与反应带来的问题。但是，这种设计策略从本质上会牺牲一定量的能量存储能力。

早在 2014 年，东京大学的 Noritaka Mizuno 教授和日本触媒公司的 Shin - ichi Okuoka 博士就报道了基于氧化锂正极的封闭锂 - 氧电池体系。他们用四氧化三钴作为催化剂，将氧化锂与催化剂混合后应用为锂 - 氧电池的正极，并成功地实现了充电过程中锂离子从氧化锂中的脱出，可是随着充电深度的扩大，在电池体系中出现了明显的氧气析出。

日本的科学家成功地发现了氧化锂的活性，提出了封闭锂 - 氧电池的概念，但是没有能够有效地抑制充电过程中随之而来的不可逆氧气的释放。直到 2016 年的夏天，世界顶级期刊 *Nature Energy* 刊登了一篇来自美国麻省理工学院李巨教授和美国阿贡国家实验室的陆俊博士共同完成的论文，他们仍然使用四氧化三钴作为催化剂，对电极结构做出改进，成功实现了氧化锂和其氧化态（主要为超氧化锂）之间的可逆转换，并达到无过渡金属参与氧化还原和无氧气释放的目标。至此，使用氧化锂正极材料的无氧系统锂 - 氧电池开始崭露头角。

2019 年，南京大学现代工程与应用科学学院的周豪慎教授课题组把 Li_2O

纳米颗粒预先嵌入铱和石墨烯组成的双功能催化剂主体，将可逆的 Li_2O/Li_2O_2 相互转化过程限制在密封的无氧系统电池环境中。电化学测试表明，这种锂 - 氧电池的可逆过电位仅为 0.12 V，可实现超过 2 000 次循环的超稳定可充电性，库仑效率高达 99.5%。更重要的是，如图 5 - 56 所示，这项工作证明了基于氧气和氧化物相互转化的电化学过程可以在电池体系中实现，进而将固相转化反应限制在密封的电池结构内，这是一种更实用的电池环境，很好地解决了典型开放体系锂 - 氧电池技术所具有的固有缺陷。

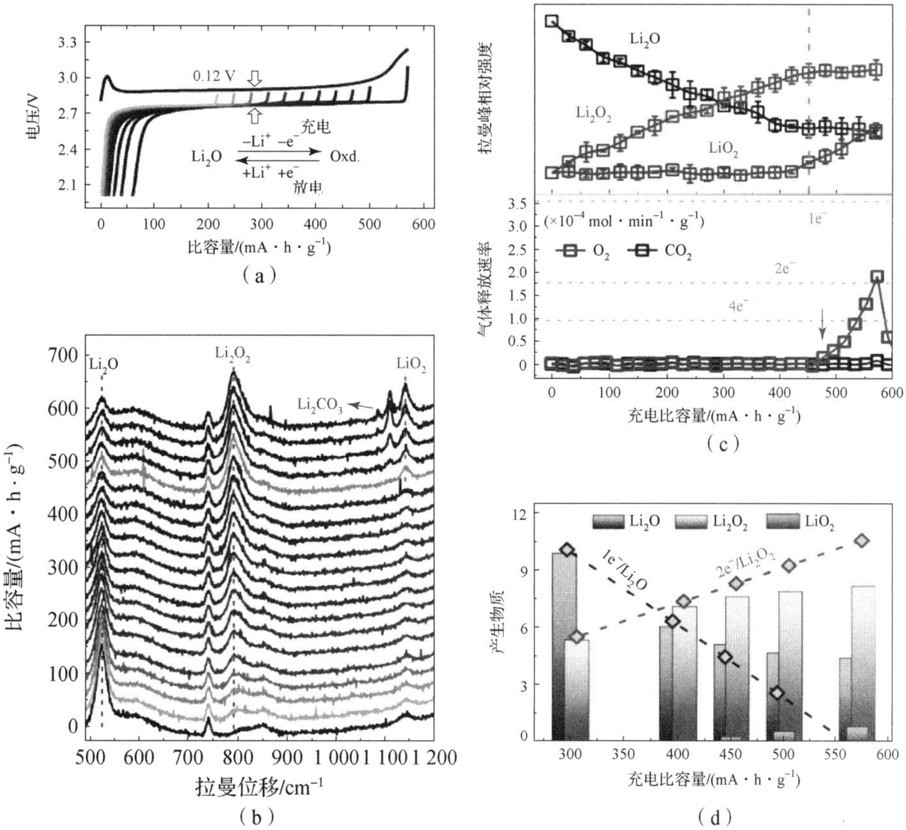

图 5 - 56　Li_2O - Ir - rGO 电极材料在电化学转化过程中的表征（书后附彩插）

（a）Li_2O - Ir - rGO/Li 纽扣电池在不同截止充电深度下循环的充电/放电曲线；（b）在以 1 C 速率进行恒电流充电期间记录的 Li_2O - Ir - rGO 阴极上观察到的容量变化的原位拉曼光谱；（c）从（b）收集的 524 cm^{-1}（Li_2O，黑色）、791 cm^{-1}（Li_2O_2，绿色）和 1 140 cm^{-1}（LiO_2，红色）处拉曼峰强度的容量依赖性以及充电时气态 O_2（红色）和 CO_2（蓝色）的释放速率；（d）不同充电比容量对应的中间产物氧化锂正极的提出是在锂－氧电池发展过程中的一个极大程度的创新，无氧系统颠覆了传统的锂－氧电池器件理念，有更加广阔的发展前景，但是其在大规模生产方面仍存在严峻的考验，在实际生活中的应用仍亟待开发。

5.5.3 锂－氧电池正极材料总结

当前社会面临的核心挑战之一，就是如何应对日益增长的能源需求。从全球角度来看，最理想的战略是将太阳能和风能转化为电能，这些电能可以直接输送给消费者，也可以以化学键的形式储存起来，然后根据需要再转换成电能。最为关键的两个反应即氧析出反应和氧化还原反应，对应着锂－氧电池的电化学反应机理。两个反应均具有较高的过电位和缓慢的动力学过程，而且充电过程的高电压常会导致 ORR 催化剂失活。总而言之，在锂－氧电池正极催化剂界面上进行的电催化反应，将决定电化学装置的能量转换效率。

锂－氧电池发明至今已经走过了 20 多个年头，从确定以有机体系电解液为主流研究方向之后，研究人员对具有低成本和高性能双功能电催化剂进行了探索。这些双功能电催化剂包括碳基材料、过渡金属材料和复合材料。双功能电催化剂可以通过提高本征活性和提高表观活性两种策略来提高其整体的活性。其中，本征活性与晶体结构和电子结构密切相关，即可以通过调节晶体结构和电子结构来提高其本征活性。例如，可以改变金属和氧键之间的强度、氧空位浓度等来调节电催化活性。在碳基材料中掺杂杂原子可以改变碳的电荷密度分布，从而实现对电催化活性的提高。此外，其表观活性还可以通过改变形貌并利用协同作用来改善。构建特殊微纳结构是提高电催化活性的最常用策略之一。在这种情况下，电催化剂具有较高的比表面积、大量的活性位点和良好的电子传导性。同时，复合电催化剂组分之间在加速电催化过程中的协同作用不容忽视。

锂－氧电池的正极材料就如同雨后春笋一般蓬勃发展，在学术界的研究成果已经枝繁叶茂，不仅在性能方面已经得到大幅度的改进与提升，在复杂的电化学机理方面也同样得到了开拓和发展。这些成果为锂－氧电池正极双功能催化剂的理性设计提供了新的思路，指明了今后的研究方向。在不远的将来，一定会有更多更具有建设性的工作脱颖而出，成为锂－氧电池商业化的奠基石。

参考文献

[1] TAKAHASHI Y, KIJIMA N, DOKKO K, et al. Structure and electron density analysis of electrochemically and chemically delithiated $LiCoO_2$ single crystals

[J]. Journal of solid state chemistry, 2007, 180 (1): 313-321.

[2] CHEN Z, DAHN J R. Methods to obtain excellent capacity retention in $LiCoO_2$ cycled to 4.5 V [J]. Electrochimica Acta, 2004, 49 (7): 1079-1090.

[3] LUNDBLAD A, BERGMAN B. Synthesis of $LiCoO_2$ starting from carbonate precursors Ⅱ. Influence of calcination conditions and leaching [J]. Solid state ionics, 1997, 96: 183-193.

[4] KIM J, KIM B, LEE J G. Direct carbon-black coating on $LiCoO_2$ cathode using surfactant for high-density Li-ion cell [J]. Journal of power sources, 2005, 139 (1/2): 289-294.

[5] MORIMOTO H, AWANO H, TERASHIMA J, et al. Preparation of lithium ion conducting solid electrolyte of NASICON-type $Li_{(1+x)}Al_xTi_{(2-x)}(PO_4)_3$ (x = 0.3) obtained by using the mechanochemical method and its application as surface modification materials of $LiCoO_2$ cathode for lithium cell [J]. Journal of power sources, 2013, 240: 636-643.

[6] SHIM J H, HAN J M, LEE J H, et al. Mixed electronic and ionic conductor-coated cathode material for high voltage lithium ion battery [J]. ACS applied materials & interfaces, 2016, 8 (19): 12205-12210.

[7] CAO J, HU G, PENG Z, et al. Polypyrrole-coated $LiCoO_2$ nanocomposite with enhanced electrochemical properties at high voltage for lithium-ion batteries [J]. Journal of power sources, 2015, 281: 49-55.

[8] LEE E, PARK J, KIM, J, et al. Direct surface modification of high-voltage $LiCoO_2$ cathodes by UV-cured nanothickness poly (ethylene glycol diacrylate) gel polymer electrolytes [J]. Electrochimica Acta, 2013, 104: 249-254.

[9] PARK J H, KIM J S, SHIM E G, et al. Polyimide gel polymer electrolyte-nanoencapsulated $LiCoO_2$ cathode materials for high-voltage Li-ion batteries [J]. Electrochemistry communications, 2010, 12 (8): 1099-1102.

[10] TUKAMOTO H, WEST A R. Electronic conductivity of $LiCoO_2$ and its enhancement by magnesium doping [J]. Cheminformation, 1997, 28 (52): 3164-3168.

[11] MYUNG S, KUMAGAI N, KOMABA S, et al. Effects of Al doping on the microstructure of $LiCoO_2$ cathode materials [J]. Solid state ionics, 2001, 139: 47-56.

[12] JANG Y, et al. Synthesis and characterization of $LiAl_yCo_{1-y}O_2$ and $LiAl_yNi_{1-y}O_2$ [J]. Journal of power sources, 1999, 81: 589-593.

[13] JULIEN C, NAZRI, G, ROUGIER A. Electrochemical performances of layered $LiM_{1-y}M'_yO_2$ (M = Ni, Co; M′ = Mg, Al, B) oxides in lithium batteries [J]. Solid state ionics, 2000, 135: 121 - 130.

[14] JIN Y, LIN P, CHEN C. An investigation of silicon - doped $LiCoO_2$ as cathode in lithium - ion secondary batteries [J]. Solid state ionics, 2006, 177: 317 - 322.

[15] LIAO C, et al. Electrochemical behavior of dysprosium (Ⅲ) in eutectic LiF - DyF_3 at tungsten and copper electrodes [J]. Journal of rare earths, 2020, 38: 427 - 435.

[16] VALANARASU S, CHANDRAMOHAN R, THIRUMALAI J, et al. Structural and electrochemical investigation of Zn - doped $LiCoO_2$ powders [J]. Ionics, 2012, 18: 39 - 45.

[17] WU K, JIAO J, LI N, et al. Revealing the multiple influences of Zr substitution on the structural and electrochemical behavior of high nickel $LiNi_{0.8}Co_{0.1}Mn_{0.1}O_2$ cathode material [J]. The journal of physical chemistry C, 2021, 125 (19): 10260 - 10273.

[18] XU B, QIAN D, WANG Z, et al. Recent progress in cathode materials research for advanced lithium ion batteries [J]. Materials science & engineering R - reports, 2012, 73: 51 - 65.

[19] 赵红远. 高性能尖晶石型锰酸锂正极材料的制备及电化学性能研究 [D]. 成都: 电子科技大学, 2017.

[20] SIAPKAS D, et al. Synthesis and characterization of $LiMn_2O_4$ for use in Li - ion batteries [J]. Journal of power sources, 1998, 72: 22 - 26.

[21] SONG J, XU B, HUANG D, et al. Synthesis, structure and properties of super fine $LiMn_2O_4$ [J]. Advanced materials research, 2011, 177: 9 - 11.

[22] YANG Z, MEI Z, XU F, et al. Different types of MnO_2 recovered from spent $LiMn_2O_4$ batteries and their application in electrochemical capacitors [J]. Journal of materials science, 2013, 48 (6): 2512 - 2519.

[23] XIA Y, YOSHIO M. Studies on Li - Mn - O spinel system (obtained from melt - impregnation method) as a cathode for 4 V lithium batteries Part Ⅱ. Optimum spinel from gamma - MnOOH [J]. Journal of power sources, 1995, 57: 125 - 131.

[24] CHEN Z Y, HE Y, LI Z J, et al. Synthesis and electrochemical performance of spinel $LiMn_2O_{4-x}(SO_4)_x$ cathode materials [J]. Chinese journal of chemistry,

2010, 20 (2): 194 - 197.

[25] HAN Y, ZHANG M L, CHEN Y, et al. Study of the MnO_2/C supercapacitor using Agar membrane [J]. Journal of functional materials and devices, 2005, 11 (1): 63.

[26] MARTINI S, VRERNES I, RYNNING E . The effect of auxiliary heating of hands and body during cold exposure on soldier marksmanship of anti - armour weapons (tow) under field conditions, 2018, 22: 365 - 376.

[27] VIVEKANANDHAN S, VENKATESWARLU M, SATYANARAYANA N. Effect of calcining temperature on the electrochemical performance of nanocrystalline $LiMn_2O_4$ powders prepared by polyethylene glycol (PEG400) assisted Pechini process [J]. Materials letters, 2006, 60 (27): 3212 - 3216.

[28] ZHANG W. A general approach for fabricating 3D MFe_2O_4 (M = Mn, Ni, Cu, Co)/graphitic carbon nitride covalently functionalized nitrogen - doped graphene nanocomposites as advanced anodes for lithium - ion batteries [J]. Nano energy, 2019, 57: 48 - 56.

[29] LIU X, FENG T, WANG X, et al. Synthesis and electrochemical performance of $LiMnPO_4/C$ with Fe ion dopant [J]. Rare metal materials and engineering, 2016, 45: 207 - 211.

[30] IKUHARA Y, IWAMOTO Y, KIKUTA K, et al. Processing of epitaxial $LiMn_2O_4$ thin film on MgO (110) through metalorganic precursor [J]. Journal of materials research, 2000, 15: 2750 - 2757.

[31] PATEY T. Flame co - synthesis of $LiMn_2O_4$ and carbon nanocomposites for high power batteries [J]. Journal of power sources, 2009, 189: 149 - 154.

[32] SAITO M. Clinicopathological and long - term prognostic features of membranous nephropathy with crescents: a Japanese single - center experience [J]. Clinical and experimental nephrology, 2018, 22: 365 - 376.

[33] LEE J, KIM K. Superior electrochemical properties of porous Mn_2O_3 - coated $LiMn_2O_4$ thin - film cathodes for Li - ion microbatteries [J]. Electrochimica Acta, 2013, 102: 196 - 201.

[34] PADHI A, et al. Phospho - olivines as positive - electrode materials for rechargeable lithium batteries [J]. Journal of the Electrochemical Society, 1997, 144: 1188 - 1194.

[35] MORGAN D, VAN DER VEN A, CEDER G. Li conductivity in Li_xMPO_4 (M =

Mn, Fe, Co, Ni) olivine materials [J]. Electrochemical and solid state letters, 2004, 7: A30 - A32.

[36] RAVET N. Electroactivity of natural and synthetic triphylite [J]. Journal of power sources, 2001, 97 - 98: 503 - 507.

[37] LIU H. Kinetic study on $LiFePO_4/C$ nanocomposites synthesized by solid state technique [J]. Journal of power Sources, 2006, 159: 717 - 720.

[38] DINH H C. Long - term cycle stability at a high current for nanocrystalline $LiFePO_4$ coated with a conductive polymer [J]. Advances in natural sciences nanoscience & nanotechnology, 2013, 4: 015011.

[39] GABERSCEK M, DOMINKO R, JAMNIK J. Is small particle size more important than carbon coating? an example study on $LiFePO_4$ cathodes [J]. Electrochemistry communications, 2007, 9: 2778 - 2783.

[40] OUYANG C, SHI S, WANG Z, et al. First - principles study of Li ion diffusion in $LiFePO_4$ [J]. Physical review B, 2004, 69: 104303. 1 - 104303. 5.

[41] MENG Y. F - doped $LiFePO_4$@ N/B/F - doped carbon as high performance cathode materials for Li - ion batteries [J]. Applied surface science, 2019, 476: 761 - 768.

[42] FEY G, HUANG, K, KAO H, et al. A polyethylene glycol - assisted carbothermal reduction method to synthesize $LiFePO_4$ using industrial raw materials [J]. Journal of power sources, 2011, 196: 2810 - 2818.

[43] NAKAMURA T, YAMADA M, KODERA T, et al. Synthesis of carbon - added $LiFePO_4$ powders and measurement of charge - discharge properties [J]. Key engineering materials, 2013, 566: 91 - 94.

[44] MELIGRANA G, GERBALDI C, TUEL A, et al. Hydrothermal synthesis of high surface $LiFePO_4$ powders as cathode for Li - ion cells [J]. Journal of power sources, 2006, 160: 516 - 522.

[45] JING Q. Direct regeneration of spent $LiFePO_4$ cathode material by a green and efficient one - step hydrothermal method [J]. ACS sustaintial chemical engineering, 2020, 8: 17622 - 17628.

[46] ZHAO Q. Phytic acid derived $LiFePO_4$ beyond theoretical capacity as high - energy density cathode for lithium ion battery [J]. Nano energy, 2017, 34: 408 - 420.

[47] HUANG C, AI D, WANG L, et al. $LiFePO_4$ crystal growth during co -

precipitation [J]. International journal of electrochemical science, 2016, 11: 754 - 762.

[48] WU Y S, LEE Y H, CHANG H C. Preparation and characteristics of nanosized carbonated apatite by urea addition with coprecipitation method [J]. Materials science & engineering C: biomimetic & supramolecular systems, 2009, 29: 237 - 241.

[49] KONAROVA M, TANIGUCHI I. Preparation of carbon coated $LiFePO_4$ by a combination of spray pyrolysis with planetary ball - milling followed by heat treatment and their electrochemical properties [J]. Powder technology, 2009, 191: 111 - 116.

[50] MA X S. Effect of molecular weight of PEG on the structure and electrochemical properties of nanosized $LiFePO_4/C$ composite cathode material [J]. Chinese journal of synthetic chemistry, 2010, 18: 410 - 414.

[51] 李保云. 锂离子电池层状正极材料 $Li_x(Ni, Mn, Co)O_2$ 的表面改性与电化学性能研究 [D]. 长春: 吉林大学, 2020.

[52] LUTTA S, DOBLEY A, NGALA K, et al. Vanadium oxide nanotubes: characterization and electrochemical behavior [Z]. Cambridge: Cambridge University Press, 2001.

[53] 赵星, 李星, 王明珊, 等. 锂离子电池正极材料 $LiNi_{-(0.8)}Co_{-(0.1)}Mn_{-(0.1)}O_{-2}$ 的研究进展 [J]. 电源技术, 2016, 40 (12): 4.

[54] SAAVEDRA - ARIAS J. A combined first - principles computational/experimental study on $LiNi_{0.66}Co_{0.17}Mn_{0.17}O_2$ as a potential layered cathode material [J]. Journal of power sources, 2012, 211: 12 - 18.

[55] OHZUKU T, TAKEHARA, Z, YOSHIZAWA S. Metal - oxides of group - V - Ⅷ as cathode materials for non - aqueous lithium cells [J]. Denki kagaku, 1978, 46: 411 - 415.

[56] ZHOU F, ZHAO X, LU Z, et al. The effect of Al substitution on the reactivity of delithiated LiNi ((0.5 - z)) Mn ((0.5 - z)) Al (2z) O (2) with nonaqueous electrolyte [J]. Electrochemical and solid state letters, 2008, 11: A155 - A157.

[57] TAKAHASHI K, YASUI T. Morphological changes of lateral projections of myosin filament [J]. Journal of biochemistry, 1966, 60: 231 - 232.

[58] ZHOU D. Air - fired Ni for ohmic electrode of PTCR [J]. Journal of Wuhan University of Technology - materials science edition, 2006, 21: 44 - 46.

[59] DU K, ZHANG L H, HU G R, et al. Synthesis and performance of cathode material $LiFe_{0.5-x}Mn_{0.5}Ni_xPO_4/C$ [J]. Battery, 2010, 40: 210 - 212.

[60] WANG X, XIE Y. Methane combustion over Fe, Co and Ni modified manganese oxide catalysts [J]. Reaction kinetics and catalysis letters, 2000, 70: 43 - 51.

[61] BISQUERT J, GARCIA - BELMONTE G, et al. A high - capacity $Li[Ni_{0.8}Co_{0.06}Mn_{0.14}]O_2$ positive electrode with a dual concentration gradient for next - generation lithium - ion batteries [J]. Journal of materials chemistry A, 2015, 3: 22183 - 22190.

[62] PRIETO A I, JOS Á, PICHARDO S, et al. Protective role of vitamin E on the microcystin - induced oxidative stress in tilapia fish (Oreochromis niloticus) [J]. Environmental toxicology & chemistry, 2008, 27 (5): 1152 - 1159.

[63] HWANG B, SANTHANAM R, HU S, et al. Synthesis and characterization of multidoped lithium manganese oxide spinel, $Li_{1.02}Co_{0.1}Ni_{0.1}Mn_{1.8}O_4$, for rechargeable lithium batteries [J]. Journal of power sources, 2002, 108: 250 - 255.

[64] LEVASSEUR S, MENETRIER M, DELMAS C, et al. On the dual effect of Mg doping in $LiCoO_2$ and Li^{1+} delta CoO_2: structural, electronic properties, and Li - 7 MAS NMR studies [J]. Chemistry of materials, 2002, 14: 3584 - 3590.

[65] PARK H M, CHO Y K, LEE H J, et al. Structural and electrochemical properties of oxysulfide $LiAl_{0.24}Mn_{1.76}O_{3.98}S_{0.02}$ spinel materials [J]. Acta crystallographica section A, 2002, 58: C340 - C340.

[66] SIVAPRAKASH S, MAJUMDER S, NIETO S, et al. Crystal chemistry modification of lithium nickel cobalt oxide cathodes for lithium ion rechargeable batteries [J]. Journal of power sources, 2007, 170: 433 - 440.

[67] KIM J W, KIM Y C, LEE W C, et al. Reactive ion etching mechanism of plasma enhanced chemically vapor deposited aluminum oxide film in CF_4/O_2 plasma [J]. Journal of applied physics, 1995, 78: 2045 - 2049.

[68] LEE, K S, MYUNG S T, MOON J S, et al. Particle size effect of $Li[Ni_{0.5}Mn_{0.5}]O_2$ prepared by co - precipitation [J]. Electrochimica Acta, 2008, 53: 6033 - 6037.

[69] PARKA B C, BANG H J, AMINE K, et al. Electrochemical stability of core - shell structure electrode for high voltage cycling as positive electrode for lithium ion batteries [J]. Journal of power sources, 2007, 174: 658 - 662.

[70] NGO C Y, YOON S F, LOKE W K, et al. Characteristics of 1.3 μm InAs/InGaAs/GaAs quantum dot electroabsorption modulator [J]. Applied physics letters, 94 (14): 143108 - 143108 - 3.

[71] SUN Y K, MYUNG S T, KIM M H, et al. Microscale core - shell structured Li [$(Ni_{0.8}Co_{0.1}Mn_{0.1})_{(0.8)}(Ni_{0.5}Mn_{0.5})_{(0.2)}$] O_2 as positive electrode material for lithium batteries [J]. Electrochemical and solid - state letters, 2006, 9: A171 - A174.

[72] HOU P, ZHANG H, DENG X, et al. Stabilizing the electrode/electrolyte interface of $LiNi_{0.8}Co_{0.15}Al_{0.05}O_2$ through tailoring aluminum distribution in microspheres as long - life, high - rate, and safe cathode for lithium - ion batteries [J]. ACS applied material & interfaces, 2017, 9: 29643 - 29653.

[73] THACKERAY M, DEKOCK A. Synthesis of γ - M_nO_2 from $LiMn_2O_4$ for Li/MnO_2 Battery Applications [J]. Journal of solid state chemistry, 1988, 74: 414 - 418.

[74] MOHANTY D, HUQ A, PAYZANT A, et al. Neutron diffraction and magnetic susceptibility studies on a high - voltage $Li_{1.2}Mn_{0.55}Ni_{0.15}Co_{0.10}O_2$ lithium ion battery cathode: insight into the crystal structure [J]. Chemistry of materials, 2013, 25 (20): 4064 - 4070.

[75] HU S, PILLAI A S, LIANG G, et al. Li - rich layered oxides and their practical challenges: recent progress and perspectives [J]. Electrochemical energy reviews, 2019, 2: 277 - 311.

[76] JARVIS K A, DENG Z, ALLARD L F, et al. Atomic structure of a lithium - rich layered oxide material for lithium - ion batteries: evidence of a solid solution [J]. Chemistry of materials, 2011, 23: 3614 - 3621.

[77] FUJI Y, MIURA H, SUZUKI N, et al. Structural and electrochemical properties of $LiNi_{1/3}Co_{1/3}Mn_{1/3}O_2$ - $LiMg_{1/3}Co_{1/3}Mn_{1/3}O_2$ solid solutions [J]. Solid state ionics, 2007, 178: 849 - 857.

[78] KOGA H, CROGUENNEC L, MANNESSIEZ P, et al. $Li_{1.20}Mn_{0.54}Co_{0.13}Ni_{0.13}O_2$ with different particle sizes as attractive positive electrode materials for lithium - ion batteries: insights into their structure [J]. The journal of physical chemistry C, 2012, 116 (25): 13497 - 13506.

[79] ARIYOSHI K, IWAKOSHI Y, NAKAYAMA N, et al. Topotactic two - phase reactions of Li[$Ni_{1/2}Mn_{3/2}$]O_4 (P4(3)32) in nonaqueous lithium cells [J]. Journal of electrochemical society, 2004, 151: A296 - A303.

[80] WEI G, LU X, KE F, et al. Crystal habit - tuned nanoplate material of Li [$Li_{1/3-2x/3}Ni_xMn_{2/3-x/3}$] O_2 for high - rate performance lithium - ion batteries [J]. Advanced materials, 2010, 22 (39): 4364 - 4367.
[81] DELMAS C, BRACONNIER J, FOUASSIER C, et al. Electrochemical intercalation of sodium In Na_xCoO_2 bronzes [J]. Solid state ionics, 1981, 3 - 4: 165 - 169.
[82] PAULSEN J, DAHN J. O_2 - type $Li_{2/3}$ [$Ni_{1/3}Mn_{2/3}$] O_2: a new layered cathode material for rechargeable lithium batteries Ⅱ. Structure, composition, and properties [J]. Journal of the Electrochemical Society, 2000, 147: 2478 - 2485.
[83] FANG Y, CHEN Z, AI X, et al. Recent developments in cathode materials for Na ion batteries [J]. Acta physico - chimica sinica, 2017, 33: 211 - 241.
[84] SONG W, HOU H, JI X. Progress in the investigation and application of Na_3V_2 $(PO4)_{(3)}$ for electrochemical energy storage [J]. Acta physico - chimica sinica, 2017, 33: 103 - 129.
[85] LALÈRE F, LERICHE J B, COURTY M, et al. An all - solid state NASICON sodium battery operating at 200 ℃ [J]. Journal of power sources, 2014, 247: 975 - 980.
[86] MASQUELIER C, WURM C, RODRIGUEZ - CARVAJAL J, et al. A powder neutron diffraction investigation of the two rhombohedral NASICON analogues: gamma - $Na_3Fe_2(PO_4)_{(3)}$ and $Li_3Fe_2(PO_4)_{(3)}$ [J]. Chemistry of materials, 2000, 12: 525 - 532.
[87] CHOTARD J N, ROUSSE G, DAVID R, et al. Discovery of a sodium - ordered form of Na_3V_2 $(PO_4)_3$ below ambient temperature [J]. ChemInform, 2015, 46 (45).
[88] KAJIYAMA S, KIKKAWA J, HOSHINO J, et al. Assembly of $Na_3V_2(PO_4)_3$ nanoparticles confined in a one - dimensional carbon sheath for enhanced sodium - ion cathode properties [J]. Chemistry - A European journal, 2014, 20: 12636 - 12640.
[89] XU L, XIONG P, ZENG L, et al. Facile fabrication of a vanadium nitride/carbon fiber composite for half/full sodium - ion and potassium - ion batteries with long - term cycling performance [J]. Nanoscale, 2020, 12 (19): 10693 - 10702.
[90] 张大鹏. 普鲁士蓝衍生物的合成及其在高倍率水系二次电池中的应用

[D]. 青岛：山东大学，2019.
[91] 王强. 钠离子电池正极材料磷酸钒钠掺杂改性的第一性原理研究 [D]. 武汉：中国地质大学，2019.
[92] QIAN J, WU F, YE Y, et al. Boosting fast sodium storage of a large - scalable carbon anode with an ultralong cycle life [J]. Advanced energy materials, 2018, 8 (16): 1703159.
[93] WU X, LUO Y, SUN M, et al. Low - defect Prussian blue nanocubes as high capacity and long life cathodes for aqueous Na - ion batteries [J]. Nano energy, 2015, 13: 117 - 123.
[94] GUO J X, HAO X G, MA X L, et al. Electrochemical characterization of ion selectivity in electrodeposited nickel hexacyanoferrate thin films [J]. Journal of University of Science and Technology Beijing, mineral, metallurgy, material, 2008, 15 (1): 79 - 83.
[95] LIU Y, JIN S, LIU L, et al. Preparation of manganese hexacyanoferrate modified glassy carbon electrode and its electrochemical behavior [J]. Chinese journal of analytical chemistry, 2004, 32: 847 - 851.
[96] MORITOMO Y, TAKACHI M, KURIHARA Y, et al. Synchrotron - radiation X - ray investigation of Li^+/Na^+ intercalation into prussian blue analogues [J]. Advances in materials science and engineering, 2013 (7): 1 - 17.
[97] JIANG Y. Prussian blue@ C composite as an ultrahigh - rate and long - life sodium - ion battery cathode [J]. Advanced functional materials, 2016, 26: 5315 - 5321.
[98] PRABAKAR S, JEONG J, PYO M. Highly crystalline Prussian blue/graphene composites for high - rate performance cathodes in Na - ion batteries [J]. RSC advances, 2015, 5: 37545 - 37552.
[99] HOU T, TANG G, SUN X, et al. Perchlorate ion doped polypyrrole coated ZnS sphere composites as a sodium - ion battery anode with superior rate capability enhanced by pseudocapacitance [J]. RSC advances, 2017, 7 (69): 43636 - 43641.
[100] MEI L, LI H, MI S, et al. The application of the inexpensive and synthetically simple electrocatalyst CuFe - MoC@ NG in immunosensors [J]. Analyst, 2021, 146: 5421 - 5428.
[101] LE POUL N, HUGO L, KANE H. Development of potentiometric ion sensors based on insertion materials as sensitive element [J]. Solid state ionics,

2003, 159: 149 – 158.

[102] ZHU Y, XU Y, LIU Y, et al. Comparison of electrochemical performances of olivine $NaFePO_4$ in sodium – ion batteries and olivine $LiFePO_4$ in lithium – ion batteries [J]. Nanoscale, 2013, 5: 780 – 787.

[103] CLARK J, BARPANDA P, YAMADA A, et al. Sodium – ion battery cathodes $Na_2FeP_2O_7$ and $Na_2MnP_2O_7$: diffusion behaviour for high rate performance [J]. Journal of materials chemistry A, 2014, 2: 11807 – 11812.

[104] ELLIS B L, MAKAHNOUK W R M, MAKIMURA Y, et al. A multifunctional 3.5 V iron – based phosphate cathode for rechargeable batteries [J]. Nature materials, 2007, 6: 749 – 753.

[105] BARPANDA P, OYAMA G, NISHIMURA S, et al. A 3.8 – V earth – abundant sodium battery electrode [J]. Nature communication, 2014, 5: 4358.

[106] OYAMA G, NISHIMURA S, SUZUKI Y, et al. Off – stoichiometry in alluaudite – type sodium iron sulfate $Na_{2+2x}Fe_{2-x}(SO_4)_3$ as an advanced sodium battery cathode material [J]. ChemElectroChem, 2015, 2: 1019 – 1023.

[107] MENG Y, YU T, ZHANG S, et al. Top – down synthesis of muscle – inspired alluaudite $Na_{2+2x}Fe_{2-x}(SO_4)_3$/SWNT spindle as a high – rate and high – potential cathode for sodium – ion batteries [J]. Journal of materials chemistry A, 2016, 4: 1624 – 1631.

[108] KIM H, KIM J C, BO S H, et al. K – ion batteries based on a P2 – type $K_{0.6}CoO_2$ cathode [J]. Advanced energy materials, 2017, 7 (17): 1700098.

[109] DENG T, FAN X, LUO C, et al. Self – templated formation of P2 – type $K_{0.6}CoO_2$ microspheres for high reversible potassium – ion batteries [J]. Nano letter, 2018, 18 (2): 1522 – 1529.

[110] VAALMA C, GIFFIN G A, BUCHHOLZ D, et al. Non – aqueous K – ion battery based on layered $K_{0.3}MnO_2$ and hard carbon/carbon black [J]. Journal of the Electrochemical Society, 2016, 163 (7): A1295 – A1299.

[111] KIM H, SEO D H, KIM J C, et al. Investigation of potassium storage in layered P3 – type $K_{0.5}MnO_2$ cathode [J]. Advanced materials, 2017, 29 (37): 1702480.

[112] GAO A, LI M, GUO N, et al. K – birnessite electrode obtained by ion exchange for potassium – ion batteries: insight into the concerted ionic diffusion and K storage mechanism [J]. Advanced energy materials, 2019, 9 (1):

1802739.

[113] LIN BZ, HU X, FANG L, et al. Birnessite nanosheet arrays with high K content as a high - capacity and ultrastable cathode for K - ion batteries [J]. Advanced materials, 2019, 31 (24): 1900060.

[114] HWANG J, KIM J, YU T, et al. Development of P3 - $K_{0.69}CrO_2$ as an ultra - high - performance cathode material for K - ion batteries [J]. Energy environment science, 2018, 11 (10): 2821 - 2827.

[115] NN A, SU C, SPS B, et al. Highly stable P'3 - $K_{0.8}CrO_2$ cathode with limited dimensional changes for potassium ion batteries [J]. Journal of power sources, 2019, 430: 137 - 144.

[116] DENG L, NIU X, MA G, et al. Layered potassium vanadate $K_{0.5}V_2O_5$ as a cathode material for nonaqueous potassium ion batteries [J]. Advanced functional materials, 2018, 28 (49): 1800670.

[117] TIAN B, TANG W, SU C, et al. Reticular $V_2O_5 \cdot 0.6H_2O$ xerogel as cathode for rechargeable potassium ion batteries [J]. ACS applied materials & interfaces, 2018, 10 (1): 642 - 650.

[118] CLITES M, HARTJ L, TAHERI M L, et al. Chemically preintercalated bilayered $K_xV_2O_5 \cdot nH_2O$ nanobelts as a high - performing cathode material for K - ion batteries [J]. ACS energy letter, 2018, 3 (3): 562 - 567.

[119] VAALMA C, GIFFIN G A, BUCHHOLZ D, et al. Non - aqueous K - ion battery based on layered $K_{0.3}MnO_2$ and hard carbon/carbon black [J]. Journal of the Electrochemical Society, 2016, 163 (7): A1295 - A1299.

[120] KIM H, KIM J C, BO S H, et al. K - Ion Batteries Based on a P2 - Type $K_{0.6}CoO_2$ Cathode [J]. Advanced Energy Materials, 2017, 7 (17): 1700098.

[121] WANG X, XU X, NIU C, et al. Earth abundant Fe/Mn - based layered oxide interconnected nanowires for advanced K - ion full batteries [J]. Nano letters, 2016, 17 (1): 544 - 550.

[122] ZHOU Y, CHEN G, WANG Q, et al. Fe - N - C electrocatalysts with densely accessible Fe - N_4 sites for efficient oxygen reduction reaction [J]. Advanced functional materials, 2018, 28: 1800219.

[123] TIAN B, TANG W, SU C, et al. Reticular $V_2O_5 \cdot 0.6H_2O$ xerogel as cathode for rechargeable potassium ion batteries [J]. ACS applied materials & interfaces, 2017, 10 (1): 642 - 650.

[124] LIN X, HUANG J, TAN H, et al. $K_3V_2(PO_4)_2F_3$ as a robust cathode for potassium - ion batteries [J]. Energy storage materials, 2018, 16: 97 - 101.

[125] PARK W B, HAN S C, PARK C, et al. KVP_2O_7 as a robust high - energy cathode for potassium - ion batteries: pinpointed by a full screening of the inorganic registry under specific search conditions [J]. Advanced energy materials, 2018, 8 (13): 1703099.

[126] HAN J, NIU Y, BAO S J, et al. Nanocubic $KTi_2(PO_4)_3$ electrodes for potassium - ion batteries [J]. Chemical communication, 2016, 52 (78): 11661 - 11664.

[127] YU S, LIU Z, TEMPEL H, et al. Self - standing NASICON - type electrodes with high mass loading for fast - cycling all - phosphate sodium - ion batteries [J]. Journal of materials chemistry A, 2018, 6 (37): 18304 - 18317.

[128] WEI Z, WANG D, LI M, et al. Fabrication of hierarchical potassium titanium phosphate spheroids: a host material for sodium - ion and potassium - ion storage [J]. Advanced energy materials, 2018, 8 (27): 1801102.

[129] KIM H, SEO D, BIANCHINI M, et al. A new strategy for high - voltage cathodes for K - ion batteries: stoichiometric $KVPO_4F$ [J]. Advanced energy materials, 2018, 8 (26): 1801591.

[130] EGER D, ORON M, KATZ M, et al. Highly efficient blue light generation in $KTiOPO_4$ waveguides [J]. Applied physical letter, 64 (24): 3208.

[131] HAN J, LI G, LIU F, et al. Investigation of $K_3V_2(PO_4)_3$/C nanocomposite as high - potential cathode materials for potassium - ion batteries [J]. Chemical communication, 2017, 53 (11): 1805 - 1808.

[132] ZHANG L, ZHANG B, WANG C, et al. Constructing the best symmetric full K - ion battery with the NASICON - type $K_3V_2(PO_4)_3$ [J]. Nano energy, 2019, 60: 432 - 439.

[133] ZHANG X, XIAO N, KUANG X, et al. Hybrid cathodes composed of $K_3V_2(PO_4)_3$ and carbon materials with boosted charge transfer for K - ion batteries [J]. Surfaces, 2020, 3: 1 - 10.

[134] LIAO J, HU Q, CHE B, et al. Competing with other polyanionic cathode materials for potassium - ion batteries via fine structure design: new layered $kVOPO_4$ with a tailored particle morphology [J]. Journal of materials chemistry A, 2019, 7 (25): 15244 - 15251.

[135] KIM H, SEO D H, KIM J C, et al. Investigation of potassium storage in

layered P3 - type $K_{0.5}MnO_2$ cathode [J]. Advanced materials, 2017, 29 (37): 1702480.

[136] LUO W, WAN J, OZDEMIR B, et al. Potassium ion batteries with graphitic materials [J]. Nano letters, 2015, 15 (11): 7671 - 7677.

[137] JIAN Z, HWANG S, LI Z, et al. Hard - soft composite carbon as a long - cycling and high - rate anode for potassium - ion batteries [J]. Advanced functional materials, 2017: 1700324.

[138] SONG Z, QIAN Y, GORDIN M L, et al. Polyanthraquinone as a reliable organic electrode for stable and fast lithium storage [J]. Angewandte chemie international edition, 2015, 54 (47): 13947 - 13951.

[139] WAN W, LEE H, YU X, et al. Tuning the electrochemical performances of anthraquinone organic cathode materials for Li - ion batteries through the sulfonic sodium functional group [J]. RSC advances, 2014, 4 (38): 19878 - 19882.

[140] JIAN Z, LIANG Y, RODRÍGUEZ - PÉREZ I A, et al. Poly (anthraquinonyl sulfide) cathode for potassium - ion batteries [J]. Electrochemistry communications, 2016, 71: 5 - 8.

[141] ZHAO J, YANG J, SUN P, et al. Sodium sulfonate groups substituted anthraquinone as an organic cathode for potassium batteries [J]. Electrochemistry communications, 2018, 86: 34 - 37.

[142] HERBET D, ULAM J. Electric dry cells and storage batteries: US3043896 [P]. 1962 - 07 - 10.

[143] BHASKARA R M L. Organic electrolyte cells: US3413154 [P]. 1966 - 03 - 23.

[144] JI X L, LEE K T, NAZAR L F. A highly ordered nanostructured carbon - sulphur cathode for lithium - sulphur batteries [J]. Nature materials, 2009, 8: 500 - 506.

[145] WANG D, ZENG Q, ZHOU G, et al. Carbon - sulfur composites for Li - S batteries: status and prospects [J]. Journal of materials chemistry A, 2013, 1 (33): 9382 - 9394.

[146] CAVALLO C, AGOSTINI M, GENDERS J P, et al. A free - standing reduced graphene oxide aerogel as supporting electrode in a fluorine - free Li_2S_8 catholyte Li - S battery [J]. Journal of power sources, 2019, 416: 111 - 117.

[147] LIM W G, KIM S, JO C, et al. A comprehensive review of materials with

catalytic effects in Li – S batteries: enhanced redox kinetics [J]. Angewandte chemie, 2019, 131 (52): 18746 – 18757.

[148] SEH Z, LI W, CHA J, et al. Sulphur – TiO_2 yolk – shell nanoarchitecture with internal void space for long – cycle lithium – sulphur batteries [J]. Nature communications, 2013, 4: 1331.

[149] ZHENG W, LIU Y, HU X, et al. Novel nanosized adsorbing sulfur composite cathode materials for the advanced secondary lithium batteries [J]. Electrochimica Acta, 2006, 51 (7): 1330 – 1335.

[150] KANG H S, SUN Y K. Freestanding bilayer carbon – sulfur cathode with function of entrapping polysulfide for high performance Li – S battery [J]. Advanced functional materials, 2016, 26 (8): 1225 – 1232.

[151] CHEN X, YUAN L, HAO Z, et al. Free – standing Mn_3O_4@CNF/S paper cathodes with high sulfur loading for lithium – sulfur batteries [J]. ACS applied materials & interfaces, 2018, 10 (16): 13406 – 13412.

[152] WANG J Z, LU L, CHOUCAIR M, et al. Sulfur – graphene composite for rechargeable lithium batteries [J]. Journal of power sources, 2011, 196 (16): 7030 – 7034.

[153] WANG H, YANG Y, LIANG Y, et al. Graphene – wrapped sulfur particles as a rechargeable lithium – sulfur battery cathode material with high capacity and cycling stability [J]. Nano letters, 2011, 11 (7): 2644 – 2647.

[154] QIU Y, LI W, ZHAO W, et al. High – rate, ultralong cycle – life lithium/sulfur batteries enabled by nitrogen – doped graphene [J]. Nano letters, 2014, 14 (8): 4821 – 4827.

[155] JI X, LEE K T, NAZAR L F. A highly ordered nanostructured carbon – sulphur cathode for lithium – sulphur batteries [J]. Nature materials, 2009, 8 (6): 500 – 506.

[156] HONG X J, TANG X Y, WEI Q, et al. Efficient encapsulation of small S_{2-4} molecules in MOF – derived flowerlike nitrogen – doped microporous carbon nanosheets for high – performance Li – S batteries [J]. ACS applied materials & interfaces, 2018, 10 (11): 9435 – 9443.

[157] XIN S, GU L, ZHAO N H, et al. Smaller sulfur molecules promise better lithium – sulfur batteries [J]. Journal of the American Chemical Society, 2012, 134 (45): 18510 – 18513.

[158] YE H, YIN Y X, XIN S, et al. Tuning the porous structure of carbon hosts

for loading sulfur toward long lifespan cathode materials for Li - S batteries [J]. Journal of materials chemistry A, 2013, 1 (22): 6602 - 6608.

[159] XIN S, YIN Y, WAN L, et al. Encapsulation of sulfur in a hollow porous carbon substrate for superior Li - S batteries with long lifespan [J]. Particle & particle systems characterization, 2013, 30 (4): 321 - 325.

[160] YE H, LI M, LIU T, et al. Activating Li_2S as the lithium - containing cathode in lithium - sulfur batteries [J]. ACS energy letters, 2020, 5: 2234 - 2245.

[161] YUAN Y, ZHENG G, MISRA S, et al. High - capacity micrometer - sized Li_2S particles as cathode materials for advanced rechargeable lithium - ion batteries [J]. Journal of the American Chemical Society, 2012, 134 (37): 15387 - 15394.

[162] LIANG X, YUN J, XU K, et al. Traceethanol as an efficient electrolyte additive to reduce activation voltage of Li_2S cathode in lithium - ion - sulfur batteries [J]. Chemical communications, 2019, 55 (68): 10088 - 10091.

[163] WU F, LEE J T, NITTA N, et al. Lithium iodide as a promising electrolyte additive for lithium - sulfur batteries: mechanisms of performance enhancement [J]. Advanced materials, 2015, 27 (1): 101 - 108.

[164] ZU C, KLEIN M, MANTHIRAM A. Activated Li_2S as a high - performance cathode for rechargeable lithium - sulfur batteries [J]. Journal of physical chemistry letters, 2014, 5 (22): 3986 - 3991.

[165] TSAO Y, LEE M, MILLER E C, et al. Designing a quinone - based redox mediator to facilitate Li_2S oxidation in Li - S batteries [J]. Joule, 2019, 3 (3): 872 - 884.

[166] CHEN C, LI D, GAO L, et al. Carbon - coated core - shell Li_2S @ C nanocomposites as high performance cathode materials for lithium - sulfur batteries [J]. Journal of materials chemistry A, 2017, 5 (4): 1428 - 1433.

[167] JIAO Z, CHEN L, SI J, et al. Core - shell Li_2S@ Li_3PS_4 nanoparticles incorporated into graphene aerogel for lithium - sulfur batteries with low potential barrier and overpotential [J]. Journal of power sources, 2017, 353: 167 - 175.

[168] LIU Z, DENG H, HU W, et al. Revealing reaction mechanisms of nanoconfined Li_2S: implications for lithium - sulfur batteries [J]. Physical chemistry chemical physics, 2018, 20 (17): 11713 - 11721.

[169] YE F, NOH H, LEE H, et al. An ultrahigh capacity graphite/Li_2S battery with holey - Li_2S nanoarchitectures [J]. Advanced science, 2018, 5 (7): 1800139.

[170] YE F, LIU M, YAN X, et al. In situ electrochemically derived amorphous - Li_2S for high performance Li_2S/graphite full cell [J]. Small, 2018, 14 (17): 1703871.

[171] ZHOU G, TIAN H, YANG J, et al. Catalytic oxidation of Li_2S on the surface of metal sulfides for Li - S batteries [J]. Proceedings of the National Academy of Sciences of the United States of America, 2017, 114 (5): 840 - 845.

[172] YUAN H, CHEN X, ZHOU G, et al. Efficient activation of Li_2S by transition metal phosphides nanoparticles for highly stable lithium - sulfur batteries [J]. ACS energy letters, 2017, 2 (7): 1711 - 1719.

[173] HU C, CHEN H, XIE Y, et al. Alleviating polarization by designing ultrasmall Li_2S nanocrystals encapsulated in N - rich carbon as a cathode material for high - capacity, long - life Li - S batteries [J]. Journal of materials chemistry A, 2016, 4 (47): 18284 - 18288.

[174] STRUBEL P, ALTHUES H, KASKEL S. Solution - based chemical process for synthesis of highly active Li_2S/carbon nanocomposite for lithium - sulfur batteries [J]. ChemNanoMat, 2016, 2 (7): 656 - 659.

[175] QIU Y C, RONG G L, YANG J, et al. Highly nitridated graphene - Li_2S cathodes with stable modulated cycles [J]. Advanced energy materials, 2016, 5 (23): 1501369 - 1501376.

[176] LIU J, NARA H, YOKOSHIMA T, et al. Micro - scale Li_2S - C composite preparation from Li_2SO_4 for cathode of lithium ion battery [J]. Electrochimica Acta, 2015, 183: 70 - 77.

[177] LI Z, ZHANG S, TERADA S, et al. Promising cell configuration for next - generation energy storage: Li_2S/graphite battery enabled by a solvate ionic liquid electrolyte [J]. ACS applied materials & interfaces, 2016, 8 (25): 16053 - 16062.

[178] KOHL M, BRÜCKNER J, BAUER I, et al. Synthesis of highly electrochemically active Li_2S nanoparticles for lithium - sulfur - batteries [J]. Journal of materials chemistry A, 2015, 3 (31): 16307 - 16312.

[179] XU R, ZHANG X, YU C, et al. Paving the way for using Li_2S batteries [J]. ChemSusChem, 2014, 7 (9): 2457 - 2460.

[180] YE F, NOH H, LEE J, et al. Li_2S/carbon nanocomposite strips from a low -

temperature conversion of Li_2SO_4 as high - performance lithium - sulfur cathodes [J]. Journal of materials chemistry A, 2018, 6 (15): 6617 - 6624.

[181] NAN C Y, ZHAN L, LIAO H G, et al. Durable carbon - coated Li_2S core - shell spheres for high performance lithium/sulfur cells [J]. Journal of the American Chemical Society, 2014, 136 (12): 4659 - 4663.

[182] LI X, GAO M, DU W, et al. A mechanochemical synthesis of submicron - sized Li_2S and a mesoporous Li_2S/C hybrid for high performance lithium/sulfur battery cathodes [J]. Journal of materials chemistry A, 2017, 5: 6471 - 6482.

[183] LIANG S, LIANG C, XIA Y, et al. Facile synthesis of porous Li_2S@C composites as cathode materials for lithium - sulfur batteries [J]. Journal of power sources, 2016, 306: 200 - 207.

[184] SUN D, HWA Y, SHEN Y, et al. Li_2S nano spheres anchored to single - layered graphene as a high - performance cathode material for lithium/sulfur cells [J]. Nano energy, 2016, 26: 524 - 532.

[185] HWA Y, ZHAO J, CAIRNS E J. Lithium sulfide/graphene oxide nanospheres with conformal carbon coating as a high - rate, long - life cathode for Li/S cells [J]. Nano letters, 2015, 15 (5): 3479 - 3486.

[186] SEH Z, YU J, LI W, et al. Two - dimensional layered transition metal disulphides for effective encapsulation of high - capacity lithium sulphide cathodes [J]. Nature communications, 2014, 5: 5017.

[187] LIN Z, LIU Z, DUDNEY N J, et al. Lithium superionic sulfide cathode for all - solid lithium - sulfur batteries [J]. ACS nano, 2013, 7 (3): 2829 - 2833.

[188] WU F, POLLARD T P, ZHAO E, et al. Layered $LiTiO_2$ for the protection of Li_2S cathodes against dissolution: mechanisms of the remarkable performance boost [J]. Energy & environmental science, 2018, 11 (4): 807 - 817.

[189] YE F, HOU Y, LIU M, et al. Fabrication of mesoporous Li_2S - C nanofibers for high performance Li/Li_2S cell cathodes [J]. Nanoscale, 2015, 7 (21): 9472 - 9476.

[190] YU M, ZHOU S, WANG Z, et al. Amolecular - cage strategy enabling efficient chemisorption - electrocatalytic interface in nanostructured Li_2S cathode for Li metal - free rechargeable cells with high energy [J]. Advanced functional materials, 2019, 29 (46): 1905986.

[191] TAN G, XU R, XING Z, et al. Burning lithium in CS_2 for high - performing compact Li_2S - graphene nanocapsules for Li - S batteries [J]. Nature energy, 2017, 2: 17090.

[192] BALACH J, JAUMANN T, GIEBELER L. Nanosized Li_2S - based cathodes derived from MoS_2 for high - energy density Li - S cells and Si - Li_2S full cells in carbonate - based electrolyte [J]. Energy storage materials, 2017, 8: 209 - 216.

[193] CHEN Y, LU S, ZHOU J, et al. 3D graphene frameworks supported Li_2S coated with ultra - thin Al_2O_3 films: binder - free cathodes for high - performance lithium sulfur batteries [J]. Journal of materials chemistry A, 2016, 5 (1): 102 - 112.

[194] ZHANG J, SHI Y, DING Y, et al. A conductive molecular framework derived Li_2S/N, P - codoped carbon cathode for advanced lithium - sulfur batteries [J]. Advanced energy materials, 2017, 7 (14): 1602876.

[195] NAN C, ZHAN L, LIAO H, et al. Durable carbon - coated Li_2S core - shell spheres for high performance lithium/sulfur cells [J]. Journal of the American Chemical Society, 2014, 136 (12): 4659 - 4663.

[196] SEH Z, WANG H, HSU P C, et al. Facile synthesis of Li_2S - polypyrrole composite structures for high - performance Li_2S cathodes [J]. Energy & environmental science, 2014, 7 (2): 672 - 676.

[197] LUO L, LIU B, SONG S, et al. Revealing the reaction mechanisms of Li - O_2 batteries using environmental transmission electron microscopy [J]. Nature nanotechnology, 2017, 12: 535 - 539.

[198] YAO W, YUAN Y F, TAN G Q, et al. Tuning Li_2O_2 formation routes by facet engineering of MnO_2 cathode catalysts [J]. Journal of the American Chemical Society, 2019, 141 (32): 12832 - 12838.

[199] LI Y, WANG J, LI X, et al. Superior energy capacity of graphene nanosheets for a nonaqueous lithium - oxygen battery [J]. Chemical communications, 2011, 47: 9438 - 9440.

[200] SHUI J, DU F, XUE C, et al. Vertically aligned N - doped coral - like carbon fiber arrays as efficient air electrodes for high - performance nonaqueous Li - O_2 batteries [J]. ACS nano, 2014, 8: 3015 - 3022.

[201] LIAO K M, WANG X B, SUN Y, et al. An oxygen cathode with stable full discharge - charge capability based on 2D conducting oxide [J]. Energy &

environmental science, 2015, 8: 1992 – 1997.

[202] LI F J, TANG D T, ZHANG T, et al. Superior performance of a Li – O_2 battery with metallic RuO_2 hollow spheres as the carbon – free cathode [J]. Advanced energy materials, 2015, 5: 1500294.

[203] DÉBART A, PATERSON A J, BAO J, et al. α – MnO_2 nanowires: a catalyst for the O_2 electrode in rechargeable lithium batteries [J]. Angewandte chemie international edition, 2008, 47: 4521 – 4524.

[204] QIN Y, LU J, DU P, et al. In situ fabrication of porous – carbon – supported A – MnO_2 nanorods at room temperature: application for rechargeable Li – O_2 batteries [J]. Energy & environmental science, 2013, 6: 519 – 531.

[205] THAPA A K, SAIMEN K, ISHIHARA T, et al. Pd/MnO_2 air electrode catalyst for rechargeable lithium/air battery [J]. Electrochemical and solid – state letters, 2010, 13: A165 – A167.

[206] CAO D, ZHENG L M, LI Q J, et al. Crystal phase – controlled modulation of binary transition metal oxides for highly reversible Li – O_2 batteries [J]. Nano letters, 2021, 21 (12): 5225 – 5232.

[207] JEONG Y S, PARK J B, JUNG H G, et al. Study on the catalytic activity of noble metal nanoparticles on reduced graphene oxide for oxygen evolution reactions in lithium – air batteries [J]. Nano letters, 2015, 15 (7): 4261.

[208] LUO X Y, PIERNAVIEJA – HERMIDA M, LU J, et al. Pd nanoparticles on ZnO – passivated porous carbon by atomic layer deposition: an effective electrochemical catalyst for Li – O_2 battery [J]. Nanotechnology, 2015, 26 (16): 164003.

[209] TAN G, CHONG L, LU J, et al. Insights into structural evolution of lithium peroxides with reduced charge overpotential in Li – O_2 system [J]. Advanced energy materials, 2019, 9: 1900662.

[210] CAO Y, CAI S R, FAN S C, et al. Reduced graphene oxide anchoring $CoFe_2O_4$ nanoparticles as an effective catalyst for non – aqueous lithium – oxygen batteries [J]. Faraday discuss, 2014, 172: 215.

[211] KWAK W J, LAU K C, SHIN C D, et al. A Mo_2C carbon nanotube composite cathode for lithium – oxygen batteries with high energy efficiency and long cycle life [J]. ACS nano, 2015, 9 (4): 4129.

[212] PARK H W, LEE D U, NAZAR L F, et al. Perovskite – nitrogen – doped carbon nanotube composite as bifunctional catalysts for rechargeable lithium –

air batteries [J]. ChemSusChem, 2015, 8: 1058 - 1065.

[213] KING G, WOODWARD P M. Cation ordering in perovskites [J]. Journal of materials chemistry, 2010, 20 (28): 5785 - 5796.

[214] MA Z, YUAN X X, LI L, et al. Double perovskite oxide $Sr_2CrMoO_{6-\delta}$ as an efficient electrocatalyst for rechargeable lithium air batteries [J]. ChemComm, 2014, 50: 14855 - 14858.

[215] LI F, TANG D M, CHEN Y, et al. Ru/ITO: a carbon - free cathode for nonaqueous Li - O_2 battery [J]. Nano letters, 2013, 13: 4702 - 4707.

[216] XIE J, YAO X H, MADDEN I P, et al. Selective deposition of Ru nanoparticles on $TiSi_2$ nanonet and its utilization for Li_2O_2 formation and decomposition [J]. Journal of the American Chemical Society, 2014, 136: 8903 - 8906.

[217] OKUOKA S I, OGASAWARA Y, SUGA Y, et al. A new sealed lithium - peroxide battery with a Co - doped Li_2O cathode in a superconcentrated lithium bis (fluorosulfonyl) amide electrolyte [J]. Scientific reports, 2014, 4: 5684.

[218] ZHU Z, KUSHIMA A, YIN Z, et al. Anion - redox nanolithia cathodes for Li - ion batteries [J]. Nature energy, 2016, 1: 16111.

[219] QIAO Y, JIANG K, DENG H, et al. A high - energy - density and long - life lithium - ion battery via reversible oxide - peroxide conversion [J]. Nature catalysis, 2019, 2: 1035 - 1044.

第6章

负极材料

6.1 锂离子电池负极材料

锂离子电池负极材料在锂离子电池结构中起着非常重要的作用，是整个锂离子电池中接受正极扩散过来锂离子的“蓄锂池”。一般作为锂离子电池负极材料需要符合以下几点。

（1）在充放电过程中的嵌锂电位要低，理论比容量要高，实现高能量密度。

（2）电极材料应该具有良好的导电率以及离子电导率，提高倍率性能。

（3）具有良好的表面结构，可以和电解液形成良好的 SEI 膜，提高库仑效率。

（4）价格便宜、资源丰富、环境友好等。

有关锂离子电池负极材料主要有以下几种：碳基材料、硅基材料、锡基材料、金属化合物材料、合金材料、锂钛氧负极材料等。下文总结了不同类型的锂离子电池负极材料。

6.1.1 碳基材料

碳原子为周期表中第 12 号元素，尽管比较简单，但是它组成的物质丰富多彩，更不用说生物体的复杂性。就碳材料而言，人们其实了解的并不是很多。在碳材料中它主要以 sp^2、sp^3 杂化形式存在，形成的品种有石墨化碳、无定形碳、富勒球、碳纳米管等。

1. 碳材料的结构

C－C 键在碳材料中单键一般为 0.154 nm，双键为 0.142 nm。当然随品种不同，亦会发生一定的变化，在这里不多述。C＝C 双键组成六方形结构，构成一个平面（墨片面），这些面相互堆积起来，就成为石墨晶体，如图 6－1 所示。石墨晶体的参数主要有 L_a、L_c 和 d_{002}。L_a 为石墨晶体沿 a 轴方向的平均大小，L_c 为墨片面沿与其垂直的 c 轴方向进行堆积的厚度，随碳种类不同，小到 1 nm，大到 10 μm 或更大。

碳材料成为最早实现商业化的锂离子电池负极材料，原因有如下几点：第一，大多数碳材料原材料丰富、成本低廉。碳是一种大量分布在地壳中的元素，也是人类活动所大量生产的产品，碳材料的制备过程简单；第二，人们对碳材料与锂之间的嵌入机理和其他反应形式研究比较完善及成熟。人们对石墨

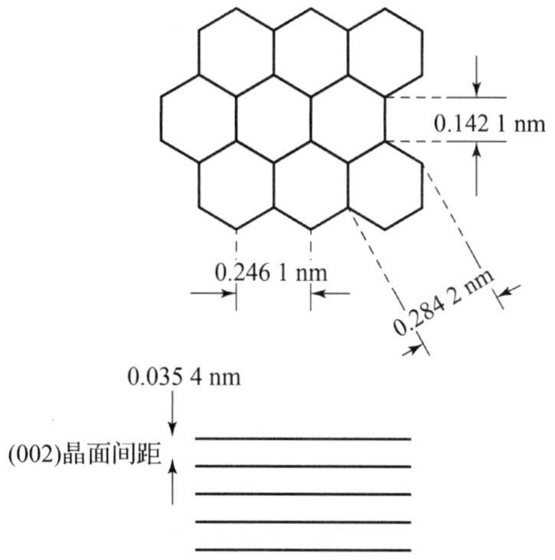

图6－1　石墨晶体的一些结构参数

插层化合物的研究已经持续了许多年，而且由于无定形碳也能与锂发生反应，人们对此提出了一些不同的反应机理；第三，碳材料具有良好的电化学性能，石墨在与锂反应过程中具有平稳的充放电平台，可逆性很好。

2. 碳材料的分类

碳材料是当今商业化应用最广泛、最普遍的负极材料，主要包括天然石墨、人造石墨、硬碳、软碳、MCMB，分类如图6－2所示。在下一代负极材料成熟之前，碳材料特别是石墨材料仍将是负极材料的首选和主流。

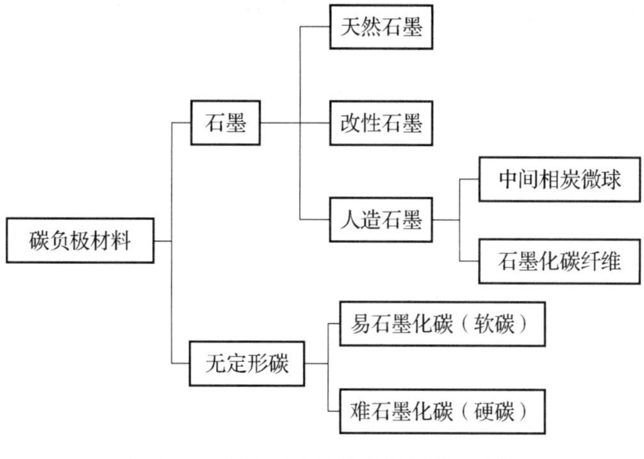

图6－2　锂离子电池碳负极材料的分类

碳负极材料主要分为石墨类和无定形碳两大类，它们都是由石墨微晶组成的，但它们的结晶度不同，结构参数也不一样，所以它们的物理性质、化学性质和电化学性能呈现出各自的特点。

石墨类碳材料主要是指各种石墨以及石墨化的碳材料，包括天然石墨、人造石墨和改性石墨，其中六方石墨的结构如图 6－3 所示。天然石墨主要是指天然鳞片石墨，其经过选矿和提纯后含碳量可高达 99% 以上。人造石墨是将软碳经高温石墨化处理制得，目前商品化的中间相炭微球以及石墨化碳纤维就属于人造石墨。与人造石墨相比，天然石墨的容量更高、成本低，但天然石墨容易发生溶剂共嵌入，从而造成充放电过程中石墨层逐渐剥落，石墨颗粒崩裂、粉化，影响其循环性能。通过在天然石墨表面进行氧化、镀铜、碳包覆等改性手段制得的改性石墨具有更好的比容量和循环性能。

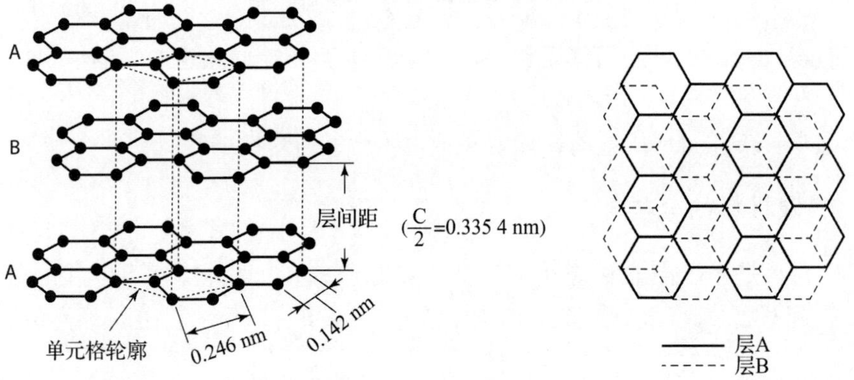

图 6－3　六方石墨的结构

石墨晶体具有整齐的层状结构，在每一层内，碳原子以 sp^2 杂化的方式与邻近其他 3 个碳原子相连，这些共平面的碳原子在 6 键作用下形成大的六环网络，并连成片状，形成二维的石墨层，每个碳原子的未参与杂化的电子在平面的两侧形成大 π 共轭体系；在层与层之间，是以分子间作用力－范德华力结合在一起。

天然石墨：一般采用天然鳞片石墨为原料，经过改性处理制成球形天然石墨使用。天然石墨虽然应用广泛，但存在几个缺点：①天然石墨表面缺陷多，比表面积大，首次效率较低；②采用 PC 基电解液，有严重的溶剂化锂离子共嵌入现象，导致石墨层膨胀剥离、电池性能失效；③天然石墨具有强烈的各向异性，锂离子仅能从端面嵌入，倍率性能差、易析锂。

天然石墨的改性：针对天然石墨表面缺陷多和电解液耐受性差的问题，采用不同的表面活性剂进行改性。Cheng 等通过强碱（KOH）水溶液刻蚀后高温无氧气氛烧结，改变孔隙表面结构，增加石墨表面微孔和嵌锂路径的方式改善天然石墨倍率性能。Wu 等采用不同强氧化剂溶液进行氧化处理，钝化表面活性电位和还原性官能团，改善天然石墨首次效率。Matsumotu 等采用 ClF_3 对天然石墨进行氟化处理，发现充放电倍率和循环寿命均有效提高。另一种处理方式是进行包覆改性，将天然石墨无定形碳包覆，构建“核 - 壳”结构颗粒，通常无定形碳的碳源为沥青、酚醛树脂等低温热解碳材料，碳层的存在不但能隔绝电解液的直接接触、减少颗粒表面活性点、减小比表面积，另外由于碳层较大的层间距，还能降低界面阻抗，提高锂离子嵌入扩散能力。针对天然石墨强烈各向异性的问题，工业生产中常采用机械处理的手段对颗粒形貌进行球形化整形，气流整形机采用风力冲击的方式使颗粒之间相互摩擦，切削颗粒棱角，此方法不会引入掺杂杂质，球化效率高，但会导致大量颗粒粉化、产率低。机械融合机则利用物料在转子中高速旋转，在离心力的作用下紧贴器壁，在转子和定子挤压头之间高速穿过。在这个瞬间，物料同时受到挤压力和剪切力的作用，在颗粒与颗粒之间及颗粒与设备之间摩擦力的作用下，表面呈现一种机械熔融状态，达到球形化的目的。天然石墨经过球形化处理，粒径 D50 范围 15 ~ 20 μm，首次效率和循环性能明显改善，倍率性能大幅提升。

人造石墨：一般采用致密的石油焦或针状焦作为前驱体制成，避免了天然石墨的表面缺陷，但仍存在因晶体各向异性导致倍率性能差、低温性能差、充电易析锂等问题。人造石墨改性方式不同于天然石墨，一般通过颗粒结构的重组实现降低石墨晶粒取向度（OI 值）的目的。通常选取直径 8 ~ 10 μm 的针状焦前驱体，采用沥青等易石墨化材料作为黏结剂的碳源，通过滚筒炉处理，使数个针状焦颗粒黏合，制成粒径 D50 范围 14 ~ 18 μm 的二次颗粒后完成石墨化，有效降低材料 OI 值。

无定形碳材料也是由石墨微晶构成的，其结构如图 6 - 4 所示。碳原子之间以 sp^2 杂化的方式结合，只是它们的结晶度低，同时石墨片层的组织结构不像石墨那样规整有序，所以宏观上不呈现晶体的性质。无定形碳材料按其石墨化难易程度，可分为易石墨化碳和难石墨化碳两种。

易石墨化碳又称软碳，是指在 2 500 ℃以上的高温下能石墨化的无定形碳；常见的软碳材料包括焦炭类、碳纤维、非石墨化中间相炭微球等，用于锂离子电池的最常见的焦炭类材料为石油焦，因为它资源丰富、价格低廉。碳纤维主要是指气相生长碳纤维和中间相沥青基碳纤维两种。热处理温度对材料结构和嵌脱锂性能的影响较大。软碳的结晶度低，晶粒尺寸小，晶面间距较大，与电解液的相容性好，但首次充放电的不可逆容量较高，输出电压较低，无明

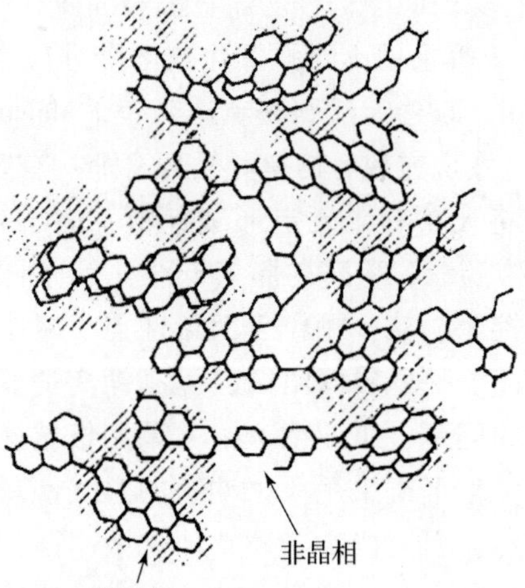

图 6－4　无定形碳的结构示意图

显的充放电电位，与此同时，充放电过程中存在较大的电压滞后。软碳首次充放电时不可逆容量较高，输出电压较低，无明显的充放电平台，因此一般不独立作为负极材料使用，通常作为负极材料包覆物或者组分使用。刘萍等在石墨负极中掺杂一定比例的软碳，发现可以改善电池的低温充电性能，且掺杂含量越高，低温充电性能越好，但循环性能后期则有所下降，经试验论证，掺杂20% 的软碳能够实现低温充电和循环寿命的性能平衡。

难石墨化碳也称为硬碳，是在 2 500 ℃以上的高温下也难以石墨化的高分子聚合物的热解碳，是由固相直接碳化形成的。其在碳化初期由 sp^3 杂化形成立体交联，妨碍了网面平行生长，故具有无定形结构，即使在高温下也难以石墨化。常见的硬碳有树脂碳、有机聚合物热解碳、炭黑、生物质碳 4 类。酚醛树脂在 800 ℃热解，可得到硬碳材料，其首次充电克容量可达 800 mA · h/g，层间距 $d_{002}>0.37$ nm（石墨为 0.335 4 nm），大的层间距有利于锂离子的嵌入和脱嵌，因此硬碳具有极好的充放电性能，正成为负极材料新的研究热点。但是硬碳首次不可逆容量很高、电压平台滞后、压实密度低、容易产气也是其不可忽视的缺点。硬碳在应用时主要是考虑与正极材料的匹配，Liu 等研究了以富锂材料为正极材料、硬碳为负极材料的锂离子电池性能，发现两种材料的匹配有助于降低各自的首次不可逆容量。Liao 等以硬碳为负极材料、LFP 为正极材料制备的锂离子电池显示出良好的倍率性能和循环性能，10 ℃循环 2 000 次容量保持率仍超过 60%。

6.1.2　硅/锡基材料

硅和锡因其具有较高的理论比容量而备受关注，硅的理论比容量为4 200 mA·h/g，锡的比容量为994 mA·h/g。且硅和锡的工作电势分别为0.4 V和0.6 V，这一适度的电势避免了在碳类负极材料中存在的锂枝晶生长导致电池短路的安全问题。

硅/锡基负极因其高容量潜力而在锂离子电池应用中显示出巨大的前景，其中相应的合金化显示出多电子转移特性，在合金化过程中单个Si/Sn原子结合4.4个Li原子［图6－5（a)］，能够实现超高理论比容量。根据平衡相图，Si在450 ℃的锂化过程中可以经历一系列相变［图6－5（b)］，初始放电曲线中的多个电压平台对应于多步电子转移过程；而在室温下，Si在初始锂化过程中经历单晶到非晶相变，之后保持非晶态（绿线和红线），$Li_{3.75}Si$代替$Li_{4.4}Si$成为最终产物。

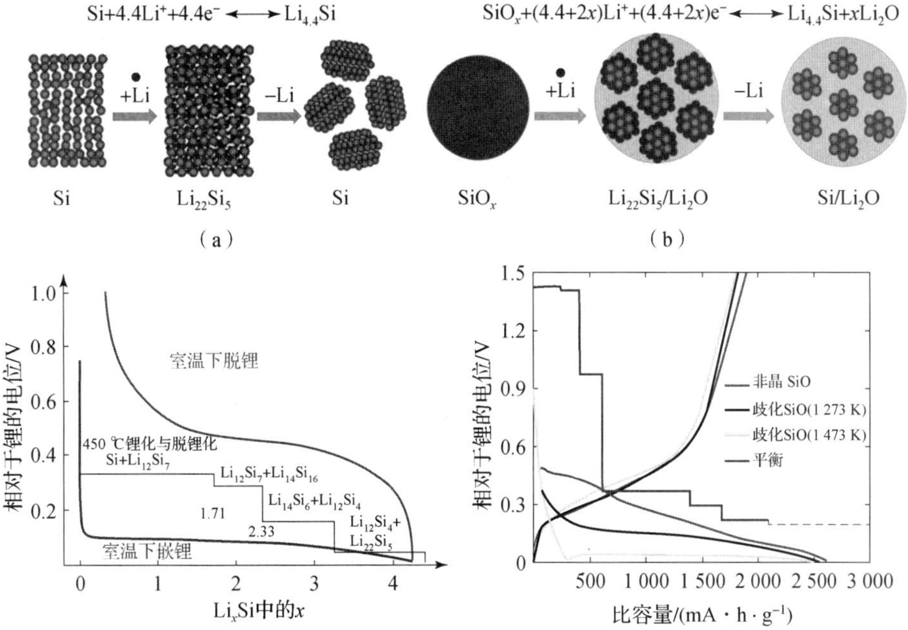

图6－5　硅基负极的反应机理图（书后附彩插）

（a）Si负极反应机理的示意图；（b）SiO_x负极反应机理的示意图；（c）Si在室温（红线和绿线）和450 ℃（黑线）下的锂化和脱锂曲线；（d）SiO的锂化和脱锂曲线

类似地，与Si/Sn相比，MO_x（M＝Si，Sn，$1\leqslant x\leqslant 2$）也可以显示出与Si/Sn相同的多电子转移反应机制。例如，SiO_x［图6－5（c）］可以在初始锂

化过程中呈现（$4.4+2x$）电子转移，以提供高理论容量以及由于向 Si/Li_2O 基体的初级转变而稳定的循环性能，其中嵌入良好的 Si 纳米粒子可以进一步锂化成 $Li_{3.75}Si$，Li_2O 基体可以在体积调节中发挥重要作用。尽管如此，Li_2O 和锂硅酸盐不可逆的形成会导致 SiO_x 的初始库仑效率降低。在这里，SiO_x 的初始锂化在热力学上可以分为五个阶段［图6－5（d）］，包括：①0.35~0.50 V 范围内的锂硅酸盐和金属硅；②0.05~0.35 V 范围内的 Li－Si 合金；③Li_4SiO_4 至 $Li_{13}Si_4/Li_2O$；④$Li_{13}Si_4$ 至 $Li_{22}Si_5$；⑤金属锂沉积。

1. 硅基材料

硅有晶体和无定形两种形式。作为锂离子电池负极材料，以无定形硅的性能较佳。有人认为，锂插入硅是无序化的过程，形成介稳的玻璃体。因此在制备硅时，可加入一些非晶物，如非金属、金属等以得到无定形硅。硅与 Li 的插入化合物可达 $Li_{22}Si_4$ 的水平，在 0~1.0 V（以金属锂为参比电极）的范围内，可逆容量可高达 800 mA·h/g 以上，甚至可高达 1 000 mA·h/g 以上，但是容量衰减快。当硅为纳米级（78 nm）时，容量在第 10 次时还可达 1 700 mA·h/g 以上。但是，在可逆锂插入和脱插过程中，发现硅会从无定形转换为晶形硅且纳米硅粒子会发生团聚，导致容量随循环的进行而衰减。对于通过化学气相沉积法制备的无定形纳米硅薄膜，其循环性能同样不理想。这可能与其和集电体发生机械分离有关。制备无定形硅的亚微米薄膜（500 nm），其可逆容量可高达 4 000 mA·h/g。通过终止电压的控制，可以改善循环性能，但是可逆容量要降低些。当然，也可以采用电化学沉积法制备无定形硅的薄膜。

硅基材料具有极高的理论比容量（4 200 mA·h/g），电压平台较低，且自然储量十分丰富，开发成本低，因此被视为替代石墨的下一代锂离子电池负极材料的首选。然而其商业化应用仍受到一些因素的限制，主要有以下三点。

（1）体积变化引起的材料粉化。硅基负极材料的脱/嵌锂是合金化过程，在室温下完全锂化会形成 $Li_{15}Si_4$，其体积膨胀高达 300%。在膨胀收缩时产生的机械作用力会使电极材料破碎、粉化，活性物质从集流体上脱落，最终导致硅颗粒与基底之间分离，破坏电池结构，电池容量快速衰减，循环性能变差。

（2）不稳定的 SEI 膜。当负极电压小于 1 V（vs. Li/Li^+）时，有机电解液将在电极表面分解形成固态电解质膜，SEI 膜可以阻止电解液的进一步分解，从而延长电极材料循环寿命。然而硅负极脱嵌锂过程中巨大的体积变化会导致界面的不稳定，随着体积的收缩与膨胀，表面的 SEI 膜会反复破裂和生长。新 SEI 膜的持续形成，会不可逆地持续消耗有限的电解液以及来自正极的 Li^+，从而损失部分活性锂源，导致电池的库仑效率和容量的快速下降。

（3）导电性差。硅是本征半导体，导电性能差，室温下电导率为 10^{-5} ~ 10^{-3} S/cm，锂离子扩散速率为 10^{-14} ~ 10^{-13} cm^2/s，严重限制了电池的倍率性能。

为了克服纯硅负极材料在锂离子电池应用中存在的这些缺陷，提高锂离子电池性能，研究者进行了多种改进研究，包括硅的纳米化、合成氧化亚硅、合成硅/金属合金以及对硅材料进行表面碳包覆、开发新型黏结剂以及新型电解液添加剂等。

1）硅的纳米化结构

研究发现硅材料因体积膨胀而粉碎的现象存在临界尺寸，即当硅颗粒粒径小于 150 nm 时，材料不会出现破裂或粉化现象。因为纳米颗粒使材料比表面积增大、表面原子数增多，大大减小了体积膨胀产生的应力，从而防止材料的粉化。同时纳米硅缩短了 Li^+ 的平均扩散距离，加快了充放电速率。

纳米材料表面的原子具有高的平均结合能，它们可以在体积膨胀的过程中更好地释放应力，有效地避免结构的坍塌。硅的纳米化结构主要分为零维硅纳米颗粒、一维硅纳米结构、二维薄膜结构。

零维硅纳米颗粒能够承受较大的应力变化，有效地缓解材料因体积变化导致粉碎的现象。但是硅纳米颗粒在锂离子电池应用中仍存在缺陷：一是硅纳米颗粒具有较大的比表面积，形成 SEI 膜需要消耗更多电解液；二是硅纳米颗粒小，容易发生颗粒团聚现象，并且硅纳米颗粒制备成本非常高。

一维硅纳米结构包括硅纳米线和硅纳米管等，这种结构为 Li^+ 提供了连续的通道，同时一维硅纳米结构与电极集流体之间有很好的接触，减少了对黏结剂的使用。Park 等以氧化铝为模板制备出了碳包覆型硅纳米管，这种硅纳米管体现出高容量及良好的倍率性和循环性能。其可逆充电比容量为 3 247 mA·h/g，库仑效率为 89%。即使是在 3 C 和 5 C 的倍率下，初始比容量仍在 3 000 mA·h/g 以上，循环 200 个周期后容量保持率为 89%。一维硅纳米结构在锂离子电池应用中虽有效地改善了电池性能，但其与零维纳米硅颗粒相比较为复杂，生产成本较高。

二维薄膜结构的硅纳米材料主要是 Si 薄膜。Si 薄膜应用在锂离子电池中表现出较好的电化学性能，这与 Si 薄膜自身具有薄且均匀的结构有很大关系，其能够在循环过程中保持稳定。

2）硅碳复合结构

硅碳复合结构也称硅的碳包覆结构，是在硅基材料的外层再包覆一层碳层作为保护层，用于缓冲循环过程中体积形变所产生的应力，同时还可以增加负极材料的电子电导和离子电导，促进锂离子在硅负极材料与电解液之间的传输。碳材料一直用作锂电池负极材料，但是其比容量很难再继续提升。研究者发现将碳材料与高容量硅材料复合，能够提升复合材料的循环性能。同时，硅碳复合结构具备高容量及较好的电导率，碳层减少了裸硅与电解液的直接接触，抑制了 SEI 膜重复生长，提升了电池性能。

硅碳复合结构是目前最常用的结构，主要包括 Si/C 核壳结构和蛋黄蛋壳结构等。Si/C 壳核结构是以 Si 为核心，在硅颗粒表面复合一层碳层。蛋黄蛋壳结构与核壳结构的最大区别在于，该结构以 Si 作为蛋黄，C 层作为蛋壳（图 6－6）。碳壳层与硅颗粒之间存在一定的空隙，给硅的体积膨胀留有缓存空间，硅能够自由地膨胀和收缩，保证碳壳不会因硅颗粒的体积形变而破碎。Yang 等制备出了双蛋黄蛋壳结构，该结构具有较好的容量保持率。双蛋黄蛋壳结构同样使用 SiO_2 包覆硅颗粒，再进行碳包覆，最后用 HF 选择性地蚀刻 SiO_2 壳，除去 SiO_2 壳的一小部分外层和一大部分内层，就形成了双蛋黄蛋壳结构。

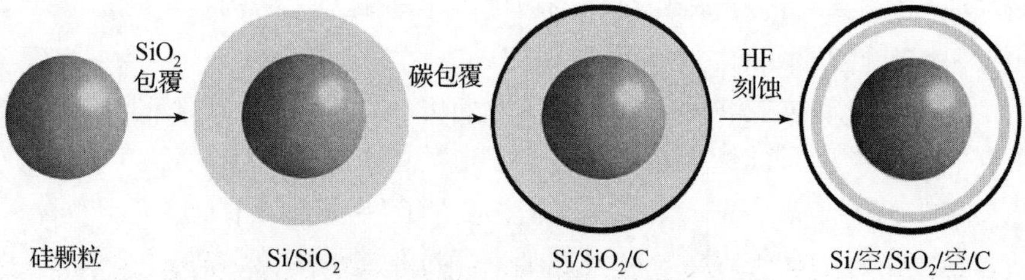

图 6－6　双蛋黄蛋壳结构制备过程示意图

从硅碳复合材料研究结果来看，该结构材料具有很好的循环稳定性能，说明碳包覆对硅颗粒的体积形变有明显的缓冲作用。电池在长周期循环的过程中，碳包覆的 Si/C 壳核结构中的碳层会无法承受硅颗粒长期的体积形变而破碎，直接影响电极的容量及使用寿命。因此，对于硅碳复合结构，硅与碳层之间如何更好地复合才能不容易分离，还需要继续研究探讨。

3）氧化亚硅结构

氧化亚硅（SiO）材料是一种相对独立的解决方案。它在高温环境下会迅速发生歧化反应生成 Si 和 SiO_2，硅纳米颗粒会均匀地分散到 SiO_2 基质中，在电极循环过程中，SiO_2 能够缓冲硅的体积膨胀，因此 SiO 拥有较好的循环稳定性。SiO_2 中的氧首周与锂发生不可逆反应，其反应过程如下所示：

$$2SiO \rightarrow Si + SiO_2 \tag{6-1}$$

$$4SiO + 17.2Li \rightarrow 3Li_{4.4}Si + Li_4SiO_4 \tag{6-2}$$

除了将碳和 SiO 进行复合之外，Wang 等制备了多孔 Si/SiO 负极材料，该材料首次库仑效率为 77.3%，在循环 300 个周期后仍有 99.6% 的容量保持率。

多孔结构可以有效地缓解硅的体积膨胀问题，多孔 SiO 具有体积膨胀系数小、容量高等优点。提高首次充放电效率是 SiO 电极材料需要解决的问题，对 SiO 进行预锂化处理，可以减少首周循环发生的不可逆效应对 Li^+ 的消耗，进而提升首效。

4）新型黏结剂

黏结剂是将活性物质、导电剂与集流体黏结起来以保证电接触，缩短 Li^+ 传输路径，稳定电极结构。目前传统的黏结剂聚偏氟乙烯与硅基材料间的作用力为较弱的范德华力，不适用于硅等体积变化较大的负极材料，因此各种新型黏结剂被开发出来。这些黏结剂具有更好的弹性、硬度，可以有效缓冲硅材料体积变化引起的应变，在电池充放电过程中维持电极结构的完整性，从而改善性能。

5）电解液添加剂

研究发现许多电解液添加剂的引入可以稳定 SEI 膜，提高硅负极的循环稳定性，如氟代碳酸乙烯酯（FEC）、双乙二酸硼酸锂（LiBOB）、碳酸亚乙烯酯（VC）等。

2. 锡基材料

锡作为负极材料具有极高的体积容量（7 313 mA·h/mL），是商用碳类材料的 9 倍。锡基材料具有低的锂离子插入电位，但锡基材料在嵌脱锂过程中会产生很大的体积应变（260%），巨大的体积应变会导致电极内部产生微裂纹，最终导致整个电极粉化脱落。

1）金属锡材料

金属锡作为锂离子电池负极材料时可以获得的最大理论比容量为 994 mA·h/g，其反应机理如下：

$$xLi^+ + Sn + xe^- \rightarrow Li_xSn \tag{6-3}$$

$$Li_xSn + (y-x)Li^+ + (y-x)e^- \leftrightarrow Li_ySn \tag{6-4}$$

在脱嵌锂过程中，金属锡与 Li^+ 可形成多种金属间化合物 Li_xSn（图 6-7）：$Sn \rightarrow Li_2Sn_5(0.69\ V) \rightarrow LiSn(0.57\ V) \rightarrow Li_7Sn_3(0.4\ V) \rightarrow Li_5Sn_2 \rightarrow Li_{13}Sn_5 \rightarrow Li_7Sn_2 \rightarrow Li_{17}Sn_4$，Sn 最终锂化状态为 $Li_{22}Sn_5$。

锡基合金负极材料尤其自身特性，在充放电过程中存在很多问题，最主要的就是首次不可逆容量损失大和充放电循环容量衰减快，这两大缺点限制了其发展和应用，原因如下。

（1）金属锡在锂的脱嵌过程中会发生非常大的体积变化，电极材料的表面和内部开裂、粉化甚至从集流体上脱落，造成电极材料活性物质大量损失，

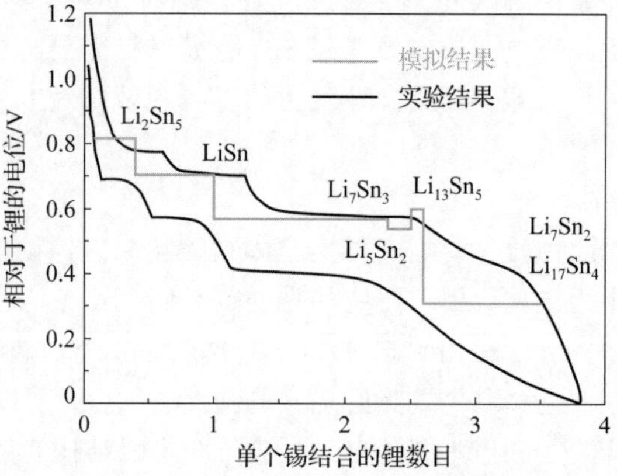

图 6－7 锂离子在锡负极中嵌入和脱出时形成的合金相

导致电极的电化学性能降低。

（2）锡基负极材料纳米化改性后存在颗粒团聚问题。

（3）锡基负极材料活性物质与电解液在相界面处反应生成一层 SEI 膜，SEI 膜的形成消耗了部分 Li^+，造成较大的首次不可逆容量损失。

为了解决循环过程中活性材料的体积效应导致锡基负极材料电化学性能降低的问题，目前常用的改性方法如下。

（1）纳米化：将电极活性物质结构的尺寸减小到纳米量级，纳米材料的体积效应较弱，与集流体的结合力大。

（2）合金化：通过引入一种或两种惰性或者活性组元形成二元或三元锡基合金，惰性组元的引入可以形成结构框架，即可以对锡的体积膨胀起到缓冲作用，又能增强与集流体的结合能力，从而增强电极的循环稳定性。

（3）复合化：将其与特殊结构的碳材料或者石墨烯组成复合材料，如核壳结构的碳材料或者具有多孔的碳材料来缓解或抑制电极材料的体积膨胀，从而改善材料的电化学性能。

2）锡的氧化物

锡的氧化物有 3 种：氧化亚锡（SnO）、氧化锡及其混合物。氧化亚锡的容量与石墨材料相比要高许多，但是循环性能并不理想。氧化锡也能可逆储锂。随着制备方法不同，性能有较大差别。低压化学气相法沉积制备的 SnO 晶体可逆容量高达 500 mA · h/g 以上，而且循环性能比较理想，100 次循环以后容量也没有衰减，充放电效率除第 1 次外达 90% 以上。而溶胶－凝胶法及简单加热制备的氧化锡可逆容量虽然也可高达 500 mA · h/g 以上，但是循环性能并不理想。原因一方面可能在于电压的选择，通过选择适当的电压范围，容量衰减的现象可以得到抑制；电压范围过宽，很容易形成锡的聚集体。金属锡具有较好的延展性、熔点低，较易移动，这样易生成两相区，体积不匹配，导致容量衰减。另一方面可能与粒子大小有关，低压气相沉淀法所得的粒子为纳米级，其他方法则至少为微米级，而纳米粒子的容量衰减要明显低于微米 SnO。由于氧化亚锡和氧化锡均可以可逆储锂，它们的混合物也可以可逆储锂。锡的氧化物之所以能可逆储锂，目前存在两种看法：一种为合金型，另一种为离子型。一般认为合金型过程如下：

$$Li + SnO_2(SnO) \rightarrow Sn + Li_2O \tag{6-5}$$

$$Sn + Li \leftrightarrow Li_xSn(0 \leqslant x \leqslant 4.4) \tag{6-6}$$

即锂先于锡的氧化物发生氧化还原反应，生成氧化锂和金属锡，随后锂与还原出来的锡形成合金，而一般认为离子型过程如下：

$$Li + SnO_2(SnO) \rightarrow Li_xSnO_2(Li_xSnO) \tag{6-7}$$

即锂在其中是以离子的形式存在，没有生成单独的 Li_2O 相。第一次充放电效率比较高。

虽然氧化锡有众多优点，但是在锂离子嵌入和脱出过程中产生的体积膨胀超过200%，因此造成氧化锡粒子粉化、团聚以及生成不稳定的 SEI 膜，导致循环性能和倍率性能都很差，这很难满足当前电动设备的需要。为了克服上述问题，研究者们试着设计出各种氧化锡纳米结构，如纳米线、纳米管、空心纳米微球、纳米盒子以及纳米片等，这些纳米结构可以缓解氧化锡在循环过程中所造成的体积膨胀问题，因此赋予其较好的电化学性能。

Sun 等通过水热法合成了氟掺杂的 SnO_2 与石墨烯复合的三维多孔材料。氟掺杂的 SnO_2 可以更加均匀地负载在石墨烯上面，并且与石墨烯结合得更加紧密。此外，氟掺杂可以减小整个电极材料的电荷传质阻抗，所以这种复合材料不仅可以使电解液更加容易进入这种三维多孔结构，改善电子和锂离子在电极中的扩散，而且还延长了循环寿命和增加电极的稳定性，结果显示以0.1 A/g 电流密度循环 100 次可以获得 1 277 mA·h/g 的比容量，是没有氟掺杂的3 倍。

3）锡的硫化物

许多金属硫化物因其独特的物理和化学性质被认为有望取代碳质材料作为锂离子电池负极材料。锡基材料除了金属锡单质和二氧化锡外，还有锡的硫化物，如 SnS_2 和 SnS（亚硫化锡）等，都被广泛应用于锂离子电池负极材料。

（1）二硫化锡。SnS_2 是一种层状硫化物，由两层 S 原子和夹杂在其中的一层 Sn 原子组成，相邻的 S 原子层以范德华力相互连接。层状 SnS_2 的层间距有利于锂离子的嵌入和脱出，而且这种开放式的层状框架可以有效缓解充放电过程中所产生的体积膨胀。合金化和去合金化反应为其提供较高的理论比容量——645 mA·h/g，具体过程下：

$$SnS_2 + 4Li^+ + 4e^- \rightarrow Sn + 2Li_2S \quad (6-8)$$

$$Sn + xLi^+ + xe^- \leftrightarrow Li_xSn(0 \leqslant x \leqslant 4.4) \quad (6-9)$$

其理论比容量明显要比商业化石墨碳负极材料高很多，但是 SnS_2 容量衰减还是非常严重，这主要是由于在电化学循环过程中体积变化很大，同时电极材料容易产生粉化。此外，差的倍率性能是 SnS_2 电极另一个严重的问题，这和它本身的导电性差有关。为了解决这些问题，研究者们认为将电极材料设计成纳米级别尺寸或者设计具有纳米结构的复合材料，特别是与碳材料复合是有效的解决措施。

2015 年，Liu 等首次通过一步水热法合成了纳米尺寸的 SnS_2 粒子并使之均匀地负载在单壁碳纳米管上。单壁碳纳米管在这里不仅充当模板来限制 SnS_2 粒子生长的尺寸，而且可以提供很好的传导基质用来缓解循环过程的体积膨胀。结果显示以 1 A/g 电流密度充放电循环 100 次，容量达到 509 mA·h/g。

石墨烯也被用于改善 SnS_2 材料的电化学性能，但是石墨烯很容易发生堆叠，这将使石墨烯的表面积减小，阻碍利用其这一优点。Zhang 等在水溶液中通过温和的超声将碳纳米管与石墨烯结合在一起，添加碳纳米管可以防止石墨烯发生堆叠，也可以防止碳纳米管产生团聚，之后将这种具有三维多孔结构的碳材料与 SnS_2 纳米片通过真空过滤的方法结合在一起，制备出灵活且不需要黏结剂的电极材料。这种材料具有多种特性，如独特的三维多孔结构将 SnS_2 纳米片限制在其中的间隙内，这大大地抑制了 SnS_2 团聚，而且在循环过程中也可以利用其优异的柔韧性缓解所产生的体积膨胀；这种碳材料利用石墨烯原有的特性可以改善电极材料的导电性以及为锂离子传输提供多种通道。他们还探究了不同 SnS_2 负载量对性能的影响，电化学性能表征显示，当 SnS_2 含量为 50% 时性能最好，以 1 A/g 电流密度充放电循环 100 次后获得了 1 017 mA·h/g 的容量，相较首圈几乎没有衰减，可见其循环稳定性优异。

（2）亚硫化锡。相比 SnS_2，SnS 本身所具有的导电性更好（0.008 3 ~ 0.193 S/cm），因此可以获得更好的倍率性能。其理论比容量有 792 mA·h/g，锂离子嵌入以及所发生的转换反应生成金属锡和随后的锂锡合金，具体过程如下：

$$SnS + xLi^+ + xe^- \rightarrow Sn + Li_2S \quad (6-10)$$

$$Sn + xLi^+ + xe^- \leftrightarrow Li_xSn(0 \leqslant x \leqslant 4.4) \quad (6-11)$$

但是与 SnS_2 类似，在锂离子重复嵌入和脱出的过程中会产生大的体积变化，使整个电极材料的结构被破坏，损害粒子之间的电接触，从而导致在长期循环过程中容量快速衰减。所以各种结构的 SnS 电极材料被设计出来解决上述问题，如富勒烯相的纳米粒子、纳米花、纳米片、纳米棒等，也有各种碳材料与之复合来缓解其循环过程中的体积变化和改善其导电性。

2017 年，Zhao 等采用自组装的方法将石墨烯与带正电的聚苯乙烯和 SnO_2 的复合材料进行复合，之后对其进行原位硫化得到 SnS 纳米粒子负载在球形石墨烯框架相互连接的三维网络结构（3D SnS@ SG）。他们认为虽然当前研制出了各种 SnS 与碳的复合材料，但是这些材料依然存在很多缺陷，如 SnS 纳米粒子的团聚和粉化问题还是不能很好地避免，以及库仑效率大部分低于 70%，这是因为大的 SnS 粒子通常使锂离子扩散路径较长，在放电过程中产生的 Sn 和 Li_2S 很容易团聚。因此他们制备的 SnS 粒子粒径为 10 ~ 30 nm，均匀地负载在石墨烯壁上，这样的结构很好地克服了 SnS 纳米粒子的团聚和粉化问题，同时改善了 Li_2S 的可逆性。

目前研究者们对于锡基材料包括金属锡单质、二氧化锡以及硫化锡作为锂离子电池负极材料已经做了大量的研究，许多研究取得了一定的成果，但也各自存在许多问题，主要还是因为锡基材料在循环过程中所导致的体积效应以及自身导电性差的局限性。而理论比容量高的锡基材料一直都吸引着研究者们的眼球，所以关于制备锡基材料作为锂离子电池的研究工作还在一直不断地探索、不断地前进。

6.1.3 金属化合物材料

在众多的锂离子电池负极材料新体系中，金属氧化物具有理论比容量高、价格低廉、环境相容性好等优点，受到广泛关注，但是其存在导电性差、充放电体积变化大等缺点。研究发现，纳米化可以在保持金属氧化物优点的同时克服其缺点，因此成为金属氧化物基负极材料的研究热点。

Poizot 等在 2000 年首次提出通过多相转化反应的机理采用过渡金属化合物来储锂。自此之后，对过渡金属化合物作为锂离子电池负极材料的研究数不胜数。其储锂过程可以由式（6 - 12）表示：

$$2Li + TMO \leftrightarrow Li_2O + TM \tag{6-12}$$

其中，TM 代表 Fe、Co、Ni、Mn 等过渡金属元素。过渡金属化合物的储锂机理与其他负极材料有很大不同，通常来讲，在室温下非常惰性的 Li_2O 不会与过渡金属发生反应［式（6 - 12）的逆反应］，但是当有非常小（<5 nm）的过渡金属纳米颗粒存在时，上述转换便成为可能。在进行首圈放电时，作为负极的过渡金属化合物被还原，生成过渡金属纳米颗粒和非晶态的 Li_2O，并形成一层电极钝化膜。过渡金属纳米颗粒比表面积大、扩散路径短，表现出很强的

催化能力。在随后的充电过程中，具有强催化能力的过渡金属纳米颗粒与惰性的 Li_2O 发生式（6-12）中的逆反应。由于首圈放电形成的 Li_2O 不能完全参与可逆反应，过渡金属化合物首圈的不可逆容量一般较大，导致首圈库仑效率不高。

过渡金属化合物普遍资源丰富，加工制备方法简便，生产成本很低，安全可靠。它们的理论容量普遍较高，分布在 600～1 000 mA·h/g，明显高于商业化石墨负极的理论容量。这些特质使过渡金属化合物非常有潜力成为未来商业化锂离子电池中的负极材料。然而，过渡金属化合物电导率普遍不高、首圈库仑效率较低、充放电循环时的体积变化导致的循环性能不好等问题，成为过渡金属化合物作为锂离子电池负极材料研究中亟待解决的问题。

1. 铜基氧化物

铜氧化物是有色金属氧化物的代表，该类氧化物储锂能力主要依靠置换反应，这导致其理论比容量相对锡氧化物较低，但有色金属氧化物一般具有稳定性好、制备工艺简单的优点。CuO 作为锂离子电池负极材料的理论比容量为 672 mA·h/g，约为石墨负极材料的 2 倍，且价格低廉、环境友好、易于制备。在初次放电过程中，与 Li^+/Li 电位相比，CuO 在 2.2～1.9 V、1.1～1.0 V 和 1.0～0.02 V 显示出 3 个不同的平台电位。在后续的充电过程中，该电极亦显示出 3 个平台电位的特性，但在第一次充放电过程中，CuO 的放电和充电容量分别为 700 mA·h/g 和 400 mA·h/g，电化学反应具有不可逆性。研究机理表明，嵌锂过程中，锂与氧键合形成锂氧化物 Li_2O，CuO 则被还原成金属铜嵌入 Li_2O 中，而在脱锂过程中，金属铜在转变成 CuO 期间形成 Cu_2O，从而产生不可逆容量。CuO 作为锂离子电池负极材料的主要问题是循环稳定性差，因此，克服循环时部分 Cu 粒子转化为 Cu_2O 的不可逆反应才是关键。经过长时间的探索，研究者发现，通过调控微结构，可在一定程度上减少 CuO 的不可逆容量。到目前为止，已设计和制备了大量不同微结构的纳米 CuO，如蒲公英球状、毛线团状、枕头状、纳米管状、纳米线状、纳米纤维状等。

纳米化可以显著提升 CuO 的综合电化学性能，除了纳米材料具有的电化学活性高、缓解体积变化等共性优势，纳米 CuO 还较易形成特殊结构，再加上自组装，形成了多样、复杂的纳米结构，可以深入挖掘、进一步优化。研究者们在纳米化的基础上，又引入复合策略，研究主要集中在与碳材料的复合上。

Xu 等运用气溶胶喷雾热解法合成了一种碳包覆的 CuO 空心球。该材料中的薄层氧化铜纳米粒子被限制在碳层内部，既防止了团聚现象，也提高了导电性。Jung 等通过静电纺丝法，将 $Cu_xO(x=1,2)$ 均匀地封装在碳纳米纤维中

(Cu_xO/CNF)。纳米碳纤维在防止 Cu_xO 粒子团聚方面起到了重要作用。Ko 等提出了一种新颖的制备 CuO/MWCNT 纳米复合材料的方法，其中，每个椭圆形的 CuO 粒子螺纹式地连接在 CNT 长轴方向。一方面，CuO 颗粒的高孔隙率使锂离子很容易嵌入和脱出，并且能有效缓解在脱/嵌锂过程中的体积变化。另一方面，碳纳米管同时增强了纳米复合材料的电子传导性和负极活性物质的稳定性，故电极材料表现出优异的电化学性能，如高的可逆容量（在 67 mA/g 下，容量为 650 mA·h/g）和较高的容量保持率（100 次循环后效率接近 100%），以及较好的倍率性能（在 3 350 mA/g 下，容量为 580 mA·h/g）。

铜氧化物及其复合物作为锂离子电池负极材料的特性可以总结如下：①最高化合价 +2 价，且无合金化反应储锂机制，理论比容量较低；②铜的电负性适中，易于制备精细的纳米结构。针对以上特征，目前最成功的改性策略是：设计精巧的纳米结构，除了常见的纳米颗粒、纳米线、纳米管、纳米片，还有空心纳米球、纳米线阵列、迷宫样纳米片等复杂的多级纳米结构以及与碳的复合纳米结构。将铜氧化物的理论比容量充分利用起来，在学术和技术上都有重要的意义和价值。

2. 铁基氧化物

铁资源在地球上十分丰富，对环境也十分友好。铁基氧化物主要包括 FeO、Fe_2O_3、Fe_3O_4，它们作为锂离子电池负极材料的研究均已有文献报道过。三种氧化物的理论容量分别为 744 mA·h/g、1 006 mA·h/g、926 mA·h/g，均远高于商业化的石墨负极。以上优点使铁基氧化物引起了研究者的极大兴趣。但是，铁基氧化物的导电性能不好，且在储锂和脱锂过程中体积变化较大，容易使材料结构坍塌、颗粒团聚、电极活性材料脱落，循环过程中材料结构的破裂会进一步导致 SEI 膜不稳定，进而持续消耗电极材料的可逆容量。这些问题导致铁基氧化物的循环性能和倍率性能较差，远远达不到商业应用的要求。

解决这些问题的方法通常有两种。一种方法是制备合成出纳米结构的材料，如纳米球颗粒、纳米片、纳米棒、纳米管、纳米空心球颗粒等，这些纳米结构一方面能够缓解充放电循环过程中体积变化带来的应力，另一方面还可以缩短锂离子的扩散路径，因此可以大大提升其电化学性能；另一种方法是将铁基氧化物与石墨烯、碳纳米管、无定形碳等碳基材料复合，这些碳基材料不仅能改善材料的导电性，而且还能充当铁基氧化物的基体，防止颗粒团聚，缓解体积变化，从而增强活性材料的循环稳定性。

Gao 等用液相水浴法制备出与碳复合的 Fe_3O_4 纳米片，其 XRD 图和 SEM 图如图6－8所示，用作锂离子电池负极材料，表现出非常出色的循环性能和倍率性能。在0.2 C电流充放电情况下循环120圈，仍有1 200 mA·h/g可逆容量，高出理论容量30%，当倍率升至1 C时，容量仍稳定保留853 mA·h/g。能够得到远远高出理论容量且如此稳定的性能应该归功于活性材料特殊的微观结构。这种二维的微观结构有很大的比表面积，显著增大了活性材料和电解质之间的接触面积，缩短了锂离子所需的扩散距离。而且碳包覆提高了材料的电导率和结构的稳定性。

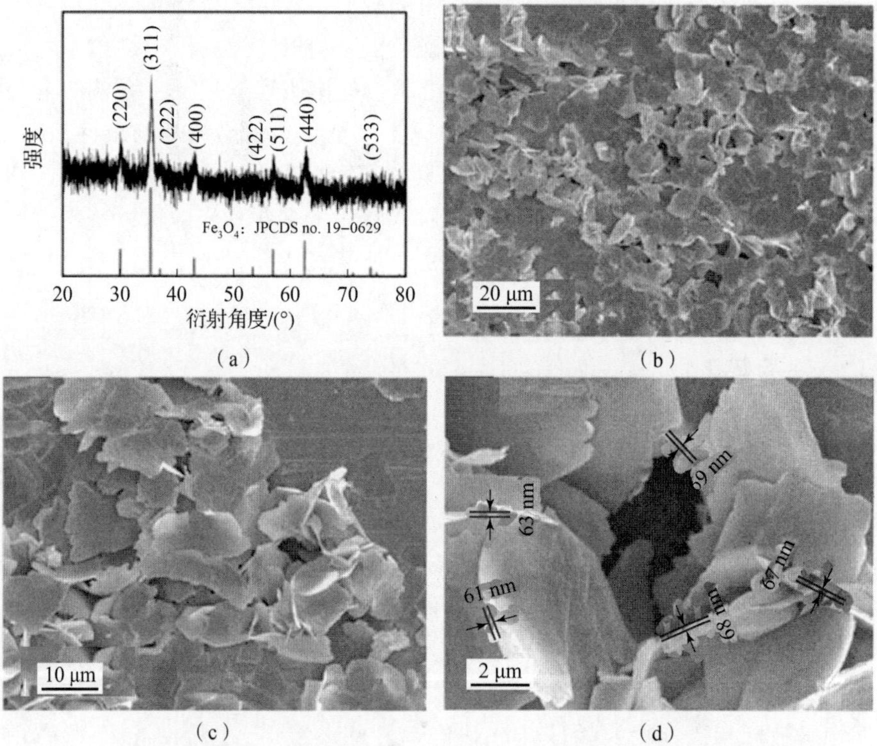

图6－8　碳包覆Fe_3O_4纳米片的XRD图和SEM图

(a) 碳包覆Fe_3O_4纳米片的XRD图；(b－d) 碳包覆Fe3O4纳米片的SEM图

3. 锰基氧化物

锰元素价态较多，相应锰基氧化物也有多种，如MnO、Mn_3O_4、Mn_2O_3、MnO_2等。类似铁基氧化物，锰基氧化物的储锂机制也是转化机制。因此，在拥有理论容量高、价格成本低廉、易于加工制造等优点的同时，锰基氧化物也有充放电循环时体积变化大、导电性不好等缺点。对锰基氧化物电化学性能的改进重点放在改进微观形貌和与碳基材料复合两个方面。

Poizot 等在开创过渡金属化合物做锂离子电池负极材料的先河之后，便已进行了对 MnO 的尝试。对 MnO_2 的研究也有文献报道，Zhao 等用水热法制备出纳米多孔结构的 γ – MnO_2 中空微球和纳米立方体（图 6 –9），在100 mA/g 电流下循环 20 圈分别得到 600 mA · h/g 和 650 mA · h/g 的可逆容量。

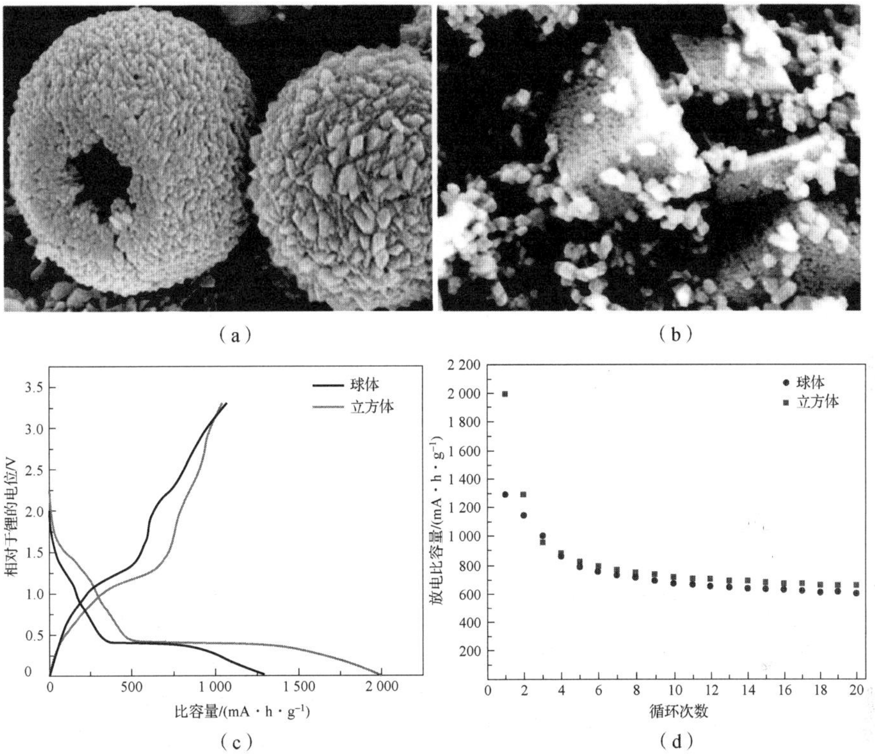

图 6 –9　水热法制备纳米多孔结构的 γ – MnO_2 中空微球和纳米立方体的形貌和电化学性能

（a）γ – MnO_2 中空微球的电镜图；（b）γ – MnO_2 纳米立方体的电镜图；

（c）γ – MnO_2 中空微球和纳米立方体的首周充放电曲线；

（d）γ – MnO_2 中空微球和纳米立方体的放电比容量图

4. 混合金属氧化物

混合金属氧化物是含有多个金属元素的氧化物，如锡基混合金属氧化物（Li_2SnO_3、$CoSnO_3$、$ZnSnO_3$ 等）、钴基混合金属氧化物（$ZnCo_2O_4$、$NiCo_2O_4$、$FeCo_2O_4$ 等）、铁基混合金属氧化物（$NiFe_2O_4$、$ZnFe_2O_4$、$CuFe_2O_4$ 等）。相比单金属氧化物，混合金属氧化物作为锂离子电池负极材料具有以下几个优势。

（1）多种金属元素拥有不同的膨胀系数，可以通过协同变化来缓解充放电过程中的体积变化，防止电极材料粉化。

（2）混合金属氧化物可以与更多的锂反应，且各金属都具有电化学活性，大大提升了可逆储锂能力。

（3）混合金属氧化物具有多个金属元素，使电子跃迁势垒降低，导致其本征电子导电能力普遍较高。

（4）混合金属氧化物一般对环境较为友好。

（5）混合金属氧化物中的金属种类、比例可变，存在多种混合金属氧化物，使其成分、结构、形貌调控空间大。

因此，混合金属氧化物作为锂离子电池负极材料在近年得到了较大发展，特别是在纳米化及复合方面，涌现出大量研究成果。

Ette 等使用 MoS_2 纳米花为前驱体，加入 Co 源制备了 $CoMoO_4$ 纳米颗粒。该材料在0.2 A/g电流密度下的可逆比容量为1 100 mA · h/g，5 A/g 下500 圈后比容量也有 600 mA · h/g，证明其具有较好的循环稳定性和倍率性能。该材料是多孔、相互连接的纳米结构，在锂离子扩散距离变短的同时提高整体的电子导电率和电极的机械强度，最终协同优化 $CoMoO_4$ 的综合电化学性能。He 等以 $CoSn(OH)_6$ 纳米立方为前驱体，通过金修饰、煅烧等物理化学过程，制备出了非晶多孔 $CoSnO_3$/Au 复合纳米立方。该材料具有超高的可逆比容量（0.2 A/g，1 615 mA · h/g）、良好的倍率性能（5 A/g，1 059 mA · h/g）以及优异的循环稳定性（500 圈循环无明显容量衰退）。非晶态、互连的介孔和 Au 团簇的修饰不仅能够提高材料的电子传导和锂离子扩散速率，还能缓解充放电过程中体积变化所导致的应力。另外，第一性原理计算的结果表明，Au 和 $CoSnO_3$ 的异质结可以降低锂离子扩散的势垒。

对混合金属氧化物的特性总结如下：来自混合金属氧化物的其他金属或金属氧化物除了形成 Li_2O 基体外，彼此之间也起到“自基质”的作用；具有额外电化学活性的金属或金属氧化物可通过合金化/脱合金或转化反应与锂离子相互作用，进一步形成合金，以提供更高的可逆容量；混合金属氧化物的两种类金属元素具有不同的膨胀系数，从而产生协同效应。针对以上特征，目前最成功的改性策略是：综合各金属氧化物的制备策略，设计并可控制备具有不同成分、不同尺寸、不同形貌的纳米结构，探索成分与结构的最佳组合，设计合成出综合性能最好的金属氧化物负极材料。

综上所述，金属氧化物作为锂离子电池负极材料在近 10 年得到了长足的发展，研究者通过纳米结构设计，辅之以掺杂、非晶化、复合等手段，从缩短锂离子扩散距离、缓解充放电过程中的体积变化、提高电子导电能力等方面极大改进了金属氧化物的综合电化学性能。但是，目前金属氧化物仍然无法用作商用锂离子电池负极材料。究其根本，主要缺点如下。

（1）库仑效率不高，特别是首圈库仑效率低，主要原因是纳米金属氧化物比表面积大，会与电解液发生副反应，生成厚且不稳定的固体电解质界面膜。

（2）充放电平台较高且倾斜，导致组装的全电池电压较低且变化大、能量密度不高，主要原因是电化学置换反应的动力学较差，存在较高的势垒。

（3）振实密度低，电极片的面积负载量难以进一步提高，主要原因是纳米金属氧化物存在大量空隙，无法充分利用空间。

（4）规模化制备困难，主要原因是纳米金属氧化物制备工艺复杂、一致性较差。

因此，还需要研究者们进一步开发出更多先进的金属氧化物负极材料。

6.1.4 合金材料

1. 锂硅合金

对硅基材料的研究大多集中在非合金的硅作为电化学活性组分，与一个合适的非活性组分基体结合在一起。比如将硅与碳材料复合等，或者将硅做成纳米结构，但这些研究都是在锂嵌入硅之前展开的，而对锂硅合金负极材料的研究是在锂嵌入硅形成合金后展开的。硅基负极材料在工作时，由于锂离子的反复嵌入和脱出，会导致负极产生较大的体积应变。在多次膨胀和收缩后，整个负极材料会粉化脱落。而将硅进行预锂化处理，可使硅组分提前膨胀，为后续的嵌脱锂反应提供空间。且对硅基负极材料进行预锂化处理后，电池整体的能量密度不会受到低容量的锂金属氧化物正极的限制。

2. 锂锡合金

对锡进行预锂化形成锂锡合金，使锡预先进行体积膨胀，为电化学脱嵌锂引起的体积膨胀提供空间。这种方法可有效解决体积膨胀的问题且能够保持电极的高比容量性。制备锂锡合金的方法有机械球磨法，这种方法制备的锂锡合金纯度高。还可采用微波辅助固态反应制备锂锡合金，微波法简单、快速、高效且对制得的合金具有选择性。

锂锡合金作为负极的活性粒子，也易产生活性粒子团聚和被液体电解质侵蚀的现象，对其进行包覆处理可有效提升锂锡合金负极的循环性能。除锂锡合金外，锂锡合金的氧化物（Li_2SnO_3）也是一种高容量的锂离子电池负极材料。Li_2SnO_3 在电化学锂化时，先将原始合金复合氧化物还原为锡金属和 Li_2O。在

Li_2O 的基体中，生成二次 Li_xSn 合金，Li_2O 基体的存在缓解了锂锡合金生成时引起的体积膨胀。其反应机理为

$$Li_2SnO_3 + 4Li \rightarrow 3Li_2O + Sn, Sn + xLi \leftrightarrow Li_xSn(x \leqslant 4.4) \quad (6-13)$$

3. 锂铝合金

铝具有较高的理论比容量（993 mA·h/g，LiAl），嵌脱锂时体积膨胀率只有 97%。锂铝合金材料用于高比能锂离子电池具有众多优点：①可有效抑制锂枝晶的形成，缓解负极材料与电解质之间的副反应，补偿不可逆的锂损失；②能够为锂离子提供快速扩散通道，并能与锂离子形成牢固的键合作用确保均匀沉积；③锂铝合金表面的氧化铝膜具有高机械强度，可有效抑制锂树枝状晶体的扩散，调节锂离子的沉积过程。

对锂铝合金的研究包括将其用于高比能锂负极电池的锂金属表面修饰。锂负极电池在工作过程中，由于锂金属与电解质的副反应导致锂在负极表面不均匀沉积形成枝晶，表面处枝晶生长会引发严重的安全问题。通过对锂金属负极表面进行修饰，可有效抑制枝晶的生长。各种修饰方法中，在锂金属负极表面形成合金保护层是一个有效的策略。

4. 锂镁合金

镁的理论比容量为 2 820 mA·h/g（$Li_{0.9}Mg_{0.1}$），嵌脱锂过程中引起 120% 的体积变化。锂和镁的原子半径（154 pm，160 pm）和离子半径（76 pm，72 pm）十分接近，锂和镁之间形成的合金是一种金属间化合物。锂镁合金对锂具有较低反应活性和较大的固溶范围，合金中的镁可提供完整的机械骨架，并且锂离子在镁中具有较大的扩散系数。由于 Mg 骨架的存在，在锂离子的嵌入脱出过程中，电极结构依然能保持挺立而不粉化。

5. 锂硼合金

硼的理论比容量为 3 495 mA·h/g（$Li_7B_{6.15}Li$），含有 47% 自由态金属锂，其结构可描述为自由态锂嵌在 Li_7B_6 框架中。锂硼合金是通过将锂和硼加热制成的两相材料，一相是自由态的金属锂，另一相是金属间化合物 Li－B 合金。Li－B 合金做负极时，自由态的金属锂优先参与电化学反应。Li－B 合金具有较好的电导率和锂离子扩散速率，它的表面微观结构也与锂金属不同，表现出更好的锂金属沉积/溶解性能。

6. 其他合金材料

除上述合金外，还有一些其他金属与锂形成的合金材料，如 Li - Sb 合金、Li - Zn 合金、Li - Cu 合金、Li - Sr 合金等。对这些合金的研究一方面是将其用于锂金属表面的合金涂层，另一方面是使用不同的工艺手法来制备代替锂金属的合金负极材料。

除了在前文中提到的锂铝合金外，目前研究较多的二元铝基合金还有 Al_2Cu、Al_6Mn 和 AlNi 等，但贮锂机制比较复杂。前文中提到了锂硅合金，除此之外，在硅基材料中引入 Mg、Mn、Ca 和 Cr 元素，可缓解嵌脱锂过程引起的体积变化。

然而，锂金属负极“无限”的体积膨胀问题也严重阻碍了锂离子电池的商业化应用。通过使用能够为活性锂金属提供支撑骨架的合金材料，限制锂金属体积的膨胀，可有效提升电池的倍率性能。

6.1.5　锂钛氧负极材料

锂离子电池的发展迫切需要寻求安全可靠、寿命更长的新型负极来替代碳负极。其中钛酸锂就是这样一种很有潜力的负极材料。钛酸锂主要包括 Li_4TiO_4、Li_2TiO_3、$Li_4Ti_5O_{12}$和 $Li_2Ti_3O_7$。而 Li_4TiO_4、Li_2TiO_3 和 $Li_2Ti_3O_7$ 这三种锂钛氧化物受 Ti 化合价的影响很难合成纯相，给制备工艺带来很大难度，进而限制了这三种材料的应用；尖晶石结构的 $Li_4Ti_5O_{12}$(LTO)凭借安全性高、优良的循环稳定性、平稳的充放电电压平台等优势，在电化学领域备受关注。

1. 钛酸锂的结构

钛酸锂（$Li_4Ti_5O_{12}$）是由锂元素和钛元素所组成的一种复合氧化物，是一种白色晶体，可以在空气中稳定存在。其具有面心立方尖晶石结构，空间群为 Fd3m，晶胞参数 a = 0. 843 6 nm，它的晶体结构如图 6 - 10 所示。在 $Li_4Ti_5O_{12}$ 晶胞中，3 个 Li 占据 8a 位，Ti 和剩余的 1 个 Li 随机占据 16d 位，可以写为 Li(8a)[$Li_{1/3}Ti_{5/3}$](16d)O_4(32e)。放电时，要嵌入 3 个 Li 到尖晶石结构的 16c 位置，原位于 8a 位置的 3 个 Li 由于静电排斥作用也转移到 16c 位置，从 $Li_4Ti_5O_{12}$ 到 $Li_7Ti_5O_{12}$（图 6 - 10），晶格常数由 0. 835 95 nm 变化到 0. 835 38 nm，对应晶胞体积变化仅 0. 2%。因此可以说 $Li_4Ti_5O_{12}$是一种“零应变”材料，具有优异的循环稳定性。另外，$Li_4Ti_5O_{12}$ 有比较高的电位（1. 55 Vvs. Li/Li^+，碳0. 1 ~ 0. 2 Vvs. Li/Li^+），不易析出枝晶，避免了电池短路，在充放电过程中安全性比较高。

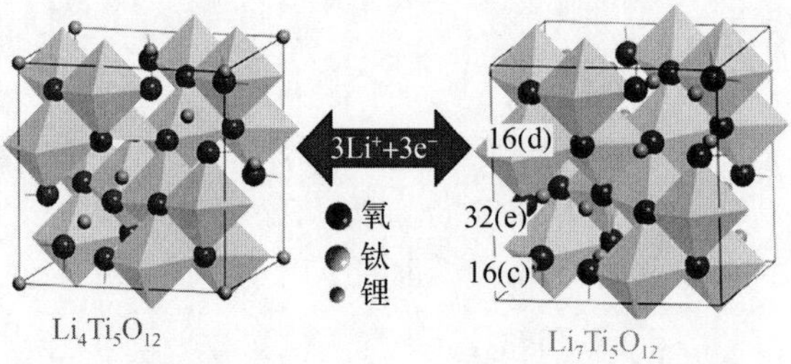

图 6－10 尖晶石型 $Li_4Ti_5O_{12}$ 与岩盐型 $Li_7Ti_5O_{12}$ 的结构

$Li_4Ti_5O_{12}$ 的脱嵌锂（充放电）过程可以由核壳结构模型来描述。如图 6－11 所示。当锂离子嵌入（放电）时，尖晶石结构的 $Li_4Ti_5O_{12}$ 表面颗粒被还原并转化成岩盐结构的 $Li_4Ti_5O_{12}$。这个过程中形成的岩盐结构的壳随着锂离子嵌入深度的增加而变厚，同时尖晶石结构的核心在逐渐缩小。放电结束后，整个颗粒变成岩盐结构。相反，充电过程中岩盐结构中的锂离子逐渐脱出进入尖晶石相，完成脱锂过程。

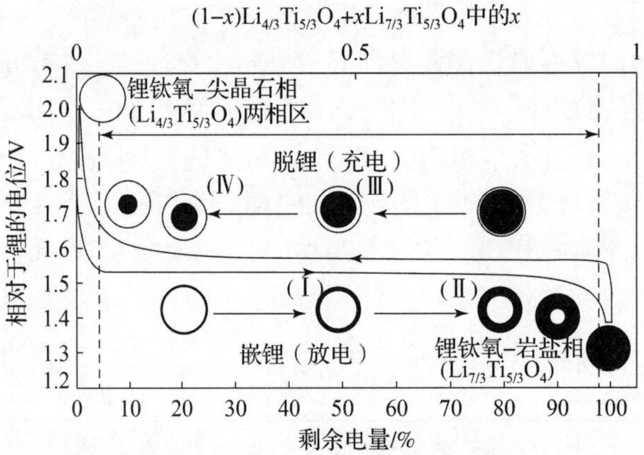

图 6－11 $Li_4Ti_5O_{12}$ 脱嵌锂过程示意图

$Li_4Ti_5O_{12}$ 的制备方法有很多种，常用的制备方法包括固相法、溶胶－凝胶法、水热法。其他的制备方法如模板法、喷雾干燥法、静电纺丝法等。不同的制备方法对材料影响程度不同，因此，材料的性能也会随着制备方法不同而发生改变。

2. 钛酸锂的改性

虽然 $Li_4Ti_5O_{12}$ 具有优异的性能，但它属于绝缘体材料，电导率低，在大电流充放电时，容易产生极化现象，导致其倍率性能差，阻碍了 $Li_4Ti_5O_{12}$ 的广泛应用。为了改善这些缺陷，常用的方法有材料纳米化、引入高导电相材料、碳包覆、离子掺杂等。

1）材料纳米化

材料纳米化即减小颗粒尺寸，从而增大比表面积，以此提高材料中活性物质的分散程度，改善其性能。纳米级 $Li_4Ti_5O_{12}$比表面积增大，从而增大了与电解液的接触面积，Li^+迁移路径缩短，减缓 Li^+的扩散阻力，提高了 $Li_4Ti_5O_{12}$的电导率。

2）引入高导电相材料

表面包覆具有嵌锂容量高的氧化物（SnO_2、Cu_xO、ZnO 等）和高导电性物质（Cu、Ag 和 Au 等）是一条提高 $Li_4Ti_5O_{12}$比容量、改善材料性能的重要途径。通过引入高导电相材料，$Li_4Ti_5O_{12}$的电化学性能得到了很大的改善。

3）碳包覆

在 $Li_4Ti_5O_{12}$表面包覆一层碳，能够改善其电化学性能。碳层起到导电连接作用，增加了粒子间的接触，使 Li + 传导更容易，提高了 $Li_4Ti_5O_{12}$的电导率。同时，碳的加入对颗粒的团聚起到了一定的阻碍作用，缩短了离子扩散路径，提高了锂离子扩散系数。这使 $Li_4Ti_5O_{12}$/C 复合材料具有优良的循环性能和倍率性能。

4）离子掺杂

合适的金属离子或非金属阴离子的掺杂能够有效地改善 $Li_4Ti_5O_{12}$的固有电导率，使其导电能力和比容量提升。研究者以金属阳离子取代 $Li_4Ti_5O_{12}$中的 Li^+和 Ti^{4+}位，以非金属阴离子取代 O^{2-}位。一般情况下，所选用的掺杂离子半径不要超过被取代离子半径的 15%，否则尖晶石型 $Li_4Ti_5O_{12}$整体结构将会受到影响。目前，文献报道的常用的掺杂离子有 Na^+、Mg^{2+}、Sr^{2+}、Ca^{2+}、Sn^{2+}、Ni^{3+}、Co^{3+}、Fe^{3+}、Mn^{3+}、Ga^{3+}、Si^{4+}、Mo^{4+}、Nb^{5+}、V^{5+}、Ta^{5+}及 F^-、Cl^-、Br^-等。

6.1.6　其他负极材料

1. 纯铋材料

Wanwan Hong 等通过还原具有纳米棒形貌的 Bi_2S_3 进而得到氮掺杂的核壳结构 Bi@C 复合材料。此种复合材料具有介孔结构，为锂离子的嵌入与脱出提供了较大的空间。这也在材料的电化学性能上得到明显的体现。在电流密度为 1.0 mA/g 时，在 500 次循环后其比容量仍为 1 700 mA·h·cm^{-3}。说明材料纳米化和结构设计对于材料电化学性能提升具有很好的作用。

Yan Zhang 等采用还原碳酸铋/石墨烯得到 N 掺杂的 N－G/Bi 材料。因为单质 Bi 生长在石墨烯表面，且 N 掺杂的石墨烯导电性较好，所以该材料表现出较好的电性能。当电流密度为 50 mA/g 时，10 次循环后，其比容量为 390 mA · h/g；当电流密度为 1 A/g 时，其比容量仍然为 218 mA · h/g。

2. 锗纳米负极材料

锗具有较高的理论比容量（1 600 mA · h/g）和较低的工作电压，被认为是锂离子电池负极材料的理想选择之一。与硅基负极材料相比，锗的禁带宽度小，具有更高的导电率和锂离子扩散系数，更适合应用在大功率、大电流设备中，在动力汽车方向具有较好的应用前景。

电极结构的稳定性对维持锗电极的高可逆比容量至关重要，将锗材料纳米化可以有效改善锗负极材料的电化学性能。锗纳米材料的粒径小、比表面积大，可以增加锂离子存储的活性位点，增大与电解液接触的面积，有利于减少嵌脱锂过程材料内部的应力和体积变化；纳米材料有更高的电子传输速率，能够缩短锂离子的扩散距离，有利于提高电池的功率密度。

由于不同维度的尺寸差异，不同结构的纳米锗材料在循环过程中的体积变化是不同的；另外，电子和离子在不同维度纳米材料的传输路径不同，具有不同的离子和电子传导性。因此，合成不同结构和形貌的锗纳米材料是提高电极电化学性能的简便方法。目前合成的锗纳米负极材料主要包括锗纳米颗粒、纳米薄膜、纳米线、纳米带、纳米管和多孔锗等。

采用化学法还原四氯化锗或二氧化锗是制备锗纳米颗粒常用的方法。锗纳米颗粒可以提供较大的表面积、较多的活性位点，还可缩短锂离子的扩散路径，促进电极材料和电解液之间的接触，减小体积应变。锗的循环性能与其颗粒尺寸密切相关，粒径大于几微米的锗颗粒在循环过程中会有破裂现象，而小粒径的锗会先于大颗粒发生体积膨胀和破裂，并迅速导致颗粒间和颗粒内部连接面减少，导电网络失效。

采用磁控溅射、电子束蒸镀和电沉积等方法可以直接将锗薄膜沉积在集流体上，不需要黏合剂，可以使电极的有效成分含量提高、比容量增加。另外，锂离子嵌入和脱出倾向于沿垂直于平面的方向进行，使锗薄膜的体积膨胀/收缩受限、材料内部的挤压程度变低、粉化程度降低，锗的循环性能会有一定程度的提升。

气 - 液 - 固（vapor - liquid - solid，VLS）生长机制是目前制备一维纳米材料应用最为广泛的生长机制，利用该机制及相关的技术已经成功地制备出锗的纳米线/棒/管结构。以金、铟、锡、镓等纳米粒子作为催化剂（溶剂），将锗的前驱体通过蒸发、升华、分解等过程转化为蒸气，锗蒸气与这些纳米粒子会在高于共熔点的温度形成合金液滴；液滴表面的黏滞系数大，会继续吸收锗蒸气，使其达到过饱和状态并析出、形成晶核；随着锗在液滴与晶核（液/固）界面的析出，锗晶核逐渐定向生长形成纳米线。

6.2　钠离子电池负极材料

钠离子电池作为一种新型电化学能源已经受到了广泛关注。其工作原理与锂离子电池相类似，钠元素的储量比锂元素更为丰富、成本更加低廉，因此在大规模电能存储中有广阔的应用前景。与商业化锂离子电池相比，钠离子电池具有以下优势。

（1）钠盐的电导率较高，可以选用低浓度的电解质，降低生产成本。

（2）地壳中钠资源储量丰富，分布范围广泛，原料成本优于锂离子电池。

（3）钠离子电池不存在过放电特性，可以放电至 0 V。

（4）锂离子与铝离子在低于 0.1 V(vs. Li^+/Li) 时会发生合金反应，而钠离子不会，这使铝箔可以取代铜箔用作负极的集流体，不仅可以降低成本，还能减轻质量。

钠与锂属于同一主族，具有相似的理化性质，电池充放电原理基本一致。钠离子电池的工作原理是通过钠离子在正负极间可逆移动而实现的，即在充放电过程中，钠离子从正（负）极材料中脱出，经电解液、隔膜后嵌入负（正）极材料中，从而实现电荷平衡。1980 年，Armand 等首次将钠离子电池比作“摇椅式电池”，其主要工作原理如图 6－12 所示。

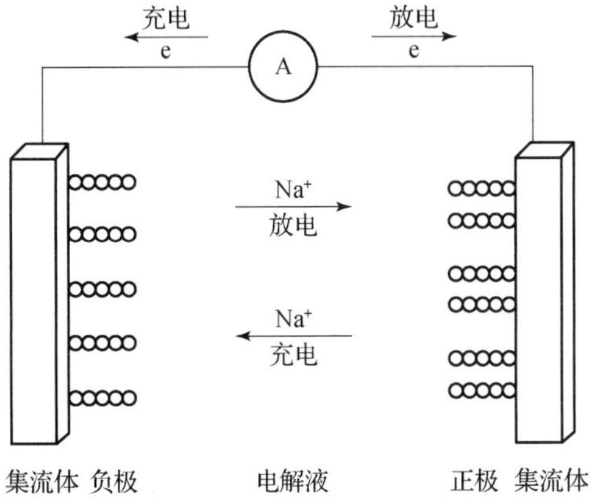

图 6－12　钠离子电池工作原理示意图

负极材料主要是为钠离子电池的工作提供可以储存离子的位点和低电位氧化还原电对，对钠离子电池的性能影响较大。可用的钠离子电池负极材料主要有碳基材料、硅基材料、金属氧化物/硫化物、钛基材料、合金化材料、有机化合物等。下文基于不同结构的钠离子电池负极材料，详细总结了目前国内外课题组的研究进展。

6.2.1 碳基材料

1. 石墨类

1）石墨

结构有序的石墨具有良好的导电性，且适合 Li^+ 的嵌入和脱出，其来源广泛、价格低廉，是目前锂离子电池体系中最常见的负极材料。通过电化学还原过程，Li^+ 嵌入石墨碳层之间的范德华间隙，并形成一阶锂－石墨层间化合物（LiC_6），其可逆容量大于360 mA · h/g，接近理论数值372 mA · h/g。相比之下，石墨用作钠离子电池负极材料的研究结果并不乐观。早期的第一原理计算表明，与其他碱金属相比，Na 难以形成插层石墨化合物。Ge 等报道了 Na^+ 在石墨中的电化学嵌入机理，采用聚氧化乙烯基电解质，避免溶剂在电极材料中的共插入。研究表明 Na^+ 的嵌入形成了 NaC_{64} 高阶化合物，电化学还原形成低阶钠－石墨的可能性仍然有待探究。此外，由于石墨碳层间距约为 0. 335 nm，小于 Na^+ 嵌入的最小层间距（0. 37 nm）等原因，石墨作为钠离子电池负极材料的理论容量只有35 mA · h/g。因此，普遍认为石墨不能直接用作钠离子电池负极材料，但这并没有阻止研究者们对钠离子电池石墨负极的探索和研究。

近年来，研究人员发现通过增大石墨的层间距和选取合适的电解质体系（如醚基电解质）等途径可以提高石墨的储钠能力，提升其电化学性能。Wen 等研究了膨胀石墨（EG）作为优越的钠离子电池碳基负极材料。EG 是通过两步氧化还原过程形成的石墨衍生材料，其保留石墨的长程有序层状结构，通过调控氧化和还原处理可以获得 0. 43 nm 的层间距离，这些特征为 Na + 的电化学嵌入提供了有利的条件，如图 6 – 13 所示。

2）石墨烯

石墨烯是由碳原子以 sp^2 杂化连接的单原子层构成的一种新型碳材料，具有较大的比表面积和优异的电子导电性，被认为可在钠离子电池领域中广泛运用。Wang 等以天然石墨为原料，采用改进的 Hummers 方法制备还原氧化石墨烯纳米片。研究表明，RGO 纳米片的厚度在 0. 8 ~ 2. 0 nm，具有较大的层间距（0. 365 ~ 0. 371 nm）和不规则的多孔结构，有利于 Na^+ 的存储和嵌/脱。电化

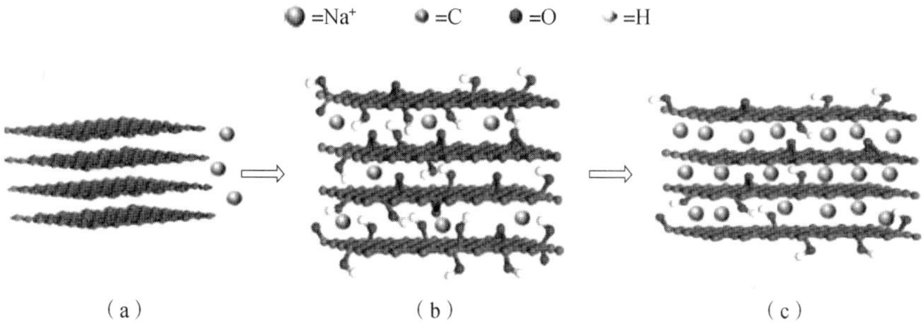

图 6－13　石墨基材料中钠存储的示意图

(a) 石墨；(b) 氧化石墨烯；(c) 膨胀石墨

学性能测试中，RGO 负极材料在 40 mA/g 和 200 mA/g 电流密度下循环 250 次后的可逆容量分别为 174.3 mA · h/g 和 93.3 mA · h/g，即使在40 mA/g下循环 100 次，可逆容量仍保持在 141 mA · h/g。

2. 非石墨类

非石墨类碳基负极材料具有较大的层间距和无序的结构，有利于 Na^+ 的嵌入/脱出，是目前研究最多的一类钠离子电池碳基负极材料。根据石墨化难易程度和石墨微晶的排列方式的不同，非石墨类碳基负极材料主要分为软碳（石墨化中间相炭微珠、焦炭等）和硬碳（炭黑、树脂碳等）两大类。软碳和硬碳都属于无定形碳，主要是由宽度和厚度较小的类石墨微晶构成，但排布相比石墨更为紊乱，具有碳层间距相对较大的特点。

1）软碳材料

一般而言，在 2 800 ℃以上可以石墨化的碳材料称为软碳，其内部的石墨微晶的排布相对有序，且微晶片层的宽度和厚度较大，储钠机理主要表现为碳层边缘、碳层表面以及微晶间隙对 Na^+ 的吸附。Alcantara 等将石油残余物经 750 ℃热处理后获得的中间相炭微珠具有一定的嵌钠性能。随后，他们通过热解间苯二酚和甲醛的混合物制备微球状碳颗粒，其表现出高度无序结构和低比表面积，可逆容量达到 285 mA · h/g。Wenzel 等以多孔二氧化硅为模板，采用中间相碳沥青制备模板碳负极材料，与市场上销售的多孔碳材料和非多孔石墨做对比，模板碳显示出更为优越的电化学性能。在 0.2 C 倍率下，其可逆容量超过 100 mA · h/g，125 次循环后仍然达到 80 mA · h/g，即使在 2 C 和 5 C 下的可逆容量仍然大于 100 mA · h/g。

2）硬碳材料

硬碳是指在 2 800 ℃以上难以石墨化的碳材料，其内部的石墨微晶排列较软碳更加无序杂乱，且含有一部分微纳孔区域，具有较高的储钠容量，被认为是最理想的储钠碳基负极材料。Stevens 等将葡萄糖前体高温热解制备硬碳负极材料，首次证明了 Li^+和 Na^+在负极材料中的嵌入机理非常相似，但嵌入电压值不同，且前者的比容量高于后者。硬碳负极材料的可逆容量为300 mA · h/g，接近 Li^+嵌入石墨负极材料的容量。此外，他们发现硬碳负极材料中碱金属离子的嵌入发生在石墨微晶的层间位置和表面气孔中，如图 6 – 14 所示。这项研究有利于更充分地表征碳基负极材料中 Na^+的嵌入能力。

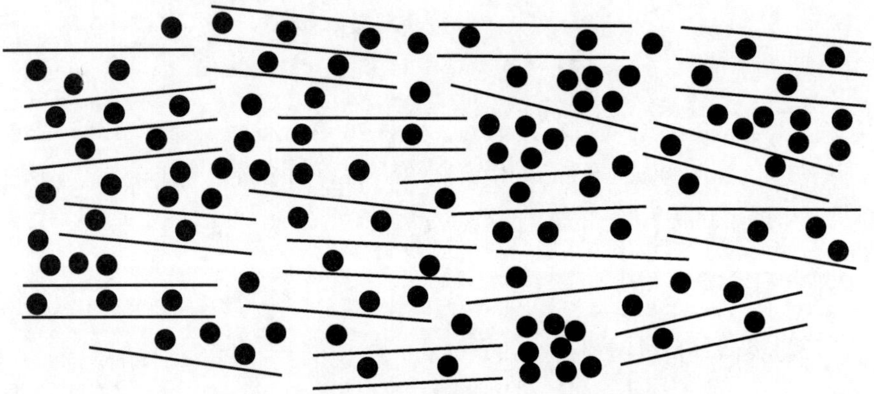

图 6 – 14　钠/锂填充硬碳的"空中楼阁"模型

2000 年首次报道了将葡萄糖热解硬碳作为钠离子电池的负极材料，发现该材料具有 300 mA · h/g 以上的可逆比容量，远超石墨和软碳材料。从此掀起研究者对钠离子电池硬碳负极材料研究的热潮，相继报道了大量不同前驱体和不同形貌的硬碳材料。从不同碳材料的充放电曲线来看，碳基材料的微结构会影响其储钠性能。从放电曲线来看，石墨、石墨烯和软碳的放电曲线都表现为 1 个斜坡，Na^+难以嵌入层中，而石墨烯没有发生堆积也无法嵌入 Na^+，所以 Na^+只能吸附在 3 种碳材料的表面。对比可以发现，石墨和石墨烯的表面几乎没有微孔和官能团，因此表现出倾斜的电压曲线；由于处理温度的不同，软碳表面的微孔和官能团存在差异，因而为 Na^+的储存创造了特殊位点，所以在不同电压区间其吸附容量不同，充放电曲线也因此表现得更为弯曲。相比石墨和软碳，硬碳材料的储钠行为相对较为复杂，表现为高电压斜坡区和低电压平台区。硬碳嵌钠机理存在各种不同的解释，至今尚无定论。研究者们客观地从实验角度出发，推导出不同机理的主要原因是硬碳的结晶性差、内部微结构相对复杂和表面状态难以确定。因此仍需要对硬碳材料的不同组成、结构和电化学特性进行研究，有必要通过更加全面的研究手段和表征技术去充分认识和理解硬碳的储钠机制，为高性能嵌钠的硬碳材料的设计和开发提供理论指导。

6.2.2 硅基材料

硅是一种环境友好和储量丰富的材料，已被研究作为高比容量（3 580 mA·h/g）的锂离子电池合金型负极。同样地，硅作为钠离子电池负极也具有广阔的研究前景。根据第一原理的计算，由于 c－Si（晶体硅）钠化的高能量势垒，结晶硅限制了钠的存储能力。另外，理论预测非晶态硅与钠结合后，每个硅吸收 0.76 个 Na，能量势垒低得多，对应容量为 725 mA·h/g，体积膨胀 114%。此外，大量非晶态硅纳米粒子被证明在 10 mA 时的可逆容量为 279 mA·h/g，在 20 mA/g 时 100 次循环后的容量保留为 248 mA·h/g。含有大比例非晶硅的纳米颗粒可以发生可逆的钠离子吸收，因此，研究人员制备了一种竹子状结构，将蛋黄状壳碳/硅纳米管嵌入碳纳米纤维中，在 0.05 A/g 和 5 A/g 的 200 次和 2 000 次循环下，可保留 454.5 mA·h/g 和 190 mA·h/g 的可逆容量。与其他合金化负极相比，其体积变化较小，这使 a－Si（无定形硅）在同类合金中成为极具吸引力的负极材料。

非晶态硅粉的制备方法包括化学锂化/脱盐法、高能球磨法和机械熔合法。Si 不能在 SIBs/PIBs 中获得与 LIBs 类似的电化学性能，原因是低容量，这可能和 Si 与 Na 的低反应动力学有关。在钠离子电池负极材料中，与其他合金负极相比，目前对硅负极的关注也较少。

6.2.3 金属氧化物/硫化物

1. 金属氧化物

金属氧化物是一种成本较低、比容量较高的钠离子电池负极材料。根据储钠机理的不同，可以将过渡金属氧化物（M_xO_y）分为两类：①放电过程中金属氧化物和钠离子反应会产生金属单质 M，这一类称为非活性金属氧化物；②放电过程中金属氧化物和钠离子先发生转化反应生成金属单质 M，然后金属单质 M 再和钠离子发生合金化反应生成合金，这一类称为活性金属氧化物。目前研究较多的主要包括铁基氧化物（Fe_2O_3）、铜基氧化物（CuO）、钴基氧化物（Co_3O_4）和锡基氧化物（SnO_2）等。

1）铁基/铜基氧化物

铁基氧化物和铜基氧化物具有分布广泛、化学性能稳定、容量高（Fe_2O_3 和 CuO 的理论容量分别为 1 005 mA·h/g 和 674 mA·h/g）和成本低等优点，但其电导率较低，在电化学循环中会产生较大的体积膨胀。Zhang 等利用喷雾热解法制备了碳包覆 Fe_2O_3 纳米复合物，该三维多孔纳米复合材料内部由互相连接的纳米通道和均匀嵌入多孔碳基质中的 $\gamma-Fe_2O_3$ 纳米颗粒组成。通过碳包覆，复合材料具有更高的导电性，用作钠离子电池负极时表现出优异的电化学性能，在2 000 mA/g电流密度下循环1 400周后仍有358 mA·h/g的容量。Liu等根据原TEM（透射电子显微镜）发现CuO首先钠化成 Cu_2O 和 Na_2O，随后转化成NaCuO，最终产物包含 $Na_6Cu_2O_6$、Na_2O 和Cu，提出了CuO纳米线储钠的转化机制如式（6-14）~式（6-16）所示：

$$2CuO + 2Na^+ + 2e^- \rightarrow Cu_2O + Na_2O \tag{6-14}$$

$$Cu_2O + Na_2O \rightarrow 2NaCuO \tag{6-15}$$

$$7NaCuO + Na^+ + e^- \rightarrow Na_6Cu_2O_6 + Na_2O + 5Cu \tag{6-16}$$

CuO在电化学循环过程中体积变化较大，为了提高电子导电性和调节循环过程中的体积变化，研究者采取的改性方法主要有与导电碳复合和制备疏松多孔的微纳米结构。Lu等通过喷雾热解法制备了微纳米结构的碳包覆CuO，CuO纳米颗粒（~10 nm）均匀地嵌入碳基质中，该材料用作钠离子电池负极时在200 mA/g电流密度下经600次循环后具有402 mA·h/g的容量。

2）钴基氧化物

钴基氧化物中，尖晶石 Co_3O_4 理论比容量高达890 mA·h/g。但是，Co_3O_4 用作钠离子电池负极材料时，其较差的导电性和较大的体积膨胀导致实际比容量较低、循环性能差。研究者通过制备 Co_3O_4 与高导电性碳材料的复合材料或设计特定的 Co_3O_4 纳米结构来缓解上述问题。Xu等制备了碳包覆 Co_3O_4 纳米颗粒空心球，Co_3O_4 纳米颗粒均匀嵌入无定形碳基质中，有效提高了反应活性，缩短了离子扩散距离，增强了导电性和结构稳定性。该电极表现出优异的倍率性能，在5 A/g的高电流密度下仍保持223 mA·h/g的可逆容量。

3）TiO_2

TiO_2 具有锐钛矿、金红石、板钛矿和 TiO_2-B 等多种晶相，其中，锐钛矿 TiO_2 的晶体结构中包含边缘共享 TiO_6 八面体组成的一维Z字形链状结构，链状结构叠加形成三维网状结构，这种堆积方式使锐钛矿框架中产生空的Z字形通道，提供了更多的储钠位点，并为钠的扩散提供了间隙位置。因此，锐钛矿晶相具有更高的容量和离子导电性。与锐钛矿型 TiO_2 相比，金红石型 TiO_2 具有更加稳定的循环性能，但其带隙较大（~3.0 eV），导致其电导率降低。Hong等报道了具有纳米孔的金红石 TiO_2 介晶，在50 mA/g的电流密度下，可以提供350 mA·h/g的可逆容量；电流密度增加到2 A/g时，容量可以达到151 mA·h/g。此外，材料较大的表面积（157 m^2/g）以及多孔结构可以提供更多的活性位点，实现电子和离子的快速传输。具有单斜结构的 TiO_2-B 沿 *b* 轴的开放通道可为 Na^+ 提供存储位点。

4）Sb 的氧化物

在所有 Sb 基负极材料中，Sb 氧化物材料在充放电过程中的合金化反应和转化反应均贡献容量，因而具有最高的理论容量。例如，Sb_2O_3、Sb_2O_4 分别具有 1 103 mA·h/g 和 1 227 mA·h/g 的理论容量。然而，这些负极材料在循环过程中存在严重的体积变化，因而结构会快速坍塌。可以通过对材料的结构进行设计加以改善。Wang 等合成了一维管状亚微结构的 Sb_2O_4 材料来解决 Sb 基负极材料的体积膨胀问题，该材料在 100 mA/g 的电流密度下循环 50 次后容量可达 700 mA/g，库仑效率接近 100%。此外，管状结构 Sb_2O_4 显示出极高的倍率性能，在 1 000 mA/g 的高电流密度下放电容量可达 371 mA/g。另外，Li 及其同事采用一种新颖的微波等离子体辐射法，合成了具有胶囊结构的 Sb_2O_3/Sb@石墨烯－CSN 材料。该材料是通过将 Sb_2O_3/Sb@石墨烯固定在碳层的网格上来形成的。该新型材料中的石墨层具有薄且柔韧的结构，而且石墨层表面存在大量的活性位点，可优化材料导电性能，同时缩短了电子传输路程。

2. 金属硫化物

金属氧化物和金属硫化物是目前应用较多的钠离子电池负极材料，两者比较，硫化物可逆脱嵌过程和循环稳定性都比金属氧化物高，因为金属硫化物中的金属硫键更利于发生转换反应，所以金属硫化物有利于钠的储存。金属硫化物电极材料有很多，研究比较早的是二硫化钼和二硫化钛，但是其电化学性能并不理想。石墨烯的发现，开启了二维材料研究的大门，越来越多的二维材料开始进入人们视野，层状材料引起了人们的广泛关注，层状金属硫化物由于其较大的层间距和可逆变形，进而缓解嵌钠过程的体积变化而备受关注。随着钠离子电池电极材料的研究越来越深入，提升钠离子电池电化学性能的关键是开发高比容量、高放电效率、高循环稳定性且适合钠离子脱嵌的新型电极材料。由于层状过渡金属硫族化合物具有高导电性、机械稳定性、热力学稳定性以及结构稳定性等一系列优势，其得到了众多研究者的关注和青睐，过渡金属硫化物（TMDCs）是一类材料的总称，这些材料的一般公式是 MX_2（M = Mo、V、Sn、Ti、Re、Ta、Zr、W，X = S 等），由金属原子 M 夹在两层 S 原子间所形成，这种层状化合物有利于 Na^+ 的嵌入和脱出。其结构如图 6－15 所示，M—S 间是强共价键作用力，S－M－S 层间是较弱的范德华力，有利于钠离子的嵌入。由于堆积方式的不同，TMDCs 可分为六角（2H－MX_2，ABAB 堆积）、三方（1T－MX_2）和斜方（3R－MX_2，ABCABC 堆积）三种结构，其中 2H 结构更普遍、更稳定，是典型的片层构型。因此，层状金属硫化物电极材料极具潜力。诸多过渡金属硫化物作为负极材料陆续被报道，层状二硫化物通常先在高

电位发生 Na^+ 脱嵌反应，然后在低电位发生转化反应，生成金属单质 M 和 Na_2S，其中有些材料如 SnS_2 在更低电位时还发生合金化反应。下文将阐述几种常见的具有层状结构的二硫化物。

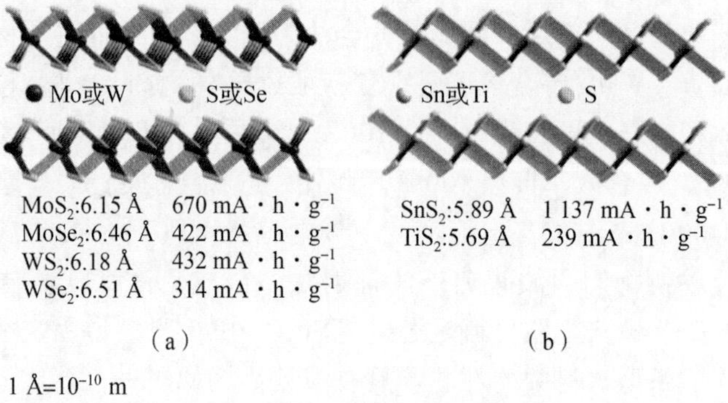

图 6－15　MX_2 典型的层状结构

（a）MoS_2、$MoSe_2$、WS_2、WSe_2 的层状结构；（b）SnS_2、TiS_2 的层状结构

1）二硫化钼

作为过渡金属硫化物中极负盛名的一员，二硫化钼主要分为单层或多层硫化物。单层 MoS_2 由两层硫原子夹一层钼原子组成，多层 MoS_2 由若干单层 MoS_2 组成，间距约为 0. 65 nm。该层状结构不仅便于钠离子的嵌入，还可缓和充放电过程中的体积膨胀，从而保障了结构的稳定性。层状 MoS_2 具有独特的三明治结构（S－Mo－S），通过范德华力连接，典型的层间距为 0. 62 nm。MoS_2 可以根据工作电压窗口通过嵌入反应和转化反应来存储 Na^+。MoS_2 的电化学反应可分为两步，如式（6－17）和式（6－18）所示：

$$MoS_2 + xNa^+ + xe^- \rightarrow Na_xMoS_2(0.4\ V以上, x<2) \tag{6-17}$$

$$Na_xMoS_2 + (4-x)Na^+ + (4-x)e^- \rightarrow 2Na_2S + Mo(0.4\ V以下) \tag{6-18}$$

层状 MoS_2 的储钠容量为 500～800 mA · h/g，作为负极材料具有较高比容量，但层与层之间的分子间作用力使电化学充放电过程中二维 MoS_2 材料易团聚，还使电解质与活性物质之间有效接触，电极的可逆容量迅速下降。因此，提高二维层状 MoS_2 的结构稳定性和电子电导率是钠离子负极材料亟待解决的关键问题之一。MoS_2 可与碳材料及部分金属纳米颗粒复合或耦合，形成片－片、片－纳米管及片－颗粒结构，该方法对降低层状结构 MoS_2 电极可逆容量的衰减和提升其电化学性能有显著成效，具有一定嵌入能力的石墨烯或超薄非晶碳层可更好匹配层状结构的 MoS_2。类似石墨烯结构的 MoS_2 偶联石墨烯或超薄非晶碳层不仅抑制了镶嵌过程中 MoS_2 的团聚，还降低了石墨烯或超薄非晶碳层的表面缺陷。在耦合界面还能增大层状结构 MoS_2 层间距离，扩大 Na^+ 嵌入空间，从而增大可逆储钠容量，并对层状结构 MoS_2 电极的结构稳定性有所改善。另外，存在于二维 MoS_2 耦合界面的石墨烯或超薄非晶碳层具有良好的离子导电性，提高了 MoS_2 电极电化学过程中的离子和电子迁移速率，为钠电池负极材料的研究开辟了新的方法和思路。

2）二硫化钨

目前，人们对 MoS_2 作为钠离子电池负极材料的研究较广，而对 WS_2 的研究却处在初步阶段。属六方晶系的 WS_2 与 MoS_2 有相似的结构特征，其大的层间距使层与层间易发生滑移，并且层间较弱的作用力和大的间隙（0.62 nm）有利于钠离子的嵌脱，减小钠离子在二硫化钨材料中的扩散阻力，其作为钠电池负极材料时可使电化学性能得以提升。水热法、高能球磨法、固相烧结法、化学气相沉积法等均可制备出纯相的 WS_2 材料，但是 WS_2 结晶性差，晶体结构不稳定，反复充放电易使材料非晶化而导致容量衰减快、循环稳定性差，当下主要采用二硫化钨与导电性好的碳基材料复合可有效缓解这个问题。

3）二硫化锡

锡基化合物具有理论容量高和工作电压低等优点，作为钠离子电池的负极材料，会发生转化反应和合金化反应，在形成 $Na_{15}Sn_4$ 合金的反应过程中，Sn 的理论容量是847 mA·h/g，考虑到转化反应的额外容量贡献，锡的氧化物和锡的硫化物具有更高的容量，但是，相比之下，锡的硫化物的性能更好，二硫化锡晶体结构种类很多，具体的反应机理为 $SnS_2 + Na^+ + e^- \rightarrow NaSnS_2$，$NaSnS_2 + 3Na \rightarrow Sn + 2Na_2S$ 和 $4Sn + 15Na \rightarrow Na_{15}Sn_4$，第一个反应是不可逆的，这也导致 SnS_2 材料的实际容量低于理论容量，为了提高其容量和循环稳定性，设计良好的 SnS_2 纳米结构可以更好地适应在钠－合金化反应中体积的变化，也为钠离子提供更好的扩散通道。目前研究较广泛的是层状六方结构的 CdI_2 型 SnS_2 纳米片（a＝0.364 8 nm，c＝0.589 9 nm，空间群为 P3m1），硫原子紧密堆积形成两个层，锡原子夹在中间形成八面体结构，层内为共价键结合，层与层之间存在弱的范德华力，正是因为层间力很小，Na^+ 同时发生嵌入和转换反应时，理论比容量更高。二硫化锡作为钠离子电池负极材料虽有较高的比容量，但限制其发展的最大阻碍是循环过程中产生的体积膨胀导致导电性差，甚至引起电极材料破裂；同时，其容量会快速衰减。根据文献报道，为解决这一问题，已知的方法是减小锡材料的纳米颗粒，将它们均匀分布，或用其他物质与之复合，目的是减小这种体积膨胀。如 Qu 等制备的纳米片状 SnS_2@氧化石墨烯复合材料。将石墨烯纳米片分割开 SnS_2 纳米片，不仅增大了与 Na^+ 的接触面积，还能有效提升钠离子电池的电化学性能。

4）二硫化钒

20 世纪 70 年代发现单层的 VS_2 具有金属的一些性质，VS_2 优异的导电性能为它作为钠电池负极材料提供了保障。2011 年，Feng 等通过无毒简单的水热法制得超薄层状 VS_2 纳米结构，研究出超薄层状 VS_2 纳米结构后，迅速引起人们的研究兴趣。Liao 等报道了制备出的 VS_2 纳米片被 $NaTiO_5$ 纳米线按序列包覆后，从它的电化学测试结果可以看出，在 0.01～2.5 V 的电压范围内，0.1 C 和 1 C（1 C＝200 mA · h/g）的条件下充放电，50 次循环后，容量分别是 298 mA · h/g 和 203 mA · h/g，这种材料表现出高的充放电容量和不错的循环稳定性。

5）二硫化钛

二硫化钛和二流化钒相似，已经被科研工作者作为主要的钠储能材料。1976 年，Winn 等首次报道了根据电化学原理，钠离子在碳酸丙烯酯中能够插入 TiS_2 单晶。Na/TiS_2 电池室温下可逆在 1980 年被 Newman 成功证明，但是其在循环的时候容量迅速衰减，高倍率时衰减得更严重。近年来，Su 制备出薄的 TiS_2 纳米片作为钠离子电池的负极材料，这些纳米片具有纳米尺寸的宽度和较大的表面积，为钠离子提供了进入 TiS_2 内部空间的便捷通道，电化学测试结果也表明这种薄的 TiS_2 纳米片能够快速可逆地嵌入和脱嵌 Na^+，它们的容量接近全钠离子插层的容量（186 mA · h/g），在高倍率 10 C 时，容量为 100 mA · h/g，在低倍率和高倍率都有较好的循环稳定性。

6）非二硫化物负极材料

除了上述这些二硫化物以外，还有一些非二硫化物的硫化物，这些硫化物中有的具有层状结构，有的不具有层状结构，其中很多也可以作为钠离子电池的负极材料，如硫化镍、硫化锌、硫化铜、硫化亚铁等。

硫化镍具有层状结构，也是一种重要的金属硫化物，在锂离子电池、超级电容及太阳能电池等方面有广泛应用。过渡金属镍的电子排布可有多种成键方式，这也就决定了硫化镍具有多种组分，如 NiS_2、Ni_3S_4、Ni_7S_6、Ni_9S_8、NiS_2 等。至今，人们发展了很多合成不同形貌的硫化镍微纳米晶体的方法，在用作锂离子电池电极方面已有诸多报道，且被认为是一种有前途的锂离子电池电极材料，但硫化镍用于钠离子电池的报道还比较少。目前，关于硫化镍用作钠离子电池电极材料的研究并不令人满意，一方面其比容量较低，另一方面其循环性能较差。

硫化锌有立方硫化锌和六方硫化锌两种，它的导电性较差，这种不利因素限制硫化锌在钠离子电池中的实际应用，秦使用微波法快速合成了硫化钠及含不同比例石墨烯的硫化锌－石墨烯复合材料并首次将之用作钠离子电池。所合成的硫化锌－石墨烯复合材料表现出优异的钠离子储存性能，在最优化石墨烯的比例下，当使用100 mA/g电流密度进行恒流充放电测试时，首次可逆比容量高达 610 mA·h/g，即使经过 50 次充放电循环，依然可以保持在481 mA·h/g。

秦伟用微波法合成硫化铜及硫化铜－石墨烯复合材料并将之用作钠离子电池负极材料，通过优化电解液种类、充放电电压窗口以及复合材料中石墨烯的含量发现，当使用醚类电解液体系时，硫化铜－石墨烯电极的循环性能得到明显改善。当在0.4～2.6 V电压范围内，电流密度为100 mA/g时恒流充放电循环50次后，其最大比容量仍可以稳定保持在392.9 mA·h/g，这是因为钠离子嵌入CuS中时引起的巨大体积变化在复合材料中得到了一些缓解，所以循环稳定性有所提高。

硫化铁具有资源丰富、价格低廉、理论比容量高等优点，但其在电化学循环过程中体积变化达到200%，一样具有体积膨胀的问题，导致较差的循环性能。

金属硫化物在储钠研究中具有很大的潜力，目前金属硫化物虽被广泛研究，但因其自身而引起的问题对发展具有优异电化学性能的钠离子电池来说是种很大挑战，转化反应会导致活性物质的体积膨胀和嵌钠/脱钠反应动力学的降低，而且还有钠离子扩散缓慢、充放电效率低、多硫化物溶解－穿梭等问题，严重影响钠离子电池的电化学性能。目前主要通过与碳材料复合、材料纳米化、控制形貌、扩大层间距以及调节截止电压等方式提高其容量和循环稳定性。

6.2.4 其他负极材料

1. 合金化材料

目前，研究较为广泛的合金化材料主要包括第四主族元素（Ge、Sn）以及第五主族元素（P、Sb、Bi）。基于合金化反应的金属材料可以展现较高的理论比容量。然而，合金化材料在实际应用中一直存在容量衰减的问题，主要是由于与钠合金化以及去合金化过程中产生剧烈的体积变化引起活性材料聚集以及粉化，从而导致电接触的损失及动力学反应变慢。此外，在循环过程中SEI膜不断地在新暴露的活性材料表面形成，较厚且不均匀的SEI膜阻碍了电荷转移，造成容量衰减。目前，提升合金化材料电化学性能的策略主要包括设计纳米结构、引入导电碳基底以及使用合适的黏结剂等。研究较为广泛的第四主族元素包括Ge和Sn，其中，金属Ge与Na合金化后生成NaGe，与其他合金化材料相比，其理论容量相对较低（396 mA·h/g）。Na^+在 Ge 晶格中具有高扩散势垒，故晶体 Ge 不具有储钠活性。

与 Ge 不同，金属 Sn 可与 Na 形成 $Na_{15}Sn_4$ 合金，理论比容量达到 847 mA·h/g，但同时会造成420%的体积膨胀（图 6-16），导致电极材料严重粉化。目前，主要通过制备 Sn 纳米结构和复合碳基底来解决体积膨胀的问题。

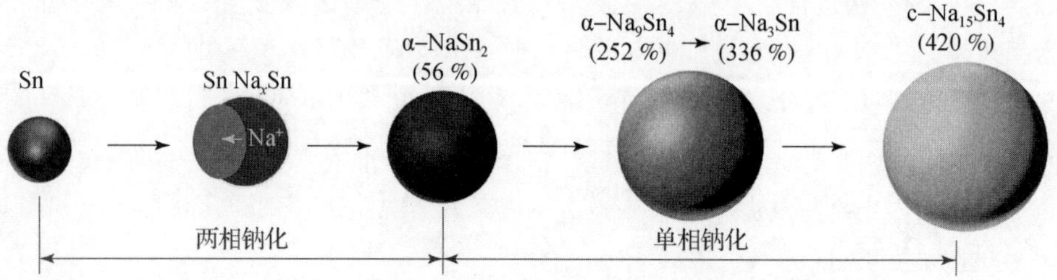

图 6-16　Sn 在嵌钠过程中三种 α-Na_xSn 相的结构演化图

第五主族中一些元素（M = P、Sb 和 Bi）可以与 Na 合金化形成 Na_3M，但理论容量相差较大，其中 P 的理论容量可以达到 2 596 mA·h/g，是目前已知的理论比容量最高的负极活性材料。P 具有较低的氧化还原电势、成本低以及环保的优势。红磷和黑磷是目前研究较为广泛的两种 P 的同素异形体，其中，黑磷具有层状正交晶体结构，且电导率较高（300 S/m），但充电过程中体积变化大，且空气稳定性较差，黑磷在空气中与水和氧气反应导致其快速氧化，造成电化学性能恶化。红磷为聚合链状结构，具有更好的稳定性，但较低的电导率（10~12 S/m）以及较大的体积膨胀（~300%）限制其作为负极材料的应用。通过与碳进行复合形成无定形 P-C 复合物可以缓解以上问题。金属 Sb 具有较高的理论容量（660 mA·h/g）以及合适的氧化还原电位（0.5~0.8 V vs. Na^+/Na）。Sb 在嵌钠过程中体积膨胀（~300%）较大，目前研究较多的解决措施包括控制形貌或与导电碳进行复合。Bi 是一种具有较大层间距（d_{003} = 3.95 Å）的层状金属材料，理论容量为 384 mA·h/g，体积膨胀率为~250%。与以上材料类似，Bi 作为负极材料也存在体积膨胀较大的问题，目前已报道了醚类电解液协同调控以及材料结构控制等方法改善这一问题。

基于合金化反应的储钠材料表现出极高的可逆容量，是一类非常具有前景的钠离子电池负极材料，但其在循环过程中存在的体积膨胀的问题亟待解决。

2. 钛基材料

钛基材料具有成本低、环境友好、体积应变小以及氧化还原电位低（Ti^{3+}/Ti^{4+}）的优势，但受储钠位点的限制，钛基材料可提供的比容量较低。

常见的钛基材料包括 TiO_2、层状结构的 $Na_2Ti_3O_7$、尖晶石结构的 $Li_4Ti_5O_{12}$以及钠超离子导体型的 $Na_3Ti_2(PO_4)_3$。

具有层状结构的 $Na_2Ti_3O_7$ 可以在较低的电位下（0.3 V vs. Na^+/Na）提供 200 mA·h/g 的可逆容量，放电过程中每个单位的 $Na_2Ti_3O_7$ 可以嵌入两个单位 Na^+（$Na_2Ti_3O_7$ 转换为 $Na_4Ti_3O_7$）。$Na_2Ti_3O_7$ 的导电性以及结构稳定性较差，目前主要通过形貌控制、杂原子掺杂以及碳包覆等方法来改善。

尖晶石型 $Li_4Ti_5O_{12}$作为零应变负极材料可应用于锂离子电池，在钠离子电池中同样表现出优异的性能，可提供155 mA·h/g 的比容量，放电平均电压为0.91 V。Na^+通过三相分离机制嵌入 $Li_4Ti_5O_{12}$八面体位点中，反应方程式为 $2Li_4Ti_5O_{12}+6Na \leftrightarrow Li_7Ti_5O_{12}+Na_6LiTi_5O_{12}$，放电终止时将产生12.5%的体积膨胀。原位 XRD 测试表明，$Li_4Ti_5O_{12}$的储钠性能与粒径大小有很强的相关性，样品粒径～40 nm时的电化学性能优于～120 nm以及～440 nm，因此，纳米化处理对于 $Li_4Ti_5O_{12}$性能的提升具有重要作用。

此外，NASICON 结构的 $Na_3Ti_2(PO_4)_3$ 具有开放的框架结构以及大的间隙通道，因此，具有较高的离子迁移率，可提供133 mA·h/g 的可逆比容量，但低导电性导致其电荷转移缓慢、倍率性能较差。通过适当的形貌控制以及使用导电材料进行包覆可以提高电导率、缩短离子扩散路径。

钛基材料还具有循环性能稳定等优势，但较低的能量密度限制了其商业化应用。为了提高钠离子电池的能量密度，急需研发新型的高容量、高循环稳定性的负极材料。

3. 有机化合物

有机化合物属于可再生性能源材料，具有来源广泛、可生物降解、柔性可折叠、化学结构可设计等优点。由于含有羰基的有机化合物柔软性优异，氧化还原反应受碱金属离子半径尺寸的影响较小，用于钠离子电池负极时可以展现出较好的电化学性能。目前已报道的有机化合物负极材料有纳米尺寸的对苯二甲酸钠（$Na_2C_8H_4O_4$）材料、对苯二甲酸镁（$MgC_8H_4O_4 \cdot 2H_2O$）等。有机化合物具有价格低廉、绿色可持续等特点，在发展绿色化学的大背景下必将成为未来负极材料重点研究的方向之一。研究发现，多数电化学活性有机化合物不仅易溶解于常规的有机电解液，导致循环性能较差，而且材料属于电绝缘体，导致倍率性能不够理想，研究者们通常会在有机化合物中添加导电碳或者优化电解质组分以改善上述不足之处。目前，对有机化合物的研究还处于起步阶段，更多类型的有机化合物有待设计开发。

6.3 钾离子电池负极材料

钠、钾和锂属于同一主族，理化性质相似，在电池中表现出相同的“摇椅”式充放电形式。同时钾的储量为2.09%，两者的资源丰度远高于锂，这使发展钾离子电池具有巨大的实用价值。钾离子电池虽起步较晚，但研究表明其相比钠离子电池具有以下几大优势：①K^+/K电对的标准电极电势(−2.93 V，vs. SHE）比Na^+/Na(−2.71 V，vs. SHE）低约0.2 V，宽广的电化学窗口带来更高的能量密度；②由于电荷密度较低，K^+具有较低的路易酸性和较小的溶剂化离子半径，K^+在水/非水电解液中均表现出比Na^+更高的离子传导率；③石墨作为电极关键材料已经在工业上发展成熟，K^+可以嵌入石墨意味着经过一定改进的锂离子电池体系的材料有望直接应用于钾离子电池，有效减少了研发成本，而相反Na^+难以嵌入石墨。综上所述，钾离子电池近年来成为探索电化学储能新体系的热点。

钾离子电池发展的阻碍在于K^+半径远大于Li^+，K^+在嵌入/脱嵌电极材料时会造成较大的体积变化和结构破坏，导致能量密度急剧降低。因此，寻找晶体结构、反应机理等适合K^+脱嵌的电极材料是钾离子电池体系的研究重点。理想钾离子电池负极材料的氧化/还原电位应在0.3～1.5 V之间，既可避免钾枝晶的形成，又不损失全电池的输出电压，与锂离子电池对负极的要求相似，钾离子电池负极材料需要选用电位接近钾的可逆脱/嵌钾材料，目前应用于钾离子电池负极材料主要有碳基材料、合金类材料、转化类材料以及其他材料等。

6.3.1 碳基材料

出于碳材料作为电极材料的稳定性、经济性、来源广泛、无毒害等因素考量，一直以来其都是钾离子负极材料研究的焦点。目前应用于钾离子电池的碳基材料主要有石墨、石墨烯、硬碳和软碳几类（图6－17）。不同类型的碳基材料具有迥异的微观结构和表面化学组成，通过对其元素组成和微观结构的调控，可以改善储钾性能。

碳基材料的储钾机制包括扩散行为（嵌入/脱嵌过程）与电容行为（吸附/脱附过程）两种，对于扩散行为而言，大尺寸K^+嵌入本征层间距（0.335 4 nm）较窄的碳基材料时会产生高达61%的体积膨胀，组装成电池后，过大的体积膨

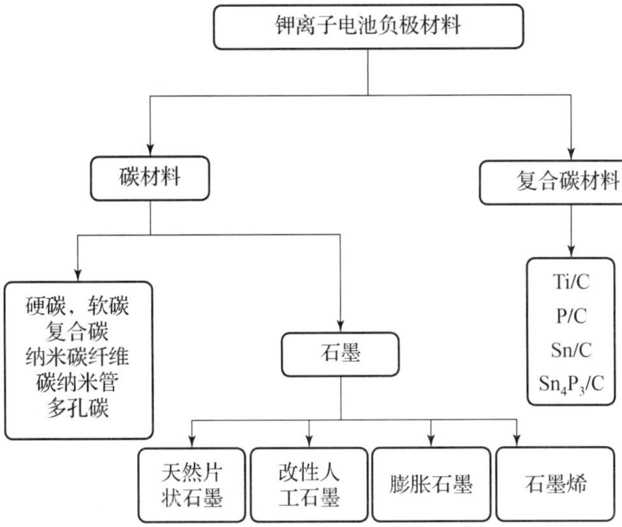

图 6－17　钾离子电池碳负极材料分类

胀将使活性材料与集流体之间失去接触，导致界面电阻增大的同时恶化电池性能。对于电容行为而言，其本质是 K^+ 在碳基材料表面、孔隙和缺陷等位置的吸附和脱附。由于离子的吸/脱附不会对电极结构造成损害，同时不受碳层间距和 KC_8 理论容量的影响，这一过程往往会使电池的倍率性能以及储钾容量得到提高、循环寿命延长。扩大碳基材料的表面积可以为 K^+ 吸附提供活性位点，促进电容储钾行为，提高电池容量。但是在首周循环过程中，过大的表面积将消耗大量电解液形成固态电解质膜，导致不可逆的容量损失和较低的首周库仑效率。

1. 石墨基电极材料

石墨是最早被用于研究钾插层反应行为的炭材料。1932 年，研究人员通过金属钾与石墨在真空加热条件下反应制得钾与石墨的插层化合物 KC_8。DFT 计算表明钾与石墨反应生成 KC、层间化合物的生成焓为 －27. 5 kJ/mol，与 LiC_6 接近，远低于 NaC_{64}，证明钾更容易嵌入石墨。2014 年，Wang 等首次将商品化石墨碳纤维用于钾离子半电池的研究，证实了钾离子可以在室温下电化学嵌入/脱出石墨化纤维电极。其在 50 mA · h/g 电流密度条件的首次放电容量可达 680 mA · h/g，然而由于结构不稳定，20 次循环之后其容量便衰减至 80 mA · h/g。

受以上工作启发，2015 年，Jian 首次实现了室温钾离子在石墨电极中的电化学嵌入和脱出。其在 40/C 电流的首次放电容量为 475 mA · h/g，首次充电容量达到273 mA·h/g，接近279 mA·h/g的理论容量（基于KC_8计算），1 C的容量仅为279 mA·h/g，倍率性能有待提高。而该石墨电极充放电平台均接近0.24 V（vs. K^+/K），高于锂在石墨负极中的平台电位（0.1 V vs. Li^+/Li），高平台电位有利于钾离子电池安全性的提高（图6-18）。本工作中，作者采用原位XRD检测了不同充放电阶段石墨电极中的物相变化，认为石墨储钾过程经历不同种类K-石墨层间化合物相互转变的过程。随后，Hu及其团队结合DFT计算，揭示了异于Jian等石墨储钾的3个阶段。他们认为初始放电曲线中，0.35~0.18 V放电曲线对应第3阶段KC_{24}的形成，其容量为93 mA·h/g，随后依次转变为KC_{16}（对应容量47 mA·h/g），最后容量达到270 mA·h/g，物相转变为KC_8。虽然以上工作对石墨电极均进行了较为深入的研究，但其倍率性能以及循环稳定性难以令人满意。

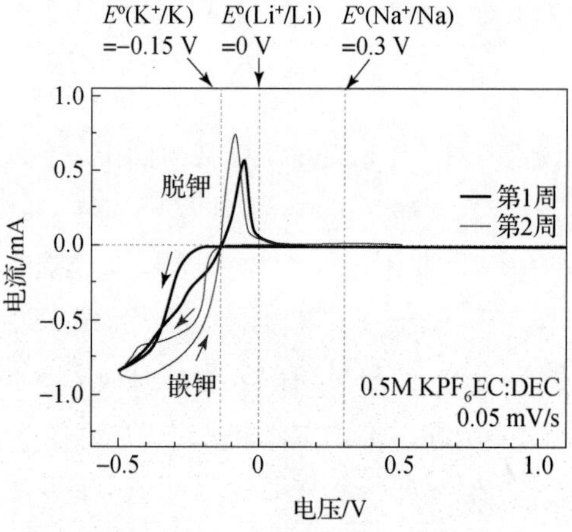

图6-18　钾离子电池氧化还原电位示意图

目前，科研人员主要通过优化电池组成（电解液、黏结剂）以及调整石墨结构来改善石墨电极的储钾性能。例如Komaba等比较了KPF_6和KFSI电解液中石墨电极的电化学性能，发现电解质的种类对于石墨电极储钾性能具有较大影响，高浓度KPF_6中出现的钾盐分散物会吸附在负极表面，从而抑制电化学性能。随后，Wang等研究了电解液中有机溶剂对石墨电极电化学性能的影响。通过对比研究发现，相比EC：DMC和EC：DEC体系，EC：PC体系有更高的电容保持率和首效。由于DMC在低电位窗口不稳定、易分解，以其为溶剂的器件，电化学性能相对较差。近期的研究发现，以DME为溶剂时，石墨电极表现出高倍率特性、长循环寿命。作者认为由于电极/电解液界面没有去溶剂化过程，因此可以保障电极结构稳定，从而造就石墨电极良好的电化学性能。

常用的 KPF_6 和 KFSI 钾盐电解质在一些常规溶剂如 EC、DEC、PC 以及 DME 中有较大溶解度，这有利于电解液中离子浓度和离子电导率的提高。相比醋酸酯电解液体系，醚类电解液体系因其更好的电解液浸润性，表现出更为优异的 ICE（initial Coulombic efficiency，首次库仑效率）和循环稳定性。因此，合理选择电解液体系和黏结剂是提升钾离子电池石墨负极电化学性能的重要途径。

尽管以上研究已经一定程度上改善了石墨负极的储钾性能，但充放电过程中较大的体积效应限制了其进一步的发展，因此，研究人员将目光转向石墨负极微观结构的调控，如调整结构无序度、增加层间距等。例如北京化工大学研究团队利用炭黑（EC300J）为模板，通过 2 800 ℃氢气保护高温热处理制备了高度石墨化的碳纳米笼（CNC），其呈现出“葡萄串”形貌，高分辨透射电子显微镜照片显示，样品为具有中空形貌平均颗粒尺寸约为 50 nm 的纳米笼，其壁厚约 5 nm，且有明显的石墨晶格条纹，这种结构的材料有利于缩短离子传输距离、加速电荷转移，从而可以有效提升电化学动力学特性，赋予材料良好的倍率性能。本工作制备的纳米笼表现出明显的（002）尖峰，证实其良好的石墨化结构。拉曼谱图中，较高的 I_G/I_D 比值（3.96）同样证明该材料具有高度有序的石墨化结构，这与 XRD 和 HRTEM 结构吻合。D 峰的出现意味着纳米笼结构表面有缺陷，这些表面缺陷位点可以用作钾离子嵌入和脱除的位点，这是常规开放层状结构石墨基材料无法比拟的。电化学测试结果也表明该纳米笼材料有明显优于中间相石墨电极材料（MG）的综合电化学性能。

以上工作表明，钾可以嵌入石墨及其石墨类结构材料中，通过适当的改性及电池制备工艺条件调整可以改善石墨基负极材料的储钾性能。然而较低的 ICE 以及较差的循环稳定性依然是摆在其面前的巨大挑战。因此，开发具有长寿命、高稳定性的先进负极材料具有重要意义。

2. 石墨烯基电极材料

石墨烯基材料因其特殊的物理化学性质，近些年在电化学储能领域（超级电容器、锂离子电池、钠离子电池、锂离子电容器、锌离子电池等）取得长足进展。然而，纯石墨烯材料依旧不适合直接用作电极材料，通常需要引入更多的缺陷位点、边界或者掺杂来达到改善石墨烯结构进而提高电化学性能的目的。在这些措施当中，杂原子掺杂是研究相对较多的一种方法。通过调控表面浸润性以及电导率，杂原子掺杂石墨烯基材料可以有效提高电荷转移效率，增加电极/电解液有效接触面积。因而，杂原子掺杂石墨烯在钾离子电池中的应用也得到了广泛关注。早在 2015 年，马里兰大学胡良兵团队将还原氧化石墨烯应用于钾离子电池的研究，在 5 mA · h/g 时，电极表现出 200 mA · h/g 的容量。然而，相比石墨电极而言，RGO 较低的电导率以及较多的堆积结构，造成固相扩散过程较大的阻力。为解决这一问题，Pint 团队首次介绍了少层 N 掺杂石墨烯 350 mA · h/g 的储钾容量，其甚至接近于商品化锂离子电池石墨负极材料的理论容量。如此优异的电化学性能主要归因于 N 原子掺杂后优化的电子结构和增加的局部活性位点。中国科学技术大学钱逸泰团队以煤焦油沥青和双氰胺为原料制备的富氮石墨烯同样获得了优异的储钾性能，如图 6－19 所示。

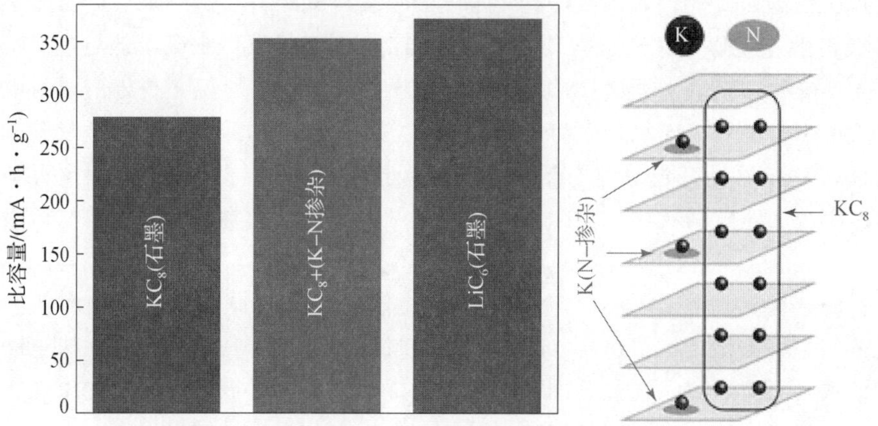

图 6－19　N 掺杂石墨烯 KC_8 结构示意图

除 N 之外，S 和 P 也被用于石墨烯改性，同样取得了不错的效果。Li 等制备的 S 掺杂 RGO 海绵体材料，5 C 电流密度循环 50 次之后依旧保持 361 mA · h/g 的高比容量，而且当电流密度提升至 1 mA · h/g 时，经过 500 次充放电，比容量已经可以稳定在 229 mA · h/g。作者采用离位 XPS 证明 C－S 键在不同充放电条件下的强度在循环过程中没有明显变化，证明其较强的结合力。在放电过程中，噻吩类 S 转变为氧化型 S，表明 C－S 与 K 发生反应生成了具有比 KC_8 更高储钾容量的 C－S－K 键。而且，由于 S 原子的引入还可以有效提高层间距，因而可以缓解充放电过程中由于钾的嵌入/脱出对结构的不利影响，从而有利于结构稳定性的保持，表现出更好的循环稳定性。

以上杂原子掺杂的工作表明，改善石墨烯材料的电子结构、扩大层间距可以有效提升其储钾性能。鉴于此，为了进一步提升其电化学性能，双掺杂逐渐映入眼帘。Qiu 等制备 N/P 共掺杂石墨烯电极材料容量可达 344.3 mA · h/g，即使经过 1 000 次循环，依旧保持有 82% 的容量。尽管如此，杂原子掺杂石墨烯基电极材料依旧饱受低 ICE、电压滞后明显、缺少电压平台的困扰，因此需要投入更多研究来深入解析石墨烯表面官能团对储钾性能的影响。

3. 硬碳基负极材料

硬碳指在2 500 ℃以上高温也难以石墨化的碳，它由石墨微晶和非晶区组成，有机前体包括蔗糖、生物质和固化的酚醛树脂等。这些前体具有足够的交联结构，在热解过程中能够保留无定形结构，抑制其石墨化。与长程有序、具有固定层间距的石墨不同，硬碳通常具有无序结构，拥有较大的层间距和发达的孔隙。较大的层间距有利于大尺寸 K^+ 的扩散，减轻循环过程中的体积变化，维持电极结构完整，发达的孔隙结构将促进电解液的渗透，提高 K^+ 的扩散速率。但由于碳基材料的储钾能力有限且受制于较大的 K^+ 半径，纯硬碳基材料在KIB中的能量密度较低、倍率性能较差。与石墨烯类似，对硬碳进行杂原子掺杂能通过形成大量的储钾位点提高电池的能量密度，同时引入的缺陷可以降低电子和离子的扩散阻力，提升电池的倍率性能。

不同碳源得到的硬碳基材料性能也大不相同。其中，生物质碳基材料在安全和循环寿命方面都表现出良好的性能，而且成本低廉、环境友好，因此被广泛用作PIB负极材料；Li等报告了一种简便廉价的丝瓜衍生碳基（LPG）材料，LPG材料通过碱处理和一步碳化合成。当LPG用作PIB的负极材料时，在100 mA·h/g下经200次循环后，仍保持150 mA·h/g的比容量。LPG的天然纤维结构有利于构造高导电互联网络，碱处理去除了包括二氧化硅在内的杂质，并为钾的储存创造了丰富的活性位点。细菌纤维素（BC）含有超细纳米纤维网状结构，同时具有高纯度（70%～90%）、高结晶度（84%～89%）和优异的力学性能，并可经过低成本木质素醋酸杆菌发酵工艺大量制备。经过切块冷冻干燥热解程序，BC水凝胶可以转变为碳纳米纤维泡沫（CNFF）(图6－20)，CNFF拥有多孔纤维形貌，层间距为0.38 nm，大于石墨层间距（0.34 nm）。较大的层间距有利于储存更多的钾离子，同时也使其有更强的应变能力。将其用作自持电极时，表现出良好的倍率性能和循环稳定性。CNFF的TEM和HTEM图如图6－21所示。

图6－20　CNFF制备示意图

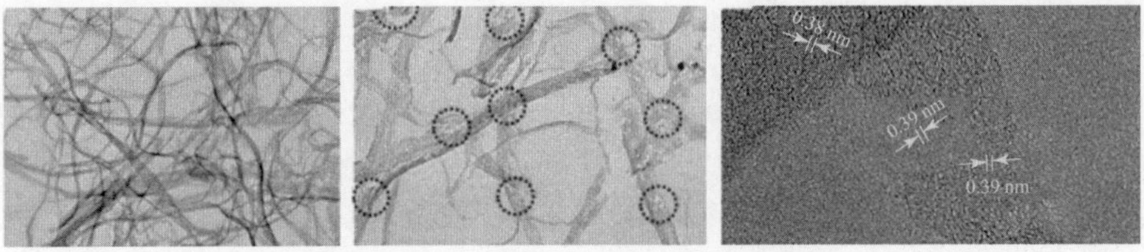

图 6-21　CNFF 的 TEM 和 HTEM 图

Jian Z 课题组以蔗糖为碳源制备硬碳微球（图 6-22），并将其用作钠离子电池和钾离子电池的负极材料。制备硬碳球的具体方法是，将蔗糖在 195 ℃下水热反应 5 h，除去溶剂后，将制得的样品在 1 100 ℃氩气气氛条件下碳化 5 h。这种硬碳微球比表面积为 65 m^2/g。用作钾离子电池的负极材料时，硬碳微球电极的首圈可逆容量高达 262 mA · h/g，循环 100 圈后可逆容量保有率高达 83%。在 2 C 和 5 C 的大电流测试条件下，电池可逆容量依然分别保持 190 mA · h/g 和 136 mA · h/g，展现出很好的倍率性能。硬碳微球的优异电化学性能主要归因于 K^+ 在其内部有很高的扩散速率，这也为其在将来可能成为钾离子电池实际应用电极材料奠定了基础。而与硬碳微球在钠离子电池中的性能相比，钾离子电池的性能更稳定，因为钾离子电池的充放电平台的电压差高达 0. 13 V，有效

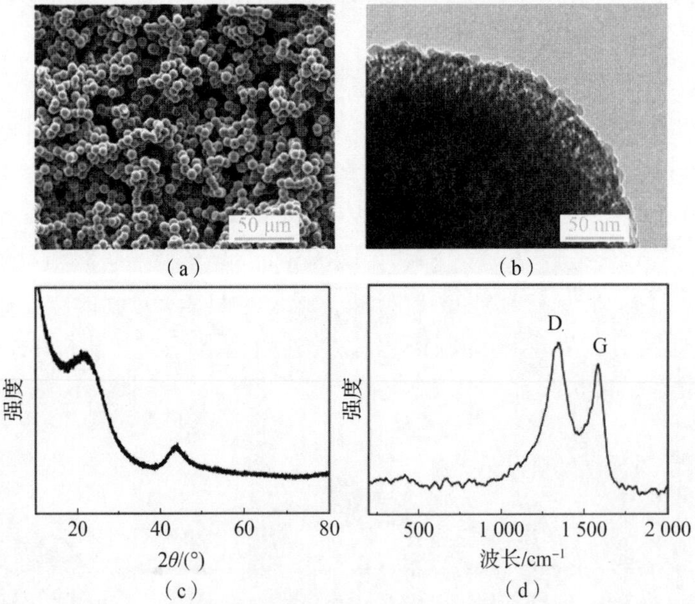

图 6-22　硬碳微球 SEM、XRD、FTIR 光谱图示

(a)、(b) SEM；(c) XRD；(d) FTIR

避免了枝晶的生长，尤其是在高倍率测试条件下可以进一步保证电池的安全性。而钠离子电池的充放电平台电压差只有 0.05 V，枝晶的生长易导致电化学性能的快速衰减。

掺杂是对电极材料进行改性的重要手段，杂原子掺杂可以在碳基材料表面形成大量电化学活性位点并作为碱金属离子的存储位点，从而提高能量密度；另外，杂原子的引入能够有效提高离子/电子传输速度，从而提高碳基材料的倍率性能。Hao 等通过直接碳化生物废物甲壳质制造了具有较大的比表面和层间间距的掺氮碳纳米纤维。其制作的电极在 55.8 mA · h/g 下循环 100 次后可逆容量超过 200 mA · h/g，在558 mA · h/g 的电流密度下循环 500 次后没有明显的容量衰减。

4. 软碳基负极材料

软碳是可以通过热处理调节碳的石墨化程度的一种碳基材料，又称易石墨化碳，常见的有焦炭、沥青、碳纤维等。另外，软碳的层间距可控，适当的层间距容纳更大的离子嵌入的同时也能够提高离子电导率。Ji 等首先将软碳应用于钾离子电池，如图 6 – 23 所示，软碳在低倍率下的储钾容量与石墨接近，但在高倍率 5 C 下，石墨几乎无法储钾，而软碳仍具有 140 mA · h/g 的可逆容量，表明软碳具有比石墨更好的倍率性能。钾离子在软碳基材料中的嵌入行为可以通过原位透射显微镜进行观察，Liu 等原位研究了双层碳纳米纤维的钾化过程，碳纳米纤维由内层石墨和外层软碳双层壁组成。在储钾之后，软碳层体积膨胀约为石墨层的 3 倍（初始层间距为 3.39 Å），这种巨大的体积变化带来了更高的储钾容量，同时也造成了较差的循环稳定性能。

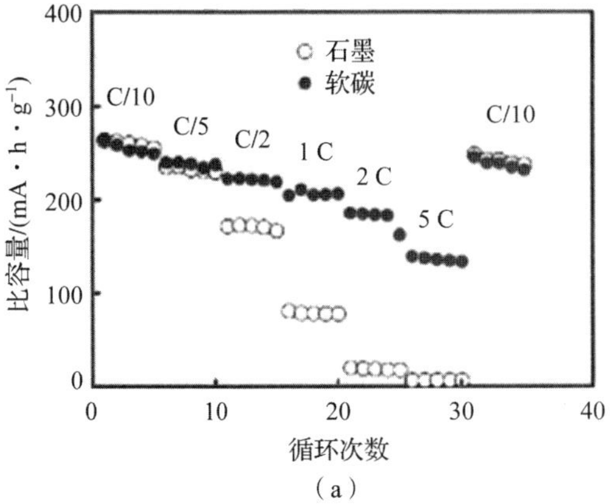

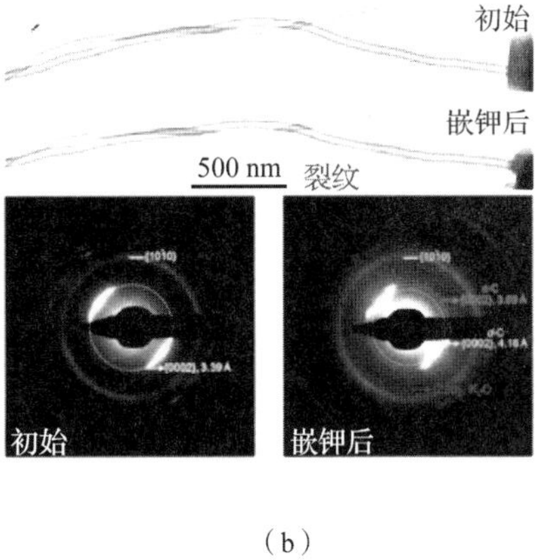

图 6 – 23　传统碳基材料电极的电化学性能及电化学过程中的结构变化

(a) 软碳和石墨的倍率性能；(b) 双层 CNF 在嵌钾期间的微观结构演变

软硬碳复合材料是将制好的硬碳球与 PTCDA 先经球磨充分混合均匀，后在900 ℃氢气气氛保护下热解处理5 h后制得的。软硬碳复合材料的结构特征是：软碳不仅出现在硬碳球表面，也可以在硬碳球孔隙中均匀分布。将软硬碳复合材料做成电极并与金属钾片组装成钾离子电池，发现在1 C的电流测试条件下，循环200圈后，电池可逆容量依然保持在180 mA · h/g，高于单独硬碳球电极的150 mA · h/g和单独软碳 PTC – DA 电极的140 mA · h/g。倍率性能测试的结果表明，在大电流测试如5 C、10 C条件下，软硬碳复合材料电极的可逆容量虽然比单独软碳电极低，但是远高于单独硬碳球做负极时电池的可逆容量。而只需要加入20 wt%的软碳，就可以在硬碳球的基础上大幅提高其倍率性能。通过实验结果可以看出，石墨化程度很低的硬碳有高度无序结构特征，这对于避免 K^+ 存储容量衰减是很关键的。

5. 碳纤维、碳纳米管与多孔碳宏观体

Liu Y 课题组将商用双壁碳纳米纤维用作钠离子电池和钾离子电池的负极材料。商用双壁碳纤维有内外两层管壁，直径尺寸为120 ~ 300 nm，长度为几十微米。通过 TEM 可以观察到在两层管壁之间，由外向内分别有一层厚约30 nm的无序碳和约15 nm的有序碳。CNF 用作钾离子电池负极时，电池首圈可逆容量可以达到210 mA · h/g，但循环性能不够好，第19圈时可逆容量只剩70 mA · h/g。与之相比，CNF 更适合做钠离子电池的负极材料：首次循环可逆容量高达263 mA · h/g，循环280圈后可逆容量依然高达245 mA · h/g，库仑效率长期保持在99%。

如图6 – 24所示，Xiong P 课题组制备了氮掺杂的碳纳米管（NCNT）用作钾离子电池的负极材料。合成方法是热解含钴的金属有机框架化合物。这一独特结构的碳纳米管有利于 K^+ 的快速嵌入和脱出，相应的钾离子电池展现出很好的电化学性能。在小电流50 mA/g的测试条件下，循环300圈后其可逆容量依然可以达到254. 7 mA · h/g，为首次循环可逆容量的85. 7%。在大电流2 000 mA · h/g的测试条件下，循环500圈后，其可逆容量为102 mA · h/g，为初始容量131 mA · h/g的77. 86%。NCNT 做钾离子电池负极时表现出的循环稳定性能在目前已经超过绝大多数报道中的钾离子电池碳负极材料。而通过 TEM 表征可以看出循环几百圈后碳纳米管的形貌依然保持完好，与初始无异，这也与其优异的电化学性能相一致。

NCNT 同样表现出优异的倍率性能。在20 mA · h/g小电流测试条件下，其可逆容量为280 mA · h/g；当逐渐增大电流至500 mA · h/g时，其可逆容量依然保有180 mA · h/g；继续增大电流至2 000 mA · h/g时，其可逆容量为

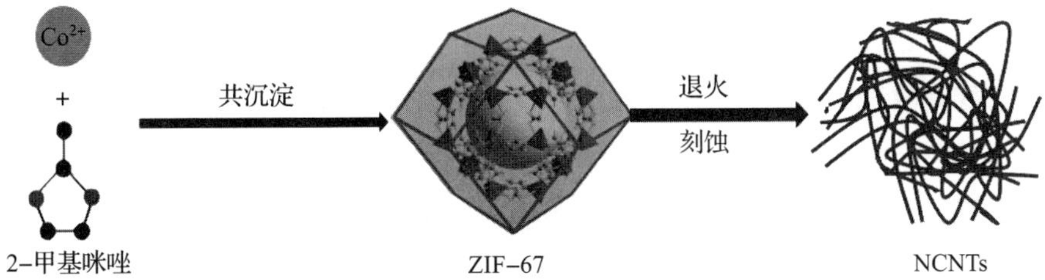

图 6－24　热解 ZIF－67 得到 NCNT 结构示意图

102 mA · h/g；当电流恢复到初始的 20 mA · h/g 小电流密度时，其可逆容量恢复到 260 mA · h/g。NCNT 电极在钾离子电池中所展现的优异性能要归因于其独特的分子组成和形貌结构：N 元素的掺杂利于 K^+ 的扩散与吸附；只有 20 nm 的碳管直径意味着 K^+ 扩散的路径很短；大的比表面积利于电极与电解液的充分接触；相互交联的网络结构利于电子的传导；通过高分辨 TEM 可观察到 NCNT 具有比一般碳管更多的开放表面，从而有利于 K^+ 的快速嵌入和脱出，如图 6－25 所示。

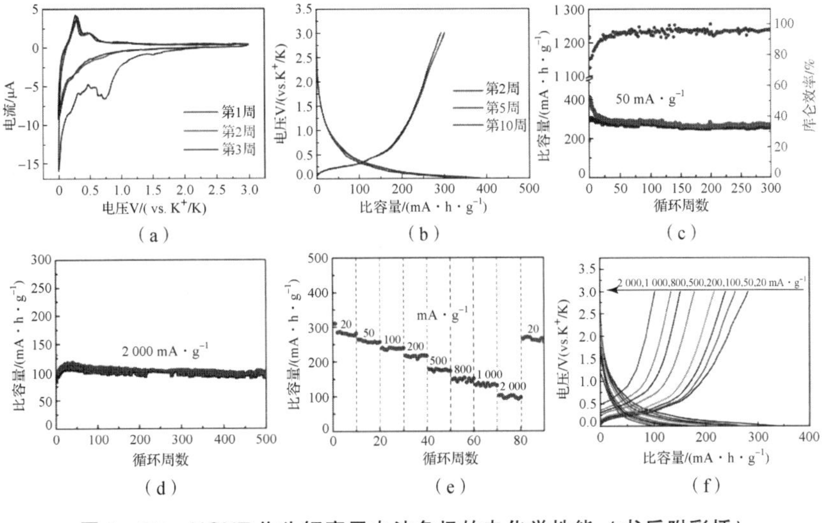

图 6－25　NCNT 作为钾离子电池负极的电化学性能（书后附彩插）

（a）CV 曲线；（b）初始容量－电压曲线；（c）小电流循环性能；（d）大电流循环性能；（e）、（f）倍率性能

Xie Y 课题组用模板法加高温热解法制备了嘧啶型氮掺杂多孔碳宏观体（pyridinic N－doped porous carbon monolith，PNCM），其含氮量高达 10.1%。用作钾离子电池负极材料时，在 20 mA · h/g 小电流测试条件下，首圈可逆容量高达 487 mA · h/g；在 1 000 mA · h/g 大电流测试条件下，循环 3 000 圈以后，

可逆容量保持在 152 mA·h/g；继续增大电流至 5 000 mA·h/g 时，可逆容量依然保持在 178 mA·h/g。

PNCM 做负极，钾离子电池表现出优异的循环性能与倍率性能，这归因于 PNCM 具有以下结构优势：①宏观体疏松结构且具有大的层间距，有利于 K^+ 的大量储存与高速扩散；②高比表面积；③大量 N 原子的存在会进一步加速 K^+ 扩散；④碳宏观体本身是电子的良导体，保证了好的导电性；⑤稳定的 SEI 膜；⑥稳定的整体结构。

PNCM 电极优异的电化学性能同样得益于其制备过程的精确设计，同时结合了模板法与高温裂解法。PNCM 的具体合成步骤如下：层状的三聚氰胺甲醛树脂（MF）均匀地涂覆在氧化石墨烯片表面，形成 MF 包裹的 GO 片（GO@MF），这可以有效防止干燥过程中 GO 片层的堆叠。将混合物干燥后在高温（500～900 ℃）与氩气气氛条件下煅烧 1 h，冷却至室温，制备得到 PNCM。MF 做硬模板，在碳化过程中可以形成多孔结构。更重要的是，MF 富含 N 元素，为宏观体提供了丰富的 N 源，而嘧啶型 N 位置的引入可以提高钾离子电池的容量。PNCM 电极表面形貌图及结构表征示意图如图 6-26 所示。

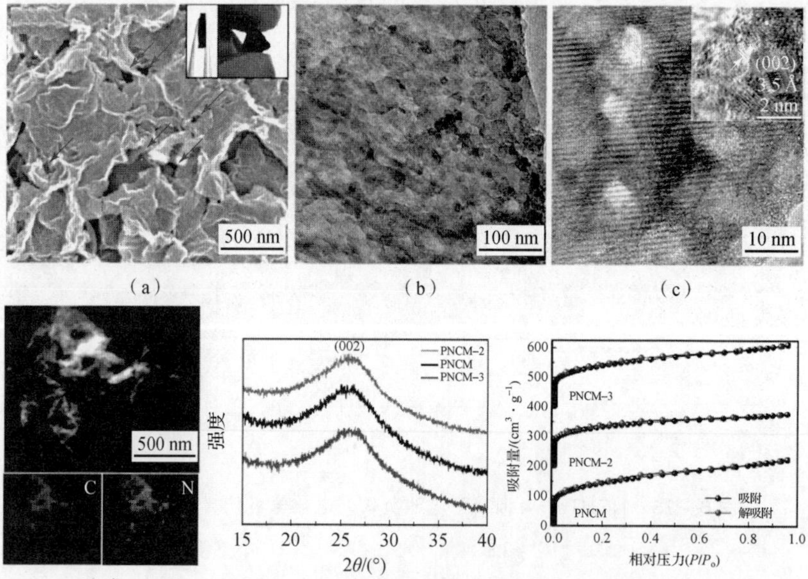

图 6-26　PNCM 电极表面形貌图及结构表征示意图

(a)、(b) SEM；(c) TEM；(d) EDS；(e) XRD；(f) BET

6.3.2　合金类材料

从反应机理来看，6.3.1小节介绍的碳质负极材料仍为插层型材料，并通过插层反应进行钾离子的脱嵌过程。从晶体学角度来看，插层型材料能够可逆地将可移动的离子或分子插入主体材料的晶格中以及从主体材料的晶格中脱出，理论上可以进行钾离子脱嵌的可逆反应并保持较高的容量，但实际反应过程与锂离子电池相似，也会发生负极材料膨胀粉化的现象，导致电池的循环性能及效率严重下降。合金类材料的反应机理与插层型材料有本质区别，它是根据合金化原理与钾离子进行合金化反应，反应机理如下：

$$xA + yK^{+} + ye^{-} \rightarrow KyAx$$

其中，A为合金元素。与插层反应相比，本体原子间的键在合金化反应过程中断裂；因此，本体材料估计不受粒子的嵌入脱出过程的限制。所以合金型负极材料的比容量通常高于插层型负极材料。本小节主要介绍了目前研究较多的合金型负极材料，包括锑、铋和锡。

锑由于较低的合金化电势和高电导率被广泛用作合金化负极材料，且Sb与K生成立方K_3Sb时理论容量高达660 mA·h/g。但Sb在钾化/脱钾过程中会发生严重的体积变化从而致使材料本身的循环性能较差，所以近年来研究致力于减小Sb合金内部应力以改善Sb负极的电化学性能。McCulloch等首次报道了Sb－C复合材料作为钾离子电池负极材料，实验结果表明该复合材料比容量高达650 mA·h/g，约为理论比容量的98%。随后该课题组又使用冷冻干燥方法合成了3D结构的SbNPs@C复合材料，该材料特有的3D结构可以有效增大电极与电解液的接触面积、改善界面性能；同时碳作为基体不仅可以避免Sb的团聚，还可以提高电极的导电性。SbNPs@C复合材料结构示意图如图6－27所示。

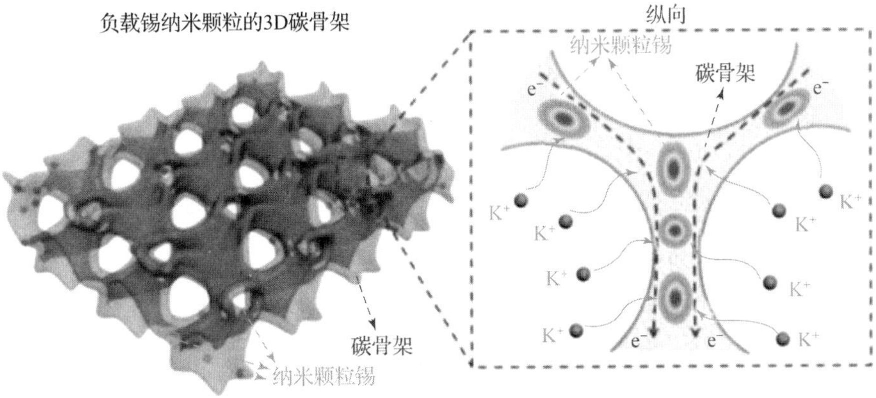

图6－27　SbNPs@C复合材料结构示意图

为进一步扩展合金类材料的应用，Guo 等探索了适用于 Sn_4P_3/C 电极的电解液配方。研究发现，在传统的 KPF_6/酯类电解液体系中，负极材料因其充放电过程中剧烈的体积变化会破坏在首圈形成的 SEI 膜，从而不断消耗电解液生成新的 SEI 膜，导致容量很快衰减。相应地，同样是在使用酯类溶剂的情况下，换用双氟磺酰亚胺钾盐所生成的 SEI 膜具有更好的稳定性，能减少副反应和避免合金类负极材料由于体积变化而导致的容量衰减问题。在 KFSI 电解质、EC/DEC 电解液体系中，Sn_4P_3/C 电极经过 200 次循环后仍具有 403.1 mA·h/g 的高容量（50 mA·h/g），远高于传统的 KPF_6(EC/DEC)体系。他们也发现 KFSI 电解液同样能有效改善其他合金类负极材料如 Sn 和 Sb 的电化学性能。显然不同的电极材料适用于不同的电解液，对于旨在实现商业化的电池体系而言，开发合适的电解液配方也是研究的重点。不同电解液体系中钾离子电池性能如图 6-28 所示。

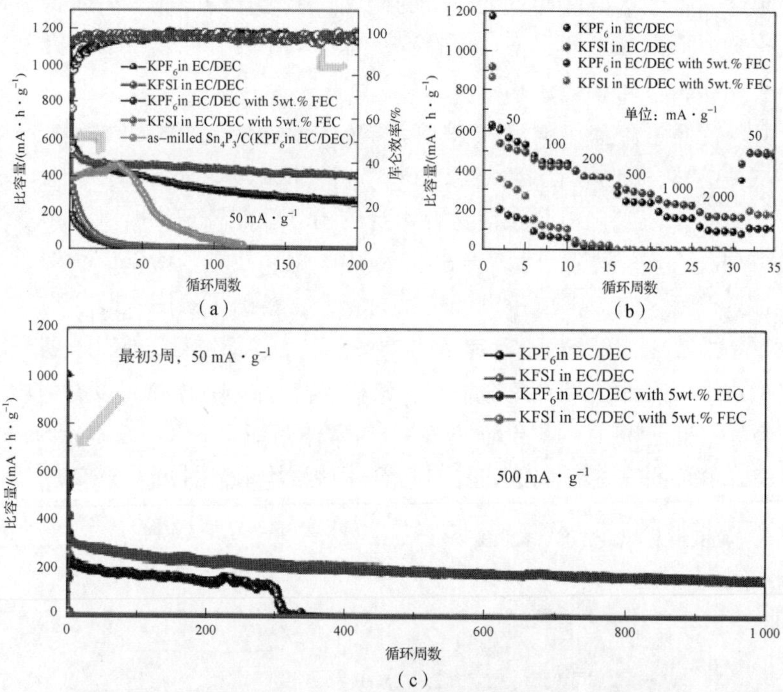

图 6-28　不同电解液体系中钾离子电池性能（书后附彩插）

锑的合金型材料的理论嵌钾容量高达 660 mA·h/g，且锑与钾的合金化过程中具有平坦的电压平台，能够提供稳定的工作电压；金属锑具有较高的电导率，可促进电子的传输和转移。Wu 等证明了锑-碳复合材料在嵌脱钾的过程中能和钾发生可逆反应，生成 K_3Sb 合金，其可逆容量高达 650 mA·h/g。

磷可与碱金属 K 形成多种化合物，其理论储钾容量高达 2 595 mA·h/g，且在离子电池中具有安全的反应电极电位。但是磷本身的电子电导性差，循环过程中体积会出现巨大的变化，致使其循环稳定性恶化，从而在很大程度上限制了磷基负极材料在钾离子电池中的应用。Xu 等通过蒸气－转化的方法将红磷纳米颗粒锚定在 3D 多孔的碳纳米片框架中，利用碳基材料的电子导电性和结构稳定性，实现了红磷在钾离子电池中的长期循环性能和倍率性能的突破。在 100 mA · h/g 电流密度下，其可以达到 655 mA · h/g 的高可逆容量，并且具有良好的倍率性能，在电流密度 2 000 mA · h/g 下仍有 323.7 mA · h/g 的容量。纳米化的红磷颗粒能够减小其表面的应力，同时缩短钾离子的扩散距离；3D 多孔的碳纳米片框架保证纳米颗粒充分分散并且颗粒间留有足够空间，以缓冲体积的膨胀。

作为锂离子电池和钠离子电池负极研究的重要材料之一，铋因其较高的理论比容量尤其是超高的理论体积比容量，一直以来都是人们研究的重点。有研究证明，在嵌入和脱出钠离子的过程中，Bi 颗粒的体积膨胀比第 15 族中的其他负极材料小得多，这使人们开始探索其作为钾离子电池负极材料的可行性。此外，研究者发现，Bi 用作钾离子电池负极时经历了 3 个两相反应：$Bi \rightleftharpoons KBi_2$、$KBi_2 \rightleftharpoons K_3Bi_2$ 和 $K_3Bi_2 \rightleftharpoons K_3Bi$。在这一过程中，Bi 金属逐渐向 3D 多孔结构转变，同时三维多孔结构促进了钾离子运输、减少了基体的粉化。Zhang 的研究小组报道了在二甘醇二甲醚电解质体系中结晶的微米级 Bi 颗粒作为钾离子电池负极材料展现出稳定的高可逆容量、极好的循环稳定性以及优异的倍率性能。对电极的形貌分析表明，随着循环的进行，Bi 颗粒的表面从粗糙变为平滑。这表明循环过程中所形成的含弹性低聚物的 SEI 膜可以促进活性颗粒的整合从而防止活性材料的损失，这有助于微米级的 Bi 表现出良好的电化学性能。通过结合电化学曲线，原位 XRD 谱和密度泛函理论研究其动力学控制的 K－Bi 相变过程表明 Bi 电极将在第一次放电过程中逐渐形成 K_3Bi 合金化合物，而在随后的循环过程中可逆地遵循 K_3B_1 － K_3B_{12} － KB_{12} － Bi 的合金化—去合金化反应相变路径，如图 6－29 所示。

综上所述，上文介绍的合金材料（Sb、Bi、Sn）在钾离子存储过程中通常表现出较高的理论比容量和能量密度。然而合金自身的结构在钾离子脱嵌过程中容易发生粉化塌陷现象，导致电池循环性能极大降低，最终出现不可逆的容量损失。当然有些金属的体积变化可以在接受范围内，再者由于活性元素的电压平台不同，在综合其各自优势的同时，形成二元或三元合金是减小体积膨胀的可行方法。尽管研究中已提出各种各样的办法来提升负极性能，但距开发出用于 K^+ 存储的高度稳定的合金型负极材料仍有距离，需要对各种反应机制有更深入的理解。

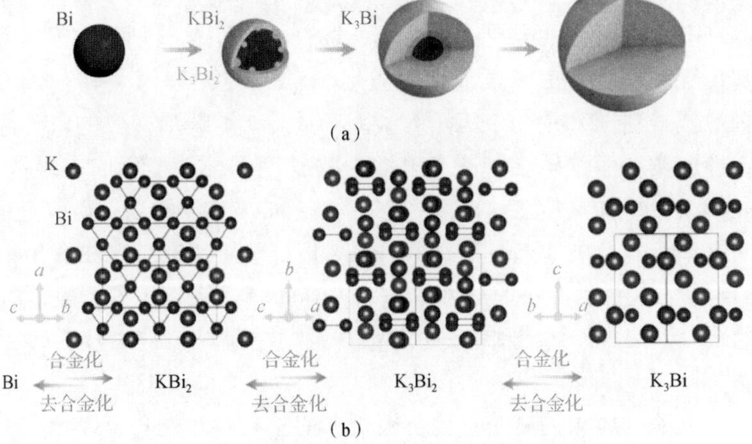

图 6-29 Bi 合金化和去合金化过程

(a) 合金化；(b) 去合金化

6.3.3 转化类材料

转化反应是指过渡金属阳离子与钾离子之间的氧化还原反应。这类电化学反应涉及本体材料中的过渡金属完全还原至金属单质状态，根据法拉第公式可判断这类材料具有较高的理论比容量，同时还具有较高的氧化还原可逆性。目前的研究中已用于钾离子负极的材料有硫化物（MoS_2 和 ReS_2）和砷化物（$MoSe_2$ 和 VSe）以及过渡金属二卤族化合物（TMDs），这些材料因具有较高的理论容量而备受关注。另外，这些材料的储能机制主要涉及插层反应和转化反应，但主要的电荷转移是由转化反应贡献的，本小节详细讨论了钾离子储能系统中的转化类材料。

过渡金属硫化物：由过渡金属（Mo、Sb 或 Re 等）和硫属元素（S，Se 或 Te）组成的过渡金属硫化合物是重要的转化型负极材料，通常过渡金属硫化合是具有二维的层状结构的窄带隙半导体，其层间以范德华力连接。二维层状材料往往具有较好的导电性、较大的比表面积以及良好的离子传导率等特点。通过转化反应，过渡金属硫化物可以可逆地储存碱金属离子，是碱性金属离子电池负极的重要材料之一。目前也已经有一些研究工作报道了过渡金属硫化物在钾离子电池负极上的应用。Chen 等报道了通过水热反应合成的多孔 S、N 共掺杂石墨烯和 Sb_2S_3 纳米颗粒（~20 nm）组成的自支撑结构的 Sb_2S_3-石墨烯（Sb_2S_3-SNG）作为新型钾离子电池负极材料的研究。所合成的 Sb_2S_3-SNG 表现出优异的储钾性能，在 20 mA·h/g 电流下表现出 548 mA·h/g 的高可逆容量；在 50 mA·h/g 电流下进行 100 次循环能保持 89.4% 的高容量保持率，具有优异的循环稳定性。此外，其在 1 000 mA · h/g 的大电流下仍具有 340 mA · h/g 的容量，表现出优异的倍率性能。Zhang 等通过合理的材料设计合成了分级碳包覆的 $MoSe_2$/MXene 混合纳米片（$MoSe_2$/MXene@ C）用作钾离子电池的负极材料（图 6 – 30），展现出极好的电化学性能。MXene 是一种新型石墨烯类二维材料，一般是过渡金属碳化物和氮化物，由于其金属般的极好的导电性和丰富的表面官能团，可以用作极好的电化学储能的功能化基底材料。此外，MXene 的表面化学基团也可以作为成核的基础，从而固定其他活性材料。在 $MoSe_2$/MXene@ C 中，高导电性的 MXene 衬底可以有效地减缓 $MoSe_2$ 纳米片的聚集并极大地改善电极材料的导电性。此外，碳层的包覆使复合结构的强度得到了增加并同时可进一步提高混合纳米片的整体导电性。与此同时，在 $MoSe_2$ 纳米片和 MXene 薄片的界面处，他们发现了强烈的化学相互作用，这有助于促进电荷转移的动力学并改善材料的结构稳定性。最终，作为钾离子电池的负极材料，$MoSe_2$/MXene@ C 在 200 mA · h/g 的电流密度下经过 100 次循环后仍能保持 355 mA · h/g 的高可逆容量，并具有极佳的倍率性能。

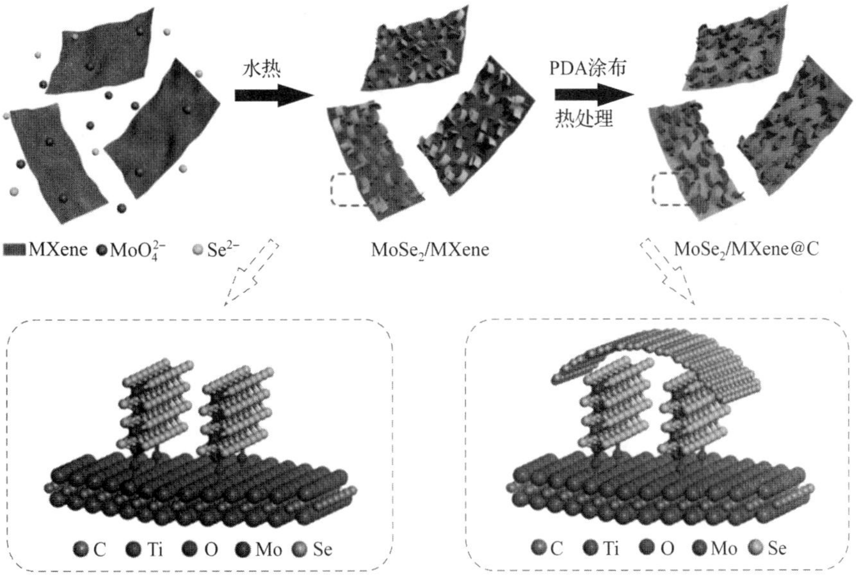

图 6 – 30　$MoSe_2$/MXene@C 合成示意图（书后附彩插）

转化型过渡金属硒化物：与 M – S（M 是金属）相比，M – Se 在与 K^+ 的转化反应中更容易断裂，这对提高转化反应中动力学速率有一定帮助。比如 $MoSe_2$ 因类似石墨的层状结构以及较高的可逆容量而得到研究者的广泛关注。

过渡金属氧化：过去这些年来，人们对于过渡金属氧化物的电化学储理和储钠性能的研究已经非常深入，当将其推广到钾离子电池负极的研究中时，人们发现许多过渡金属氧化物也可以通过转化反应的机制来实现可逆的钾离子储存，并具有较高的容量。然而，金属氧化物负极自身导电性较差以及充放电过程中体积变化严重的问题，加上较大的钾离子不断嵌入脱出，导致其快速的容量衰减和较差的倍率性能，这使金属氧化物负极的进一步发展受到阻碍。

在锂离子电池和钠离子电池中，研究者已经研究出多种策略在一定程度上解决上述问题，如将过渡金属氧化物与导电性较好的碳基材料进行复合来改善其导电性，或者通过纳米工程设计合适的纳米结构，改善其结构稳定性，而这些方法也可以同样推广到钾离子电池的研究中来。例如 Qu 等人报道了一种易于规模化的化学鼓泡法，实现了空心 Fe_xO 纳米球的原位构建，该空心 Fe_xO 纳米球锚定在三维氮掺杂的少层石墨烯骨架（Fe_xO@ NFLG－240）上，可以作为非水系钾离子电池的负极材料并且展现出较好的电化学性能。所合成的 Fe_xO@ NFLG－240 具有蜂窝状的分级结构，其中交联的石墨烯膜可以作为支撑模板并起到导电网络的作用，因此具有极好的钾离子动力学，分级结构可提供丰富的电化学活性位点并改善电极材料与电解质的接触，而均匀锚定的 Fe_xO 纳米球的中空结构由于其内部空隙空间的存在可以有效地缓解在钾化/去钾化过程中较大的体积变化。此外，赝电容的贡献和基于乙二醇二甲醚的电解质的组合进一步改善了其电化学稳定性，提升了其电化学性能。因此，Fe_xO@ NFLG－240 在 50 mA · h/g 的电流密度下可以在 100 次循环后仍具有 423 mA · h/g 的极高的比容量，即使在 5 A · h/g 的电流密度下也具有较好的倍率性能，在5 000 多次的超长循环测试中依然具有出色的循环稳定性。

Chen 等将 Sb_2S_3 纳米颗粒（约 20 nm）均匀分散在多孔 S/N 共掺杂石墨烯骨架（Sb_2S_3－SNG）中用于钾离子电池的自支撑负极材料。Sb_2S_3 纳米粒子与 S/N 共掺杂石墨烯之间合理的结构设计形成了具有良好的导电性和稳定性的复合材料。此外，自支撑结构显著降低了非活动性物质质量，使 Sb_2S_3－SNG/KVPO4F－C 全电池的能量密度达到 166. 3 W · h/kg。

XRD 和 X 射线光电子能谱表明在反应过程中形成了 K_3Sb 和 K_2S_3，这意味着 Sb_2S_3－SNG 在循环过程中同时经历了转化反应和合金化反应。Wei 等通过两步溶剂热在还原的石墨烯上生长了 MoS_2"玫瑰"纳米片，MoS_2 具有拓展的层间距（0. 93 nm），可供 K^+ 嵌入和发生转化反应。MoS_2@ rGO 复合材料具有独特的纳米结构以及丰富的活性位点，带来了优异的储钾容量。MoS_2@ rGO 电极在 100 mA/g 下首次可逆比容量是 353 mA · h/g，经过 100 次循环仍保持在 381 mA · h/g，这为金属二硫属化合物作为高性能钾离子电池电极材料提供了新的思路。

除了氧化物与硫化物，硒化物同样被报道适用于钾离子电池体系。Liu 等通过溶剂热和退火方法合成 $MoSe_2$/N－C，材料具有花状形貌与层状结构（层间距为 0.678 nm）。在 KFSI/EMC 电解液中，复合材料在 100 mA/g 下循环 300 次后容量仍能保持 258.02 mA·h/g，表现出优异的储钾性能。Liu 等还通过非原位 XRD、非原位拉曼和 TEM 论证了 $MoSe_2$ 和 K^+ 的反应机理不遵循 Li－$MoSe_2$ 和 Na－$MoSe_2$ 的反应机理，而是形成了 K_5Se_3，这为设计钾离子电池的新型负极材料提供了新的思路和方向。

Jiao 等通过静电纺丝和随后的热处理法制备了嵌于多孔氮掺杂碳纳米纤维的 V_2O_3(V_2O_3@PNCNFs）柔性自支撑薄膜电极材料。其作为钾离子电池负极材料时，在 50 mA·h/g 电流密度下可表现出 240 mA·h/g 的可逆比容量，循环 500 周后容量保持率高达 95.8%；当电流密度增大到 1 000 mA·h/g 时，仍具有 134 mA·h/g 的充电比容量。研究者通过电化学动力学分析、原位 XRD 以及密度泛函理论计算等发现 V_2O_3 的主要储钾机理为嵌入赝电容效应。对于嵌入赝电容效应机理，V_2O_3 在储钾过程中没有发生相的转变，从而使其在电化学反应中保持超稳定的结构。这在钾离子电池中是首次报道，同时此项研究工作为开发用于快速储能的赝电容高效纳米电极材料提供了研究思路。Lu 等设计合成了层间距为 0.678 nm 的碳氮掺杂 $MoSe_2$，基于 1 mol KFSI/EMC 电解质，$MoSe_2$/N－C 负极材料表现出优异的电化学性能，在 0.1 A/g 电流密度下，循环 300 周后容量高达 258.02 mA·h/g。他们通过非原位 XRD、Raman 和 HRTEM 技术分析其储钾机理，发现 $MoSe_2$/N－C 先经历嵌钾反应，然后进行转化反应，最终生成 K_5Se_3。Yu 等制备出氮掺杂碳纳米管负载的 $CoSe_2$，每个金属八面体 $CoSe_2$ 颗粒沿着碳纳米管依次排列，并且锯齿形空隙可以缓冲循环期间的体积膨胀，从而提高了长期循环稳定性。将其应用于钾离子电池负极材料，获得了优异的电化学性能。这种独特的结构在电流密度0.2 A/g 下循环 100 周后，可提供 253 mA·h/g 的高容量；即使在 2.0 A/g 的电流密度下循环 600 圈，容量仍有 173 mA·h/g，相当于每圈只有 0.03% 的容量衰减。

与插层反应型的负极材料不同，在反应过程中，碱金属离子可以可逆地穿梭进出转化型负极材料的主晶格，且转化反应涉及主晶格中一种或多种原子种类的化学转化，从而形成一种或多种新化合物。目前，多种过渡金属氧化物以及一些过渡金属硫族化合物基材料已被证明可以通过转化型的反应机理完成电化学储钾行为并具有较高的理论容量。

总之，转化型阳极材料比那些低嵌钾容量的石墨具有更高的比容量。然而，由于本征电导率较低以及循环过程中材料体积的变化，这些材料的循环性能不理想。研究人员通过将这些纳米结构与导电碳基材料复合可以优化这些阳极材料的电化学性能。为了进一步提高 K^+ 储存能力以满足实际应用的要求，还需对结构和性能之间关系有更深的理解。

6.3.4 其他材料

与无机材料相比，有机材料具有许多优点，如材料来源丰富、结构设计灵活、易于操作合成以及毒性较低等。这些原因使有机材料成为电化学储能材料的理想选择，有机电极材料在锂离子电池和钠离子电池的应用中已经进行了深入研究。另外，6.3.1～6.3.3 小节讨论的无机固体/晶体主要构成键为共价键和离子键，有机材料固体/晶体之间主要受范德华力作用，所以有机材料具有更大的层间距以及较灵活的框架。再者，有机物具有丰富的官能团，在充放电过程中，这些不同位置的官能团能够存储大量碱金属离子，这些特点使有机材料成为钾离子电池负极材料的有力候选者。

Chen 等利用对苯二甲酸二钾（K_2TP）和 1，2－二甲氧基乙烷电解液的协同作用实现了优异的储钾能力。K_2TP 具有容纳 K^+ 传输的分层结构，两个活性羧酸盐基团可以接受两个 K^+，提供了约为 221 mA · h/g 的理论容量。电极在 200 mA/g 电流密度下具有 249 mA · h/g 的高可逆容量，在 1 000 mA/g 的大电流下循环 500 次后仍具有 94.6% 的高容量保持率。这种优异储钾能力归因于 K_2TP 的柔性结构以及在 DME 电解液中形成了稳定的 SEI 膜。另外，K_2TP 约 0.6 V 的氧化还原电压可以有效抑制充放电过程中金属枝晶的产生，提高了钾离子电池的安全性。类似地，K_2BPDC 和 K_2SBDC 具有苯骨架，苯环中因具有共轭大 π 键较 K_2TP 有更优异的电子传导性能，更有利于分子间电子的传递，实验结果表明 K_2BDC 和 K_2SBDC 的比容量分别为 120 mA · h/g 和 80 mA · h/g，且 K_2BPDC 也具有较高的循环稳定性，循环 3 000 周后的容量仍保持在 75 mA · h/g。K_2BDC 和 K_2SBDC 转化示意图如图 6－31 所示。

钛基材料：钛基材料具有稳定性好、循环寿命长的优点，适用于稳定安全的大规模储能。$K_2Ti_4O_9$ 和 $K_2Ti_8O_{17}$ 的晶体由边缘和角落共享的 TiO_6 八面体形成，能够提供较大的间隙空间和开放的离子传输通道，从而容纳尺寸较大的 K^+ 可逆脱嵌。Munichandraiah 等以 K_2CO_3 和 TiO_2 为原料采用固相法合成了 $K_2Ti_4O_9$，并将其应用于钾离子电池体系：在 0.8 C(1 C = 100 mA/g) 电流密度下，$K_2Ti_4O_9$ 电极的放电容量仅为 80 mA · h/g，性能并不理想。为进一步提高 $K_2Ti_4O_9$ 的可逆容量，Bao 等以商业 Ti_3C_2 MXene 为前体设计合成了具有超薄纳米带结构的 $K_2Ti_4O_9$，$K_2Ti_4O_9$ 纳米带具有合适的层间距（0.93 nm）、超薄的厚度（$<$11 nm）、超窄的纳米宽度（$<$60 nm）以及开放的大孔结构。这种纳米化结构有效增强了电极嵌/脱 K^+ 的动力学速率，进一步提升了其储钾性能；

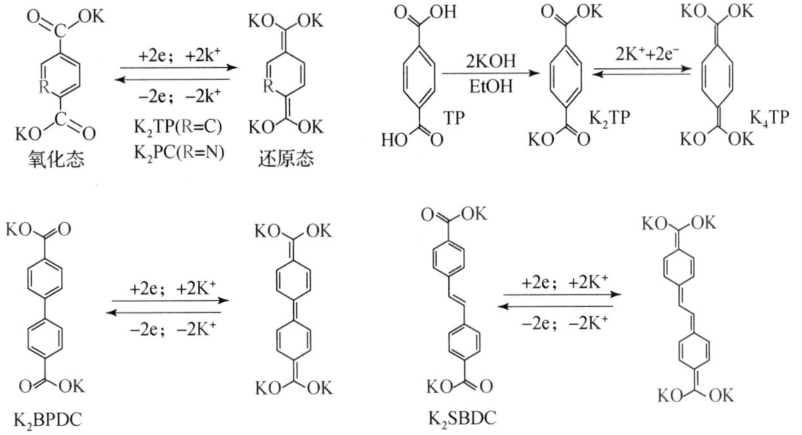

图 6－31　K_2BDC 和 K_2SBDC 转化示意图

在 50 mA/g 电流密度下，$K_2Ti_4O_9$纳米带具有 151 mA · h/g 的可逆容量；在 200 mA/g 电流密度下，$K_2Ti_4O_9$纳米带循环 900 次后容量保持率达 51％。

除 $K_2Ti_4O_9$ 外，Han 等通过一步水热法设计合成了新型材料 $K_2Ti_8O_{17}$，这种材料具有较大的晶格间距（0. 367 nm）以及分级多孔的结构，可以作为 K^+ 存储的理想材料。在钾离子电池体系中，$K_2Ti_8O_{17}$电极在 20 mA/g 下的首次可逆容量为 181. 5 mA · h/g，经过 50 次循环后仍保持在 110. 1 mA · h/g，表现出良好的循环性能。Han 等通过简单水热法一步制备了新型立方 $KTi_2(PO_4)_3$，并通过蔗糖辅助热解在立方体表面添加了碳涂层。构成材料的基本单元由两个 TiO_6 八面体和 3 个 PO_4 四面体通过角落共享组成，同时钾离子完全占据了间隙位点。$KTi_2(PO_4)_3$ 晶体的 3D 框架同样可以提供较大的间隙空间以及开放的离子传输通道。电化学测试显示，具有碳涂层的 $KTi_2(PO_4)_3$ 立方结构具有更优异的储钾能力：$KTi_2(PO_4)_3$/C 材料在 0. 5 C 倍率下首次可逆容量为 75. 6 mA · h/g，在经过 100 次循环后容量几乎没有衰减。除了钛盐之外，其他的钛基材料包括 Ti_6O_{11}、a－Ti_3C_2 等也在钾离子电池体系开展了相关研究与应用。

作为新兴电池体系，钾离子电池低成本、长寿命、高能量密度的优势引起了广泛的关注。在碳基、钛基、转化类、合金类与有机聚合物等备选材料中，筛选出最适用于钾离子电池的负极材料是目前的研究重点。作为以商用为目的的电池体系，电池的能量密度与生产成本是限制材料选择的关键条件。因此，钾离子电池负极材料不仅需要具有较高的可逆容量，还需要具有低廉的价格。转化类与合金类材料通常具有很高的比容量，但成本较高；钛基材料价格低廉，但比容量偏低无法满足应用；有机聚合物热稳定性较差，存在安全隐患。因此，碳基材料是目前最具前景的负极材料，但碳基材料同样存在首次库仑效率低的问题，这应是下一步的研究重点。

电解液和黏结剂是非水性电池的重要组分，目前相关研究已经证明了它们对电极性能有很大影响。在之后的工作中应当考虑电极材料在电解液中的溶解度以及电解液的分解反应。此外，所选择的黏结剂应有利于形成稳定的 SEI 膜。通过研发与电极材料适配的添加剂，这些添加剂和电极材料的协同作用可用于改善电池的电化学性能。

总之，对于非水系钾离子电池体系而言，未来机遇与挑战并存。一方面，虽然钾离子电池体系相比锂离子体系存在一定优势，但其当前还处于起步阶段，钾离子尺寸过大的问题依然没有得到有效解决。此外，钾离子体系的安全问题目前研究较少。另一方面，相信随着人们对钾离子电池认识的逐步深入，电池的容量和电压以及循环稳定性能将会进一步提升，这将促进低廉的钾离子电池在未来大规模储能体系中早日应用。

6.4 锂－硫电池负极材料

锂－硫电池中锂金属负极也是另一个影响电池性能的重要因素。多数情况下，锂－硫电池中选择以金属锂作为负极；然而对于正极中已经使用硫化锂的正极材料，负极材料也可以考虑一些不含锂的材料。

相对于正极材料的快速发展，锂负极作为锂－硫电池的重要组成部分，自 20 世纪可充电锂电池的集中发展以来，仍缺少全面的研究。

6.4.1 金属锂

1. 锂的基本性质

锂是一种银白色金属，质较软，可用刀切割。锂是最轻的金属，其密度仅有 0.534 g/cm^3，小于所有的液态烃。常温下，金属锂呈典型的体心立方结构，当温度降低至 －201 ℃时，其逐渐转变为面心立方结构。

锂是金属活动性较强的金属，性质较活泼，与氧气、氮气、硫等物质均能反应，因此需将其储存于固体石蜡或凡士林中以隔绝空气。

2. 锂的优势与不足

锂具有高电极电位和高电化学当量，其电化学比能量密度也相当高。这些独特的物理化学性质，决定了其重要的应用价值。例如，锂化合物做正极材料的高能电池性能显著，这类电池寿命长、功率大、能量高并可在低温下使用。目前，这类电池在国防弹道导弹领域和民用电动汽车领域都有应用。

金属锂具有最低的还原电势，比容量高达 3 860 mA · h/g，是理想的负极材料；但锂负极也面临着种种问题，成为电池性能提升的瓶颈。首先，在充放电的循环过程中，锂负极会不均匀地溶解和沉积，在负极表面易形成锂枝晶，枝晶的不断生长将刺破隔膜导致短路，引发电池安全问题。其次，多硫化物穿梭至负极与金属锂和电解液反应，会在负极表面形成不稳定的 SEI 膜，导致电池容量和库仑效率降低。此外，在充放电过程中，锂负极的体积变化也是影响电池性能的重要因素。

3. 锂负极材料的改性

目前，使用锂作为锂－硫电池负极的主要问题来自锂与电解质和可溶性多硫化物之间的反应，而解决这些问题的一种有效方法是在锂负极表面构建一层薄而稳定的钝化层，将高活性的锂金属负极与电解质溶液和可溶性多硫化物之间隔离开。该钝化层除了保护锂负极外，还应具备 Li^+ 的渗透性以允许 Li^+ 在电场作用下快速传递。

构建钝化层的方式多样，可以通过对锂负极进行修饰或在电解液中加入适当的添加剂，还可以在电池组装前就在锂阳极上构建保护层，还可以在电池运行时实现钝化保护层的构建。

目前已有一些研究工作从不同方面入手来缓解上述问题。例如，采用具有良好锂离子电导率的固体聚合物电解质作为锂负极的保护层。又如，Lee 等在液体电解质四（乙二醇）二甲醚（TEGDME）和 $LiClO_4$ 的混合物与光引发剂苯甲酰甲酸甲酯的存在下，通过可固化单体聚乙二醇二甲基丙烯酸酯的交联反应合成了一种覆盖在锂负极上的保护层。与裸露的锂金属负极相比，保护层可以显著改善电池的充放电特性，同时在经过 50 次循环后负极表面的形貌更加光滑致密。然而，由于 Li^+ 在聚合物电解质中的迁移过程缓慢，因此向 Li 负极引入聚合物电解质可能会降低其在室温下的放电容量。

除了用聚合物电解质保护锂负极外，也可以通过向锂负极上沉积硫来达到保护锂负极的目的。锂负极在经过多次循环的硫沉积后，其表面的硫化锂和多硫化物含量均低于裸露锂负极上对应物质的含量，使电池性能明显提升。这种改进方法利于在锂负极表面形成天然的 SEI 层，并在后续循环过程中避免负极表面不溶性硫化锂的生成。

为使锂负极维持稳定循环，需要清楚地了解锂表面钝化膜的形成和变化以及锂金属的腐蚀状态，这对电化学过程中材料的原位表征提出更高的要求，同时需要更深入的研究和探索界面的演变机理。

对于锂－硫电池而言，金属锂负极的应用存在诸多严重的问题。其中包括：锂枝晶的形成，锂的沉积效率低，不溶性 Li_2S_2 和 Li_2S 在锂负极上的沉积，循环过程中多硫化锂对金属锂的反应产生负面作用等。因此，研究合适的表面改性方法来保护锂负极的难度巨大，尤其是需要兼顾高容量和足够的速率能力。改用不含锂的负极材料是一种可以完全避免金属锂负极相关问题的替代方法。

从锂－硫电池的安全性能角度考虑，使用不含锂的负极材料也是提高锂－硫电池在实际应用中安全性的关键策略。例如在误用的情况下，锂电池短路容易导致电池的热失控问题，引发电池燃烧爆炸。

6.4.2　硅基负极材料

1. 硅的基本性质

硅，silicon，旧称矽，是一种极为常见的元素（图 6－32），然而它极少以单质的形式在自然界出现，而是以复杂的硅酸盐或二氧化硅的形式，广泛存在于岩石、砂砾、尘土之中，如石英、水晶、云母、石棉等。硅在宇宙中的储量排在第八位，在地壳中是第二丰富的元素，仅次于第一位的氧。

图 6－32　硅元素示意图

硅有无定形硅和晶体硅两种同素异形体，其中晶体硅为灰黑色，属于原子晶体；无定形硅则为黑色。硅的密度为 2.32～2.34 g/cm³，熔点为 1 410 ℃，沸点为 2 355 ℃。硅的性质相对稳定，其不与水、硝酸和盐酸反应，但会与氢氟酸和碱液发生反应。

$$Si + 4HF \longrightarrow SiF_4 + 2H_2$$

$$Si + 2OH^- + H_2O \longrightarrow SiO_3^{2-} + 2H_2$$

2. 硅的优势与不足

除锂金属以外，Si 具有最高的质量比容量（4 200 mA · h/g）和体积比容量（9 786 mA · h/cm^3）；此外 Si 的平均放电电压约为0.4 V，既可以提供合理的工作电压，又可避免锂枝晶的形成；同时，Si 的自然储量丰富，生产成本低，环境友好且无毒。

当然，硅负极材料也面临着一定挑战。首先，硅的电导率较低，常温下仅为 10^{-3} S/cm，导致电化学动力学速率低；其次，在最初的锂化过程中，硅的结构会发生转化，由晶体硅转化为无定形的 Li_xSi 并在首次脱锂过程中进一步转化为无定形硅。在嵌锂和脱锂过程中，硅会发生各向异性的膨胀和收缩，其体积变化率大。

对于硅负极材料来说，各向异性的巨大体积变化是一个致命缺陷，会造成诸多负面影响。例如，充放电过程中硅负极材料的粉化程度逐渐加深，电极完整性遭到破坏；受界面应力影响，活性材料、导电剂和集流体之间丧失良好接触；颗粒粉碎，不利于固态电解质膜的完整性和稳定性，其间 SEI 经历“形成－破坏－再形成”的过程会持续消耗锂离子，形成“死锂”，导致库仑效率降低、容量迅速衰减。

3. 硅的储锂机理

截至目前，较为公认的硅基材料储锂机理是在初始的充放电过程中，硅负极将发生形态转变，由晶体转变为无定形相，其电化学反应机理如下：

嵌锂过程：

$$\text{Si(晶态)} + x\text{Li}^+ + xe^- \longrightarrow$$

$$\text{Li}_x\text{Si(无定形态)} + (3.75 - x)\text{Li}^+ + (3.75 - x)e^- \longrightarrow \text{Li}_{15}\text{Si}_4\text{(晶态)}$$

脱锂过程：

$$\text{Li}_{15}\text{Si}_4\text{(晶态)} \longrightarrow \text{Si(无定形态)} + y\text{Li}^+ + ye^- + \text{Li}_{15}\text{Si}_4\text{(晶态)}$$

硅在初次脱锂之后，其两相区彻底消失并在随后的单相区域内产生倾斜的电压平台。研究认为，硅在450 ℃以上的高温条件下倾向于形成 $Li_{22}Si_5$ 相，而常温储锂易形成 $Li_{15}Si_4$ 合金相，前者对应的比容量为 4 200 mA · h/g，后者对应比容量则为 3 579 mA · h/g。

4. 硅负极材料

前已述及，硅负极材料在电化学循环过程中会发生巨大的体积膨胀，严重影响其比容量、稳定性和库仑效率等电化学性能，而采用纳米级硅则可以有效缓解上述问题。从材料纳米尺度的设计上，可将不同形态的硅分为零维、一维、二维和三维 4 类。

1）零维硅纳米材料

零维纳米结构是指尺度低于几百纳米的各种形态的颗粒。减小颗粒尺度有利于缩短锂离子的扩散路径，但同时会增加初始的不可逆容量损失，即会引起初始库仑效率的降低。

零维材料的结构设计主要有密实结构、多孔结构及空心结构等。然而在商业化生产中，由于成本价格的因素难以使用纳米尺寸的硅，在扩大化生产上也面临着巨大挑战。

Liu 等设计了一种由硅核与无定形碳壳组成的蛋黄壳结构（图 6 - 33）。该结构中，硅核和碳壳之间存在 80 ~ 100 nm 的空隙，使其表现出独特的特点。例如，以碳壳作为结构支撑，避免了锂化过程中硅负极的粉化；另外，碳壳避免了硅核与电解质的直接接触，使 SEI 层在碳壳外稳定生长，显著提升了循环稳定性；最后，碳壳与硅核之间的空隙能有效缓解硅在循环过程中的体积膨胀。

图 6 - 33　蛋黄壳结构示意图

（a）传统的硅纳米颗粒电极示意图；（b）新型的蛋黄壳结构硅纳米颗粒电极示意图；（c）蛋黄壳结构硅纳米颗粒的放大示意图及储锂机制

2）一维硅纳米材料

一维硅纳米结构主要包括硅纳米线、硅纳米管和硅纳米纤维等，该类材料具有易加工、物理性能和电学性能可控等优点，在各种领域得到了广泛应用。

不同于零维材料，一维纳米结构具有许多可以规模化的生产方式，并且能够快速传递电子，但是在与导电剂、黏结剂混合制浆的过程中，具有一维形貌的活性材料易破碎成微米级碎片。因此，一维硅材料在复杂电极系统中的使用并不多。

（1）硅纳米线。硅纳米线具有优异的循环和倍率性能。目前成熟的超临界流 - 液 - 固合成（SFLS）方法可实现 Si 纳米线生产的规模化及低成本化。虽然硅纳米线可通过缓解应力和提供有效的电子传输路径的方式使体积膨胀最小化，但其锂化前后的体积膨胀率仍高达 50%。

为了改善硅纳米线的机械性能和电化学性能，可以考虑元素掺杂。例如，Ge 等通过直接刻蚀硼掺杂硅片合成了多孔掺杂硅纳米线，该材料可以有效承受锂离子嵌入时的内应力，从而降低体积膨胀率，延长循环寿命。

针对硅纳米线的另一种改性策略是引入导电聚合物涂层，该涂层具有半导体或金属性能，可以提高硅的本征导电率并且可在更低的操作温度下加工。

（2）硅纳米管。一维空心结构，特别是管状结构具有形态完整性和独特的力学性能，因此相比硅纳米线，硅纳米管表现出更好的储锂性能，其原因是纳米管结构提供了更大的电解液接触面积和体积膨胀容纳空间。

Wu 等合成了双壁硅纳米管 DWSiNTs，其由一个内层硅壁和一个可渗透锂离子的外部硅氧化物层 SiO_x 组成，制备过程如图 6 - 34（a）所示。图中，首先通过静电纺丝制备了聚合物纳米纤维，然后用化学气相沉积将聚合物纤维碳化并将硅均匀负载。通过在 500 ℃的空气中加热样品，可选择性地去除纳米纤维中心处的碳，得到纳米管结构并使其外表面转化为 SiO_x 机械约束层。SiO_x 涂层的空心结构可以在外表面形成稳定的 SEI 层；Si 壳内的自由空间则可以有效防止体积膨胀造成的机械断裂。

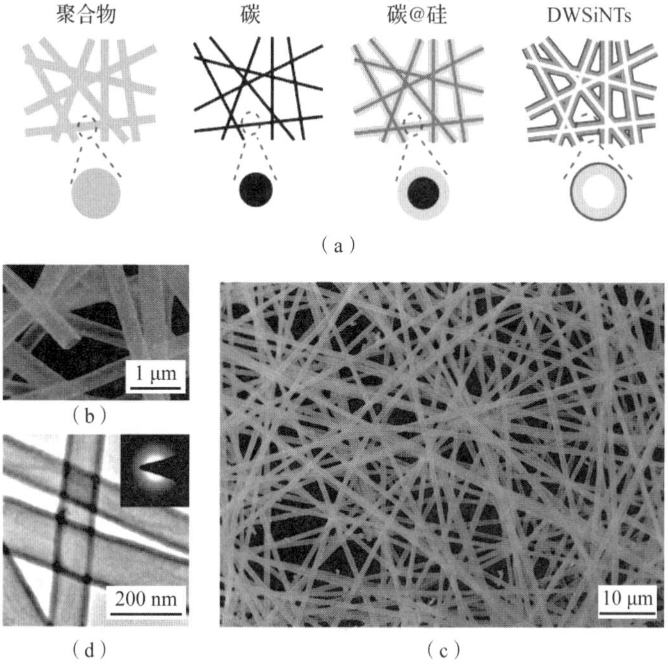

图 6 - 34　DWSiNTs 的制备与表征

（a）DWSiNTs 的制备过程示意图；（b）高倍率和（c）低倍率下 DWSiNTs 的 SEM 图像；（d）DWSiNTs 的 TEM 图像，其显示了具有光滑管壁的均匀空心结构

目前，一维硅负极材料主要面临的挑战是电极制作过程与商业上的电极制造方法差异较大，因此需要开发新的低成本生产过程；另外，增大活性物质负

载量和降低材料生产制备成本也是工业化所必须解决的实际问题。

3）二维硅纳米材料

二维结构形态有利于抑制体积膨胀，增大与电解液的接触面积。此外，厚度小于 10 nm 的二维薄片缩短了锂离子的扩散距离，有利于提高充放电速率。目前，尚无规模化制备二维硅纳米材料的应用技术，即二维硅纳米材料尚未投入实际应用。

虽然二维材料的机械性能和电化学性能远优于一维结构材料，但其仍面临着两大不可避免的问题，分别是生产放大困难和能量密度低。目前，二维硅纳米材料电极通常通过射频溅射或化学气相沉积方法获得。

4）三维硅纳米材料

三维结构通常具有高比表面积，可弥补颗粒本身的缺陷，如巨大的体积膨胀，颗粒粉碎导致的接触丧失及电极材料剥落等。此外，电解液可以更容易地扩散到孔隙中，以确保锂离子快速、有效地传输到硅材料中并降低由界面处锂离子浓度极化引起的粒子/电极界面阻抗。

相较于零维、一维和二维纳米结构的硅材料，三维结构的硅材料具有更高的电极密度和结构完整性。

Yang 等设计了一种双包覆的 Si@C@SiO_2 纳米结构。在锂化过程中，碳层可以缓和由体积膨胀产生的应力，并在碳层和二氧化硅层的共同作用下保证结构的完整性。Xu 等则报道了一种西瓜型 Si/C 微球的三维纳米结构，其可以缓解循环过程中的体积变化和颗粒破碎。该西瓜型 Si/C 负极的可逆容量超过 800 mA · h/g，在 250 次循环后仍具有良好的循环稳定性，并在 5 C 倍率下具有良好的倍率性能，如图 6－35 所示。

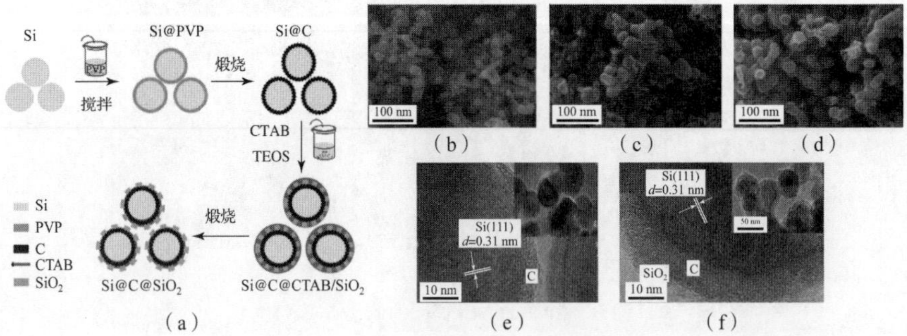

图 6－35　Si@C@SiO_2 的合成与表征

（a）Si@C@SiO_2 的合成示意图；（b）硅纳米微球的 SEM 图像；

（c）Si@C 单核壳纳米微球的 SEM 图像；（d）Si@C@SiO_2 双核壳纳米微球的 SEM 图像；

（e）Si@C 的 TEM 图像；（f）Si@C@SiO_2 的 TEM 图像

6.4.3　其他负极材料

1. 碳基负极材料

碳基负极材料是最早被发现的负极材料，主要包括石墨、碳纳米管、碳纳米纤维、石墨烯及多孔碳等。

石墨是一种具有有序的层状结构碳基材料，其在室温下嵌锂可以形成 LiC_6 化合物，放电容量为 372 mA · h/g，是目前主要的商业化负极材料。石墨具有锂离子脱嵌速度快、可逆性高、结构稳定、充放电平台低等优点；但是由于其嵌锂化合物是 LiC_6，导致其容量低，影响了锂离子电池的能量密度。随着纳米技术的兴起，纳米尺度的碳基材料在锂离子电池领域的应用蓬勃发展起来。

碳纳米管比表面积大、导电性优良，研究者通过将锂蒸气与碳纳米管直接相互作用，发现锂离子可以嵌入碳纳米管的石墨化片层之间或者嵌入管道的内部。碳纳米管狭窄的内径使六边形的碳晶格张力变大，电负性比普通的片层状石墨要强，从而可以嵌入更多的锂离子，增大了放电容量。

Zhou 等通过化学气相沉积制备了碳纳米管并对其进行酸化处理，使其首次放电比容量达到 1 750 mA · h/g，但是由于处理过的碳纳米管与石墨相比具有较多的缺陷，导致库仑效率偏低。

石墨烯通过表层和孔对锂离子的吸附 - 脱附来实现充放电过程。通过杂原子掺杂或者刻蚀造孔可以增加石墨烯的比表面积，从而改善其导电性及吸附性能，达到提高容量的目的。Oscar 等制备了氧化石墨烯用作锂离子电池的负极，首次放电中该材料的容量达到 2 000 mA · h/g 以上，远超过未修饰的单层石墨烯材料。

除了上述石墨化的碳基材料以外，多孔碳也被广泛地用作锂离子电池的负极。经过不断的研究和改进，碳容量得到了很大的提高，但是这些碳基材料的首周库仑效率一般都较低。主要原因是在首次嵌锂的过程中，当电业达到 1.0 V 左右时电解液会在电极表面发生分解并生成 SEI 膜，导致锂离子的不可逆损失。显然，比表面积越大的材料形成 SEI 膜面积也就越大，首周不可逆损失也就越多，库伦效率也就越低。另外，碳基负极材料的充放电平台大概在 0.1 V，接近锂的析出电位，因此容易产生锂枝晶，引起安全问题。

2. 锡基负极材料

锡基负极与硅类似，可以通过合金化反应与锂形成锡锂合金 $Li_{4.4}Sn$，其理论比容量为 994 mA · h/g。同时，该反应具有可逆性即锡具备储存、释放锂离子的能力。

$$4.4Li + Sn \longleftrightarrow Li_{4.4}Sn$$

目前，锡基负极材料种类较多，主要有金属锡单质、锡氧化物、锡合金和锡基复合物；且锡的电极电位远高于金属锂的析出电位，能够避免充放电过程中金属锂的析出。此外，锡的电导率高于硅但脆性低于硅。综合来看，锡基材料作为锂－硫电池负极材料具有很好的应用前景。

然而，在锂化和脱锂过程中，纯锡材料的体积会发生近260%的变化，导致严重的容量衰减并缩短循环寿命。与硅类似，降低材料的尺度，将材料纳米化可以缓解充放电过程中带来的极端体积变化。同时，纳米结构具有较高的比表面积，可以提供更多的活性位点，利于与电解液充分接触，接触面积的增加也极大地加速了电极和电解液界面处离子和电子的传递；然而，当锡基材料的颗粒尺寸小于100 nm时，其在循环过程中将会发生团聚现象，使纳米结构遭到破坏。因此，可以考虑引入缓冲基体如碳、铜、锑等，使活性负极材料均匀分布于缓冲基体中，得到纳米复合材料。

3. 过渡金属氧化物负极材料

过渡金属氧化物负极材料在充放电过程中实现的是氧化物和金属单质的转换反应。在放电状态下，氧化物与锂离子反应被还原成金属单质，同时生成氧化锂；在充电状态下，金属单质与氧化锂反应，重新被氧化成过渡金属氧化物。

$$M_xO_y + 2yLi \longleftrightarrow xM + yLi_2O$$

常见的金属氧化物负极材料有Co_3O_4、Fe_3O_4、CuO、NiO等，具有比容量高、倍率性能优异、低成本和环保无污染等优点，被认为是极有潜力广泛应用的负极材料之一。然而，上述金属氧化物在实际的电化学反应过程中存在较多缺陷。

例如，过渡金属氧化物的首周充放电效率低，并且在首周放电时会于负极表面形成一层不稳定的SEI膜，造成锂的不可逆消耗；在充电过程中，之前生成的氧化锂无法完全转换成金属氧化物，造成了锂的进一步损失，这也是阻碍其商业化应用的重要因素；金属氧化物与锂的反应在经过一定的循环圈数后，电极材料本身的结构易坍塌粉化，导致活性物质利用率较低、容量衰减快；金属氧化物的本征电导率较低，不利于锂离子和电子的快速传导，通常采用与高导电物质复合的方法来改善其倍率性能；最后，金属氧化物的反应电压平台较高，与正极材料匹配组装的全电池电压区间较小，影响了电池整体的能量密度。

常用的改性金属氧化物负极的方法有和导电碳复合、颗粒纳米化以及功能化结构设计等。其中，金属氧化物和导电碳网络复合能有效提升电极整体的导电性，且碳骨架能有效地缓冲氧化物颗粒在反应过程中的体积变化。

例如，Han 等使用乙酰丙酮亚铁[$Fe(acac)_2$]、碳纳米管、科琴黑、聚乙烯吡咯烷酮以及聚苯乙烯为原材料，通过简单的电喷雾法和加热处理制备了多孔 Fe_3O_4@ C 的微米球 PFCMs（图 6 - 36）。材料中，CNTs 和 KB 修饰的导电碳网络展现出优良的导电性并且将 Fe_3O_4 颗粒封装其间，有机物裂解产生的大量的介孔能有效地缓冲氧化铁颗粒在充放电过程中的体积膨胀，并有利于电解液浸润提升离子传导速率。同时，在有机物碳化过程中，会在 Fe_3O_4 颗粒表面形成一层无定形碳，更进一步地缓解体积变化带来的应力集中，因此展现出优异的电化学性能。这种经过充分优化的结构以及简单的制备方法为氧化物负极材料的应用提供了新的视角。

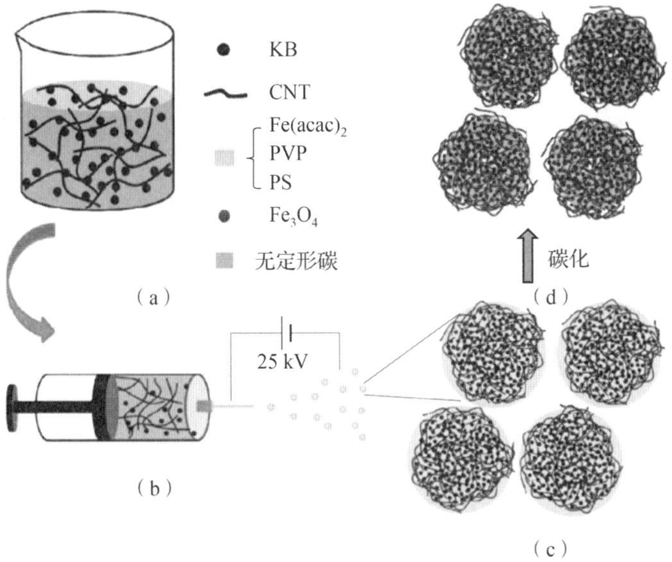

图 6 - 36　PFCMs 纳米结构合成程序示意图（书后附彩插）

(a) 含有 KB、CNTs、PVP、PS 和 $Fe(acca)_2$ 的均相前驱体溶液；(b) 电喷雾法示意图；(c) PFCMs 前驱体微球；(d) PFCMs 微球

将电极材料颗粒纳米化一直是有效提升电极电化学性能的有效途径。一方面，纳米颗粒尺度小，缩短了锂离子传输的路径，有效地提升了电极的电化学反应速度；另一方面，纳米颗粒比表面较大，与电解液充分接触，提高了活性物质的利用率。早在 2000 年，Tarascon 等就提出了将纳米尺度的过渡金属氧化物用作锂离子电池负极。

功能化的结构设计是纳米材料的另一个重要特征。例如，形貌的规则控制、空心结构以及多孔结构设计等都能有效地改善电极材料的电化学性能。Ji等通过一步溶剂热法预制备了纳米立方体结构的 Cu_2O，接着通过可控氧化得到不同形貌的空心 CuO 纳米结构（图 6－37）。其中，海胆状的空心 CuO 展现出高于 560 mA · h/g 的比容量，循环 50 圈仍能保持其结构稳定性。这种能精确控制金属氧化物纳米颗粒形貌的方法有助于提升高负极材料的电化学性能，为其他低价态氧化物的可控氧化提供新的思路。

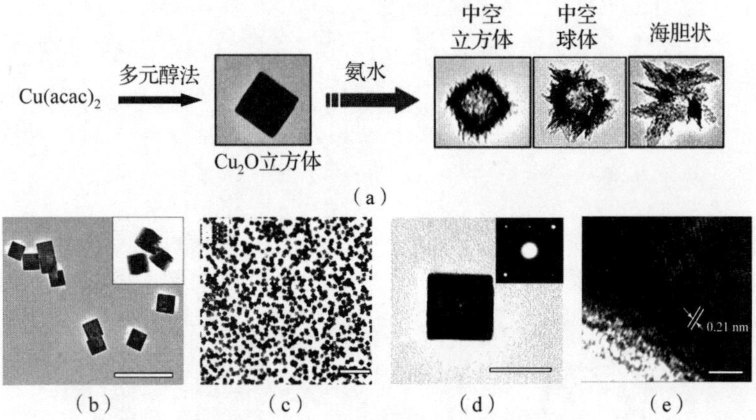

图 6－37　空心 CuO 纳米结构合成与表征

（a）Cu_2O 纳米立方体与空心 CuO 纳米结构的合成示意图；（b）和（c）Cu_2O 纳米立方体的 TEM 图像；（d）Cu_2O 纳米立方体的 SAED 图像；（e）Cu_2O 纳米立方体的 HRTEM 图像

6.5　锂－氧电池负极材料

负极材料是锂－氧电池体系中的重要组成部分，从“锂－氧电池”的名字中可以看到，正极是氧气作为活性物质参与反应，负极是锂金属参与电化学反应。

因此，锂－氧电池负极的反应原理其实很简单，用化学方程式可以表示为 $Li \rightarrow Li^+ + e^-$，即通过锂金属为电池体系提供锂离子和电子。尽管锂－氧电池负极在电化学反应过程中只负责提供锂源，但是其本身的活性、物质组成及形貌对锂－氧电池的反应机理和性能有直接的影响。与此同时，负极材料的价格也直接影响电池的成本，本节将主要介绍目前锂－氧电池负极材料的主要研究方向，并介绍近年来的部分代表性研究。

6.5.1　金属锂负极材料

锂元素隶属于IA族，原子序数3，原子量6.941，是最轻的碱金属元素（图6－38）。其元素名来源于希腊文，原意是“石头”。1817年，其由瑞典科学家阿弗韦聪在分析透锂长石矿时发现。自然界中主要的锂矿物为锂辉石、锂云母、透锂长石和磷铝石等。在人和动物机体、土壤和矿泉水、可可粉、烟叶、海藻中都能找到锂。天然锂有两种同位素：锂－6和锂－7。

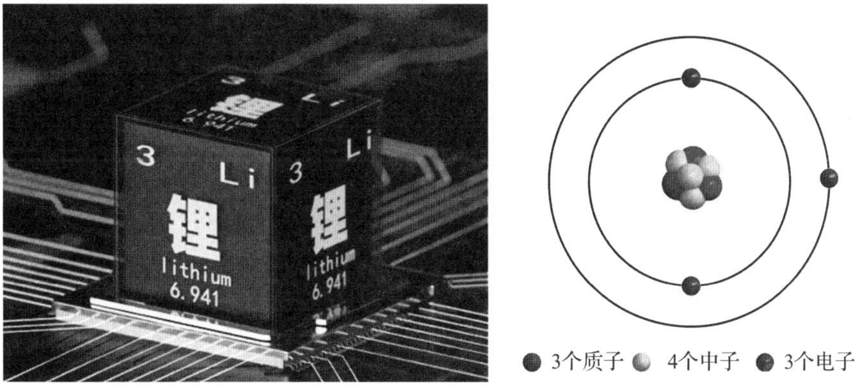

图6－38　锂元素示意图

金属锂为一种银白色的轻金属；熔点为180.54 ℃，沸点为1 342 ℃，密度仅为0.534 g/cm^3，是密度最小的金属。锂与其他碱金属不同，在室温下与水反应比较慢，但能与氮气反应生成黑色的一氮化三锂晶体。锂的弱酸盐都难溶于水。在碱金属氯化物中，只有氯化锂易溶于有机溶剂。锂的挥发性盐的火焰呈深红色，可用此来鉴定锂。锂很容易与氧、氮、硫等化合，在冶金工业中可用作脱氧剂，如图6－39所示。

由于金属锂具有较高的比能量（3 860 mA·h/g）和较低的电位（－3.04 V vs. SHE），因此也被人们看作所有锂电池体系发展的最终负极材料。在锂－氧电池中，锂金属负极更是有得天独厚的优势，较低的标准电极电势使它在锂－氧电池中表现出较高的容量密度和更高的放电平台。

但是，金属锂的化学性质十分活泼。在锂－氧电池这样一个开放的体系中，锂金属的存在会导致很多不可控的副反应。除了溶解在电解液中的氧气之外，还有部分外界的水分及二氧化碳的渗入，金属锂与空气中的氮气、二氧化碳、水蒸气等成分发生反应也会导致金属锂的粉化。这些副反应加速了金属锂的消耗，同时在金属锂及电解液界面之间形成的粉化层严重阻碍了锂离子在金

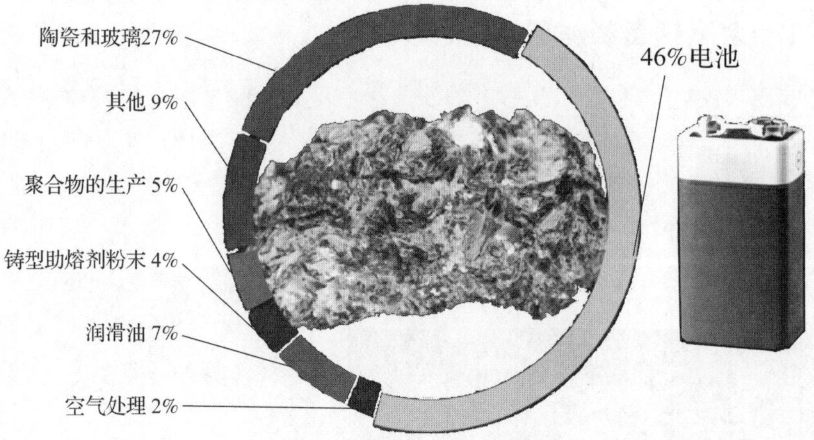

图 6－39　锂金属的用途

属锂和电解液之间的离子传导，对电池的倍率性能及循环稳定性有负面影响，最终导致电池失效。另外，锂－氧电池在充电过程中，Li^+会在负极金属锂表面不断被还原并形成不规则的金属锂，即锂枝晶。这会使电池内部的传质能力下降，从而使电池性能迅速衰减，甚至会穿透隔膜使电池发生短路。

为了解决上述问题，研究人员开展了一系列相关的研究。在实际应用中，金属锂与电解液的接触是不可避免的，所以目前的主要研究方向有两个：①在金属锂负极的表面构建有效的保护层；②将金属锂与碳基材料复合。本小节将主要介绍这两种金属锂负极的保护策略和研究进展。

1. 构筑金属锂负极保护层

通常，对锂金属保护层的要求主要有四点：①足够的离子电导率；②不和氧气反应；③拥有足够的硬度来抑制锂金属枝晶的形成；④保护锂金属免受电解液（溶剂、水分）影响。

近年来报道的构建锂金属负极保护层的方法主要可以分为三种。

1）非原位构筑锂金属保护层

研究人员首先参考了在传统锂离子电池中对正极和负极材料包覆改性的方法，将锂离子导体陶瓷与聚合物电解质等性质优秀的包覆层材料单独或组合应用到锂－氧电池的锂金属负极保护中。

2013 年，韩国科学技术高等研究院化学和生物分子工程系的 Jung－Ki Park 课题组报道了一种用于锂金属负极的复合保护层，其主要成分包含氧化铝

（Al_2O_3）陶瓷和聚偏氟乙烯－六氟丙烯，将保护层浆料涂覆在锂金属箔上，具有保护层的锂金属负极显著提高了锂－氧电池的循环稳定性。在第80次循环中，与没有涂覆保护层的锂－氧电池相比，拥有复合保护层的锂金属负极的电池表现出3倍以上的放电容量。循环后锂金属负极的X射线光电子能谱证实氯化聚乙烯有效抑制了锂金属负极表面的电解质分解。

2017年，韩国汉阳大学能源工程系的Yang－Kook Sun课题组开发了一种石墨烯和聚多巴胺的复合材料作为金属锂的保护层，将其均匀地涂覆在锂金属电极上，这种保护层可以很好地抑制金属锂与电解质的副反应。使用保护层改性后的锂金属负极使用循环寿命大大延长，在小电流密度下可以循环150次，同时可以维持很高的能量效率，解决了锂－氧电池循环寿命短和能量效率低的问题。

2018年，韩国首尔国立大学化学工艺研究所化学与生物工程学院的Kyu Tae Lee课题组等将磷溶于碳酸酯基溶剂，并旋涂到锂金属表面，引入二维磷烯衍生磷化锂（Li_3P）作为锂金属负极的保护层，其中锂金属上的纳米尺寸保护层可以很好地抑制电解质分解和锂枝晶生长。这种抑制归因于电化学活性磷化锂保护层的热力学性质。由于磷化锂层的氧化还原电位高于电解质分解电位，所以可以抑制电解质的分解。在热力学上，在磷化锂层上镀锂是不利的，但这也阻碍了循环过程中锂枝晶的生长。纳米尺寸的磷化锂保护层改善了锂－氧电池的循环性能，使其在50次循环以上没有表现出容量衰减，而且在磷化锂保护层上没有观察到锂枝晶的生长。

相比上述将保护层材料直接涂覆在金属锂表面的做法，在2018年，南开大学的周震教授团队提出了一个全新的思路，通过一种简易的方法实现了对锂－氧电池中金属锂负极的保护。该课题组将锂金属直接浸泡在1，4－二氧六环（DOA）的溶液中，在金属锂负极形成高分子的保护膜。保护层的存在使锂－氧电池的循环性能有显著的提升。他们通过对不同循环周数的锂负极进行X射线衍射测试，发现在保护层的存在下，金属锂负极表面副反应的产物有大幅度减少，表明保护膜可以有效地抑制金属锂负极与电解液和气体的反应。

2）原位构筑锂金属保护层

除了直接在锂金属表面包覆聚合物等材料构建复合保护层外，近年来，研究人员越来越倾向于通过原位反应的方法在锂金属表面构建保护层。为了实现简便快速的一步原位合成，科研人员在实验方案的设计上投入了大量的时间和精力。皇天不负有心人，近年来，在原位构筑锂金属保护层这一研究领域，国内外很多课题组发表了具有代表性和前瞻性的工作。

2016年，中国科学院长春应用化学研究所稀土资源利用国家重点实验室的张新波研究员团队通过简单的溶液浇铸法，首次在锂金属负极的表面原位制备了一种稳定的组织导向/增强双功能隔膜/保护膜。出乎意料的是，这种复合膜显示出惊人的性能，包括优异的化学、电化学和机械稳定性，以及良好的离子导电性。更重要的是，他们发现复合膜能够有效地保护锂金属免受氧气、放电中间体（LiO_2、Li_2O_2），水分和电解质的腐蚀，并减少金属锂负极表面的形貌变化。具有改性锂负极的锂－氧电池表现出优异的循环寿命（106次循环）。

随后，在2020年，张新波研究员团队将熔融状态的金属锂与聚四氟乙烯进行反应，在锂金属阳极上一步原位制备了多功能互补掺杂的碳梯度保护层（图6－40）。碳基材料中丰富的强极性C－F键不仅可以作为锂离子的捕获位点，还可以调节氟化锂（LiF）的电子构型。而氟化锂可以作为快速的锂离子导体，使锂上的成核位点均匀化，并确保与锂的牢固连接，极大地缓解了锂金属负极上的枝晶生长和寄生反应。在锂－氧电池中应用这种改性后的锂金属负极，电池拥有非常稳定的循环性能（180次循环）。

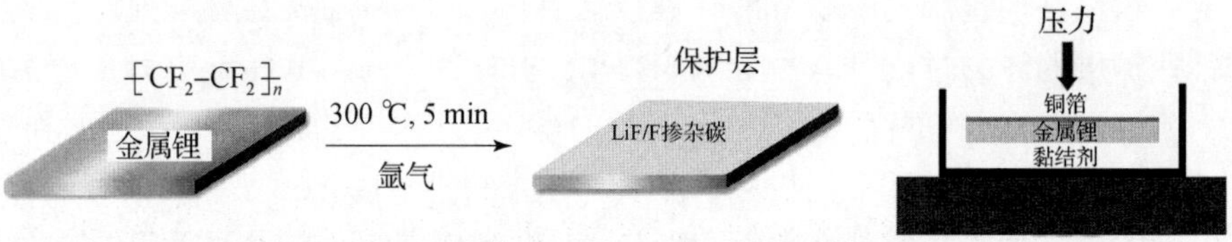

图6－40　原位制备多功能互补掺杂的锂金属碳梯度保护层示意图

3）预处理构筑锂金属保护层

除了上面提到的直接对金属锂负极进行原位或者非原位的方法改性之外，研究人员还从锂金属的电化学反应过程或者钝化过程着手，拓展了一个全新的研究方向，实现了在电池体系中直接对金属锂负极进行保护，并进一步应用在锂－氧电池体系中。

2019年，中国科学院上海硅酸盐研究所高性能陶瓷与超细微结构国家重点实验室的张涛教授课题组提出了一种崭新的锂金属负极保护手段，他们在通入氧气之前，让电池先在氩气中完成充放电过程，即先进行一步电化学预锂化过程，这使锂负极的表面产生了一层性能优秀的保护膜。一系列表征方法可以证明，该膜主要由LiTFSI分解产生的氟化锂组成。随后，他们在本来是氩气的体系中通入氧气，电池体系由锂离子电池转变为锂－氧电池。这种锂－氧电池在限定比容量条件为1 000 mA·h/g时，拥有超高的循环稳定性（大于200次循环）。另外，这项研究表明，氟化锂保护膜可以有效地抑制金属锂负极对反应中间体和电解质攻击的寄生反应。

同样是在2019年，常州大学材料科学与工程学院的罗鲲教授课题组采用了一种预活化钝化锂金属表面的手段来形成保护层。他们使用在氮气气氛中对电池进行低倍率电流预活化的方法，这种方法的灵感来自金属锂可以与干燥的氮气反应，在金属锂表面产生具有快速离子导电性的均匀钝化层。另外，这种方法的优势在于不需要对预处理条件进行精细的控制。通过在氮气气氛中的预活化，锂负极得到了很好的保护，通入氧气之后，锂–氧电池的循环寿命从不进行预活化的55次延长到290次，极限容量和倍率性能也得到了显著提高，这归因于预活化在锂负极上重建了均匀且致密的SEI层。

2. 金属锂–碳复合负极材料

近年来，随着石墨烯、碳纳米管、碳纳米纤维等一系列新型碳基材料的发现，使用碳基材料对各种电池的电极材料进行复合已经成为一种趋势，在锂–氧电池中也不例外，前面在正极材料中已经讨论过多种碳材料作为氧正极的应用。

事实上，碳基材料与锂金属的结合同样可以大幅提升负极的性能，将锂金属与碳组合抑或是通过预锂化将碳基材料嵌锂，都可以达到改善锂金属负极性能的作用，最主要的还是表现在负极材料安全性和循环性能的提升。

2016年，韩国汉阳大学能源工程系的Yang–Kook Sun教授团队用硬碳基材料替代了锂–氧电池中的金属锂负极，通过锂化过程，使负极材料成为锂化的硬碳基材料。一系列实验证明，这种硬碳负极有许多优点，适用于存在溶剂化锂离子时的氧还原。与单独的金属锂负极相比，将锂离子插入碳基材料的主体之后的复合负极要更加安全。这种硬碳基材料可以被优化以在任何可能与可逆氧阴极相关的电解质溶液中表现出高理论容量、优异的结构完整性和可逆行为，为将来进一步研究锂–氧电池碳基负极打下基础。

2018年，复旦大学高分子科学系的彭慧胜教授课题组开发了一种三维交叉堆叠碳纳米管，并在其中沉积锂金属，将这种复合材料作为高性能锂–氧电池的负极。三维交叉堆叠碳纳米管支架有几个显著的优点。第一，定向碳纳米管网络非常轻（密度约等于0.07 mg/cm^2），且具有低薄层电阻，提供了制造高性能锂负极的可能性，同时对容量的影响极小。第二，具有大表面积的可膨胀多孔支架有助于均匀、无枝晶的锂沉积，并减轻体积变化以获得稳定的循环性能。第三，电化学和机械稳定性使其成为锂沉积的相容主体。由于这些优点，复合负极在锂–氧电池体系中提供的可逆比容量高达3 656 mA·h/g，接近纯金属Li的理论比容量（3 861 mA·h/g），且可获得比仅使用纯金属锂负极的锂–氧电池多5倍的循环性能。

3. 金属锂负极总结

在传统化石能源逐渐短缺的今天，使用可再生新型能源和能源存储技术成为世界不可避免的发展趋势。锂－氧电池的体积比能量可以近乎追平现在的化石燃料，这归功于负极锂金属的最低电化学势（－3.04 V）和超高比容量（3 860 mA · h/g）。

金属锂负极目前面临的两个最大的问题是锂枝晶问题和无限体积变化（infinite volume change）问题。锂枝晶问题主要由于锂离子通量不均匀和电流密度较大，无限体积变化问题则由金属锂电极本身属性所决定。

目前的金属锂改性手段可以解决安全性和循环寿命的问题，但是在一定程度上给负极的容量和电位都会带来损失，距离锂金属负极的真正商用仍然还有很长的一段路要走。

未来锂金属负极的工作主要还是应该集中在：①通过探究化学机理层面，更好更快地实现锂离子迁移和储存；②通过研究流体物理层面，更好地实现锂离子通量的均匀分布。

随着固体电解质的快速发展，锂金属所面临的困境也将逐渐好转。先进的研究和表征手段为揭示锂金属的物理化学特性带来了新的机遇。与此同时，随着纳米材料的发展和表征手段的不断进步，更多的基础性研究正在进行中，人们正一步步接近理解锂沉积成核和原位生成 SEI 膜的机理。通过化学、材料学、计算科学的通力合作，金属锂负极的基础研究与产业应用将取得更大突破。我们坚信，金属锂负极将成为下一代二次电池的最佳选择，这将使锂－硫电池、锂－氧电池等高能量密度的电池体系得到广泛的应用。

6.5.2 硅基负极材料

基于金属锂作为锂－氧电池负极存在一系列的问题，如在放电和充电循环过程中会形成锂枝晶、充放电过程中循环稳定性差等，开发高容量、低电位的负极材料来替代金属锂在锂空电池领域的应用也逐渐提上了日程。

为了解决这些问题，研究人员逐渐将目光转向硅材料。在锂离子电池中，硅的理论比容量高达 4 200 mA · h/g。并且反应电位与石墨相近，使体系更加安全。但是，单质 Si 的导电性很差，导电性弱也使其难以进行快速的充放电循环。目前商业化的硅材料负极一般为硅碳复合体系，有单质硅－碳负极和硅氧化物－碳负极两种，相比之下，硅氧化物－碳负极较单质硅－碳负极体积膨胀更小、倍率性能更佳，但是容量和首循环库仑效率较低。

在电化学过程中，硅材料表面可以更容易地建立起耐用的固态电解质膜，既可以解决困扰已久的锂枝晶问题，同时有利于提高锂 – 氧电池容量和循环稳定性。但是，在锂 – 氧电池体系中，单纯使用硅材料作为负极是不可能实现的，所以研究人员大多采用硅补锂的方式来实现硅基负极的构筑。

2011 年，罗马大学化学系的 Bruno Scrosati 课题组首次报道了用硅基材料替代锂金属来解决锂 – 氧电池负极的安全性问题。他们的研究团队将传统的锂 – 氧电池中普通的、不安全的锂金属负极用锂化硅与碳的复合材料进行替代，得到一种全新的锂 – 氧电池负极。基于 X 射线衍射和恒电流充放电分析的结果，证明了使用这种硅基负极的锂 – 氧电池电化学过程的基本可逆性，同时，它拥有相当高的比容量和稳定的循环性能。

近几十年来，便携式和可穿戴电子设备受到越来越多的关注。其中，电池等柔性电源系统对高性能起着至关重要的作用。虽然在开发各种配套电池方面取得了巨大的成就，但它们面临着几个共同的瓶颈。现有的柔性电池通常由夹层状薄膜制成，需要尽可能薄，通常以牺牲电化学性能为代价来实现灵活性，如需要低负载的活性材料，这大大降低了它们的能量密度。2017 年，复旦大学高分子科学系的彭慧胜教授课题组设计了一种以锂化硅/碳纳米管混合纤维（图 6 – 41）为负极的锂 – 氧电池，制备出了具有高能量密度和超柔性的负极材料，较好地解决了传统锂 – 氧电池中负极材料的灵活性差和能量密度低的问题。通过电化学反应进行预锂化处理后，获得锂化硅/碳纳米管纤维阳极。然后用一层聚合物凝胶电解质涂覆所得的纤维阳极。不仅避免了枝晶的形成和锂金属的安全问题，而且具有超强的柔韧性。经过 20 000 次弯曲循环后，这种复合纳米纤维仍然可以有效工作。

2016 年，南京大学现代工程与应用科学学院的周豪慎教授课题组通过在硅负极表面构筑牢固的固态电解质膜，用商用硅颗粒作为负极材料组装了锂 – 氧电池。硅材料在充放电过程中形成的 SEI 膜不仅提高了硅电极的循环稳定性，还起到阻挡层的作用，有效抑制了阳极上的氧交叉副反应。独特的 SEI 膜中的多氟化合物被证明在具有硅负极的锂 – 氧电池的循环性能中起着关键作用。电池可以在较低的过电位下进行 100 次充放电循环，具有优秀的循环稳定性。

硅基负极材料可以很好地解决纯锂金属带来的电池安全性问题，但是，大量硅材料的掺入也会影响锂金属负极的电位和容量。如何在不大幅影响锂金属负极固有优势的同时在其表面生成更加完美的 SEI 膜是硅基负极面临的严峻挑战，更加合理的锂 – 氧电池负极性能改进方式仍待人们去探索。

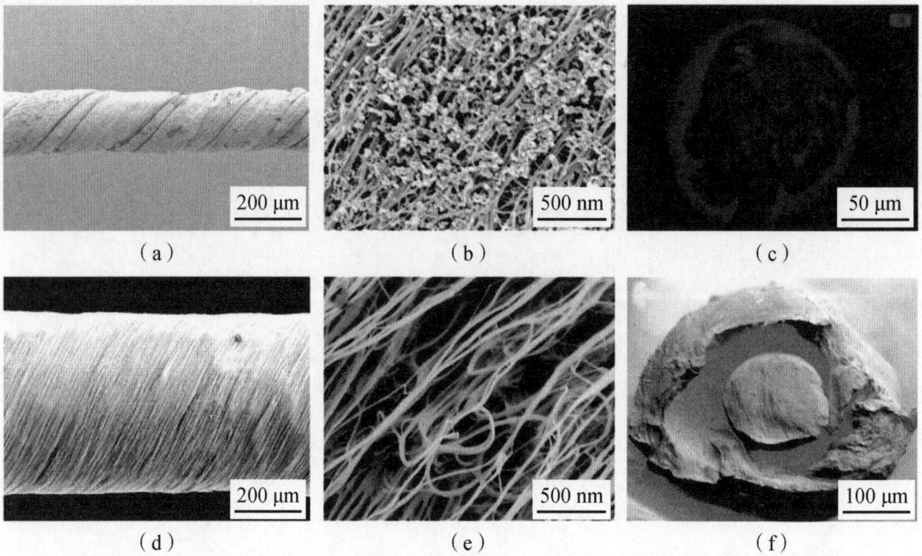

图 6－41　硅/碳纳米管混合纤维的电镜照片

(a) 在低放大倍率下的碳纳米管混合纤维的扫描电镜照片；
(b) 在高放大倍率下的碳纳米管混合纤维的扫描电镜照片；
(c) 通过硅/碳纳米管混合纤维的截面图获得的能量色散 X 射线光谱图像；
(d) 在低放大倍率下的硅/碳纳米管混合纤维的扫描电镜照片；
(e) 在高放大倍率下的硅/碳纳米管混合纤维的扫描电镜照片；
(f) 锂化硅/碳纳米管混合纤维的横截面扫描电镜图像

6.5.3　合金负极材料

和6.5.2小节中使用硅基负极材料的初衷相同，为了保持整体锂－氧电池体系的安全性和高能量密度，研究人员开始使用锂金属的合金来替代纯锂作为锂－氧电池的负极。

锂金属自身的活泼性使其可以很好地与其他金属形成合金，如锂铝合金、锂镁合金等。目前工业上常见的是铝锂合金，顾名思义，把锂金属作为合金元素加到金属铝中，就形成了铝锂合金。铝金属作为主体，加入少量比例的锂金属之后，可以降低整体合金的比重，增加刚度，同时仍然保持较高的强度、较好的抗腐蚀性和抗疲劳性以及适宜的延展性。铝锂合金已经在军用飞机、民用客机和直升机上使用或试用，主要用于机身框架、襟翼翼肋、垂直安定面、整流罩、进气道唇口、舱门、燃油箱等。

但是，在锂离子电池或者锂－氧电池中，与工业合金恰恰相反，我们需要的作为负极的合金是以金属锂为主体的，即在锂金属中掺入少量的其他金属元素。另一种金属的引入会牺牲一些容量，但是可以大幅延长负极的循环寿命。这归因于合金可以在负极表面引入更为稳定的 SEI 组分，防止锂枝晶的形成，提高整体电池安全性能。

2014 年，复旦大学化学系的夏永姚教授课题组合成了一种锂铝合金/碳（Li_xAl/C）复合材料，将其作为负极材料代替金属锂片来组装锂－氧电池，并研究其与具有金属锂负极的锂－氧电池的性能比较。实验结果表明，当氧气作为正极活性物质时，具有 Li_xAl/C 负极的锂－氧电池比使用锂金属负极的锂－氧电池表现出更低的充电/放电电压间隙。当使用具有有限湿度的环境空气作为正极活性物质时，应用合金负极的锂－氧电池显示出比具有锂负极的锂－氧电池更好的循环性能。这些结果表明，开发具有稳定保护层的有前途的替代锂金属负极应该是锂－氧电池研究的下一个重点方向。

2015 年，罗马大学化学系的 Jusef Hassoun 课题组使用纳米结构的金属锡和碳复合材料作为替代负极材料，并使用高度稳定的离子液体作为锂－氧电池的电解质。锡－碳负极材料由金属锡纳米颗粒（10 ~ 50 nm）分散在大块的微米级碳基质形成，这种特殊的结构有效缓冲了合金化时发生的体积变化，大大提高了活性材料的机械稳定性，可以很好地防止电极粉化。此外，这种巧妙的复合结构让负极合金材料在电极/电解质界面形成了稳定的 SEI 膜。

虽然锂金属合金负极用于锂－氧电池体系中可以生成先进的 SEI 膜，有效解决安全性问题，但是在锂金属中引入第二种组分大大降低了活性锂的负载能力和利用率，从而具有低比容量，这偏离了锂－氧电池中高能量密度的目标。因此，在保持锂－氧电池的高比容量的同时提高安全性和循环效率仍然具有挑战性。

6.5.4　锂－氧电池负极材料总结

在某种意义上讲，人类社会的发展离不开优质能源的出现和先进能源技术的使用。在当今世界，能源的发展，是全世界、全人类共同关心的问题，也是我国社会经济发展的重要问题。

“能源”这一术语，过去人们谈论得很少，正是两次石油危机使它成了人们议论的热点。能源是整个世界发展和经济增长的最基本的驱动力，是人类赖以生存的基础。自工业革命以来，能源安全问题就开始出现。在全球经济高速发展的今天，国际能源安全已上升到国家的高度，各国都制定了以能源供应安全为核心的能源政策。当今，国际格局正在产生重大变革，能源利用从传统化石能源主体逐渐转向低碳可再生能源。以电化学反应为基础的高效储能体系不受地理环境限制。发展高能量密度与高安全性的电化学储能技术，是以可再生能源、新能源汽车工业为代表的能源革命的重要环节。

目前，锂－氧电池被人们看作最有可能成为未来终极能源的电池。如果说锂－氧电池正极提供的是优秀的可逆双功能催化效果，那负极提供的就是较低的电位和超高的容量，所以负极的重要性不言而喻。

锂－氧电池负极材料的发展历程和锂离子电池负极的发展过程有些相似之处，核心问题还是在保证电池整体更加安全的前提下，尽可能地延长电池循环寿命。所以先从锂金属的保护着手，然后从锂离子电池的相关研究中吸取灵感，引入硅材料，在负极构筑高效的 SEI 膜；同理，采用合金化的策略同样为了形成致密的 SEI 膜。这些改性的方式和策略已经取得了很好的成果，同时也为后续的研究指明了方向，相信在不久的将来，锂－氧电池的负极材料有更多新的突破，相信终会有一天可以实现锂－氧电池的商业应用，新能源终将取代化石能源，碳中和和碳达峰的目标也一定能顺利实现。

参考文献

[1] 钟雪虎，陈玲玲，韩俊伟，等. 废旧锂离子电池资源现状及回收利用[J]. 工程科学学报，2021，43（2）：161－169.

[2] CHENG Q，YUGE R，NAKAHARA K，et al. KOH etched graphite for fast chargeable lithium－ion batteries [J]. Journal of power sources，2015，284：258－263.

[3] WU Y P，HOLZE R. Anode materials for lithium ion batteries obtained by mild and uniformly controlled oxidation of natural graphite [J]. Journal of solid state electrochemistry，2003，8（1）：73－78.

[4] MATSUMOTO K，LI J，OHZAWA Y，et al. Surface structure and electrochemical characteristics of natural graphite fluorinated by ClF_3 [J]. Journal of fluorine chemistry，2006，127（10）：1383－1389.

[5] 刘萍，张俊英，张娜，等. 软碳掺杂对大容量锂离子电池性能的影响[J]. 电源技术，2016，40（11）：2.

[6] LIU J L，WANG J，XIA Y Y. A new rechargeable lithium－ion battery with a $xLi_2MnO_3 \cdot (1-x) LiMn_{0.4}Ni_{0.4}Co_{0.2}O_2$ cathode and a hard carbon anode [J]. Electrochimica Acta，2011，56（21）：7392－7396.

[7] LIAO X F，YU J，GAO L J. Electrochemical study on lithium iron phosphate / hard carbon lithium－ion batteries [J]. Solid state electrochem，2012，16（2）：423－428.

[8] WANG X, TAN G, BAI Y, et al. Multi - electron reaction materials for high - energy - density secondary batteries: current status and prospective [J]. Electrochemical energy reviews, 2021, 4: 35 - 66.
[9] 郝浩博，陈惠敏，夏高强，等. 锂离子电池硅基负极材料研究与进展 [J]. 电子元件与材料，2021，40 (4): 305 - 310, 322.
[10] PARK M, KIM M G, JOO J, et al. Silicon nanotube battery anodes [J]. Nano letters, 2009, 9 (11): 3844 - 3847.
[11] YANG L Y, LI H Z, LIU J. Dual yolk - shell structure of carbon and silica - coated silicon for high - performance lithium - ion batteries [J]. Scientific reports, 2015, 5: 1 - 9.
[12] LEE J, PARK S. High - performance porous silicon monoxide anodes synthesized via metal - assisted chemical etching [J]. Nano energy, 2013, 2 (1): 146 - 152.
[13] 徐高鑫. 锂离子电池锡基负极材料制备及性能研究 [D]. 大连：大连理工大学，2019.
[14] TIRADO J L. Inorganic materials for the negative electrode of lithium - ion batteries: state - of - the - art and future prospects [J]. Materials science & engineering R, 2003, 40 (3): 103 - 136.
[15] POIZOT P, LARUELLE S, GRUGEON S, et al. Nano - sized transition - metal oxides as negativeelectrode materials for lithium - ion batteries [J]. Nature, 2000, 407 (6803): 496 - 499.
[16] 李迪. 过渡金属化合物锂离子电池负极材料的制备及电化学性能研究 [D]. 武汉：华中科技大学，2016.
[17] GAO G, LU S, DONG B, et al. One - pot synthesis of carbon coated Fe_3O_4 nanosheets with superior lithium storage capability [J]. Journal of materials chemistry A, 2015, 3 (8): 4716 - 4721.
[18] POIZOT P, LARUELLE S, GRUGEON S, et al. Rationalization of the low - potential reactivity of 3d - metal - based inorganic compounds toward Li [J]. Journal of the Electrochemical Society, 2002, 149 (9): A1212 - A1217.
[19] ZHAO J, TAO Z, LIANG J, et al. Facile synthesis of nanoporous $\gamma - MnO_2$ structures and their application in rechargeable Li - ion batteries [J]. Crystal growth and design, 2008, 8 (8): 2799 - 2805.
[20] YI T F, LIU H P, ZHU Y R, et al. Improving the high rate performance of $Li_4Ti_5O_{12}$ through divalent zinc substitution [J]. Power sources, 2012, 215:

258 - 265.

[21] TAKAMI N, HOSHINA K, INAGAKI H. Lithium diffusion in $Li_{4/3}Ti_{5/3}O_4$ particles during insertion and extraction [J]. Journal of the eletrochemical society, 2011, 158 (6): A725 - A730.

[22] 谭毅，薛冰．锂离子电池负极材料钛酸锂的研究进展 [J]．无机材料学报，2018，33 (5): 475 - 482.

[23] GE P, FOULETIER M. Electrochemical intercalation of sodium in graphite [J]. Solid state ionics, 1988, 28 - 30: 1172 - 1175.

[24] WEN Y, HE K, ZHU Y J, et al. Expanded graphite as superior anode for sodium - ion batteries [J]. Nature communications, 2014, 5: 4033.

[25] WANG Y X, CHOU S L, LIU H K, et al. Reduced graphene oxide with superior cycling stability and rate capability for sodium storage [J]. Carbon, 2013, 57 (3): 202 - 208.

[26] ALCANTARA R, LAVELA P, ORTIZ G F, et al. Carbon microspheres obtained from resorcinol - formaldehyde as high - capacity electrodes for sodium - ion batteries [J]. Electrochemical and solid - state letters, 2005, 8 (4): A222 - A225.

[27] WENZEL S, HARA T, JANEK J, et al. Room - temperature sodium - ion batteries: improving the rate capability of carbon anode materials by templating strategies [J]. Energy & environmental science, 2011, 4 (9): 3342 - 3345.

[28] STEVENS D A, DAHN J R. High capacity anode materials for rechargeable sodium - ion batteries [J]. Journal of the electrochemical society, 2000, 147 (4): 1271 - 1273.

[29] ZHANG N, HAN X, LIU Y, et al. 3D Porous $\gamma - Fe_2O_3$@C Nanocomposite as high - performance anode material of Na - ion batteries [J]. Advanced energy materials, 2015, 5 (5): 1401123.

[30] LIU H, CAO F, ZHENG H, et al. In situ observation of the sodiation process in CuO nanowires [J]. Chemical communications, 2015, 51 (52): 10443 - 10446.

[31] LU Y, ZHANG N, ZHAO Q, et al. Micro - nanostructured CuO/C spheres as high - performance anode materials for Na - ion batteries [J]. Nanoscale, 2015, 7 (6): 2770 - 2776.

[32] XU M, XIA Q, YUE J, et al. Rambutan - like hybrid hollow spheres of carbon confined Co_3O_4 nanoparticles as advanced anode materials for sodium -

ion batteries [J]. Advanced functoinal materials, 2019, 29: 1807377.

[33] NGUYEN L T, SALUNKHERB T T, VO T T, et al. Tailored synthesis of antimony - based alloy/oxides nanosheets for high - performance sodium - ion battery anodes [J]. Journal of power sources, 2019, 414: 470 - 478.

[34] ZHU Y, NIE P, SHEN L, et al. High rate capability and superior cycle stability of a flower - like Sb_2S_3 anode for high - capacity sodium ion batteries [J]. Nanoscale, 2015, 7: 3309 - 3315.

[35] QU B, MA C, JI G, et al. Layered SnS_2 - reduced graphene oxide composite: a high - capacity, high - rate, and long - cycle life sodium - ion battery anode material [J]. Advanced materials, 2014, 26 (23): 3854 - 3859.

[36] FENG J, SUN X, WU C, et al. Metallic few - layered VS_2 ultrathin nanosheets: high two - dimensional conductivity for in - piane supercapacitors [J]. Journal of the American Chemical Society, 2011, 133 (44): 17832 - 17838.

[37] LIAO J Y, MANTHIRAM A. High - performance $Na_2Ti_2O_5$ nanowire arrays coated with VS_2 nanosheets for sodium - ion storage [J]. Nano energy, 2015, 18: 20 - 27.

[38] WINN D A, SHEMILT J M, STEELE B C H. Titanium disulphide: a solid solution electrode for sodium and lithium [J]. Materials research bulletin, 1976, 11: 559 - 566.

[39] 苏玉平. 二维层状过渡金属硫族化合物的结构设计及其储锂/钠性能研究 [D]. 苏州：苏州大学，2018.

[40] 秦伟. 金属硫化物 - 石墨烯复合物的微波法制备及其在钠离子电池负极的应用 [D]. 上海：华东师范大学，2016.

[41] JIANG W W, XIAO H L, MAO S X, et al. Microstructural evolution of tin nanoparticles during in situ sodium insertion and extraction [J]. Nano letters, 2012, 12 (11): 5897 - 5902.

[42] ARCUS Y. Thermodynamic functions of transfer of single ions from water to nonaqueous and mixed solvents: part 3 - standard potentials of selected electrodes [J]. Pure and applied chemistry, 1985, 57 (8): 1129 - 1132.

[43] KOMABA S, HASEGAWA T, DAHBI M, et al. Potassium intercalation into graphite to realize high - voltage/high - power potassium - ion batteries and potassium - ion capacitors [J]. Electrochemistry communications, 2015, 60: 172 - 175.

[44] JIAN Z, LUO W, JI X. Carbon electrodes for K - ion batteries [J]. Journal of the American Chemical Society, 2015, 137 (36): 11566 - 11569.
[45] DOEFF M M, MA Y, VISCO S J, et al. Electrochemical insertion of sodium into carbon [J]. Journal of the Electrochemical Society, 1993, 140 (12): L169 - L170.
[46] ZHANG D, YAN Y W, SHI W J, et al. Re - search progress of potassium - ion batteries [J]. Chemical industry and engineering progress, 2018, 37 (10): 3772 - 3780.
[47] NOBUHARA K, NAKAYAMA H, NOSE M, et al. First - princi - ples study of alkali metal - graphite intercalation compounds [J]. Power sources, 2013, 243: 585 - 587.
[48] LIU Y, FAN F, WANG J, et al. In situ transmission elec - tron microscopy study of electrochemical sodiation and potassiation of carbon nanofibers [J]. Nano letters, 2014, 14 (6): 3445 - 3452.
[49] JIAN Z, LUO W, JI X. Carbon electrodes for K - ion bat - teries [J]. Journal of the American Chemical Society, 2015, 137 (36): 11566 - 11569.
[50] ZHAO J, ZO X, ZHU Y, et al. Electrochemical intercalation of potassium into graphite [J]. Advanced functional materials, 2016, 26 (44): 8103 - 8110.
[51] CAO B, ZHANG Q, LIU H, et al. Graphitic carbon nano - cage as a stable and high power anode for potassium - ion batteries [J]. Advanced energy materials, 2018, 8 (25): 1801149.
[52] LUO W, WAN J, OZDEMIR B, et al. Potassium ion batter - ies with graphitic materials [J]. Nano letters, 2015, 15 (11): 671 - 7677.
[53] SHARE K, COHN A P, CARTER R, et al. Role of nitrogen - doped graphene for improved high - capacity potassium ion battery anodes [J]. ACS nano, 2016, 10 (10): 9738 - 9744.
[54] JU Z, LI P, MA G, et al. Few layer nitrogen - doped gra - phene with highly reversible potassium storage [J]. Energy storage materials, 2018, 11: 38 - 46.
[55] QIU W, XIAO H, LI Y, et al. Nitrogen and phosphorus codoped vertical graphene / carbon cloth as a binder - free anode for flexible advanced potassium ion full batteries [J]. Small, 2019, 11: 38 - 46.
[56] WANG G, XIONG X, XIE D, et al. Chemically activated hollow carbon nanospheres as a high - performance anode material for potassium ion batteries [J]. Journal of mate - rials chemistry A, 2018, 6 (47): 24317 - 24323.

[57] LI D, REN X, AI Q, et al. Facile fabrication of nitrogen – doped porous carbon as superior anode material for po – tassium – ion batteries [J]. Advanced energy materials, 2018, 11: 38 – 46.

[58] CHEN M, WANG W, LIANG X, et al. Sulfur/oxygen co – doped porous hard carbon microspheres for high – per – formance potassium – ion batteries [J]. Advanced energy materials, 2018, 396: 533 – 541.

[59] LIU S, YANG B, ZHOU J, et al. Nitrogen – rich carbon – on – ion – constructed nanosheets: an ultrafast and ultrastable dual anode material for sodium and potassium storage [J]. Journal of materials chemistry A, 2019, 7 (31): 18499 – 18509.

[60] LI Y, YANG C, ZHENG F, et al. High pyridine N – doped porous carbon derived from metal – organic frameworks for boosting potassium – ion storage [J]. Journal of materials chemistry A, 2018, 6 (37): 17959 – 17966.

[61] XIONG P, ZHAO X, XU Y. Nitrogen – doped carbon nano – tubes derived from metal – organic frameworks for potassium – ion battery anodes [J]. ChemSusChem, 2018, 11 (1): 202 – 208.

[62] HE X, LIAO J, TANG Z, et al. Highly disordered hard carbon derived from skimmed cotton as a high – performance anode material for potassium – ion batteries [J]. Journal of power sources, 2018, 396: 533 – 541.

[63] LI H, CHENG Z, ZHANG Q, et al. Bacterial – derived, compressible, and hierarchical porous carbon for high – performance potassium – ion batteries [J]. Nano letters, 2018, 18 (11): 7407 – 741.

[64] CHEN Y, LUO W, CARTER M, et al. Organic electrode for non – a – queous potassium – ion batteries [J]. Nano energy, 2015, 18: 205 – 211.

[65] JIAN Z, LUO W, JI X L. Carbon electrodes for K – ion batteries [J]. Journal of the American Chemical Society, 2015, 137 (36): 11566 – 11569.

[66] JIAN Z L, XING Z Y, BOMMIER C, et al. Hard carbon micro – spheres: potassium – ion anode versus sodium – ion anode [J]. Advanced energy Materials, 2016, 6 (3): 1501874.

[67] WANG W, ZHOU J H, WANG Z P, et al. Short – range order in mesoporous carbon boosts potassium – ion battery performance [J]. Advanced energy materials, 2017, 8 (5): 1701648.

[68] ZHAO D Y, FENG J L, HUO Q S, et al. Triblock copolymer syn – theses of mesoporous silica with periodic 50 to 300 angstrom pores [J]. Science,

1998, 279 (5350): 548 - 552.

[69] LIU Y, FAN F, WANG J, et al. In situ transmission electron mi - croscopy study of electrochemical sodiation and potassiation of carbon nanofibers [J]. Nano letters, 2014, 14 (6): 3445 - 3452.

[70] XIONG P, ZHAO X, XU Y. Nitrogen - doped carbon nanotubes de - rived from metal - organic framew orks for potassium - ion battery anodes [J]. ChemSusChem, 2017, 11 (1): 202 - 208.

[71] XIE Y, CHEN Y, LIU L, et al. Ultra - high pyridinic N - doped porous carbon monolith enabling high - capacity K - ion battery anodes for both half - cell and full - cell applications [J]. Advanced materials, 2017, 29 (35): 1702268.

[72] WINTER M, BES J O. Electrochemical lithiation of tin and tin - based intermetallics and composites [J]. Electrochimica Acta, 1999, 45 (1/2): 31 - 50.

[73] MCCELLOH W D, REN X, YU M, et al. Potassium - ion oxygen battery based on a high capacity antimony anode [J]. ACS applied materials & interfaces, 2015, 7 (47): 26158 - 26166.

[74] SUL TANA I, RAHMAN M M, RAMIREDDY T, et al. High capacity potassium - ion battery anodes based on black phosphorus [J]. Journal of materials chemistry A, 2017, 5 (45): 23506 - 23512.

[75] WANG Q, ZHAO X, NI C, et al. Reaction and capacity - fading mechanisms of tin nanoparticles in potassium - ion batteries [J]. The Journal of physical chemistry C, 2017, 121 (23): 12652 - 12657.

[76] WANG Z, DONG K, WANG D, et al. Nanosized SnSb alloy confined in N - doped 3D porous carbon coupling with ether - based electrolytes toward high - performance potassium - ion batteries [J]. Journal of materials chemistry A, 2019, 7: 14309 - 14318.

[77] HUANGJ, LIN X, TAN H, et al. Bismuth microparticles as advanced anodes for potassium - ion battery [J]. Advanced energy materials, 2018, 8 (19): 1703496.

[78] LI D, SUN Q, ZHANG Y, et al. Surface - confined SnS_2@ C@ rGO as high - performance anode materials for sodium - and potassium - ion batteries [J]. ChemSusChem, 2019, 12 (12): 2689 - 2700.

[79] WU Y, HU S, XU R, et al. Boosting potassium - ion battery performance by

encapsulating red phosphorus in free - standing nitrogen - doped porous hollow carbon nanofibers [J]. Nano letters, 2019, 19 (2): 1351 - 1358.

[80] HAN C, HAN K, WANG X, et al. Three - dimensional carbon network confined antimony nanoparticle anodes for high - capacity K - ion batteries [J]. Nanoscale, 2018, 10 (15): 6820 - 6826.

[81] ZHANG W, MAO J, LI S, et al. Phosphorus - based alloy materials for advanced potassium - ion battery anode [J]. Journal of the American Chemical Society, 2017, 139 (9): 3316 - 3319.

[82] ZHANG W, PANG W K, SENCADAS V, et al. Understanding high - energy - density Sn_4P_3 anodes for potassium - ion batteries [J]. Joule, 2018, 2 (8): 1534 - 1547.

[83] MC CULLOCH W D, REN X, YU M, et al. Potassium - ion oxygen battery based on a high capacity antimony anode [J]. ACS applied materials & interfaces, 2015, 7: 26158 - 26166.

[84] HUANG J, LIN X, TAN H, et al. Bismuth microparticles as advanced anodes for potassium - ion battery [J]. Advanced energy materials, 2018, 8 (19): 1703496.

[85] SULTANA I, RANMAN M M, MATETI S, et al. K - ion and Na - ion storage performances of Co_3O_4 - Fe_2O_3 nanoparticle - decorated super P carbon black prepared by a ball milling process [J]. Nanoscale, 2017, 9 (10): 3646 - 3654.

[86] LAKSHMI V, CHEN Y, MIKHAYLOV A A, et al. Nanocrystalline SnS_2 coated onto reduced graphene oxide: demonstrating the feasibility of a non - graphitic anode with sulfide chemistry for potassium - ion batteries [J]. Chemical communications, 2017, 53 (59): 8272 - 8275.

[87] XIE K, YUAN K, LI X, et al. Superior potassium ion storage via vertical MoS_2 "nano - rose" with expanded interlayers on graphene [J]. Small, 2017, 13 (42): 1701471.

[88] GE J, FAN L, WANG J, et al. $MoSe_2$/N - doped carbon as anodes for potassium - ion batteries [J]. Advanced energy materials, 2018, 8 (29): 634 - 290.

[89] LU Y, YU Y, LOU X W. Nanostructured conversion - type anode materials for advanced lithium - ion batteries [J]. Chem, 2018, 4 (5): 972 - 996.

[90] SONG J, PARK S, GIM J, et al. High rate performance of a $NaTi_2(PO_4)_3$/

rGO composite electrode via pyro synthesis for sodium ion batteries [J]. Journal of materials chemistry A, 2016, 4 (20): 7815 - 7822.

[91] TAN Q, LI P, HAN K, et al. Chemically bubbled Hollow Fe_xO nanospheres anchored on 3D N - Doped few - layer graphene architecture as a performance - enhanced anode material for potassium - ion batteries [J]. Journal of materials chemistry A, 2019, 7 (2): 744 - 754.

[92] LU Y, CHEN J. Robust self - supported anode by integrating Sb_2S_3 nanoparticles with S, N - codoped graphene to enhance K - storage performance [J]. Science China chemistry, 2017, 60 (12): 1533 - 1539.

[93] HUANG H, CUI J, LIU G, et al. Carbon - coated $MoSe_2$/MXene hybrid nanosheets for superior potassium storage [J]. ACS nano, 2019, 13 (3): 3448 - 3456.

[94] LEI K, LI F, MU C, et al. High K - storage performance based on the synergy of dipotassium terephthalate and ether - based electrolytes [J]. Energy & environmental science, 2017, 10 (2): 552 - 557.

[95] FAN C, ZHAO M, LI C, et al. Investigating the electrochemical behavior of cobalt (Ⅱ) terephthalate ($CoC_8H_4O_4$) as the organic anode in K - ion battery [J]. Electrochimica Acta, 2017, 253: 333 - 338.

[96] LI C, DENG Q, TAN H, et al. Para - conjugated dicarboxylates with extended aromatic skeletons as the highly advanced organic anodes for K - ion battery [J]. ACS applied materials & interfaces, 2017, 9 (33): 27414 - 27420.

[97] KISHORE B, VENKATESH G, MUNICHANDRAIAH N. $K_2Ti_4O_9$: a promising anode material for potassium ion batteries [J]. Journal of the Electrochemical Society, 2016, 163 (13): A2551 - A2554.

[98] DONG Y, WU Z S, ZHENG S, et al. Ti_3C_2 mxene - derived sodium/potassium titanate nanoribbons for high - performance sodium/potassium ion batteries with enhanced capacities [J]. ACS nano, 2017, 11 (5): 4792 - 4800.

[99] HAN J, XU M, NIU Y, et al. Exploration of $K_2Ti_8O_{17}$ as an anode material for potassium - ion batteries [J]. Chemical communications, 2016, 52 (75): 11274 - 11276.

[100] HAN J, NIU Y, BAO S J, et al. Nanocubic $KTi_2(PO_4)_3$ electrodes for potassium - ion batteries [J]. Chemical communications, 2016, 52 (78): 11661 - 11664.

[101] WLEE G, PARK B H, NAZARIAN - SAMANI M, et al. Magneéli phase

titanium oxide as a novel anode material for potassium – ion batteries [J]. ACS omega, 2019, 4 (3): 5304 – 5309.

[102] LIAN P, DONG Y, WU Z S, et al. Alkalized Ti_3C_2 mxene nanoribbons with expanded interlayer spacing for high – capacity sodium and potassium ion batteries [J]. Nano energy, 2017, 40: 1 – 8.

[103] LEE Y M, CHOI N S, PARK J H, et al. Electrochemical performance of lithium/sulfur batteries with protected Li anodes [J]. Journal of power sources, 2003, 119: 964 – 972.

[104] DEMIR – CAKAN R, MORCRETTE M, BABU G, et al. Li – S batteries: simple approaches for superior performance [J]. Energy & environmental science, 2012, 6 (1): 176 – 182.

[105] LIU N, WU H, MCDOWELL M T, et al. A yolk – shell design for stabilized and scalable Li – ion battery alloy anodes [J]. Nano letters, 2012, 12 (6): 3315 – 3321.

[106] GE M, RONG J, FANG X, et al. Porous doped silicon nanowires for lithium ion battery anode with long cycle life [J]. Nano letters, 2012, 12 (5): 2318 – 2323.

[107] WU H, CHAN G, CHOI J W, et al. Stable cycling of double – walled silicon nanotube battery anodes through solid – electrolyte interphase control [J]. Nature nanotechnology, 2012, 7 (5): 310 – 315.

[108] YANG T, TIAN X, LI X, et al. Double core – shell Si@ C@ SiO_2 for anode material of lithium – ion batteries with excellent cycling stability [J]. Chemistry – A European journal, 2017, 23 (9): 2165 – 2170.

[109] XU Q, LI J. , SUN J, et al. Watermelon – inspired Si/C microspheres with hierarchical buffer structures for densely compacted lithium – ion battery anodes [J]. Advanced energy materials, 2017, 7 (3): 1601481.

[110] EOM J Y, KWON H S, LIU J, et al. Lithium insertion into purified and etched multi – walled carbon nanotubes synthesized on supported catalysts by thermal CVD [J]. Carbon, 2004, 42 (12 – 13): 2589 – 2596.

[111] RACCICHINI R, VARZI A, PASSERINI S, et al. The role of graphene for electrochemical energy storage [J]. Nature materials, 2015, 14 (3): 271 – 279.

[112] SRIVASTAVA M, SINGH J, KUILA T, et al. Recent advances in graphene and its metal – oxide hybrid nanostructures for lithium – ion batteries [J].

Nanoscale, 2015, 7 (11): 4820 - 4868.

[113] VARGAS C O A, CABALLERO A, MORALES J. Can the performance of graphene nanosheets for lithium storage in Li - ion batteries be predicted? [J]. Nanoscale, 2012, 4 (6): 2083 - 2092.

[114] WANG D W, LI F, LIU M, et al. 3D aperiodic hierarchical porous graphitic carbon material for high - rate electrochemical capacitive energy storage [J]. Angewandte chemie, 2008, 120 (2): 379 - 382.

[115] HAN F D, BAI Y J, LIU R, et al. Template - free synthesis of interconnected hollow carbon nanospheres for high - performance anode material in lithium - ion batteries [J]. Advanced energy materials, 2011, 1 (5): 798 - 801.

[116] OU J, ZHANG Y, CHEN L, et al. Nitrogen - rich porous carbon derived from biomass as a high - performance anode material for lithium ion batteries [J]. Journal of materials chemistry A, 2015, 3 (12): 6534 - 6541.

[117] SAIKIA D, WANG T H, CHOU C J, et al. A comparative study of ordered mesoporous carbons with different pore structures as anode materials for lithium - ion batteries [J]. RSC advances, 2015, 5 (53): 42922 - 42930.

[118] LI Y, TAN B, WU Y. Mesoporous Co_3O_4 nanowire arrays for lithium ion batteries with high capacity and rate capability [J]. Nano letters, 2008, 8 (1): 265 - 270.

[119] HAN W, QIN X, WU J, et al. Electrosprayed porous Fe_3O_4/carbon microspheres as anode materials for high - performance lithium - ion batteries [J]. Nano research, 2017, 11 (2): 892 - 904.

[120] POIZOT P, LARUELLE S, GRUGEON S, et al. Nano - sized transition - metal oxides as negative - electrode materials for lithium - ion batteries [J]. Nature, 2000, 407 (6803): 496.

[121] PARK J C, KIM J, KWON H, et al. Gram - scale synthesis of Cu_2O nanocubes and subsequent oxidation to CuO hollow nanostructures for lithium - ion battery anode materials [J]. Advanced materials, 2009, 21 (7): 803 - 807.

[122] LEE D J, KIM H T, PARK J K, et al. Composite protective layer for Li metal anode in high - performance lithium - oxygen batteries [J]. Electrochemistry communications, 2014, 40: 45 - 48.

[123] KWAK W J, PARK S J, JUNG, H G, et al. Composite protective layer for Li metal anode in high - performance lithium - oxygen batteries [J].

Advanced energy materials, 2018, 8: 1702258.

[124] KIM Y, KOO D, HAN Y K, et al. Two – dimensional phosphorene – derived protective layers on a lithium metal anode for lithium – oxygen batteries [J]. ACS nano, 2018; 12 (5): 4419 – 4430.

[125] ZHANG X, ZHANG Q M, XIE Z J, et al. An extremely simple method for protecting lithium anodes in Li – O_2 batteries [J]. Angewandte chemie international edition, 2018, 57: 12814 – 12818.

[126] XU J J, LIU Q C, YU Y, et al. In situ construction of stable tissue – directed/reinforced bifunctional separator/protection film on lithium anode for lithium – oxygen batteries [J]. Advanced materials, 2017, 29: 1606552.

[127] YU Y, HUANG G, WANG J Z, et al. In situ designing a gradient Li^+ capture and quasi – spontaneous diffusion anode protection layer toward long – life Li – O_2 batteries [J]. Advanced materials, 2020, 32: 2004157.

[128] SUN Z, WANG H R, WANG J, et al. Oxygen – free cell formation process obtaining LiF protected electrodes for improved stability in lithium – oxygen batteries [J]. Energy storage materials, 2019, 23: 670 – 677.

[129] LUO Z, ZHU G, GUO L, et al. Improving cyclability and capacity of Li – O_2 batteries via low rate pre – activation [J]. ChemComm, 2019, 55: 2094 – 2097.

[130] HIRSHBERG D, SHARON D, DE LA LLAVE E, et al. Feasibility of full (Li – ion) – O_2 cells comprised of hard carbon anodes [J]. ACS applied materials & interfaces, 2017, 9 (5), 4352 – 4361.

[131] YE L, LIAO M, SUN H, et al. Stabilizing lithium into cross – stacked nanotube sheets with an ultra – high specific capacity for lithium oxygen batteries [J]. Angewandte chemie international edition, 2019, 58: 2437 – 2442.

[132] HASSOUN J, JUNG H G, LEE D J, et al. A metal – free, lithium – ion oxygen battery: a step forward to safety in lithium – air batteries [J]. Nano letters, 2012, 12: 5775.

[133] ZHANG Y, JIAO Y, LU L, et al. An ultra – flexible silicon – oxygen battery fiber with high energy density [J]. Angewandte chemie international edition, 2017, 129: 13741 – 13746.

[134] WU S, ZHU K, TANG J, et al. A long – life lithium ion oxygen battery based on commercial silicon particles as the anode [J]. Energy & environmental science, 2016, 9: 4352 – 4361.

[135] GUO Z, DONG X, WANG Y, et al. Lithium air battery with a lithiated Al/carbon anode [J]. ChemComm, 2015, 51: 676 - 678.
[136] ELIA G A, BRESSER D, REITER J, et al. Interphase evolution of a lithium - ion/oxygen battery [J]. ACS applied materials & interfaces, 2015, 7: 22638.

第7章

其他电极组成材料

7.1 导电剂

导电剂是一种增强电池电极材料与活性颗粒之间导电性的物质，常用的导电剂有碳粉、碳纳米管、乙炔黑等物质。导电剂的作用是在正负极活性材料之间和活性材料与集流体之间聚集微电流，减小电池的内阻，加快电子在集流体中的迁移速度，特别是对于在电动车中应用的动力型锂离子电池，导电剂在其高倍率大电流充放电过程中起着十分重要的作用。通常导电剂可以按照以下标准进行选择。

(1) 依据倍率性能。需要根据对电池的倍率要求和活性物质的电导率来选择导电剂。对于锂离子电池来说，要实现高倍率充放电性能，一般正极需要添加更高导电性能的导电剂。

(2) 依据正负极活性物质的粒径、形貌。首先要在正极电极中形成导电节点有效的导电网络，并且导电剂的粒径最好与正极中活性物质的粒径相同或接近；其次导电节点的作用是将电极材料颗粒聚集起来，这就需要选择不同形貌结构的导电剂加入正极中，构成完整有效的导电网络，满足对导电性能的要求。

(3) 依据电池的高低温性能。正极中添加的导电剂必须保证在大电流充放电条件下或者高低温状态工作时，有优良的散热性能和电阻稳定性。

(4) 依据离子传导能力。为改善电极的离子传导能力，电极必须具有合适的孔隙率和良好的吸液能力，这就要求选用的导电剂具有高孔隙率和大比表面积。

(5) 依据导电剂的比例及添加量。添加的导电剂的质量多，则相应的活性物质的比重下降，电池的能量密度下降。因此在保证电池的电子电导率的条件下，需要降低正极中导电添加剂的比重。这就说明导电剂的添加量和电池性能并不是成正比关系的。

(6) 依据电池的总成本要求。在保证能够达到电导率和电池性能的要求时，尽量选择价格低的导电剂。

导电剂一般有炭黑、碳纤维、碳纳米管等，这些导电剂可以在正负极活性材料中形成良好的导电网络，提高动力型锂离子电池的充放电容量和延长其使用寿命。无论是锂离子电池还是其他种类高比能二次电池，添加的导电剂的种类和数量都是影响电池性能的重要因素，不仅如此，实际发展中也要考虑导电剂密度、成本和工艺问题。另外，复合导电剂也是近年来研究的热点，复合导电剂可以发挥不同导电剂组分的优点，形成协同效应，较为显著地改善锂离子电池的性能。

导电剂与活性材料的几种不同机理如图7－1所示。

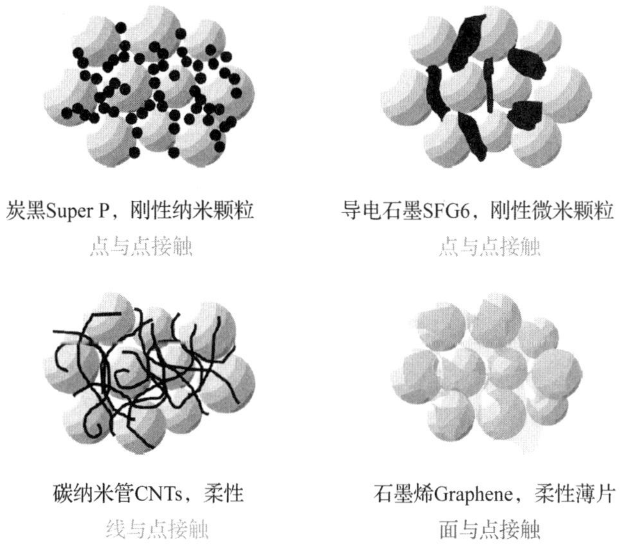

图7－1　导电剂与活性材料的几种不同机理

7.1.1　炭黑类导电剂

炭黑是由小颗粒碳和烃热分解的生成物在气相状态下形成的熔融聚合物的总称。炭黑类导电剂中炭黑颗粒之间一般会以聚合成链状或者葡萄状展现，并且以此来表现炭黑的结构性，粒径几乎是导电石墨粒径的1/10。根据导电能力大小，其可以分为导电炭黑、超导电炭黑和特导电炭黑。高聚合的炭黑导电剂一般具有颗粒较细、比表面积大、网状链堆积十分紧密、单位质量颗粒多等特性。这些特性有利于电极中导电剂与正负极活性物质形成链式导电结构。

炭黑导电剂的种类有乙炔黑、SuperP、超导炭黑、碳纤维、碳纳米管、科琴黑。其中，科琴黑、碳纳米管和乙炔黑是近年来锂离子电池中常用到的导电剂。与其他用于电池的导电炭黑相比较，科琴黑具有独特的支链状形态。这种形态的优点在于，导电体导电接触点多，支链形成较多导电通路，因而只需很少的添加量即可达到极高的导电率。导电炭黑粉末的相关参数见表7－1。

表 7-1　导电炭黑粉末的相关参数

材料参数	比表面积/($m^2 \cdot g^{-1}$)	粒径 D50/nm	OAN/Ml(1)	电导率	分散性
导电炉黑 P 型	120	—	102	☆	☆
乙炔黑	80	40	250	☆☆☆	☆☆☆
Super P Li	60	40	290	☆☆☆☆	☆☆☆
ENSACO™350G	800	40	320	☆☆☆☆☆	☆
Keten blackECP-600D	1 270	30	495	☆☆☆☆☆	☆

注：(1) 油的吸附值（OAN）用 100 g 碳吸附邻苯二甲酸二丁酯（DBP）油的量，通常用于比较不同的炭黑，故未直接用在石墨上。

有学者研究了传统导电炭黑对锂离子电池性能的影响，其课题组工作是首先采用过氧化氢对导电炭黑进行氧化处理以提高其亲水性并探究了这种改性的导电炭黑对以水性黏合剂作为电极片黏结剂的锂离子电池的性能与循环特性。研究结果表明：在水性黏合剂的电极材料黏结剂体系中，经双氧水处理的导电炭黑显著地降低了电池循环过程中内阻变化率，延长电池循环寿命，在 1 C/2 C 充放电循环条件下，电池循环寿命延长了 47.1%。另外炭黑应在干燥环境下储存，因为其具有较大的比表面积，易吸水。如图 7-2 所示，导电石墨最初用于锂离子电池是充当导电网络的节点。

图 7-2　导电石墨扫描电镜图

7.1.2　导电石墨

石墨的晶体结构为碳原子最外层有 4 个碳原子，其中 3 个碳原子之间 sp^2 杂化轨道形成共价键，并形成稳定的六边形网状结构；其余一个碳原子沿着石墨层共享一个价电子，形成大 π 键，有连续电子云结构，所以在平行于石墨层的方向上表现出金属特性。导电石墨最初用于锂离子电池是充当导电网络的节点，且其粒径接近正极活性物质的粒径，天然石墨颗粒较大、导电性较差，所以运用在锂离子电池中的材料基本为人造石墨。与负极材料人造石墨相比，作为导电剂的人造石墨具有更小的颗粒度，有利于极片颗粒的压实以及改善离子和电子电导率。作为疏水性物质，石墨较难被润湿，所以一般使用的锂离子电池有机电解液应具有很高的介电常数和较高的润湿性。但是根据石墨的状态，其可能仍不会被润湿。因此一般情况下为确保负极材料性能发挥，会对其表面进行修饰以确保其表面被电解液润湿。石墨导电剂主要有 KS－6、KS－15、SFG－6、SFG－15 等种类。导电石墨粉末的相关参数如表 7－2 所示。

表 7－2　导电石墨粉末的相关参数

材料种类	粒径 $d_{90\%}/\mu m$(1)	粒子形状	比表面积/($m^2 \cdot g^{-1}$)	DBPA(ASTM 281)/g(2)
KS－6	6.5	鳞片	20	114
KS－15	17	鳞片	12	104
SPG－6	6.5	非等轴薄片	16	117
SFG－15	18	坚固非等轴薄片	9	120

注：(1) 粒径 $d_{90\%}/\mu m$ 表示 90% 的颗粒粒径是 6.5μm；(2) DBPA［100g 碳吸附邻苯二甲酸二丁酯 (DBP) 油的量］，DBPA 的值与石墨能够吸附的聚合物的量是有关的，其值越高就需要使用越多的溶剂使其在液态介质中分散。

导电炭黑和导电石墨的导电性都较高，但两者的形貌差别很大。炭黑通常是球形的，尺寸从几纳米到几十纳米，石墨通常是片状的，普通石墨尺寸一般是微米级的，纳米石墨尺寸会较小。我们选择导电剂时要看它们与电极材料之间的接触情况。

7.1.3　碳纳米管导电剂

相比于上文介绍的传统导电剂导电炭黑和导电石墨，碳纳米管和石墨烯等则属于新型导电剂。碳纳米管有着区别于上述导电剂的“点－点”接触网络，其采用“线－点”接触方式进行导电，能进一步促进电极材料微观颗粒间的电子传输，从而能更好地提升电极材料的导电性能，从这一方面来讲，可以很好地减少涂片过程中导电剂的用量并提高活性物质的占比。同时，碳纳米管独特的三维管状结构不仅能够有效地连接更多的活性物质从而提高电池容量，并且可以减少电池在充放电过程中因正极颗粒发生体积收缩和膨胀而导致的电阻增加。

碳纳米管的结构可看成是由片层石墨卷曲而成的无缝一维管状纳米材料，其中每层碳纳米管的侧壁是由碳原子通过 sp^2 杂化，与周围 3 个碳原子键合成在一个平面的六边形。碳纳米管属于新型碳材料并具有良好的导电性，其径向导电率为 106 S/cm，应用于锂电池时可加快锂离子快速嵌入脱出的自由传递速度，对锂电池的大功率充放电十分有利。线性结构的碳纳米管包覆在活性物质表面，形成了良好的电子导电网络，既可降低电池内阻，提高电池的倍率放电性能，又同时增强了活性物质和集流体之间的相互连接，提高了电池的循环性能。

单壁碳纳米管与多壁碳纳米管如图 7 – 3 所示。

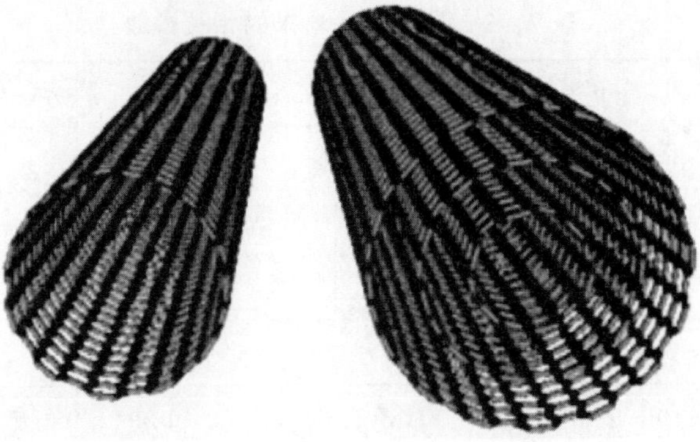

(a)　　　　(b)

图 7 – 3　单壁碳纳米管与多壁碳纳米管

(a) 单壁碳纳米管；(b) 多壁碳纳米管

目前碳纳米管作为导电剂用在橄榄石型 $LiFePO_4$（LFP）正极材料中的研究最为深入和广泛，常用方法是将碳纳米管混入电极材料的前驱体原料或熟料中，可以显著提升电极材料的性能。Yang 等人采用溶剂 – 凝胶法并通过热处理得到一维核壳结构的 LFP @ CNT 复合材料；均匀的 CNT 外壳和 3D 网络充当连续的导电网络使得电子易在 LFP 与 CNT 表面进行快速转移，同时具有聚合物包覆的 LFP 纳米线减少了锂离子扩散路径又增加了电解质和活性材料之间的接触面积，CNT 作为添加剂起到了重要作用。

不同管径 CNT 对电性能影响与不同含量 CNT 倍率性如图 7 – 4 所示。

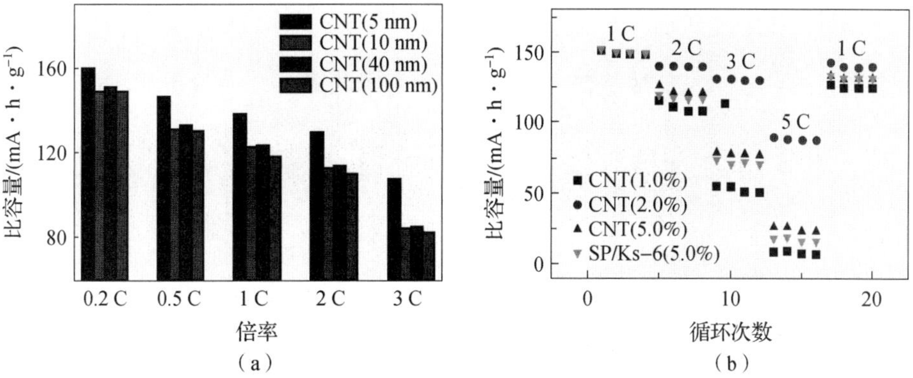

图 7－4　不同管径 CNT 对电性能影响与不同含量 CNT 倍率性

(a) 不同管径 CNT 对电性能影响；(b) 不同含量 CNT 倍率性

通过机械混合的方法将碳纳米管混入前驱体原料及熟料的方法已在工业中有所应用。此外，随着三元正极材料逐步成为目前发展的主流趋势，更适用于该材料的碳纳米管导电剂会比适用于 $LiFePO_4$ 的石墨烯导电剂需求增长更快，具有更高的商用价值。Li 等人探究了添加不同比例的碳纳米管对三元正极材料性能的影响，他们将导电剂用量降低到 2.0%，增大活性物质比例，提高电池容量，同时达到改善电池倍率性能、降低内阻的目标。

7.1.4　石墨烯导电剂

石墨烯是一种二维平面的有序排列的单层碳原子的蜂窝状结构，有着超高的比表面积、优异的导热性和导电性，同时还有着柔性的片层结构，这些优异的性能使得石墨烯在能源领域有应用前景。石墨烯导电剂的高效性除因石墨烯具有良好的电导率和平面二维结构外，还跟其与活性材料颗粒独特的接触模式有关。相对于炭黑类导电剂在活性物质颗粒中的“点－点”接触模式，Su 等提出了石墨烯与活性物质是“面－点”的接触模式。“面－点”的接触模式无论从碳原子的接触效率还是使用效率来说都远高于“点－点”接触模式。具有超薄性能的石墨烯材料可以大幅提升导电剂的使用效率，只需少量即可构建高效的导电网络，因此发展石墨烯材料，早日实现石墨烯的商业化应用是突破材料领域瓶颈的关键。石墨烯与导电网络的导电机理示意图如图 7－5 所示。

石墨烯应用仍有瓶颈。一是由于石墨烯的二维平面结构会对锂离子的迁移造成位阻效应，特别是在高倍率电流下位阻效应更加明显。石墨烯的位阻效应主要取决于电极厚度、活性材料颗粒和石墨烯的颗粒大小，所以在设计使用石墨烯导电剂的锂离子电池时，需要综合考虑离子和电子迁移的均衡性。二是石

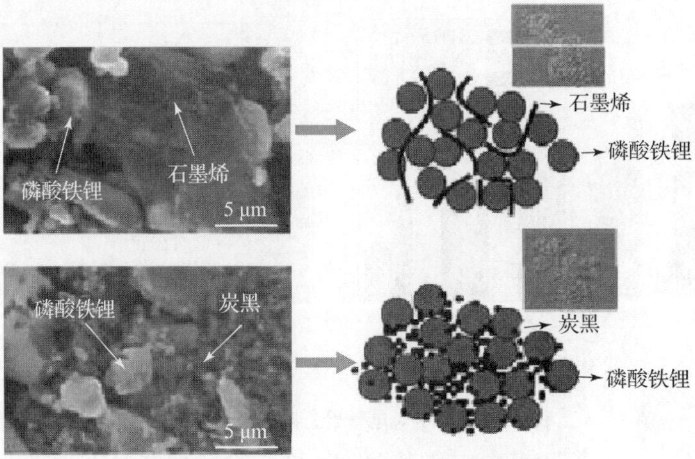

图 7-5　石墨烯与导电网络的导电机理示意图

墨烯导电剂在锂离子电池中的分散问题，导电剂的分散对于锂离子电池性能的发挥十分重要。所以，现今石墨烯导电剂研究多聚焦于石墨烯与其他导电剂复合的新材料，如炭黑与石墨烯的复合导电剂材料，炭黑和活性物质间为点点接触，可以渗入活性物质的颗粒间，充分增加活性物质的利用率，碳纳米管为点线接触，可以在活性物质间穿插形成网状结构，不仅增加导电性，同时还可以充当部分黏结剂的作用，而石墨烯的接触方式为点面接触，可以将活性物质表面连接起来，作为主体，形成一个大面积的导电网络，但是却难以使活性物质被完全覆盖，即使继续增加石墨烯的添加量也难以完全利用活性物质，还会造成 Li 离子扩散困难，使电极性能下降，所以可以将两者综合起来构筑一个结合两者优点的新型复合导电剂。

为了改善单独使用石墨烯的缺点，李等人采用十六烷基三甲基溴化铵作为表面活性剂将氧化石墨烯和炭黑超声分散后，采用水热方法将二者组装到一起，进而高温热处理得到石墨烯/炭黑杂化材料，并探究了不同热处理温度和不同 GN/CB 比例对复合导电剂性能的影响。结果表明，CB 的引入能够阻止 GN 团聚，从而提高导电剂的电子导电性，同时由于 GN 质量分数的降低和电解液吸附量的增加，CB 还可以增强 Li^+ 的扩散，且含有质量分数 5% 的导电剂（经 900 ℃处理后）的 $LiFePO_4$ 电极在 10 C 时的比容量为 73 mA · h/g，优于含有质量分数 10% CB(62 mA · h/g)，所以调控二者在一个合适的比例，对复合导电剂性能有着十分重要的影响。

同样，也可采用碳纳米管与石墨烯进行复合，上文提到过碳纳米管是由石墨烯片层卷曲形成的一维管状碳材料，与石墨烯在电学、力学以及热学方面存在相似的性质。然而，碳纳米管的中空管状结构，导致形成不同于石墨烯的各向异性，所以可以采用石墨烯协同碳纳米管构建三维导电网状结构以改善两者性能。采用石墨烯协同碳纳米管构建三维导电网状结构：①石墨烯可作为碳纳米管的支撑平台，构建电子的三维输运通道；②碳纳米管插嵌到石墨烯片层中，抑制石墨烯的堆叠及碳纳米管的团聚问题；③采用碳纳米管填充石墨烯空隙，可形成桥连结构，提供更为直接与通畅的电子导电路径，同时可降低石墨烯对锂离子的阻碍作用。石墨烯与炭黑、碳纳米管复合图示如图7-6所示。

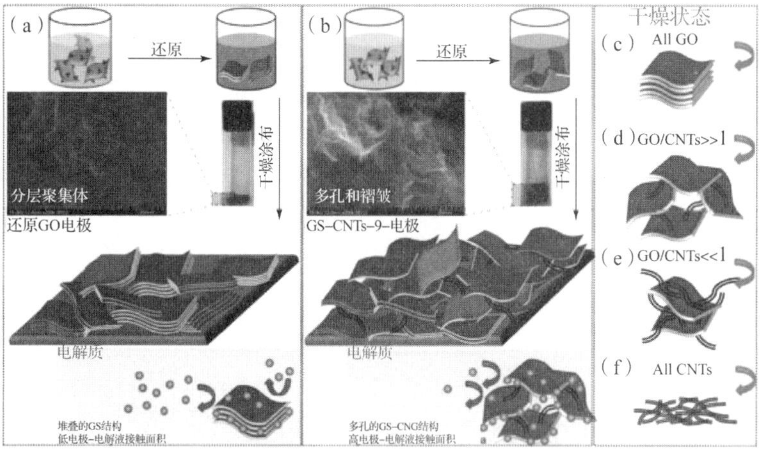

图7-6 石墨烯与炭黑、碳纳米管复合图示

7.1.5 碳纤维类导电剂

由于具有导电性好、密度小、结构稳定好等特性，碳纤维可以被应用于锂离子电池正极材料作为导电剂。导电碳纤维主要包括气相生长碳纤维及碳纳米管，前一种导电剂有着高的本征电导率和热导率，这些导电剂在充放电速度慢时能发挥很好的性能。碳纤维类导电剂具有较大的长径比，因此可利用其这一特征改善极片的韧性。同时较大的长径比有利于形成导电网络，提高活性材料之间及活性材料与集流体之间的黏结牢固性，起到物理黏结剂的作用。此外，利用纤维的特征，还能减小充放电过程中极片膨胀收缩对电池性能造成的负面影响，从而提高电池的循环性能。但是在大倍率快速充放电时，使用纤维类导电剂的电极较易产生极化，导致活性物质的利用率下降。同时，碳纤维作为导电剂时，活性材料和黏结剂不能很好地均匀混合，会导致锂离子电池的电阻增大，电极间的电子电导率降低，所以碳纤维类导电剂在锂离子电池中应用较少。

7.2 黏结剂

在锂电池中，黏结剂活性材料、集流体以及导电剂一起构成了电池电极。黏结剂主要工作原理包括机械咬合、静电理论、吸附理论和扩散理论等。通常情况下，黏结剂的工作原理并不是单独存在的而是可能会在不同的场景中同时产生的。吸附理论是其中最主要的理论。该理论认为，黏结剂和黏结对象二者的具体性质决定了可能存在的相互作用，常见的相互作用包括氢键、共价键、离子键等化学作用和范德华力等物理作用。该理论能有效地解释两个紧密接触的表面之间的结合。首先黏结剂具有良好的黏结性能，能将活性材料和导电剂均匀、稳定地黏在集流体上，在多次充放电循环后，不会出现活性材料脱落的情况；其次黏结剂具有良好的稳定性，在高电压下不被氧化，低电压下不被还原；最后在电池充放电过程中，黏结剂对体积易发生变化的电极材料（如硅基负极材料）具有缓冲作用，也可改善电极颗粒表面与电解质界面的润湿性，同时还可作为电子传输通道的连接点，有利于促进锂离子的传输。随着锂离子电池产业的不断发展，对黏结剂的性能要求也在不断提高。新型结构的锂离子电池需要黏结剂具有优异的力学性能；动力型锂离子电池由于放电功率大，需要黏结剂在具有良好黏结性的同时还具有较好的电子和离子电导性，本节主要从正负极材料角度来介绍黏结剂种类、改性方法和机理。

7.2.1 正极黏结剂

电池正极以 PVDF 油溶性黏结剂为主，占比高达 90%，其余 10% 为水溶性黏结剂。PVDF 是聚偏氟乙烯的英文缩写，是指偏氟乙烯均聚物或者偏氟乙烯与其他少量含氟乙烯基单体的共聚物，是一种半透明或白色粉末（图 7 - 7），它兼具氟树脂和通用树脂的特性，具有良好的耐化学腐蚀性、耐高温性、耐氧化性等。PVDF 是目前使用最为广泛的锂电池正极黏结剂，占比高达 90% 以上。但传统的 PVDF 黏结剂不具有导电性，许多研究学者提出了新体系的黏结剂以适应高比能锂电池。

1. 聚合物类黏结剂

相对于 PVDF 黏结剂，此类黏结剂拥有更优异的化学稳定性，长时间循环亦能保持正极材料的均一稳定，保证更有效的导电网络和更稳定的界面结构，

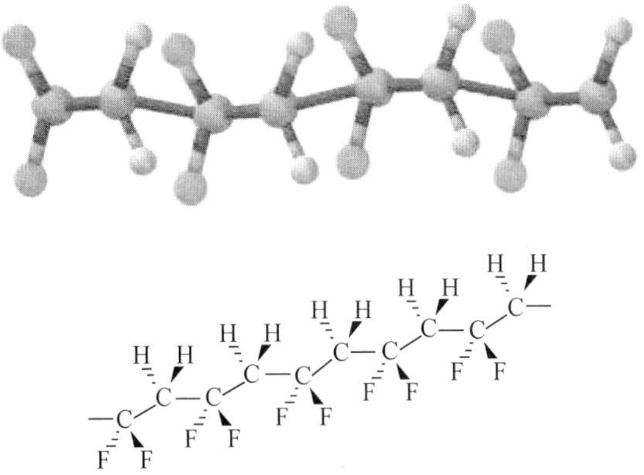

图 7-7　PVDF 结构示意图

维持 LFP 材料长期稳定的导电和导离子性，从而提升电池性能。

Gonçalves 将绿色溶剂、新型聚合物黏结剂（聚苯乙烯-丁烯/乙烯-苯乙烯）（SEBS）和 C-$LiFePO_4$（正极）制成油墨配方，经过丝网印刷获得印刷电极。在 0.2 C 倍率下，带有 SEBS 的正极薄片放电容量为 137 mA·h/g，而传统聚偏氟乙烯黏结剂的正极薄片放电容量为 53 mA·h/g。在 5 C 倍率下，含 SEBS 的正极薄片放电容量为 113 mA·h/g，含 PVDF 的正极薄片放电容量仅为 29 mA·h/g。使用 SEBS 黏结剂的电池倍率性能更加优异，这是由于在 LFP 电池中，与 PVDF 黏结剂相比，SEBS 黏结剂可提供更有效的导电网络和更稳定的界面结构。这一现象可以由三嵌段聚合物两端的多畴结构解释，几个“黏在一起”的粒子同时作为交联分子，具有柔韧性和黏合性。这表明 SEBS 黏结剂更适用于印制的磷酸铁锂正极。

Qiu 等以棉花为原料，合成了羧甲基纤维素锂（CMC-Li），将 CMC-Li 作为磷酸铁锂正极水性黏结剂。在经过 200 个循环后，与传统的聚偏氟乙烯黏结剂相比，含 CMC-Li 黏结剂的电池达到了磷酸铁锂初始可逆容量的 96.7%，即 175 mA·h/g，显著提高了 LFP 正极的循环性能。此外，应用 CMC-Li 黏结剂的电池，在 0.2 C 的放电速率下，放电容量高达 171.5 mA·h/g。当放电速率增加到 0.5 C 时，放电容量降低到 158.2 mA·h/g。即使在 1 C 的倍率下，放电容量仍然高达 139.8 mA·h/g，这表明放电容量随倍率性能的增强呈线性变化，这是由于 CMC-Li 可以在 LFP 材料上均匀分布，缩短了锂离子正负极传输距离，提高了离子传输效率和导电性，电池表现出较好的倍率性能和循环性能。

2. 含硫类正极黏结剂

为了抑制锂-硫电池中的“穿梭效应”，现研究大多选用含氧官能团丰富的黏结剂，如聚磷酸铵（APP）、木质素磺酸钙（LSCA）等，其中电子密集的氧原子和多硫化锂中 Li^+ 复合，相对于 PVDF 黏结剂，能更好地吸附、捕获多硫化锂。

Zhang 等开发了一种基于三维（3D）交联单宁酸（TA）/聚环氧乙烷（PEO）复合物的三合一多功能黏结剂，其中丰富的含氧基团可以在正极中固定多硫化物以抑制“穿梭效应”；在硫/碳复合正极中，使用 TA/PEO 黏结剂组装的电池在 0.2 C 下 1 000 次循环后的放电容量为 476.7 mA·h/g，远高于应用 PVDF 黏结剂的电池（仅 30 mA·h/g）的放电容量。而相应的容量衰减约为 0.03%，优于大多数报道的黏结剂。即使在 5.0 mg/cm^2 的高硫负荷下，电池在 150 个周期内仍能保持 74.5% 的容量。此外，TA/PEO 黏结剂的正极制备是一种水性工艺，使其特别有希望用于大规模生产。

Wu 等首次在锂－硫电池中应用一种新型环保型多功能黏结剂——木质素磺酸钙。研究发现，LSCA 电极在 1 C（1 C = 1 675 mA·h/g）下 500 次循环后保持了 453 mA·h/g 的容量，即使在 5 C 下也能提供 571 mA·h/g 的高容量，其性能比传统的 PVDF 电极要好得多。此外，在 0.05 C 下 100 次循环后，在 7.64 mg/cm^2 的高硫负载下仍能获得 4.16 $mA·h/cm^2$ 的较佳面积容量。与聚偏氟乙烯相比，LSCA 对多硫化物的吸附能力更强，这主要是因为木质素磺酸盐中含有丰富的磺酸盐基团，这些磺酸盐中含有富孤对电子的氧，通过形成锂氧键来限制多硫化物，这对锂离子迁移更为有利，且具有更好的黏附性能。

7.2.2 负极黏结剂

负极活性材料经过几年的发展，其中碳基负极材料、硅基负极材料和 LTO 类负极材料应用最为广泛。然而，PVDF 黏结剂在碳基材料中易与 Li 和 LiC_6 反应，导致负极上锂盐（LiF_6）沉积，增加电池界面阻抗。同时，硅基材料在脱嵌锂的过程中会发生膨胀，从而造成电池容量下降。而 LTO 材料具有尖晶石结构，脱嵌锂过程中材料几乎不发生体积变化，但是其导电性较差。因此，黏结剂在负极不同活性物质中的作用也有所不同。

1. 含碳类

近几十年来，碳基材料发展迅速，在锂电池负极中应用广泛。Yen 等将丁苯橡胶/羧甲基纤维素（SBR/CMC）黏结剂与微米尺寸的中间相石墨（SMG）结合，构成大功率锂电池负极。相对于 PVDF 负极，SBR/CMC 黏结剂负极第一个循环的不可逆容量损失降低，在 55 ℃条件下，SBR/CMC 黏结剂负极在 300 次循环后还保持初始容量的 90%，而 PVDF 黏结剂负极循环 290 次后，容量就衰减到初始容量的 80%，表明 SBR/CMC 黏结剂延长了电池的高温（55 ℃）循环寿命。表面分析表明，这种增强是因为 SBR/CMC 黏结剂石墨负极固态电解质层的形成较慢且更稳定，表明黏结剂的组成对负极上的 SEI 膜形成有显著影响。Chai 等将壳聚糖应用在电池球形石墨负极中。在相同比容量下，壳聚糖基负极的首次库仑效率（95.4%）高于应用 PVDF 黏结剂的球形石墨电极（89.3%）。在 0.5 C 倍率下，充放电循环 200 次后，壳聚糖基电极的容量保持率（>91%）明显高于聚偏氟乙烯基电极容量保持率。

Wang 等将聚甲基丙烯酸甲酯－聚偏氟乙烯（PVDF－PMMA）复合黏结剂应用在锂电池石墨层状电极中。相对于传统 PVDF 黏结剂，PVDF－PMMA 复合黏结剂提高了石墨负极内锂离子的扩散；在 50 C 的高放电速率下，采用 PVDF－PMMA 复合黏结剂的电极能保持 80% 以上的容量，而基于 PVDF 黏结剂的电极容量保持率仅为 16.2%。如图 7－8 所示，经过 200 次充放电循环后，使用 PVDF－PMMA 复合黏结剂电池的容量保持率超过 92%，而使用纯 PVDF 黏结剂的电池容量保持率已低于 66%，表明石墨电极上形成的固体电解质界面具有良好的稳定性。

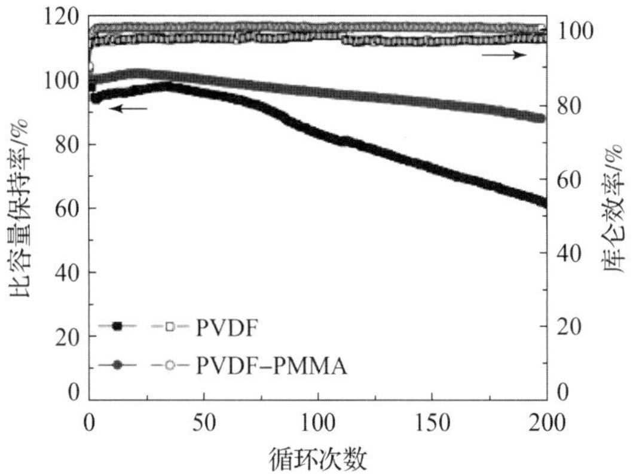

图 7－8　不同隔膜的电池循环性能

2. 含硅类

硅拥有超高的理论比容量（4 200 mA·h/g）、安全的嵌锂电位、价格低廉，被广泛研究。然而，在电池充放电过程中，随着脱锂反应和嵌锂反应的进行，硅基材料会发生巨大的体积膨胀（约 300%），使活性物质脱离导电网络，表面 SEI 膜不断地破裂、重新生成，导致容量衰减和库仑效率变低。在硅负极中，黏结剂黏弹性和结构强度太强，都会导致硅颗粒与导电网络脱离，影响电池性能。Liu 等首次将生物高聚物瓜尔胶（GG）作为锂离子电池硅纳米粒子

(SINP) 负极的黏结剂。由于 GG 分子中含有大量极性羟基，因此在循环过程中，GG 黏结剂与 SiNP 之间实现了强有力的相互作用，从而形成了稳定的 Si 负极。更具体地说，GG 黏结剂可以有效地将锂离子转移到硅表面，类似聚乙烯氧化物固体电解质。应用 GG 黏结剂的 SiNP 负极，初始放电容量高达 3 364 mA · h/g，在电流密度为 2 100 mA/g 时，库仑效率为 88.3%，循环 300 次后，依然能保持 1 561 mA · h/g 的容量。研究表明，与以 PVDF 为黏结剂和海藻酸钠为黏结剂的 SiNP 负极相比，以 GG 为黏结剂的 SiNP 负极的电化学性能有了显著提高，表明 GG 是一种有前途的锂离子电池 Si 负极黏结剂。Chu 等为克服硅在充放电过程中体积膨胀和粉化的问题，采用直接芳基化的方法制备了一种基于二氧乙烯（EDOT）和苯撑（EP）的新型共轭聚合物黏结剂，导电 EP 黏结剂对 Si 的黏附力增强，由 EP 制成的电极在第一个循环时的放电容量为 2 250 mA · h/g，在第 50 个循环时的容量为 670 mA · h/g，远高于 PVDF 黏结剂制成的电极的容量。Liu 等将水溶性聚乙烯醇与聚乙烯亚胺（PEI）通过原位热交联合成了一种新型的具有网状结构的聚合物黏结剂（PVA – PEI），采用 PVA – PEI 黏结剂的 Si 负极在初始循环中表现出高的放电比容量（3 072.9 mA · h/g）、高的初始库仑效率（83.8%），长期循环后仍具有较好的稳定性（300 次循环后放电比容量为 1 063.1 mA · h/g）。含有 PVA – PEI 黏结剂的 Si 负极同时也表现出优异的倍率性能，即使在 10 A/g 的高电流密度下，也能达到 1 590 mA · h/g 的高比容量。这些优异的电化学性能归因于可逆变形聚合物网络和黏结剂对硅颗粒的强黏附性。这种低成本、环保的聚合物黏结剂有很大的潜力用于下一代锂离子电池的硅负极。

7.3 集流体或柔性集体

集流体是锂离子电池中不可或缺的组成部件之一，它不仅能承载活性物质，而且可以将电极活性物质产生的电流汇集并输出，有利于降低锂离子电池的内阻，提高电池的库仑效率、循环稳定性和倍率性能。锂离子电池集流体原则上应满足以下几个条件：①电导率高；②化学与电化学稳定性好；③机械强度高；④与电极活性物质的兼容性和结合力好；⑤廉价易得；⑥质量轻。但在实际应用过程中，不同的集流体材料仍存在这样或那样的问题，因而不能完全满足上述多尺度需求。如铜在较高电位时易被氧化，适合用作负极集流体；而铝作为负极集流体时腐蚀问题则较为严重，适合用作正极的集流体。目前可用作锂离子电池集流体的材料有铜、铝、镍和不锈钢等金属导体材料、碳等半导体材料以及复合材料。

7.3.1　铜集流体

铜是电导率仅次于银的优良金属导体，具有资源丰富、廉价易得、延展性好等诸多优点。但考虑到铜在较高电位下易被氧化，因此常用作石墨、硅、锡以及钴锡合金等负极活性物质的集流体。常见的铜质集流体有铜箔、泡沫铜和铜网以及三维纳米铜阵列集流体。

1. 铜箔集流体

根据铜箔的生产工艺，可进一步将铜箔分为压延铜箔和电解铜箔。与电解铜箔相比，压延铜箔的电导率更高，延伸效果更好，但其生产工艺控制难度大，原料成本高及国外对关键技术的垄断也限制了其应用；而生产电解铜箔的原料则可从废铜、废电缆等废旧材料中重新提炼，成本较为低廉，有助于可持续发展战略，减轻环境压力。电解铜箔于 20 世纪 30 年代起源于美国，Anaconda 公司发明了铜箔电解制造技术。此后，Gould 公司和 Yates 公司发展了电解铜箔技术，成功将电解铜箔应用在印刷电路板行业。20 世纪 70 年代初期，日本引进美国的电解技术，电解铜箔行业蓬勃发展。此后，日本在世界电解铜箔市场的份额一度达到 90%。我国的电解铜箔产业在 20 世纪 80 年代才初步形成，我国在经济飞速发展的大环境下，对电解铜箔的需求也大大增加，促进了该行业的发展，中低端电解铜箔实现国产化，但是在高端铜箔方面与国外技术（特别是日本）还存在较大的差距。电解铜箔分为双面光、双面毛、单面毛、双面粗化及高延伸率等几种类型。电解铜箔应用的不断扩大，降低了生产成本，生产技术也变得非常成熟。铜箔的化学性能、物理及机械性能大大提高，电解铜箔取代压延铜箔在锂离子电池中的应用成为可能。

对弯曲度要求不高的锂离子电池可以选择电解铜箔作为负极集流体。研究表明，增加铜箔表面的粗糙程度有利于提高集流体与活性物质之间的结合强度，降低活性物质与集流体之间的接触电阻，相应地，电池的倍率放电性能及循环稳定性也更好。与光面铜箔相比，将活性物质硅从毛面铜箔上剥离所需要的力增加了 1 倍，如图 7－9（a）所示；在 0.1 C 倍率放电时，毛面铜箔/硅电极的初始放电比容量高达 1 951.2 mA·h/g，高出光面铜箔/硅电极 594.2 mA·h/g；在 0.3 C 与 0.5 C 倍率放电时，毛面铜箔/硅电极也表现出了较高的放电比容量，如图 7－9（b）所示。相应地，经过 40 圈充放电循环后，毛面铜箔电极的放电比容量仍为 1 080 mA · h/g，高于光面铜箔/硅电极的 600 mA · h/g [图 7 - 9 (c)]。但是，电解液更容易在毛面铜箔表面发生还原反应，并降低电池性能。因此，需要优化并严格控制铜箔表面的粗糙度。

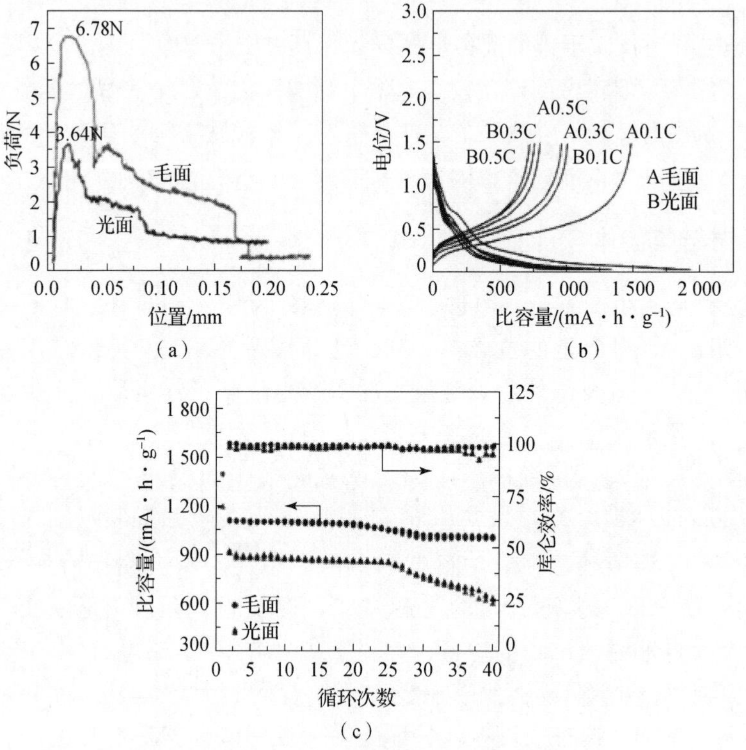

图 7 - 9　毛面铜箔/硅电极电化学性能

(a) 电毛细曲线；(b) 容量 - 电压曲线；(c) 循环性能

2. 泡沫铜集流体

泡沫铜是一种类似海绵的三维网状材料，具有质量轻、强度韧性高以及比表面积大等诸多优点。虽然硅、锡负极活性材料具有很高的理论比容量，并被认为是颇有发展前景的锂离子电池负极活性材料之一，但在循环充放电过程中其也存在体积变化较大、粉化等缺点，严重影响电池性能。研究表明，泡沫铜集流体可以抑制硅、锡负极活性物质在充放电过程中的体积变化，减缓其粉化现象，从而提高电池性能。

3. 其他形貌的铜集流体

三维铜纳米线集流体是由生长在铜箔表面的纳米线阵列组成，具有导电性好、比表面积大等优点。如陈欣等采用电氧化及后续化学还原法制备了三维铜纳米线阵列/锡电极，并测试了其充放电性能。结果表明，与铜箔/锡电极相比，使用了三维铜纳米线阵列作为集流体的锡电极不仅首次放电比容量更高，而且经过30次充放电循环后，其放电比容量仍高出199.3 mA・h/g。

7.3.2 铝集流体

虽然金属铝的导电性低于铜，但在输送相同电量时，需要的铝线质量只有铜线的一半。使用铝集流体有助于提高锂离子电池的能量密度。此外，与铜相比，铝的价格更为低廉。在锂离子电池充/放电过程中，铝箔集流体表面会形成一层致密的氧化物薄膜，提高了铝箔的抗腐蚀能力，常用作锂离子电池中正极的集流体，与之匹配的正极活性物质有 $LiCoO_2$、$LiCo_{1/3}Ni_{1/3}O_{1/3}$ 及 $LiFePO_4$ 等。

7.3.3 镍集流体

镍集流体的形状通常有泡沫镍和镍箔两种类型。由于泡沫镍的孔道发达，与活性物质之间的接触面积大，从而减小了活性物质与集流体间的接触电阻。而采用镍箔作为电极集流体时，随着充/放电次数增加，活性物质易脱落，影响电池性能。同样，表面预处理工艺也适用于镍箔集流体。如对镍箔集流体表面进行刻蚀后，活性物质与集流体的结合强度明显增强，电极内阻也随之下降。氧化镍具有结构稳定、价格便宜等优点，且其具有较高的理论比容量(800 mA・h/g)，是一种应用广泛的锂离子电池负极活性物质。基于此，王崇等通过固相氧化法在泡沫镍表面原位生长一层氧化镍，制备了以泡沫镍为集流体的氧化镍负极。与镍箔/氧化镍负极相比，泡沫镍/氧化镍负极的首次放电比容量大幅度增加，以1 C倍率放电，镍箔/氧化镍负极的放电比容量仅为290 mA・h/g，而泡沫镍/氧化镍负极的放电比容量则增加了2倍。原因在于，与二维集流体相比，三维结构的集流体减少了界面极化现象，提高了电池的充放电循环稳定性。磷酸铁锂因具有安全性好、原料来源广泛等优点而被认为是动力锂离子电池理想的正极活性材料，将其涂覆在泡沫镍集流体表面可以增加 $LiFePO_4$。与泡沫镍的接触面积，降低界面反应的电流密度，进而提高 $LiFePO_4$ 的倍率放电性能。

参 考 文 献

[1] PARK C M, SOHN H J. Quasi - intercalation and facile amorphization in layered

ZnSb for Li - ion batteries [J]. Advanced materials, 2010, 22 (1): 47 - 52.

[2] TEKI R, KRISHNAN R, THOMAS C. Nanostructured silicon anodes for lithium ion rechargeable batteries [J]. Small, 2009, 5 (20): 2236 - 2242.

[3] TODD A, FERGUSON P P, FLEISCHAUER M D, et al. Tin - based materials as negative electrodes for Li - ion batteries: combinatorial approaches and mechanical methods [J]. International journal of energy research, 2010, 34 (6): 535 - 555.

[4] LIM S, CHONG S, CHO J. Synthesis of nanowire and hollow $LiFePO_4$ Cathodes for high - performance lithium batteries [J]. Chemistry of materials, 2008, 20 (14): 4560 - 4564.

[5] DOHERTY C, CARUSO R, SMARSLY B, et al. Hierarchically porous monolithic $LiFePO_4$/carbon composite electrode materials or high power lithium ion batteries [J]. Chemistry of materials, 2009, 21 (21): 5300 - 5306.

[6] VALENCIA F, ROMERO A, ANCILOTTO F, et al. Lithium adsorption on graphite from density functional theory calculations [J]. Journal of physical chemistry B, 2006, 110 (30): 14832 - 14841.

[7] WANG G, WANG B, WANG X, et al. Sn/graphene nanocomposite with 3D architecture for enhanced reversible lithium storage in lithium ion batteries [J]. Journal of materials chemistry, 2009, 19 (44): 8378 - 8384.

[8] CHAN Y, HILL J. Lithium ion storage between graphenes [J]. Nanoscale research letters, 2011, 6 (1): 203 - 208.

[9] LI X, GENG D, ZHANG Y, et al. Superior cycle stability of nitrogen - doped graphene nanosheets as anodes for lithium ion batteries [J]. Electrochemistry communications, 2011, 13 (8): 822 - 825.

[10] KUBOTA Y, OZAWA N, NAKANISHI H, et al. Quantum states and diffusion of lithium atom motion on a graphene [J]. Journal of the Physical Society of Japan, 2010, 79 (1): 104601. 1 - 104601. 6.

[11] WANG X, ZENG Z, AHN H, et al. First - principles study on the enhancement of lithium storage capacity in boron doped graphene [J]. Applied physics letters, 2009, 95 (18): 183103 - 183105.

[12] WU Z, REN W, XU L, et al. Doped graphene sheets as anode materials with superhigh rate and large capacity for lithium ion batteries [J], ACS nano, 2011, 5 (7): 5463 - 5471.

[13] YONG L, LU X H, SU F Y, et al. A graphene/carbon black hybrid material:

a novel binary conductive additive for lithium - ion batteries [J]. Carbon, 2015, 93 (2): 1082.

[14] WANG M S, WANG Z Q, YANG Z L, et al. Carbon nanotube - graphene nanosheet conductive framework supported SnO_2 aerogel as a high performance anode for lithium ion battery [J]. Electrochimica Acta, 2017, 240: 7 - 15.

[15] 高坡，张彦林，颜健. 石墨烯/碳纳米管复合导电剂对 $LiNi_{1/3}Co_{1/3}Mn_{1/3}O_2$ 的影响 [J]. 电池，2017 (6): 339 - 342.

[16] YANG S Y, CHANG K H, TIEN H W, et al. Design andtailoring of a hierarchical graphene - carbon nanotube architecture for supercapacitors [J], Journal of materials chemistry, 2011, 21 (7): 2374 - 2380.

[17] SHEN L, ZHANG X, LI H, et al. Design and tailoring of a three - dimensional TiO_2/graphene/carbon nanotube nanocomposite for fast lithium storage [J]. Journal of physical chemistry letters, 2011, 2 (24): 3096 - 3101.

[18] LAFFONT L, DELACOURT C, GIBOT P, et al. Study of the $LiFePO_4$/$FePO_4$ two phase system by high - resolution electron energy loss spectroscopy [J]. chemistry of materials, 2006, 18 (23): 5520 - 5529.

[19] HUANG Y, PARK K S, GOODENOUGH J. Improving lithium batteries by tethering carbon - coated $LiFePO_4$ to polypyrrole [J]. Journal of the Electrochemical Society, 2006, 153 (12): A2282 - A2286.

[20] HUANG Y, GOODENOUGH J. High - rate $LiFePO_4$ lithium rechargeable battery promoted by electrochemically active polymers [J]. Chemistry of materials, 2008, 20 (23): 7237 - 7241.

[21] SALAH A, MAUGER A, JULIENA C, et al. Nano - sized impurity phases in relation to the mode of preparation of $LiFePO_4$ [J]. Materials science and engineering, 2006, 129 (1 - 3): 232 - 244.

[22] ERCIYES A T, ERIM M, HAZER B, et al. Synthesis of polyacrylamide flocculants with poly (ethylene glycol) segments by redox polymerization [J]. Angewandte makromolekulare chemie, 1992, 200 (1): 163 - 171.

[23] 陈平华. 电解铜箔市场研究报告 [J]. 有色金属，2005，5: 19 - 27.

[24] 牛慧贤. 铜箔在锂离子电池中的应用与发展现状 [J]. 稀有金属，2005，29 (6): 898 - 902.

[25] 王崇，王殿龙，王秋明，等. 新型锂离子电池三维结构泡沫 NiO 电极的制备及电化学性能 [J]. 无机化学学报，2010，26 (5) 757 - 762.

第 8 章

电化学反应机制与原理

电池本身作为一个电化学装置，通过将化学能与电能进行可逆或不可逆的转化进行充放电或单一放电过程进而完成电能的存储或释放。电池内部的电化学反应决定了电池的电压、容量和循环寿命。通过各种技术手段对电池内部的电化学反应机理进行研究，加深对其的理解可指导电极材料的开发和改性，进而可获得性能更加优异的电池。因此，理解电化学反应机理对于提高电池的电化学性能具有极其重要的意义。

电池内部的电化学反应可简单地认为是一个氧化还原反应与电荷转移过程。我们在高中化学课程中就已经学习过氧化还原反应过程，具体可以表述为以下方程式：

氧化：
$$M \rightarrow M^{n+} + ne^- \tag{8-1}$$
还原：
$$M^{n+} + ne^- \rightarrow M \tag{8-2}$$
即氧化与还原互为逆反应。放电时负极发生氧化反应，正极发生还原反应。对于可充电电池，充电时过程相反。

目前，电池的反应机理可分为插嵌型机制、合金化机制、转换型机制、反应型机制、综合机制以及其他反应机制。

8.1 插嵌型机制

插嵌是一种特殊情况的局部化学反应。在该反应过程中，客体物质 A，如氢离子、锂离子或钠离子等，可以在主体材料 B 中可逆地嵌入和脱出。主体材料一般为一维隧道结构或二维层状结构。在客体物质 A 嵌入主体材料 B 的过程中，B 的晶体结构基本保持不变。这是因为 B 可以为 A 提供足够的容纳位置，如四面体或八面体的间隙位置或层状化合物的层间空隙。插嵌型反应式可表达为

$$xA + \square_x[B] \rightleftharpoons A_x[B] \tag{8-3}$$

插嵌型反应不同于一般的化学反应，其反应过程不存在化学键的断裂和重排。因此，要维持一个稳定的插嵌型反应需要主体材料 B 拥有一个稳定的框架结构，这样可以保证客体物质 A 能够有足够的空间嵌入和脱出，并保持主体材料 B 自身结构不变。

对于可嵌入脱出的化合物的研究早已引起了研究者们的广泛兴趣。嵌入型化合物属于非计量化合物，其结构特点主要表现在其主体晶格内存在适合离子嵌入的空位和离子通道。不同类型的晶格间隙空位对离子的尺寸要求不同。其

中，八面体和四面体空位通常容纳半径较小的离子，典型的如锂离子；三角棱柱空位则可容纳较大一些的离子，如钠离子。因此，含有不同类型的晶格间隙空位的嵌入型化合物可应用在不同的电池体系中。此外，还有一些天然的层状物质可作为插嵌型反应的电极材料。早在 1926 年，研究者们就注意到石墨是一种最典型的层状化合物。其他嵌入型化合物包括过渡金属硫族化物、过渡金属磷酸盐等。

锂离子电池是插嵌型反应的典型例子。锂离子电池中，正极一般采用嵌入型化合物，如 $LiCoO_2$、$LiNi_{1/3}Mn_{1/3}Co_{1/3}O_2$、$LiMn_2O_4$、$LiFePO_4$ 等；负极则采用典型的碳材料，如石墨等。电解液采用含锂离子电池的有机溶剂。当充电时，锂离子电池内部会有 Li^+ 从正极材料中脱出，在电解液中经由电解质扩散嵌入负极材料中。如图 8-1 所示，$Li_{1-x}CoO_2$ 中脱出一个 Li^+ 嵌入石墨层间形成 Li_xC_6。在电池外部则有电子从正极流向负极以进行电荷补偿。最终形成了通路并将电化学能转换为电能供人们使用。其反应方程式如下所示：

正极：$$LiCoO_2 - xLi^+ - xe^- \rightarrow Li_{1-x}CoO_2 \tag{8-4}$$

负极：$$6C + xLi^+ + xe^- \rightarrow Li_xC_6 \tag{8-5}$$

总反应式：$$LiCoO_2 + 6C \rightarrow Li_{1-x}CoO_2 + Li_xC_6 \tag{8-6}$$

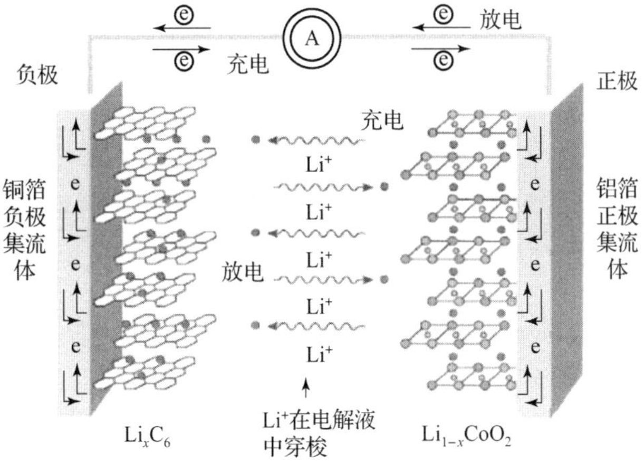

图 8-1　钴酸锂电池的插嵌型反应机理示意图

另外，锂离子电池中也可采用嵌入型化合物作为负极材料，如部分过渡金属氧化物、硫化物等。钛酸锂是一种尖晶石型结构晶体，与传统碳负极材料相比，$Li_4Ti_5O_{12}$材料具有非常平坦和很高的工作电位。作为负极材料使用时，其晶体结构基本不发生变化（图 8-2），因此又被称为“零应变”材料，理论上具有无限长的循环寿命。钛酸锂电池正极一般采用三元锂（LNCM）。

在 $Li_4Ti_5O_{12}$ 中，16d 位和 16c 位共同分享以 48f 位为中心的四面体，Li、Ti

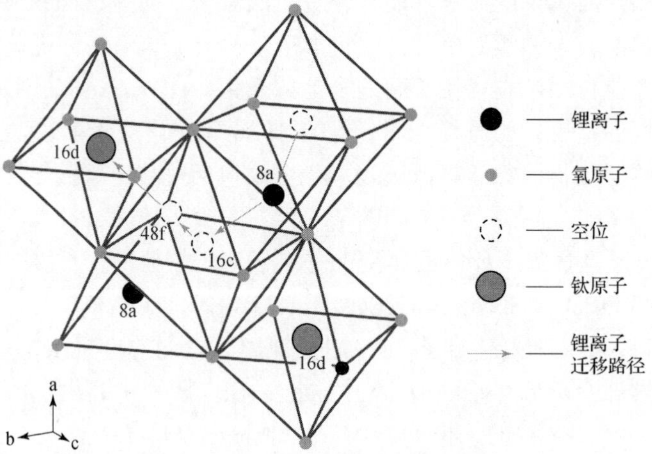

图 8-2 $Li_4Ti_5O_{12}$的晶体结构示意图

和 O 元素分别以 +1 价、+4 价和 -2 价的形式存在。$Li_4Ti_5O_{12}$中 Ti^{4+}和剩余的 Li^+位于 16d 的八面体间隙中，3 个 Li^+则位于 8a 的四面体间隙中，O^{2-}构成面心立方晶格点阵（Face - Centered Cubic，FCC）的点阵，位于 32e 的位置，其结构式可以写作：$[Li]_{8a}$ $[Li_{1/3}Ti_{5/3}]_{16d}$ $[O_4]_{32e}$。四面体 8a 位置的锂和嵌入的锂移动到 16c 位置，$Li_4Ti_5O_{12}$还原为岩盐结构的 $[Li_2]_{16c}$ $[Li_{1/3}Ti_{5/3}]_{16d}$ $[O_4]_{32e}$。在放电时，外来的 Li^+嵌入 $Li_4Ti_5O_{12}$的晶格中，这些 Li^+开始占据 16c 位置，而 $Li_4Ti_5O_{12}$晶格中原来位于 8c 的 Li^+也开始迁移到 16c 位置，最后所有的 16c 位置都被 Li^+所占据，发生的反应可表示为

$$[Li]_{8a}[Li_{1/3}Ti_{5/3}]_{16d}[O_4]_{32e} + Li^+ \rightarrow [Li_2]_{16c}[Li_{1/3}Ti_{5/3}]_{16d}[O_4]_{32e} \quad (8-7)$$

在钛酸锂|三元锂（NCM622）全电池中反应方程式如下所示：

正极：$$LiNi_{0.6}Co_{0.2}Mn_{0.2}O_2 - 3xLi^+ - 3xe^- \rightarrow Li_{1-3x}Ni_{0.6}Co_{0.2}Mn_{0.2}O_2 \quad (8-8)$$

负极：$$xLi_4Ti_5O_{12} + 3xLi^+ + 3xe^- \rightarrow xLi_7Ti_5O_{12} \quad (8-9)$$

总反应式：

$$LiNi_{0.6}Co_{0.2}Mn_{0.2}O_2 + xLi_4Ti_5O_{12} \rightarrow Li_{1-3x}Ni_{0.6}Co_{0.2}Mn_{0.2}O_2 + xLi_7Ti_5O_{12} \quad (8-10)$$

钛酸锂|三元锂（NCM622）全电池的插嵌型反应机理示意图如图 8-3 所示。

在钠离子电池中，插嵌型化合物一般作为正极材料，如类普鲁士蓝化合物（$Na_2M[Fe(CN)_6]$，M 为 Fe、Co、Mn 等）以及聚阴离子化合物 $NaFePO_4$、$Na_3V_2(PO_4)_3$、$Na_2FeP_2O_7$ 等。得益于它们独特的结构，这些材料具有更高的结构稳定性、热稳定性和快速离子扩散动力学，具有极大的钠离子电池正极材

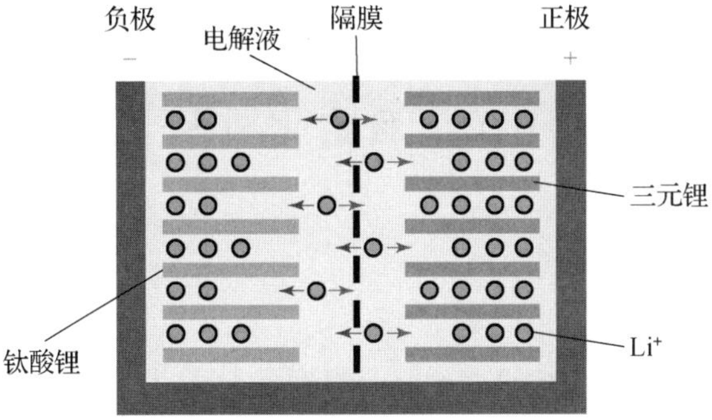

图8-3 钛酸锂|三元锂（NCM622）全电池的插嵌型反应机理示意图

料的应用潜力。氟磷酸钒钠[$Na_3V_2(PO_4)_2F_3$]具有典型的NASICON结构，由[$V_2O_8F_3$]双八面体和[PO_4]四面体通过氧原子连接而成的三维框架组成。其中，双八面体单元由氟原子连接，四面体单元由氧原子连接。在此结构中，钠离子位于沿晶面方向为[110]和[1-10]的开放隧道位点，因而具有优异的离子电导率。$Na_3V_2(PO_4)_2F_3$(Na_3VPF)脱钠是个复杂的过程，涉及一系列的相转变。如图8-4所示。Na_3VPF(*Amam*)会先形成不同的中间相，如$Na_{2.4}$VPF、$Na_{2.2}$VPF(*I4/mmm*)、Na_2VPF(*I4/mmm*)、$Na_{1.8-1.3}$VPF(*I4/mmm*)等，最终形成NaVPF($Cmc2_1$)。值得注意的是，由Na_3VPF转化至Na_2VPF和NaVPF时，空间群历经了*Amam*、*I4/mmm*、$Cmc2_1$的转变，最终实现2电子转移反应，提供约128 mA·h/g的理论比容量。同时，典型的充放电曲线中，存在3.7/3.6 V和4.2/4.1 V的电压平台，分别对应Na^+从不同位点脱出/嵌入，从而实现约500 W·h/kg的高理论能量密度。发生的反应可表示为

$$Na_3V_2(PO)_4F_3 \rightleftharpoons NaV_2(PO)_4F_3 + 2Na^+ + 2e^- \qquad (8-11)$$

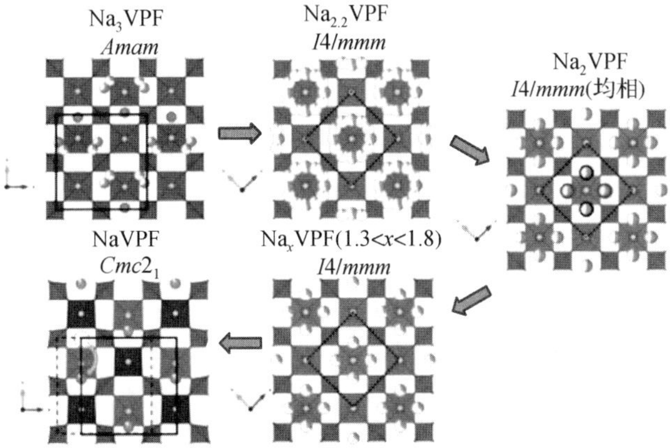

图8-4 钠离子脱出时NVPF的晶体结构演变示意图

8.2 合金化机制

除了插嵌型反应，还有一类材料通过与碱金属离子发生合金化反应进行储能。目前，研究过的合金类材料主要有 Sn、Sb、P、Ge、Bi、Pb 和 Si 等。这类材料与锂或钠发生合金化反应的一般方程式为

$$x\mathrm{Li/Na} + \mathrm{M} \rightleftharpoons \mathrm{Li/Na}_x\mathrm{M} \tag{8-12}$$

由于是具有多电子的合金化反应，其理论比容量一般比较高，同时合金化材料通常具有较大的密度，可用于构建高体积能量密度的储能体系。

锂离子合金化负极材料通常为 Si、Ge、Sn 等。它们在与锂离子反应过程中分别生成 $Li_{4.4}Si$、$Li_{4.4}Ge$、$Li_{4.4}Sn$。Si、Ge、Sn 负极在锂离子电池中的各项数据对比如表 8－1 所示。

表 8－1 Si、Ge、Sn 负极在锂离子电池中的各项数据对比

材料	Si	Ge	Sn
密度/($g \cdot cm^{-3}$)	2.33	5.32	7.36
合金相	$Li_{4.4}Si$	$Li_{4.4}Ge$	$Li_{4.4}Sn$
理论质量比容量/($mA \cdot h \cdot g^{-1}$)	4 200	1 625	994
理论体积比容量/($mA \cdot h \cdot cm^{-3}$)	9 781	8 645	7 316
工作电位（vs. Li/Li^+）	0.4	0.4	0.6
体积膨胀率/%	420	272	259

锂离子电池中，Si 具有极高的理论比容量，是商业化石墨的 10 倍以上。同时，低放电电位带来了高能量密度。硅在锂离子电池中的充放电电压分布揭示了其储锂机理，如图8－5 所示。硅与锂首先形成非晶相 Li_xSi，对应于图中的Ⅰ区。若锂化过程在 50 mV 以下连续进行，则形成 $Li_{15}Si_4$ 相，对应于图中的Ⅱ区。后续的脱锂过程由非晶态的 Li_xSi 转变为非晶态的 Si，对应于图中的Ⅲ区。后续的锂化过程（Ⅳ区～Ⅷ区）由非晶态的 Si 形成非晶态的 Li_xSi，后续的循环过程均是非晶态物质的互相转换过程，仅在首圈发生晶态向非晶态的转变，其反应方程式如下所示：

$$\mathrm{Si} + x\mathrm{Li}^+ + xe^- \rightleftharpoons \mathrm{Li}_x\mathrm{Si}(0 < x \leqslant 4.4) \tag{8-13}$$

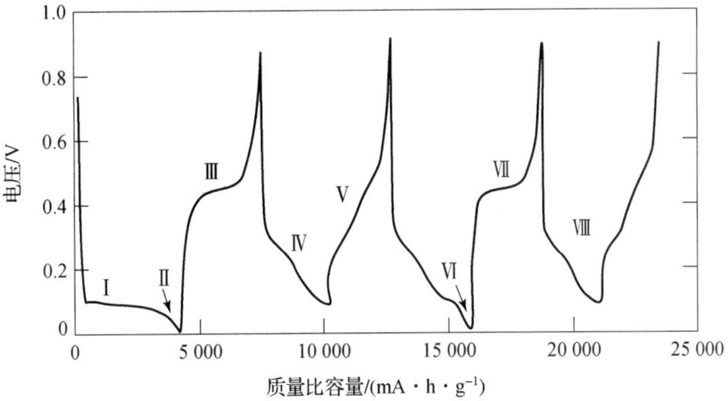

图 8－5　硅的充放电电压分布图

然而，硅负极在放电过程中体积膨胀较大，循环稳定性较差。此外，Si 的电导率较低，约 10^{-3} S/cm。Li^+ 在硅中的扩散速率也较小，约 $10^{-14} \sim 10^{-13}$ cm^2/s。这些缺点都限制了 Si 在锂离子电池中的应用。

锗具有较高的理论比容量（1 600 mA · h/g）和较低的工作电压，被认为是锂离子电池负极材料的理想选择之一。与硅基负极材料相比，锗的禁带宽度小，具有更高的导电率和更大锂离子扩散系数，更适合应用在大功率、大电流设备中，在动力汽车方向具有较好的应用前景。锗和锂的合金化反应机理与硅基本一致，锗在嵌锂的过程中与锂形成一系列 LiGe 合金，最终形成 $Li_{4.4}Ge$，反应方程如下所示：

$$Ge + xLi^+ + xe^- \rightleftharpoons Li_xGe(0 < x \leqslant 4.4) \tag{8-14}$$

锡也拥有较高的比容量，且其加工性能好、导电性好、充放电速率较高，被认为是具有潜力的锂离子电池合金化负极材料。锡与硅和锗的合金化反应机理一致。

在钠离子电池中，通常以钠与合金负极材料进行电化学反应时转移的电子数为依据对合金化材料进行分类（图 8－6），主要可分为 3 类。

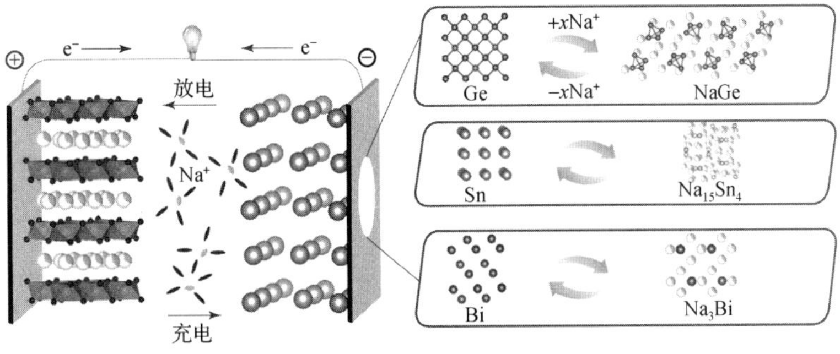

图 8－6　钠离子电池中合金化材料充放电反应示意图

（1）发生单电子反应，可存储 1 个钠离子而形成 NaX 合金化合物，如 NaGe、NaSi 等。

（2）发生三电子反应，可存储 3 个钠离子而形成 Na_3X 合金化合物，如 Na_3P、Na_3Sb、Na_3Bi 等。

（3）发生 15/4 电子反应，每 15 个钠离子对应与 4 个 X 反应而形成 $Na_{15}X_4$ 合金化合物，如 $Na_{15}Sn_4$、$Na_{15}Pb_4$ 等。

金属 Ge 与 Na 能够通过电化学反应生成 NaGe 相（369 mA · h/g），其反应方程式如下所示：

$$Ge + Na^+ + e^- \rightleftharpoons NaGe \tag{8-15}$$

由于 Na^+ 半径较大，Ge 在储钠后体积效应较明显，对应的体积膨胀率为 225%。

磷作为钠离子电池负极材料时，能与 Na 发生电化学合金化反应生成 Na_3P 合金相，拥有最高的理论比容量 2 596 mA · h/g，其工作电位约为 0.45 V（vs. Na/Na^+），其反应方程式如下所示：

$$P + 3Na^+ + 3e^- \rightleftharpoons Na_3P \tag{8-16}$$

P 在自然界中主要有白磷、红磷和黑磷三种同素异形体。其中，白磷在环境条件下具有极高的毒性和可燃性，红磷一般是无毒和无定形的，而黑磷具有更好的热力学稳定性。因此，红磷和黑磷作为负极材料得到了广泛的研究。黑磷是带隙为 0.34 eV 的半导体，导电性比较差（$\sim 10^{-14}$ S/cm），而红磷则为绝缘体。因此，P 用作钠离子电池负极时除了存在严重的体积膨胀外（>300%），改善其导电性以及动力学性能成为重点研究方向。

金属 Sb 与 P 的储钠过程类似，可形成 Na_3Sb 合金相，其质量比容量和体积比容量分别为 660 mA · h/g 和 4 422 mA · h/cm^3。Sb 与 Na^+ 在首圈合金化后可以生成稳定的六方晶体结构 Na_3Sb，然而在脱钠完全后生成的是非晶态的 Sb，此后的循环中经历了从非晶态 Sb 到非晶态 Na_xSb 中间相，最后到 Na_3Sb 的多步合金化过程，完全嵌钠后的体积膨胀率为 390%。

金属 Sn 可与 Na 形成 $Na_{15}Sn_4$ 合金，理论比容量高达 847 mA · h/g。此外，锡还具有资源丰富、环境友好、价格低廉、导电性高的优点，是一类极具应用潜力的钠离子电池负极材料。Sn 与 Na 的合金化反应过程涉及多个相转变过程：Sn 的储钠过程存在四个电压平台，依次对应着 $Sn \leftrightarrow NaSn_5 \leftrightarrow NaSn \leftrightarrow Na_9Sn_4 \leftrightarrow Na_{15}Sn_4$ 的合金化过程（图 8-7），最终反应式为

$$4Sn + 15Na^+ + 15e^- \rightleftharpoons Na_{15}Sn_4 \tag{8-17}$$

但金属 Sn 完全嵌钠以后体积膨胀率可达到 420%，导致电极材料严重粉化，且每个相变过程存在一定的电压骤变，影响材料的循环稳定性。

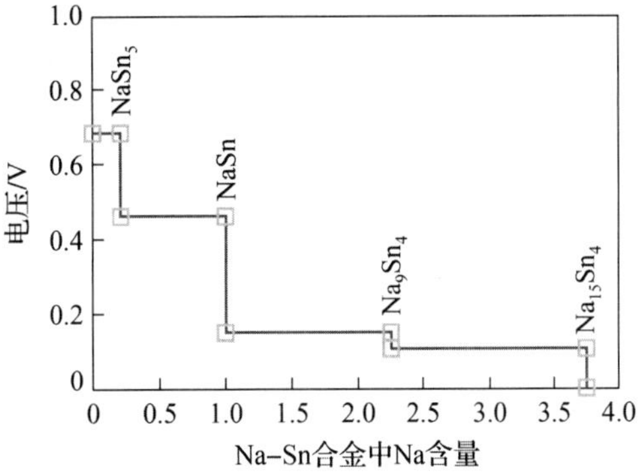

图 8－7　Na 与 Sn 合金化反应机理图

Si 作为储钠负极材料时性能并不理想，理论上 Si 可结合一个 Na 形成 NaSi 合金相（954 mA · h/g），但实验研究显示，只有非晶态 Si 在小电流密度下表现出似电容行为的容量。

无论是在锂离子电池还是在钠离子电池体系中，合金化反应固然能够提供极高的容量，但同时其反应过程中产生的严重的体积膨胀也大大限制了该类材料的发展与应用。解决上述问题的办法主要有以下几类：①纳米化。纳米化能够减小颗粒表面的应力，同时减小碱金属离子的扩散距离。②包覆。将导电材料包覆在这类材料表面，提高材料的电导率，缓解其体积膨胀。③复合。与其他金属复合，引入缓冲介质，抑制体积膨胀，增加导电性。

8.3　转换型机制

电化学转换反应一词特指多相参与的氧化还原电极反应，即在电极过程中涉及多组分的可逆结构转化。在锂离子电池中转换反应通常可以表述为

$$xLi^{+}+ne^{-}+A^{n+}B \rightleftharpoons Li_{n}B+A^{0} \tag{8-18}$$

式中，A 主要为可变价过渡金属元素，如 Fe、Ni、Cu 和 Co 等；B 为 F^{-}、Cl^{-}、O^{2-}、S^{2-}、N^{3-}和 P^{3-}等阴离子。电池的转换反应过程，在锂离子的参与下，过渡金属化合物可以发生在高价态和零价之间的可逆转换，释放出通常难以实现的多电子氧化还原容量。因此，通过转换反应进行能量存储的材料所展现出的比容量一般都较高，远高于目前的插层材料。此外，从式（8－18）中可以看出，转换反应在电池内部发生的是物相转换，对电极的结构和尺寸并无要求。

因此，转换反应的存在使得电池体系可以从锂离子电池扩展到其他碱（土）金属的二次电池体系，如钠离子电池、钾离子电池、锌离子电池等。

以锂离子电池中的转换反应为例，图 8 - 8 展示了利用转换反应实现高容量储锂的反应机制。

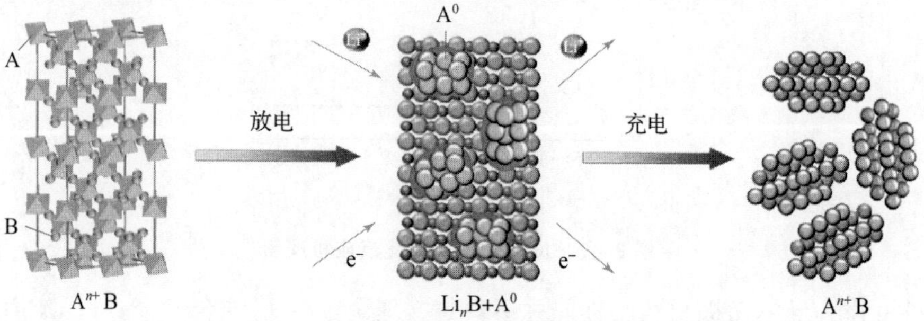

图 8 - 8　锂离子电池中的转换反应机理示意图

转换反应虽然在原理上是可行的，但是由于转换反应过程中存在固相物质结构的重组与转换，需要克服较高的反应能垒，这使得在常规尺度和界面上难以实现高效率的能量存储。因此，设计微观尺度下的界面和结构有助于获得高容量、高稳定性、快速动力学的反应体系。

锂离子电池转换反应负极材料的研究始于 CoO、NiO 和 FeO 等低价态过渡金属氧化物。这些材料的原料储量大、获取方便、成本低、耐腐蚀、绿色环保。过渡金属氧化物在锂化时生成 Li_2O 和分散在其中的纳米化的过渡金属团簇；脱锂时则由生成的 Li_2O 和过渡金属团簇重新化合形成过渡金属氧化物和锂单质。以三氧化二铁为例，其与锂离子的反应如下所示：

$$Fe_2O_3 + 6Li^+ + 6e^- \rightleftharpoons 2Fe + 3Li_2O \quad (8-19)$$

转换反应过程中生成的过渡金属团簇尺寸较小、电化学活性较高，因此，使用转换反应的锂离子电池的可逆性一般都比较好。此外，由于过渡金属氧化物的转换反应都是多电子参与的反应过程，因此过渡金属氧化物的理论容量都较高。但是这类材料的电压滞后现象较为严重，且反应过程中体积变化较大，循环性能不佳，容量衰减较快。为了提高过渡金属氧化物的电化学性能，研究者们一般通过薄膜化、纳米化、材料复合、形貌调控等手段进行性能优化，使其更适用于锂离子电池。

除了上述过渡金属氧化物外，转换反应负极材料的研究还广泛拓展到众多类型的过渡金属氮化物，如 VN、CoN、Co_3N、Fe_3N、Mn_4N 及 Ni_3N 等。过渡金属氮化物是一类氮原子被插入母金属间隙位置的间隙合金，具有共价化合物、离子晶体和过渡金属的性质。这些材料储锂时也遵循转换反应过程，以氮化铁基材料为例，氮化铁基材料包括 Fe_2N 和 Fe_3N。它们的理论容量大约为 900 mA · h/g，锂化后形成 Fe 单质和 Li_3N，其反应方程为

$$Fe_2N + 3Li^+ + 3e^- \rightleftharpoons 2Fe + Li_3N \tag{8-20}$$

$$Fe_3N + 3Li^+ + 3e^- \rightleftharpoons 3Fe + Li_3N \tag{8-21}$$

过渡金属氮化物较过渡金属氧化物有着很多优势，这类化合物具有较高的电子电导率和离子传导能力，电化学活性较高，放电平台低，电压滞后小，接近于锂的放电电压和优秀的电化学稳定性。其中，氮化铁基材料具有更高的电导率，且自然资源丰富、价格低廉，受到较多研究者的关注。但是较大的嵌锂体积变化仍然是其最大的劣势。因此，研究者们通过设计合适稳定的微反应环境，如核壳结构、碳材料包覆等，实现了这类氮化物转换反应的快速高效进行，同时实现了其较好的循环稳定性。

锂离子电池转换反应正极材料包括过渡金属氟化物、过渡金属氯化物以及过渡金属硫化物等。典型的锂离子电池过渡金属氟化物正极材料包括 FeF_3、VF_3 以及 TiF_3。氟离子较强的电负性使得过渡金属氟化物具有较高的电极电势。因此，过渡金属氟化物是多电子转换反应正极材料的理想选择。

与过渡金属氟化物类似，过渡金属氯化物中 M – Cl 键具有离子键特征，通过转换反应可以实现高电压输出。但由于绝大多数的过渡金属氯化物及其放电产物易吸湿、易溶于有机电解液，很少有研究者将其作为固体正极材料予以关注。

钠离子电池中，由于钠离子尺寸较大，采用插嵌型材料显然不是一个合适的策略。而转换型反应的存在为钠离子电池正负极材料的研究开辟了新的路径。金属氟化物是目前报道较多的钠离子转换正极体系，其原理与锂离子电池相似。储钠负极研究的体系相对比较丰富，包括金属氧化物、金属氮化物、金属硫化物和金属磷化物等。由于多电子反应的存在，这些转换反应负极材料在经过结构设计和优化后能够实现高容量、长寿命储钠，也为钠离子电池实用化发展奠定了基础。

8.4　反应型机制

反应型机制主要存在于 Li/Na – S 电池以及空气电池中。利用这种类型的机制的电池主要是通过正负电极端的反应物在电解质中的反应进行存储和释放

电能的。

8.4.1 锂/钠-硫电池反应型机制

典型的利用反应型机制的电池体系是锂/钠-硫电池。锂-硫电池相比普通锂离子电池，它的放电本质不是简单的锂离子脱嵌，而是伴随着大量中间产物的氧化还原过程，如图8-9所示。

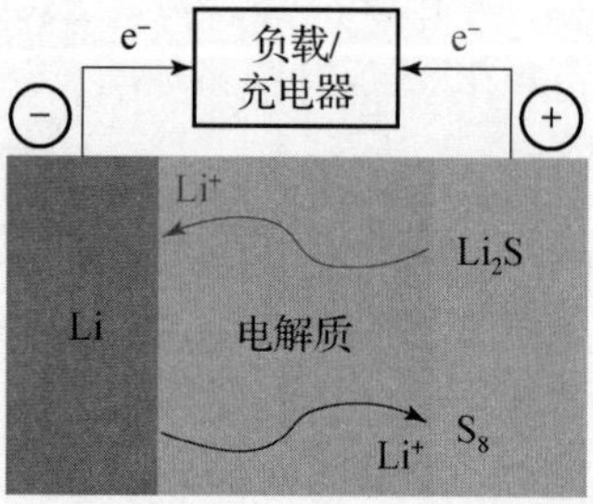

图8-9 锂-硫电池反应机理示意图

锂-硫电池放电过程中，单质硫从环状 S_8 开环与 Li^+ 反应，如图8-10所示。由长链 Li_2S_8 向短链 Li_2S 转化的过程中伴随着两个明显的放电平台，高电势放电平台为2.45~2.1 V，该过程可认为大量 S_8 向 S_4^{2-} 转化，而低电势放电则为2.1~1.7 V，此过程为大量 S_4^{2-} 转化为 S_2^{2-} 与 S^{2-}。另外，不同的转化程度也对应着不同的电容量。放电反应方程如下：

正极：
$$S_8 + 16Li^+ + 16e^- \rightarrow 8Li_2S \qquad (8-22)$$

负极：
$$Li \rightarrow Li^+ + e^- \qquad (8-23)$$

总反应：
$$nS + 2Li \rightarrow Li_2S_n \qquad (8-24)$$

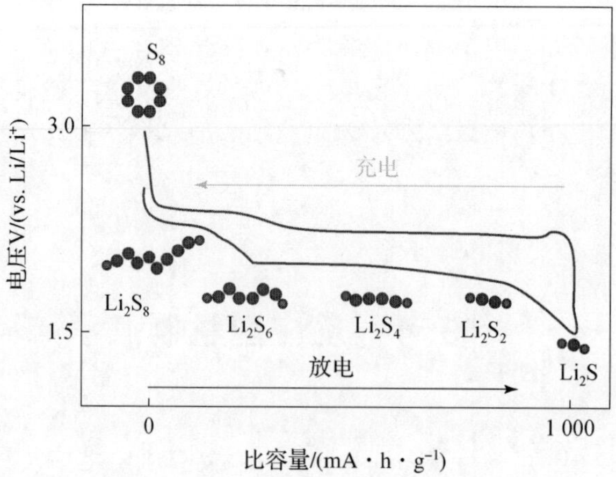

图8-10 锂-硫电池反应过程示意图

普通锂离子电池是单电子脱嵌，锂 - 硫电池是 8 电子氧化还原，因而有 7 ~ 8 倍的理论容量和能量密度。从放电曲线来看，锂 - 硫电池存在两个放电平台，高电压平台 2.4 V 左右，低电压平台 2.1 V 左右，容量可以轻松突破 1 000 mA · h/g。这个过程中存在很多中间产物，如 Li_2S_8、Li_2S_6、Li_2S_4。这些中间产物的存在给硫正极带来很多问题，如穿梭效应、溶解性的问题，而且最终的产物是电子绝缘体，这就降低了其反应的动力学速率，使电池的倍率性能下降。此外，硫的密度比产物 Li_2S 要大，也就是说，Li_2S 比 S 堆积起来更加蓬松。那么当 S 转化为 Li_2S 后体积将不可避免地膨胀，导致电极粉化，性能剧烈下降，这也是一个不可避免的问题。

8.4.2　金属空气电池反应型机制

此外，各类金属空气电池也是通过反应型机制存储电荷的。锂 - O_2 电池是一种用锂做负极、以空气中的氧气作为正极反应物的电池。锂空气电池负极的电解液采用含有锂盐的有机电解液。中间设有用于隔开正极和负极的锂离子固体电解质。正极的水性电解液使用碱性水溶性凝胶，与由多孔材料和催化剂组合形成的空气极即正极。锂空气电池比锂离子电池具有更高的能量密度，因为其阴极（以多孔碳为主）很轻，且氧气从环境中获取而不用保存在电池里。锂 - O_2 电池构造及反应机理示意图如图 8 - 11 所示。

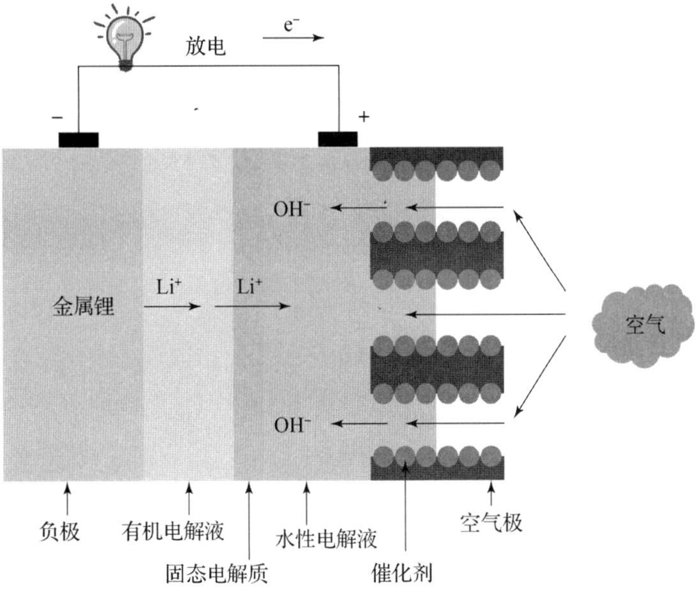

图 8 - 11　锂 - O_2 电池构造及反应机理示意图

在锂 - O_2 电池放电过程中，金属锂以锂离子的形式溶于有机电解液，电子供应给导线。溶解的锂离子穿过固体电解质移到正极的水性电解液中。通过导线供应电子，空气中的氧气和水在空气极表面发生反应后生成氢氧根离子。氢氧根离子在正极的水性电解液中与锂离子结合生成水溶性的氢氧化锂。放电时电极反应如下：

正极：$$O_2 + 2H_2O + 4e^- \rightarrow 4OH^- \quad (8-25)$$

负极：$$Li \rightarrow Li^+ + e^- \quad (8-26)$$

总反应式：$$O_2 + 2H_2O + 4Li \rightarrow 4LiOH \quad (8-27)$$

Li - CO_2 电池是目前空气电池中迅速崛起的新领域并已经取得了相当大的进展。Li - CO_2 电池利用二氧化碳作为正极反应物，在可逆的二氧化碳固定方面和储能领域都具有巨大的潜力（图 8 - 12）。Li - CO_2 电池基于如下反应式进行能量存储和转化：

$$3CO_2 + 4Li \rightarrow 2Li_2CO_3 + C \quad (8-28)$$

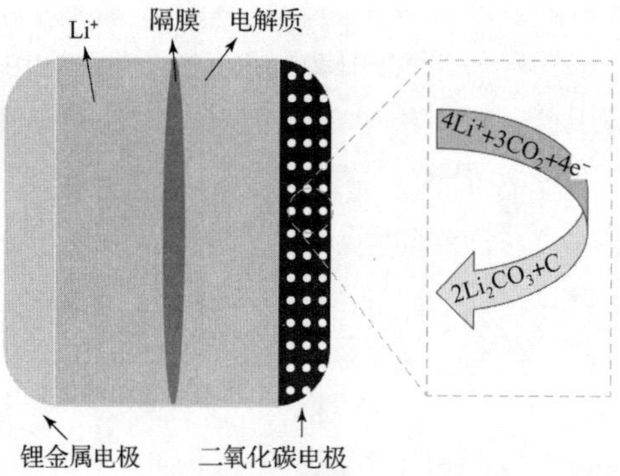

图 8 - 12　锂 - CO_2 电池构造及反应机理示意图

Li - CO_2 电池具有相对较高的放电电位（~2.8 V）和理论比能量密度（1 876 W·h/kg），因此被认为是为长途运输提供可持续电力的理想储能装置的最佳候选者，特别是在富含二氧化碳的环境中，如水下作业和火星探测。

锌空气电池以锌为正极、氧为负极、氢氧化钾为电解质。锌空气电池的化学反应与普通碱性电池类似，其基本工作原理为电池正极上的锌与电解液中的 OH^- 发生电化学反应（负极反应），释放出电子（图 8 - 13）。同时 GDE（气体扩散电极或空气负极）反应层中的催化剂与电解液及经由扩散作用进入电池的空气中的氧气相接触，吸收电子，发生电化学反应（正极反应）。锌 - 空气电池在碱性电解液中，其正极反应与氢氧燃料电池一致，负极反应为多步的锌金属的水解氧化过程。反应方程式如下：

正极：$$O_2 + 2H_2O + 4e^- \rightarrow 4OH^- \quad (8-29)$$

负极：
$$Zn - 2e^- + 4OH^- \rightarrow Zn(OH)_4^{2-} \quad (8-30)$$
$$Zn(OH)_4^{2-} \rightarrow ZnO + H_2O + 2OH^- \quad (8-31)$$
$$Zn - 2e^- + 2OH^- \rightarrow ZnO + H_2O \quad (8-32)$$
总反应式：
$$O_2 + 2Zn \rightarrow 2ZnO \quad (8-33)$$

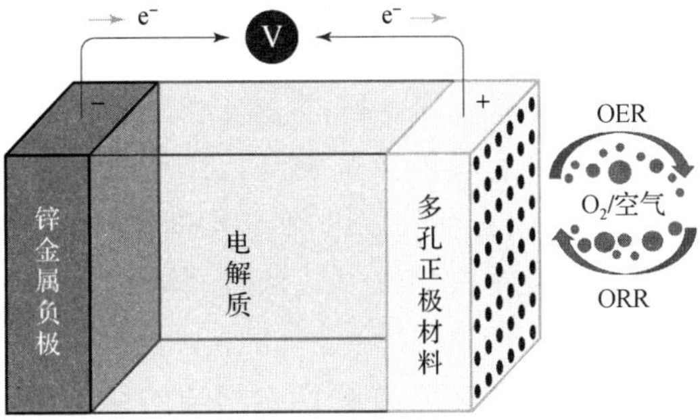

图 8-13　锌-空气电池构造及反应机理示意图

但锌空气电池充电过程十分缓慢，通常锌空气电池正极的锌板或锌粒在放电过程中被氧化成氧化锌而失效后，一般采用直接更换锌板或锌粒和电解质的办法使锌空气电池完全更新。锌空气电池的理论比能量可达1 350 W·h/kg，目前锌空气电池的实际比能量只达到 180～230 W·h/kg，仍然是铅酸电池的 4.35～5.5 倍；能量密度达 230 W·h/L，也是铅酸电池的 2～3 倍。电动车辆采用锌空气电池后，能够明显地提高续航里程。

8.5　综合机制

一些过渡金属/类金属氧化物、氮化物、磷化物或氟化物在储锂/储钠的过程中，多电子反应并不是一蹴而就的，而是涉及两种或多种前述的反应机制共同进行能量存储。

8.5.1　插嵌型 + 转换型

该过程涉及两种反应机制，分别为插嵌型和转换型。

作为典型的过渡金属氟化物，FeF_3 在锂离子电池中的反应存在嵌入和转换两个阶段，反应式如下：

$$FeF_3 + Li^+ + e^- \rightarrow LiFeF_3 \quad (8-34)$$
$$LiFeF_3 + 2Li^+ + 2e^- \rightarrow Fe^0 + 3LiF \quad (8-35)$$

FeF_3 在锂化过程中，首先发生固溶式嵌入反应生成三金红石结构型的 $Li_{0.5}FeF_3$，接着嵌锂转换为 $LiFeF_3$，热不稳定的 $LiFeF_3$ 分解为金红石型的 FeF_2 和 LiF，首次反应电压区间为 2.0 ~3.0 V。随着进一步锂化，$LiFeF_3$ 和 FeF_2 发生分解反应生成 Fe 单质和 LiF。通过完整的三电子反应，FeF_3 理论容量可达到 712 mA · h/g。但 FeF_3 正极材料在早期研究中难以达到较高的容量，研究者们认为是由于 LiF 的电化学惰性和多相转换界面阻碍导致的。但是近期的研究发现，虽然 LiF 作为 Li 与金属氟化物 MF_n 的反应产物，本身是电化学惰性的，但是经过转换反应后，LiF 与金属单质 M 呈现出纳米甚至原子尺度的高度均匀分散，则可以展现出很高的反应活性。因此，研究者们采用了溶液沉淀法、反胶束法、软/硬模板法和溶剂热法合成了纳米尺寸的过渡金属氟化物。结果表明，纳米化的过渡金属氟化物正极材料可以高效快速地进行储锂转换反应。

在 FeP 电极中，循环伏安特征表现为两对可逆的氧化还原峰，充放电曲线均呈现两个相近的电压平台，表明储锂过程是分两步进行：首先锂离子嵌入 FeP 中生成 Li - Fe - P 中间产物，随后发生转换反应生成单质铁和 Li_3P，这与 FeF_3 的反应机理类似。

$$FeP + xLi^+ + xe^- \rightarrow Li_xFeP \tag{8-36}$$

$$Li_xFeP + (3-x)Li^+ + (3-x)e^- \rightleftharpoons Fe^0 + Li_3P \tag{8-37}$$

8.5.2 插嵌型 + 合金化

此外，还有一部分基于嵌入—合金化反应的磷化物，包括 Sn_4P_3、Se - P 和 Ge - P 等。其在锂离子电池中反应式如下：

$$MP_x + (3x+y)Li^+ + (3x+y)e^- \rightarrow Li_yM + xLi_3P \tag{8-38}$$

$$Li_yM \rightleftharpoons M + yLi^+ + ye^- \tag{8-39}$$

$$Li_3P \rightleftharpoons P + 3Li^+ + 3e^- \tag{8-40}$$

Sn_4P_3 作为锂离子电池负极材料时，在 1.18 V 附近发生 Li^+ 嵌入 Sn_4P_3 层间；随后在 0.8 V 和 0.6 V 附近，Li^+ 分别与 Sn 和 P 发生合金化反应。Sn_4P_3 具有较高的容量和相对较低的工作电位，并且两个元素对锂都有电活性，但是在锡与锂形成合金的过程中，会出现 353 % 的体积膨胀率，致使在长期循环后 Sn_4P_3 粉化和破裂，并导致循环性能急剧下降。

8.5.3 转换型 + 合金化

此外，SnO_x 在储锂/储钠过程中也存在多相反应过程。在锂离子电池中，SnO/SnO_2 电极首先进行转换反应，SnO_2 和 SnO 与 Li^+ 结合被还原为金属 Sn 和

Li_2O；然后发生合金化反应，Sn 单质继续与 Li^+ 结合形成 $Li_{22}Sn_5$ 合金。该过程涉及转换型和合金化两种反应机制。

相较于单相反应过程，多相反应过程涉及的反应电子数成倍增长，带来了极高的容量，随之而来的是对于多相反应过程的同步调控，这是目前亟待研究者们解决的问题。

8.6　其他反应机制

8.6.1　可逆化学键合反应机制

研究发现，一些含羰基官能团的有机分子可以在室温下以可观的容量和速率性能可逆地存储锂。来自法国皮卡第儒勒－凡尔纳大学的一项研究报道了一种新的羧酸盐分子，其能够在约 0.65 V 的电位下与 2 个 Li^+ 发生可逆反应，与对苯二甲酸二锂一样，在锂离子电池中作为负极很有吸引力。同时该研究证明存在两种多晶型化合物，并且只有一种允许快速和可逆的插层。这与用于结晶的溶剂有关。这一概念已扩展到将以乙氧羰基为基础的有机化合物作为负极材料。有机电极材料可以通过生物化学从丰富的自然产品中生产出来，因此被认为是对未来电池可持续发展有重要价值的候选者。

图 8－14 所示就是有机羧酸盐分子可以可逆存储锂的示例。

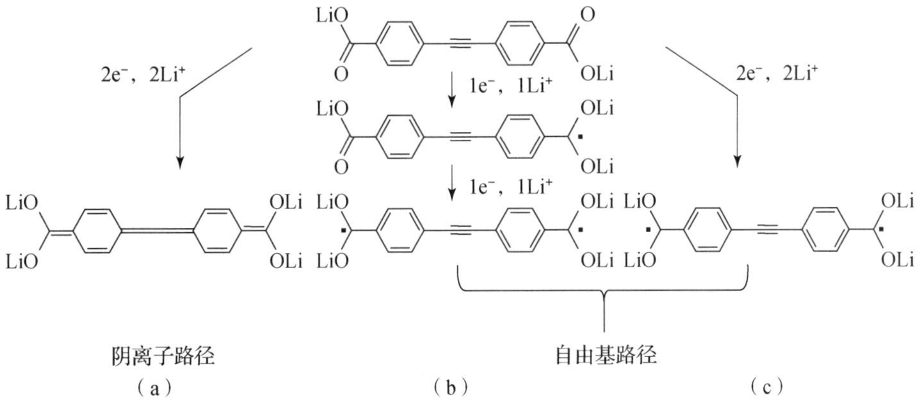

图 8－14　基于阴离子、自由基和两步的

双锂嵌入 $Li_{2+x}C_{16}H_8O_4$ 中的 DFT 电势计算路径

(a) 阴离子；(b) 两步的双锂嵌入 $Li_{2+x}C_{16}H_8O_4$；(c) 自由基

8.6.2 表面充放电机制

表面充电机制是指在外加电场作用后，电解液中的阴离子和阳离子分别存储在两个电极的表面，电荷由电极内部的空穴或电子平衡产生。大多数超级电容器都基于表面充放电机制和表面氧化还原反应（赝电容器）。而在电池中，有一些材料几乎可以在任何情况下保持赝电容性质，像 MnO_2 或者 RuO_2 等。在碱性或酸性的体系中，这些材料可以发生赝电容反应，如下所示：

酸性条件： $$MO_x + H^+ + e^- \rightarrow MO_{x-1}(OH) \tag{8-41}$$

碱性条件： $$MO_x + OH^- - e^- \rightarrow MO_x(OH) \tag{8-42}$$

电解液中的氢离子或者氢氧根离子在外电场的作用下扩散至电极和溶液界面，与界面及体相内部的活性氧化物发生电化学反应从而存储电荷，这个过程为充电过程。在放电过程中，活性氧化物体相上与之相互作用而结合的离子转变回原来的状态而从体相脱离重新回到电解液中。所存储的电荷在这个过程中会通过外电路被释放出来，进而产生容量。

另外一些材料则需要施加额外的控制才行。一种典型的方法就是电极材料的纳米化。经过纳米化调控的材料由“体相”单一储能变为“体相 + 纳米化表面”协同储能，提供了更多的可逆容量。

8.6.3 有机自由基机制

有机自由基分子具有一个（或多个）未配对的电子，它们通过二聚体聚合反应或与其他分子、溶剂或分子氧的氧化还原反应形成闭壳层分子（图 8 - 15），因而具有高度的活性。自由基聚合物是脂肪族或非共轭聚合物，在每个单元中重复带有有机自由基作为垂基。自由基的外球面氧化还原反应导致电解质溶液中快速的电子自交换反应。自由基聚合物通过在电极界面内形成相应的电荷对进行离子存储。有机自由基储电机制有望为用于阴极活性材料的各种分子设计提供可能性，有可能生产柔性、黏性、导电甚至液体阴极活性材料。通过将自由基成分以高密度包装在一起，可以生产容量大于 300 A · h/kg 的有机材料。然而，由于许多类型的自由基是绝缘体，电极的成分需要细化。使用分子设计赋予自由基导电性也是必要的。有机自由基正极的未来将取决于有机合成技术的进步。

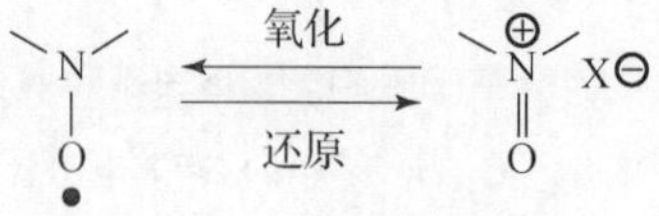

图 8 - 15 有机自由基氧化还原反应示意

8.6.4 界面充电机制

在 TiF_3 和 VF_3 材料中，通过转换反应存储锂的研究发现，额外的锂可以在 0~1.2 V 的低电压范围内可逆存储在 LiF/M 纳米复合材料中。这种可逆的锂存储机制是 M/LiF 基质与锂之间的界面相互作用造成的。典型的界面充电锂存储容量为 100 ~300 mA · h/g。从容量上看，通过界面充电的锂存储机制与其他负极锂存储机制相比，竞争力不强。然而，当材料具有丰富晶界的纳米结构时，这种机制不应被忽视。

8.6.5 欠电位沉积机制

研究表明，锂可以在刚好高于其电镀电压（0.0 V vs. Li^+/Li）储存在微孔或介孔材料中，以欠电位沉积（Underpotential deposition，UPD）的形式存在。由于 SEI 下的去溶剂化离子与石墨界面的距离较短，锂沉积很容易发生。锂在石墨负极上的沉积只是部分可逆的，即在每次循环后都会有一些“死”锂残留。因此，这种机制的动力学性能较差。此外，沉积电压与电镀电压太接近产生的安全问题也限制了其在锂离子电池中的进一步研究及应用。

参考文献

[1] HONG S Y，KIM Y，PARK Y，et al. Charge carriers in rechargeable batteries：Na ions vs. Li ions [J]. Energy & environmental science，2013，6：2067 - 2081.

[2] YU L，WANG L P，LIAO H，et al. Understanding fundamentals and reaction mechanisms of electrode materials for Na - ion batteries [J]. Small，2018，14 (16)：1703338.

[3] XU J L，ZHANG X，MIAO Y X，et al. In - situ plantation of Fe_3O_4 @ C nanoparticles on reduced graphene oxide nanosheet as high - performance anode for lithium/sodium - ion batteries [J]. Applied surface science，2021，546：149163.

[4] STEVENS D A，DAHN J R. The mechanisms of lithium and sodium insertion in carbon materials [J]. Journal of the Electrochemical Society，2001，148：A803.

[5] HU J，LI W，DUAN Y，et al. Single - particle performances and properties of $LiFePO_4$ nanocrystals for Li - ion batteries [J]. Advanced energy materials，2017，7：1601894.

[6] BIEMOLT J，JUNGBACKER P，VAN TEIJLINGEN T，et al. Beyond lithium - based batteries [J]. Materials，2020，13：425.

[7] WANG M, ZHANG F, LEE C S, et al. Low - cost metallic anode materials for high performance rechargeable batteries [J]. Advanced energy materials, 2017, 7: 1700536.

[8] LEI Y. Functional nanostructuring for efficient energy conversion and storage [J]. Advanced energy materials, 2016, 6: 1600461.

[9] MAHMOOD N, TANG T, HOU Y. Nanostructured anode materials for lithium ion batteries: progress, challenge and perspective [J]. Advanced energy materials, 2016, 6: 1600374.

[10] ZUAB C X, LI H. Thermodynamic analysis on energy densities of batteries [J]. Energy & environmental science, 2011, 4: 2614.

[11] POIZOT P, LARUELLE S, GRUGEON S, et al. Nano - sized transition metal oxides as negative material for lithium - ion batteries [J]. Nature, 2000, 407: 496 - 499.

[12] ARICÒ A S, BRUCE P, SCROSATI B, et al. Nanostructured materials for advanced energy conversion and storage devices [J]. Nature materials, 2005, 4: 366 - 377.

[13] RICHTER G, MAIER J. Reversible formation and decomposition of LiF clusters using transition metal fluorides as precursors and their application in rechargeable Li batteries [J]. Advanced materials, 2010, 15: 736 - 739.

[14] GWON H, KANG K, KIM S W, et al. Fabrication of FeF_3 nanoflowers on CNT branches and their application to high power lithium rechargeable batteries [J]. Advanced materials, 2010, 22: 5260 - 5264.

[15] TARASCON J M, ARMAND M. Building better batteries [J]. Nature, 2008, 451: 7179.

[16] WANG N, KITANO S, HABAZAKI H, et al. Metal/oxide heterojunction boosts fuel cell cathode reaction at low temperatures [J]. Advanced energy materials, 2021, 11: 2102025.

[17] URBONAITE S, POUX T, NOVÁK P. Progress towards commercially viable Li - S battery cells [J]. Advanced energy materials, 2015, 5: 1500118.

[18] YANG H, WANG B, LI H, et al. Trimetallic sulfide mesoporous nanospheres as superior electrocatalysts for rechargeable Zn - air batteries [J]. Advanced energy materials, 2018, 8: 1801839.

[19] FULTENWARTH J, DARWICHE A, SOARES A. NiP_3: a promising negative electrode for Li - and Na - ion batteries [J]. Journal of materials chemistry A,

2014，2：2050－2059.

[20] CHEN Z X，ZHOU M，CAO Y L，et al. In situ generation of few－layer graphene coatings on SnO_2－SiC core－shell nanoparticles for high－performance lithium－ion storage [J]. Advanced energy materials，2012，2：95－102.

[21] WALKER W，GRUGEON S，MENTRE O，et al. Electrochemical characterization of lithium 4，4′－tolane－dicarboxylate for use as a negative electrode in Li－ion batteries [J]. Journal of the American Chemical Society，2010，132：6517－6523.

[22] SIMON P，GOGOTSI Y. Materials for electrochemical capacitors [J]. Nature materials，2008，7：845－854.

[23] NAKAHARA K，IWASA S，SATOH M，et al. Rechargeable batteries with organic radical cathodes [J]. Chemical physics letters，2002，359：351－354.

[24] JIN H，HONG L，HUANG X. Influence of micropore structure on Li－storage capacity in hard carbon spherules [J]. Solid state ionics，2005，176：1151－1159.

第 9 章

结论与展望

电池是实现能源转化与利用的器件。二次电池的发展历经铅酸、镍-镉、镍-氢、锂离子到目前众多新型二次电池体系百花齐放的阶段，其发展历程主要体现在提高能量密度、功率密度，强化环境友好和资源可循环利用等方面。近年来，以国家重大需求为导向的动力电池产业和储能电池产业飞跃发展，对高性能可充电绿色二次电池的需求日趋迫切，离子电池、空气电池、液流电池、固态电池等多种新型储能器件迅速发展。不断提升的工作条件对电池的工作电压、能量密度和功率密度有了更高的要求，而这些性能参数决定于构成电池的关键材料。

进一步提高电池的能量密度是二次电池发展的主题和趋势，而关键电极材料是其基础。本文主要对二次电池关键正、负极材料的发展趋势进行了分析评述。开发高电压、高容量的正极新材料成为二次电池比能量大幅度提升的主要途径；负极材料将继续朝低成本、高比能量、高安全性的方向发展，其中硅基、普鲁士蓝等负极材料将逐渐替代传统石墨负极材料成为行业共识。与此同时，针对不同电池结构体系，本文对其关键正、负极材料的电化学反应机制及其电池工作原理进行了归纳总结。总体而言，电极材料在二次电池中的电化学反应机制可分为插嵌型、合金化、转换型、反应型和综合型等。此外，本文还对二次电池电极材料的选择及匹配技术、电池安全性、电池制造工艺等的关键技术进行了简要分析，并提出了二次电池研究中应予以关注的基础科学问题。

国家新能源材料科学家、中国工程院院士吴锋教授表示，目前，在保障安全性的前提下，高能量、高功率、长寿命、低成本、无污染的锂二次电池正在根据不同的用户需求，形成产业，走向市场。在这一巨大的市场需求下，开发出具有高比能、高安全、长寿命的新型二次电池体系及相关技术显得尤为迫切。基于现有锂离子电池的实际能量密度已经逐渐接近其理论值，吴锋院士指出，为了获得更高的电池比能量，必须构建基于低摩尔质量活性物质的电池新体系，且电化学反应能够实现多个电子转移，即轻元素多电子反应体系。在现有的电池研究体系中，除了锂、钠、钾多电子反应体系外，镁离子、铝离子、钙离子和混合离子电池以及金属-空气电池等多电子反应体系发展迅速，代表着未来高性能二次电池的主流发展方向。可以预见，随着未来高科技（纳米、柔性、智能等）在电极材料应用方面及电化学存储机制方面的研究深入，二次电池体系的能量密度有望得到大幅提升，并最终得到兼具高能量密度和高功率密度的高性能二次电池，实现储能器件领域内的又一次飞跃。

索引

A ~ B

C

D

E

H

J

K

L

M

N

P

Q

R

S

T

W

X

Y

Z

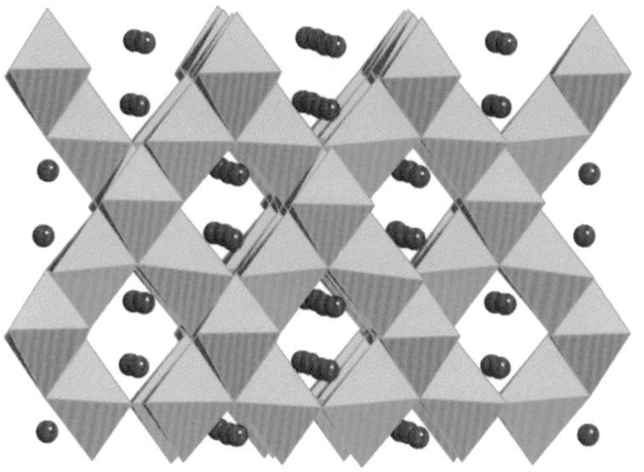

图 5-5　尖晶石 $LiMn_2O_4$ 的晶体结构（蓝色：MnO_6；红色：Li 离子）

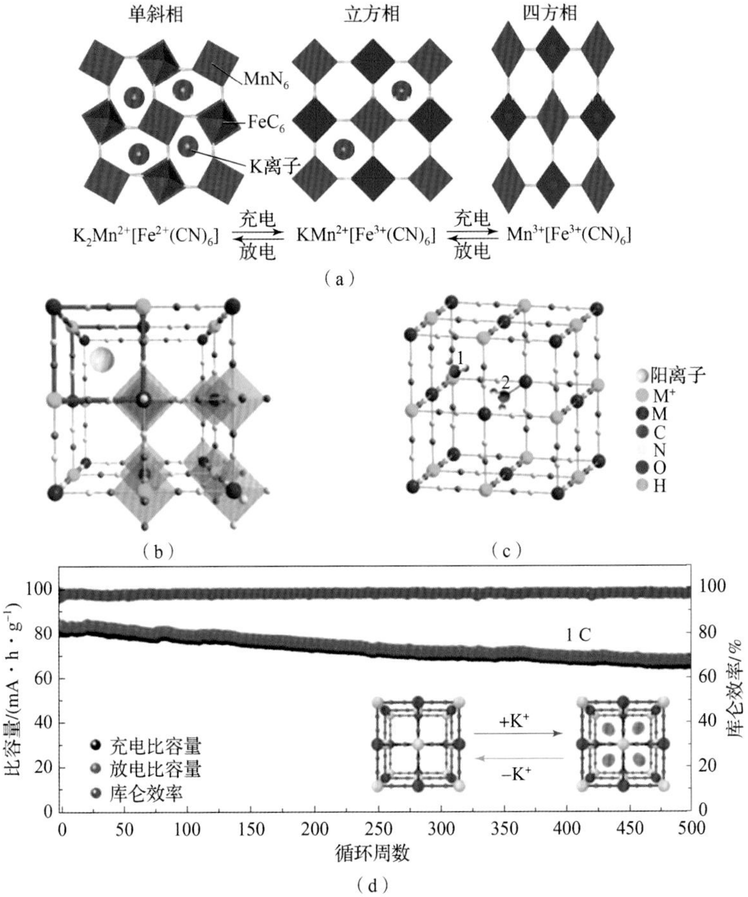

图 5-28　普鲁士蓝晶体结构及电化学性能示意图

（a）Mn-PBAs 充放电过程相结构及化学式；（b）普鲁士蓝工作机理；（c）晶体结构示意图；（d）长循环电化学性能图

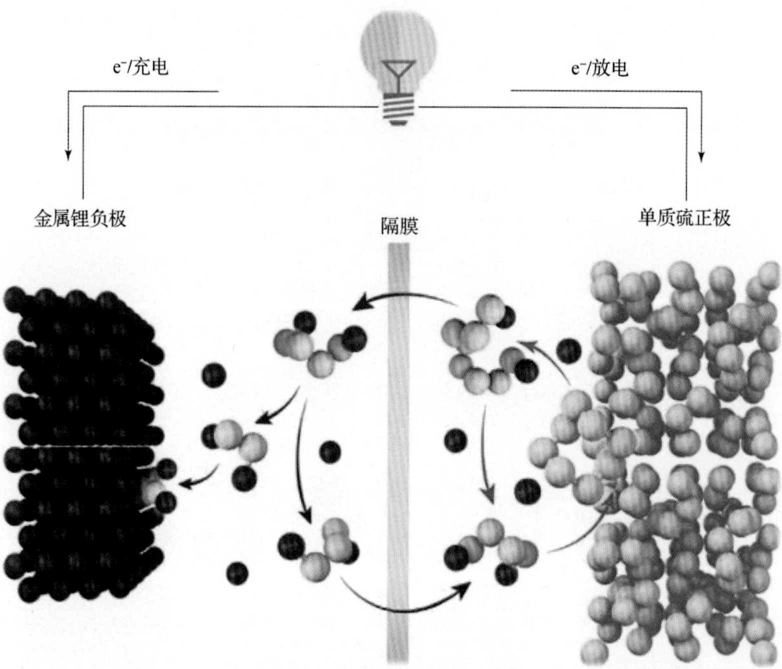

图 5－32　穿梭效应示意图

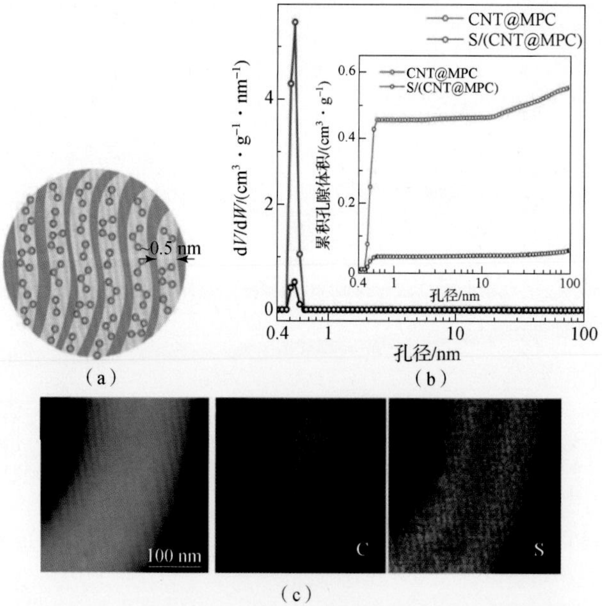

图 5－39　临界微孔碳 CNT@MPC 的表征及电化学信息

（a）CNT@ MPC 通道中 S_{2-4}受限分子示意图；（b）CNT@ MPC 的孔径分布；

（c）CNT@ MPC 的 TEM 图像及 C 和 S 的元素映射

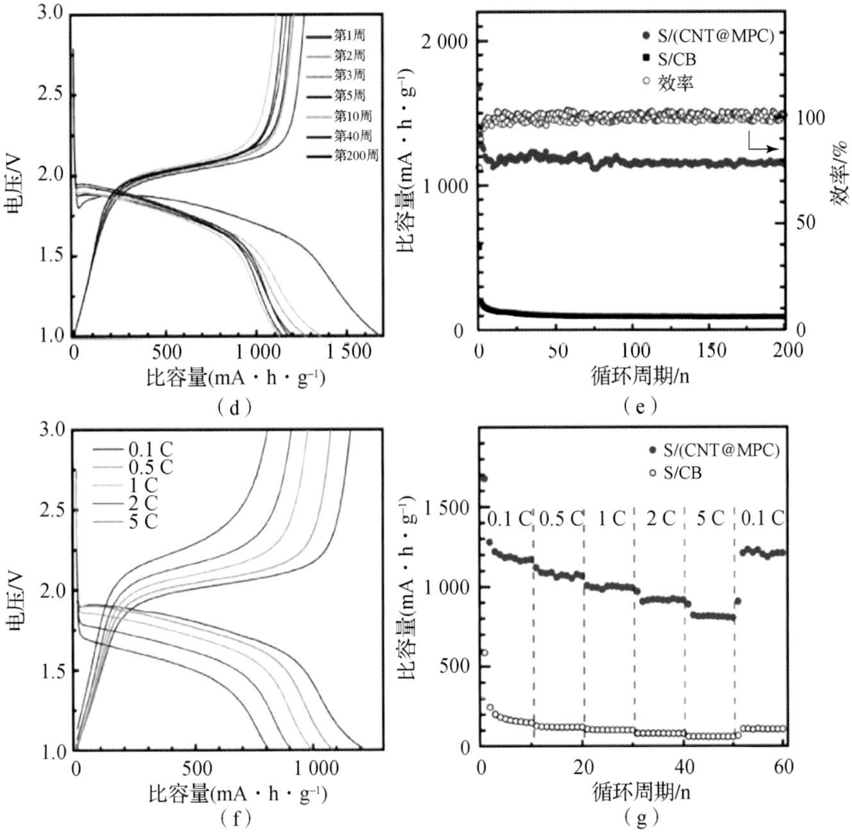

图 5-39　临界微孔碳 CNT@MPC 的表征及电化学信息（续）

(d) 0.1 C 下 S/(CNT@MPC) 的充放电曲线；

(e) 0.1 C 下 S/(CNT@MPC) 和 S/CB 的循环性能[蓝色圆圈表示 S/(CNT@MPC) 的库仑效率]；

(f) 不同充放电速率下 S/(CNT@MPC) 的电压曲线；

(g) S/(CNT@MPC) 和 S/CB 的倍率性能

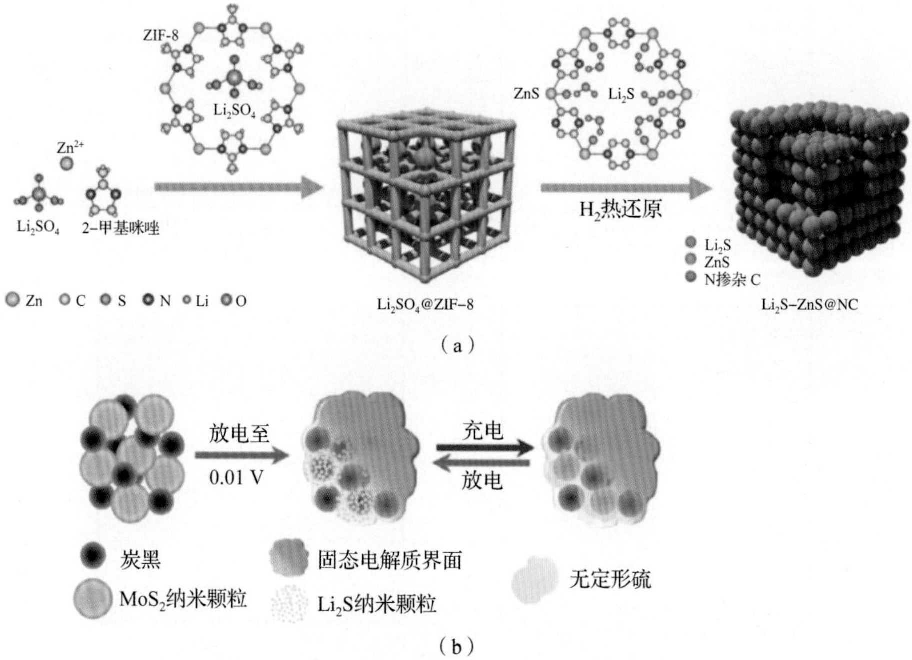

图 5-47　原位构筑纳米硫化锂封装颗粒的流程示意图

(a) 通过聚合物热解合成 Li_2S-ZnS@NC;

(b) 使用电化学方法同时合成和封装 Li_2S

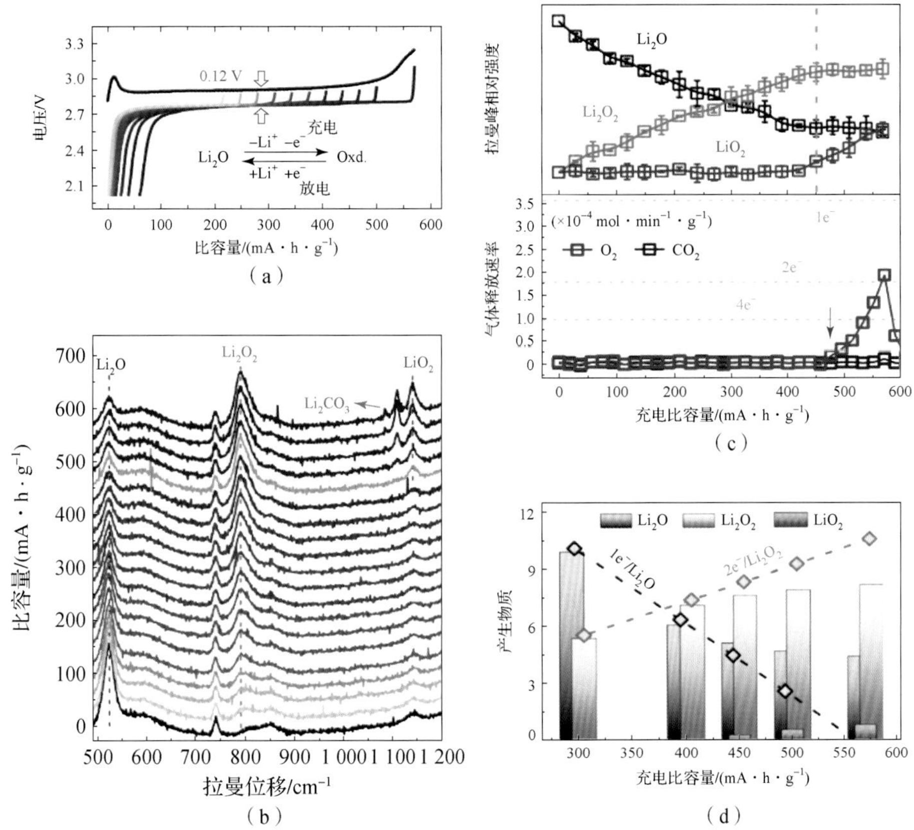

图 5-56 $Li_2O-Ir-rGO$ 电极材料在电化学转化过程中的表征

(a) $Li_2O-Ir-rGO/Li$ 纽扣电池在不同截止充电深度下循环的充电/放电曲线；(b) 在以 1 C 速率进行恒电流充电期间记录的 $Li_2O-Ir-rGO$ 阴极上观察到的容量变化的原位拉曼光谱；(c) 从 (b) 收集的 524 cm^{-1} (Li_2O，黑色)、791 cm^{-1} (Li_2O_2，绿色) 和 1 140 cm^{-1} (LiO_2，红色) 处拉曼峰强度的容量依赖性以及充电时气态 O_2 (红色) 和 CO_2 (蓝色) 的释放速率；(d) 不同充电比容量对应的中间产物

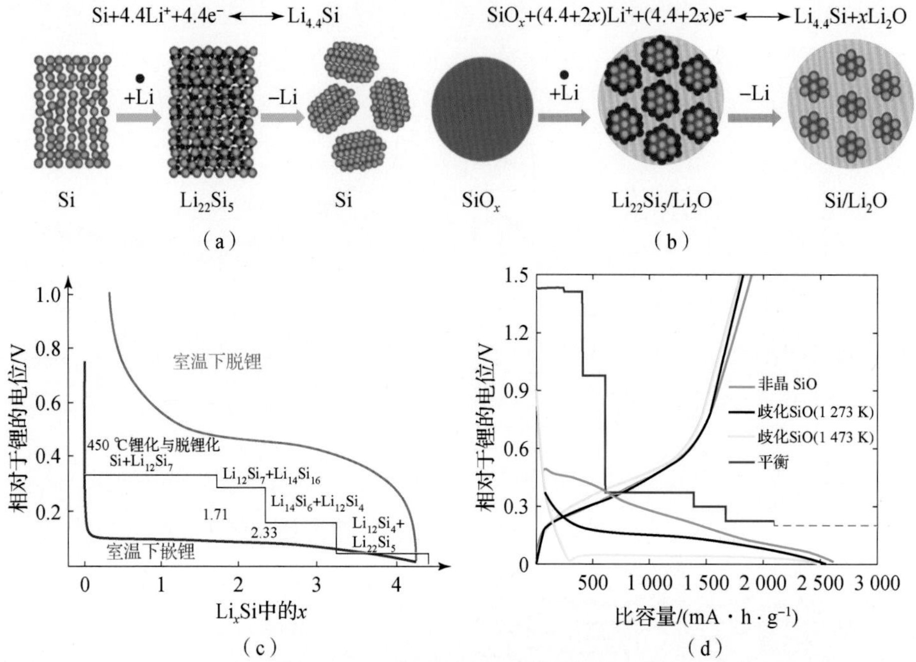

图 6－5　硅基负极的反应机理图

(a) Si 负极反应机理的示意图；(b) SiO_x 负极反应机理的示意图；(c) Si 在室温（红线和绿线）和 450 ℃（黑线）下的锂化和脱锂曲线；(d) SiO 的锂化和脱锂曲线

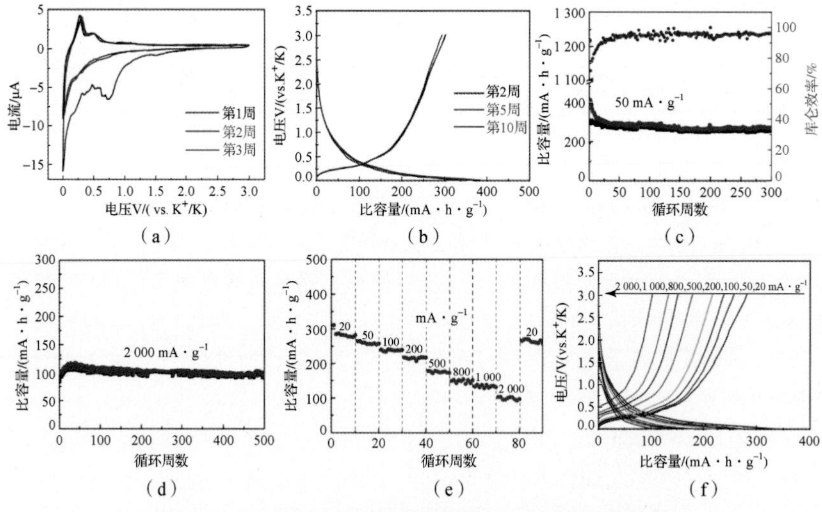

图 6－25　NCNT 作为钾离子电池负极的电化学性能

(a) CV 曲线；(b) 初始容量－电压曲线；(c) 小电流循环性能；(d) 大电流循环性能；(e)、(f) 倍率性能

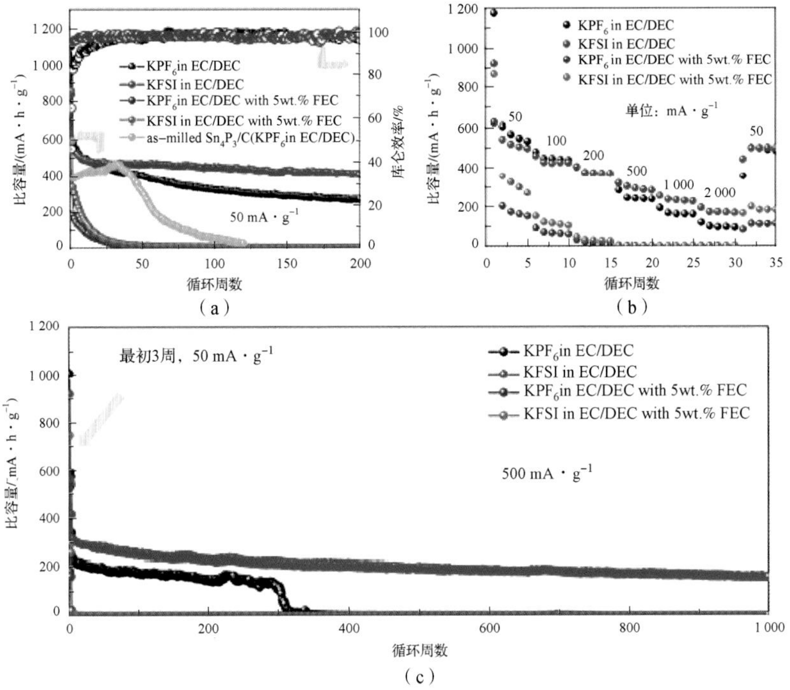

图 6－28　不同电解液体系中钾离子电池性能

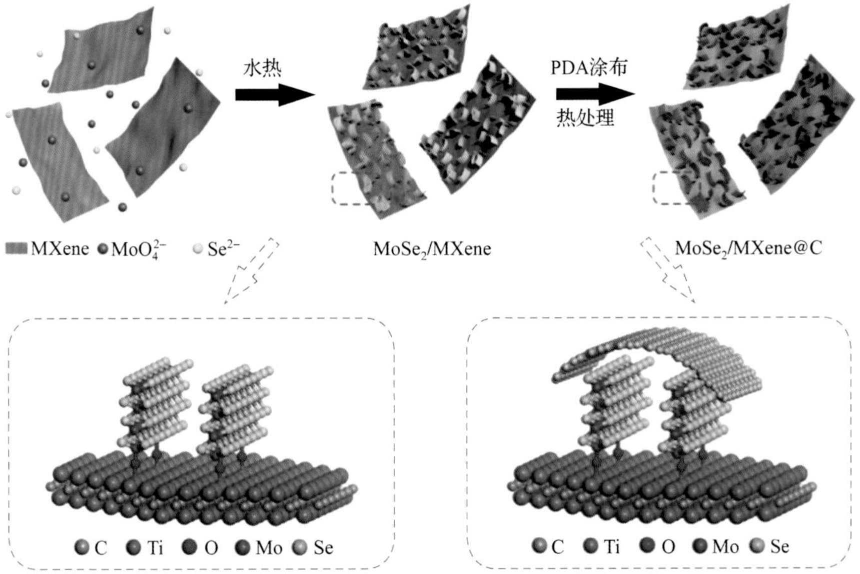

图 6－30　MoSe$_2$/MXene@C 合成示意图

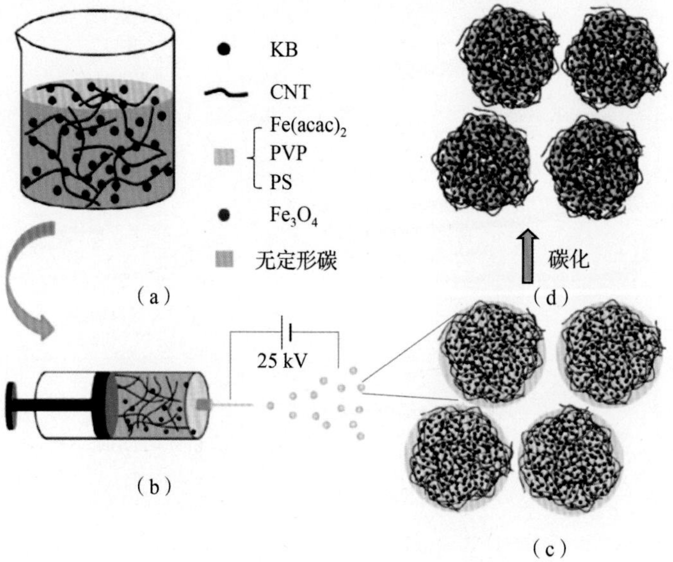

图 6－36　PFCMs 纳米结构合成程序示意图

(a) 含有 KB、CNTs、PVP、PS 和 Fe(acca)$_2$ 的均相前驱体溶液；(b) 电喷雾法示意图；(c) PFCMs 前驱体微球；(d) PFCMs 微球